U0938876

机电类新技师培养规划教材

数控机床编程与操作

中国机械工业教育协会
全国职业培训教学工作指导委员会机电专业委员会　组编
廖怀平　主编

机械工业出版社

本套教材是根据中国机械工业教育协会全国职业培训教学工作指导委员会机电专业委员会组织制定的技师教学计划和教学大纲编写的。本教材的主要内容包括：数控机床概述、数控机床的主要机构、典型数控机床、数控机床的控制系统、数控机床操作与加工技术等，共计六章。每章附有复习思考题。

本套教材的教学计划和大纲是依据《国家职业标准》中对技师的要求制定的，内容立足岗位，以必需、够用为度，符合职业教育的特点和规律。本教材配有电子教案，包括教学计划和大纲、习题及其解答，可供高级技校、技师学院、高等职业院校等教育培训机构使用。

图书在版编目（CIP）数据

数控机床编程与操作/廖怀平主编．—北京：机械工业出版社，2008.2
机电类新技师培养规划教材
ISBN 978-7-111-23500-2

Ⅰ．数…　Ⅱ．廖…　Ⅲ．①数控机床-程序设计-技术培训-教材②数控机床-操作-技术培训-教材　Ⅳ．TG659

中国版本图书馆 CIP 数据核字（2008）第 020248 号

机械工业出版社（北京市百万庄大街 22 号　邮政编码 100037）
策划编辑：王英杰　邓振飞
责任编辑：马　晋　版式设计：冉晓华　责任校对：张莉娟
封面设计：王伟光　责任印制：邓　博
北京京丰印刷厂印刷
2008 年 4 月第 1 版·第 1 次印刷
184mm×260mm·15.5 印张·381 千字
0 001—4 000 册
标准书号：ISBN 978-7-111-23500-2
定价：27.00 元

凡购本书，如有缺页、倒页、脱页，由本社发行部调换
销售服务热线电话：（010）68326294
购书热线电话：（010）88379639 88379641 88379643
编辑热线电话：（010）88379083

机电类新技师培养规划教材
编审委员会

本书主编　廖怀平

本书参编　宁丰美　张　孺　周学民　林志强　邓铭铭　方　博

本书主审　毛　青

前　言

随着全球知识经济的快速发展，我国工业化建设也呈现迅猛发展之势，因而技术工人十分缺乏。为了顺应形势的发展要求，我国出台了一系列大力发展职业教育的政策：劳动和社会保障部颁布了最新《国家职业标准》，继续实行职业准入制度，并将国家职业资格由三级（初、中、高）改为五级（初、中、高、技师、高级技师），对技术工人的工作内容、技能要求和相关知识进行了重新界定。教育部根据国务院“大力开展职业教育”的精神进行了职业教育的改革，高职学院、中职学校相应地改制、扩招，以培养更多的技术工人。

经过几年的努力，技术工人在数量上的矛盾在一定程度上得到缓解，但在结构比例上的矛盾突显出来。高级工、技师、高级技师等高技能人才在技术工人中的比重远远低于发达国家，而且他们年龄普遍偏大，文化程度偏低，学习高新技能比较困难。为打破这一局面，加快数量充足、结构合理、素质优良的技术技能型、复合技能型和知识技能型高技能人才的培养，劳动和社会保障部提出的“新技师培养带动计划”，即在完成“3 年 50 万”新技师培养计划的基础上，力争“十一五”期间在全国培养技师和高级技师 190 万名，培养高级技工 700 万名，使我国从“世界制造业大国”逐步转变为“世界制造业强国”。为此，劳动和社会保障部决定：除在企业中培养和评聘技师外，要探索出一条在技师学院中培养技师的道路来。中国机械工业教育协会和全国职业培训教学工作指导委员会经研究决定，制定机电行业的技师培养方案。

在上述原则的指导下，中国机械工业教育协会和全国职业培训教学工作指导委员会机电专业委员会组织 30 多所高级技校、技师学院和企业培训中心等单位，经过广泛的调研论证，决定首批选定五个工种（职业）——模具工、机修钳工、电气维修工、焊工、数控机床操作工作为在技师学院培养技师的试点。对学制、培养目标、教学原则、专业设置、课程设置、学时安排、教学计划、教学大纲、教材定位、编写方式等，参照《国家职业标准》中相关工种对技师和高级技师的要求，结合各校、各地区企业的实际，经过历时三年的充分论证，完成了教学计划和教学大纲的制定和审定工作，并明确了教材编写的思想。

使用本套“机电类新技师培养规划教材”在技师学院培养技师，招收的学员必须符合条件是：已取得高级职业资格（国家职业资格三级）的高级技校的毕业生，或具有高级职业资格证书的本职业或相近职业的人员。本套教材的编写充分体现“教、学、做”合一的职教办学原则，其特点如下：

（1）教材内容新，贴合岗位实际，满足职业鉴定要求。当今国际经济大格局的进程加快了各类型企业的先进加工技术、先进设备和新材料的使用，作为技师必须适应这种要求，教材中也相应增加了新知识、新技术、新工艺、新设备等方面的内容。另外，教材的内容以《国家职业标准》中对技师和高级技师的知识、要求和技能要求为基础，设置的实训项目或实例从岗位的实际需要出发，是生产实践中的综合性、典型性的技术问题，既最大限度地体现学以致用的目的，又满足学生毕业考工取得职业资格证书的需要。

(2) 针对每个工种（职业），均编写一本《相关工种技能训练》。随着全球化进程的加快，我国的生产力发展水平和职业资格体系应与国际相适应，因此，技师应该是具有高超操作技能的复合型人才。例如，模具工技师不应仅是模具工方面的行家里手，还应懂得车、铣、数控、磨、刨、镗和线切割、电火花等加工，以适应现代制造业的发展趋势，故此《相关工种技能训练（模具工）》中，就包含上述内容。其他工种与此类似。

(3) 理论和技能有机结合。劳动和社会保障部颁布的“新技师培养带动计划”中明确指出“建立校企合作培养高技能人才”的制度，现在许多技师学院从企业中聘请具有丰富实践经验的工程技术人员作为技能课教师，各专题理论与实践融合在一起的编写方式，更适于这种教学制度。

(4) 单独编写了两本公共课教材——《实用数学》和《应用文写作》。新时代对技师的要求不仅是技术技能型人才，还应是知识技能型甚至是复合技能型的高技能人才，有一定的数学理论基础和写作能力是新技师必备的素质。《实用数学》运用微积分知识分析解决生产中的实际问题，少推理，重应用；《应用文写作》除介绍普通事务文书、经济文书、法律文书、日常事务文书的写法外，还教授科技文书的写法，其中科技论文的写法对于技师论文的写作会有很大裨益。

(5) 本套教材配有电子教案。电子教案包括教学计划、教学大纲、每章的培训目标、内容简介、重点难点，教师上课的板书，本章小结、配套习题及答案等等。

(6) 练习题是国家题库及各地鉴定考题的综合归纳和提升。

本套教材的编写得到了各技师学院、高级技工学校领导的高度重视和大力支持，编写人员都是职业教育教学一线的优秀教师，保障了这套教材的质量。在此，对为这套教材出版给予帮助和支持的所有学校、领导、老师表示衷心的感谢！

本书由廖怀平统稿并任主编，宁丰美、张熻、周学民、林志强、邓铭铭、方博参加编写，毛青任主审。

由于编写时间和编者水平所限，书中难免存在不足或错误，敬请广大读者不吝赐教！

中国机械工业教育协会

全国职业培训教学工作指导委员会

机电专业委员会

目　录

第一章　数控加工技术概述

本章应知

1. 掌握数控、数控技术的定义，懂得数控机床的加工原理
2. 了解数控机床的组成及分类方法
3. 了解数控机床的加工特点

本章应会

1. 掌握数控技术的定义
2. 掌握数控机床的工作原理
3. 掌握数控机床的组成

第一节　数控加工基本知识

一、数控机床的定义

数控即数字控制（Numberical Control），是计算机数字程序控制的简称。将计算机通过特定处理方式下的数字信息（不连续变化的数字量），用于机床自动控制的技术通称为数控技术（Computer Numberical Control，缩写为 CNC）。数控技术与通过连续变化的模拟量的程序控制（即顺序控制）有着截然不同的性质。数控技术广泛应用于测量、理化试验与分析、物质与信息传输、建筑以及科学管理等领域。

20 世纪 50 年代，当科技人员首次把计算机作为一种控制装置移植到古老的机床中，一种新产品——数控机床诞生了。数控机床是数控技术与机床相结合的产物，是一种通过数字信息控制机床按给定的运动规律进行自动加工的机电一体化新型加工装备。它的出现成功地解决了单件、小批量，特别是复杂型面零件的加工自动化，并有效地保证了加工质量，缩短了生产周期。数控机床综合了微电子技术、计算机、自动控制、自动检测以及精密机械等技术的最新成果而迅速发展。目前，几乎所有品种的机床都实现了数控化。数控机床的应用领域也从航空工业逐步扩大到汽车、造船、机床、建筑等民用机械制造行业。相继出现的加工中心、计算机群控系统、自适应控制系统、柔性制造系统和计算机集成制造系统，说明了数控机床已经成为组成现代化机械制造生产系统，实现设计（CAD）、制造（CAM）、检验（CAT）与生产管理等全部生产过程自动化的基本设备。利用数控机床实现的自动加工称为数控加工，也称为 NC 加工，是将待加工零件进行数字化表达，数控机床按数字量控制刀具和零件的运动，从而完成零件加工的过程。

二、数控机床的产生与发展过程

1948 年，美国帕森斯公司受美国空军委托，与麻省理工学院伺服机构研究所合作进行数控机床的研制工作。1952 年，第一台三坐标立式数控铣床试制成功。但第一台工业用数控机床直到期 1954 年 11 月才生产出来。此后其他一些工业国家，如德国、日本、英国、俄罗斯等相继开始开发、研制和应用数控机床。数控机床也不断地更新换代，大致经历了如下

过程：

第一代数控机床：从 1952 年至 1959 年，采用电子管器件。

第二代数控机床：从 1959 年开始，采用晶体管器件。

第三代数控机床：从 1965 年开始，采用集成电路。

第四代数控机床：从 1970 年开始，采用大规模集成电路及小型通用计算机。

第五代数控机床：从 1974 年开始，采用微处理器或微型计算机。

早期的数控机床控制系统采用电子管，其体积大、功耗高，仅局限于军事部门应用。只有当电子微处理机用于数控机床后，才真正使数控机床得到了普及。

我国数控机床的研制从 1958 年开始，由清华大学研制出了最早的样机。1966 年我国开发出了第一台用直线—圆弧插补的晶体管数控系统。1970 年初成功研制了集成电路数控系统。1980 年以来，通过研究和引进技术，我国数控机床的发展很快，现已掌握了 5 ~ 6 轴联动、螺距误差补偿、图形显示和高精度伺服系统等多项关键技术。

第二节　数控机床的组成及分类

一、数控机床的组成

数控机床主要由数控装置、伺服系统、检测系统、机床本体和辅助系统组成。

1. 数控装置

数控装置是数控机床的控制中心，被喻为“中枢系统”。数控装置由输入装置、运算控制器（CPU）和输出装置等构成。数控装置的功能是接受控制介质上的各种信息，经过识别译码后，送到运算控制器进行计算处理，再经过输出装置将运算控制器发出的控制命令送到伺服系统，驱动机床完成相应的运动。

目前均采用微型计算机作为数控装置。微型计算机的中央处理单元（CPU）又称为微处理器，是一种大规模集成电路，它将运算器、控制器集成在一块集成电路芯片中。在微型计算机中，输入与输出电路也采用了大规模集成电路，即所谓的 I/O 接口。微型计算机拥有较大容量的寄存器，并采用高密度的存储介质，如半导体存储器和磁盘存储器等。

2. 伺服系统

伺服系统是数控系统的执行机构，包括驱动、执行和反馈装置。伺服系统接受数控系统的指令信息，并按照指令信息的要求与位置、速度反馈信号相比较后驱动机床的移动部件或执行部件动作，从而加工出符合图样要求的零件。指令信息以脉冲信号表示，反映到机床移动部件上的移动量称为脉冲当量，常用的脉冲当量为 0. 001 ~ 0. 01mm，脉冲当量在设计数控机床时即已确定。

伺服系统直接影响数控机床的速度、位置、加工精度和表面粗糙度等。当前数控机床的伺服系统常用的位移执行机构有功率步进电动机、直流伺服电动机和交流伺服电动机。后两者都带有光电编码器等位置测量元件，可用来精确控制工作台的实际位移量和移动速度。

3. 检测系统

检测系统用来检测机床执行件（工作台、转台、滑板等）的位移速度变化量，并将检测结果反馈到输入端，与输入指令进行比较，根据其差别调整机床运动。

4. 机床本体

机床本体是数控机床的实体，是完成实际切削加工的机械部分，它包括床身、工作台、床鞍、主轴等。它与普通机床相比较有所改进，具有以下特点。

1）数控机床采用了高性能的主轴及伺服系统，机械传动结构简化，传动链较短。

2）机械结构具有较高的刚度、阻尼精度及较好的耐磨性能，且热变形小。

3）更多地采用高效传动部件，如滚珠丝杠副、直线滚动导轨等。

与普通机床相比，数控机床的外部造型、整体布局，传动系统与刀具系统的部件以及操作机构等方面都发生了很大变化。这些变化的目的是为了满足数控机床的要求，充分发挥数控机床的特点。因此，必须建立数控机床设计的新概念。

5. 辅助系统

辅助系统主要包括换刀机构、工件自动交换机构、工件夹紧机构、润滑装置、冷却装置、照明装置、排屑装置、液压气动系统、过载保护与限位保护装置等。

二、数控机床的工作原理

数控机床的工作原理如图 1-1 所示。首先分析被加工零件的图样，根据工件的形状、尺寸等技术要求，采用手工或计算机按运动顺序和所用数控机床规定的指令代码及程序格式编成加工程序单，并将这些程序代码存储在穿孔纸带、磁带、磁盘及其他信息载体上（或直接用键盘输入到数控装置中），然后经输入装置，读出信息并送入数字控制装置。数控装置就依照指令带上的数码指令进行一系列处理和运算，将信息变成脉冲信号，并将其输入驱动装置，驱动机床传动机构。机床工作部件按程序要求自动有次序地进行工作（如工件夹紧与放松，冷却液的开闭，刀具的自动更换，各轴的进给等），加工出符合图样要求的零件。

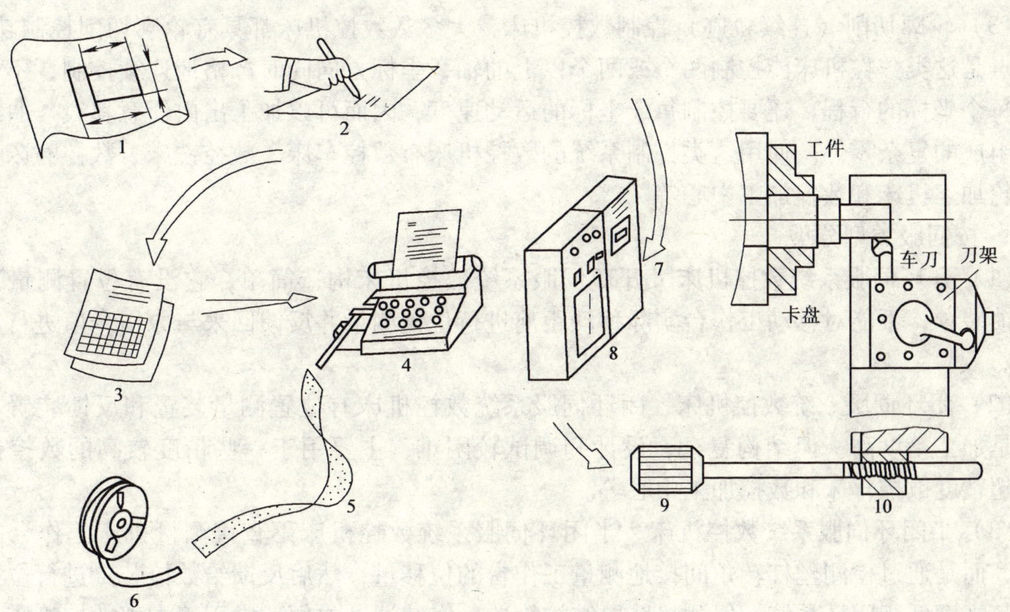

图 1-1　数控机床的工作原理

三、数控机床的分类

数控机床的种类很多，可按不同的方法进行分类。

1. 按工艺类型分类

(1) 金属切削类数控机床 金属切削类数控机床的发展最早，其种类繁多，功能差异大。与传统的通用机床一样，这类数控机床主要包括数控车床、数控铣床、数控钻床、数控磨床、数控镗床、数控齿轮加工机床及数控加工中心等。

(2) 金属成形类数控机床 金属成形类数控机床主要包括数控弯管机、数控组合冲床和数控转头压力机等。这类机床起步晚，但发展较快。

(3) 数控特种加工机床 数控特种加工机床主要包括数控线（电极）切割机床、数控电火花加工机床、数控火焰切割机和数控激光切割机等。

(4) 其他类型的数控机床 其他类型的数控机床主要有数控三坐标测量机床等。

2. 按运动轨迹分类

(1) 点位控制数控机床 点位控制数控机床的特点是控制刀具或机床工作台等移动部件的终点位置，即控制移动部件由一个点准确地移动到另一个点，而点与点之间的运动轨迹没有严格要求。并且，在移动和定位过程中刀具不进行任何切削加工。因此，为了尽可能减少移动部件的运动时间和提高定位精度，通常先快速移动到接近终点坐标，然后进行1~3次减速，再准确移动到定位点，以保证定位精度。使用这类控制系统的数控机床有数控钻床、数控坐标镗床、数控冲床、数控点焊机、数控折弯机和数控测量机等。

(2) 直线控制数控机床 直线控制数控机床的特点是刀具相对于工件的运动既要控制起点与终点之间的准确位置，又要控制刀具在这两点之间运动的速度和轨迹。刀具相对工件移动的轨迹是平行于机床某一坐标轴的直线方向，刀具在移动过程中进行切削。使用这类控制系统的数控机床有数控车床、数控钻床、数控铣床和数控磨床等。

(3) 轮廓切削（连续轨迹）控制数控机床 大多数数控机床都具有轮廓切削控制功能，其特点是这类数控机床能控制两个或两个以上的轴，坐标方向同时严格地连续控制，不仅要控制每个坐标的行程，还要控制每个坐标的运动速度，因而可以加工出由任意斜线、曲线或曲面组成的复杂零件。使用这类控制系统的数控机床有数控车床、数控铣床、数控磨床、数控齿轮加工机床和数控加工中心等。

3. 按伺服类型分类

(1) 开环伺服系统数控机床 开环伺服系统数控机床构造简单，它没有位置测量装置和反馈装置，不能对移动工作台实际移动距离进行位置测量并反馈回来与原指令值进行比较校正。

(2) 闭环伺服系统数控机床 闭环伺服系统数控机床有位置测量装置和反馈装置。其特点是加工精度高，但结构复杂，设计和调试较困难，主要用于一些精度较高的数控镗铣床、超精度数控车床和数控加工中心等。

(3) 半闭环伺服系统数控机床 半闭环伺服系统数控机床不直接测量机床工作台的位移量，而是通过检测丝杠转角间接地测量工作台的位移量，然后反馈给数控装置进行位移校正。其精度低于闭环系统，但测量装置结构简单，安装调试方便，常用于中档数控机床，如数控车床、数控铣床和数控磨床等。

(4) 混合环伺服系统数控机床 将以上三类控制系统的特点有选择地集中起来，就组成混合环控制系统。这种系统特别适用于大型数控机床，因为大型数控机床需要较高的进给速度和返回速度，又需要相当高的精度，如果只采用全闭环控制，机床传动链和工作台全部置于控制环中，影响因素十分复杂，难以调试稳定。混合环伺服系统数控机床实际上是半闭环和闭环系统的混合形式。其中，内环是速度环，控制进给速度；外环是位置环，主要对数控机床进给运动的坐标位置进行控制。现在采用这类方式控制的数控机床越来越多。

4. 按联动轴分类

联动是指各个坐标轴同时达到空间某一点。数控机床的计算机数控系统能够控制的坐标数目反映了计算机数控系统的运算处理能力，它与计算机的内存容量和运算速度密切相关。目前世界上的数控系统最高能控制几十个轴（即坐标）。

（1）二轴联动数控机床　数控车床加工曲面回转体；某些数控铣床，二轴联动可铣斜面。

（2）三轴联动数控机床　数控铣床和数控加工中心，三轴联动可加工曲面零件。

（3）二轴半联动数控机床　这是指有三个坐标控制轴（X、Y、Z），其中任意两个轴联动，第三轴做周期性等距运动。例如，某些数控钻铣床。

（4）多轴联动数控机床　这是指联动轴数达四轴或四轴以上的数控机床。例如，多轴联动数控铣床和多轴联动数控加工中心等。

5. 按数控装置的功能水平分类

按数控装置的功能水平通常把数控机床分为低、中、高档三类。这种分类方式在我国用得很多。低、中、高三档的界限是相对的，不同时期的划分标准会有所不同。就目前的发展水平看，可以按照一些功能及指标将各种类型的数控机床分为低、中、高档三类（见表1-1）。

表1-1　不同档次的数控功能及指标

功　能	低　档	中　档	高　档
系统分辨率/μm	10	1	0.1
进给速度/$m \cdot min^{-1}$	8～15	15～24	24～100
伺服进给类型	开环及步进电动机系统	半闭环及直、交流伺服	闭环及直、交流伺服
联动轴数/轴	2～3	2～4	≥5
通信功能	无	RS—232C或DNC	RS—232C、DNC、MAP
显示功能	数码管显示	CRT：图形、人机对话	CRT：三维图形、自诊断
内装PLC	无	有	强功能内装PLC
主CPU	8位CPU	16位、32位CPU	32位、64位CPU

第三节　数控加工的特点与加工范围

一、数控加工的特点

数控加工是以数值与符号构成的信息来控制机床实现自动运转的加工。数控加工经历了半个世纪的发展已成为应用于当代各个制造领域的先进制造技术。其加工的最大特征有两点：一是可以极大地提高精度，包括加工精度及加工时间误差精度；二是加工质量稳定，可保持加工零件的一致性。数控加工有如下优点。

1）提高加工精度并保证加工质量，降低次品率。

2）减少各工序间的转换，减少工装夹具。原来需要用多道工序完成的工序，用数控加工可一次装夹完成，缩短加工周期，提高生产效率。

3）容量进行加工过程管理，可以减少检查工作量。便于设计变更、加工柔性化。

4）不需熟练的机床操作人员。容易实现操作过程的自动化，一个人可以操作多台机床。并且操作容易，极大减轻体力劳动强度。

二、数控机床的加工范围

数控机床是一种高度自动化的机床，有一般机床所不具备的许多优点，所以数控机床加工技术的应用范围在不断扩大。但数控机床的机电一体化程度高、技术含量高、成本高，因此对使用与维修都有较高的要求。根据数控加工的优缺点及国内外大量应用实践，一般可按适应程度将加工零件分为下列三类：

1. 最适合数控加工的零件

1）形状复杂，加工精度要求高，批量较小，用通用机床很难加工或很难保证加工质量的零件。

2）用数学模型描述的复杂曲线或曲面轮廓零件。

3）具有难测量、难控制进给、难控制尺寸的不开敞内腔的壳体或盒形零件。

4）必须在一次装夹中完成铣、镗、锪、铰及攻螺纹等多工序的零件。

2. 较适合数控加工的零件

1）在通用机床上加工时，加工质量易受人为因素影响，且零件价值又高，一旦失控便造成重大经济损失的零件。

2）在通用机床上加工时必须制造复杂的专用工装夹具的零件。

3）需要多次改进后才能定形的零件。

4）在通用机床上加工需要作长时间调整的零件。

5）在通用机床上加工时，生产率很低或劳动强度很大的零件。

3. 不适合数控加工的零件

1）大批大量生产的零件（如标准件），用专用机床生产效率更高。

2）装夹困难或完全靠找正定位来保证加工精度的零件。

3）加工余量很不稳定，且在数控机床上无在线检测系统来自动调整零件坐标位置的零件。

4）必须用特定的工艺装备协调加工的零件。

综上所述，建议：对于多品种小批量零件，结构较复杂、精度要求较高的零件，需要频繁改型的零件，价格昂贵、不允许报废的关键零件和需要最小生产周期的急需零件采用数控加工。

复习思考题

1. 什么叫数控技术？
2. 数控机床是由哪几部分组成的？各部分的作用是什么？
3. 简述数控机床的加工原理。
4. 比较开环伺服系统、半闭环伺服系统和闭环伺服系统的数控机床的不同点。
5. 什么叫联动？解释二轴半联动的含义。

第二章　数控机床的主要机构

本章应知

数控机床主传动系统、进给伺服系统、自动换刀装置和位置检测装置等主要组成部分的结构特点和工作原理

本章应会

掌握数控机床主要机构的工作原理和性能特点，学会分析各机构的运行特征

随着数字控制技术应用在数控机床上的发展，以及数控机床高刚度、高精度、高速度的要求，使得数控机床逐步发展到现在，具有独特的结构特点。它在总体布局、传动系统、刀具装置以及操作辅助机构等方面发生了很大变化，最主要的是克服了普通机床传动链长、传动结构刚性不足、抗振性差、滑动面的摩擦阻力大，以及传动元件的间隙大等缺点。

第一节　数控机床的主传动系统

一、主传动系统的要求

1. 宽调速、无级调速

为了在数控加工时合理选用切削用量，提高生产率及零件表面质量，要求数控机床主轴转速具有更大的调速范围。例如，为了在数控车床上实现恒线速切削，主传动系统应实现无级变速。

2. 高刚度、低噪声

主传动系统的精度与刚度直接影响着加工零件的精度。为此，数控机床的主传动链要短、传动件精度与刚度要高，主轴的支承跨距要合理，噪声要降到最低限度。

3. 高抗振性、高热稳定性

在数控加工过程中，切削力等诸多因素会使主轴产生振动，严重影响零件表面粗糙度，甚至损坏加工刀具。另外，摩擦、切削热等还会使主传动系统产生热变形，从而造成加工误差。为此，数控机床的主传动系统必须具有良好的抗振性和热稳定性。

二、主传动系统的传动方式

1. 齿轮传动

齿轮传动是目前大、中型数控机床中使用较多的一种主传动配置方式。一般采用无级调速主电动机，通过带传动和主轴箱内 2 ~ 3 级变速齿轮带动主轴运转，这样可使主轴箱的结构大大简化。由于主轴的变速是通过主电动机无级变速与齿轮有级变速相配合来实现的，因此既可扩大主轴的调速范围，又可扩大主轴的输出转矩。图 2-1 所示是齿轮传动的主传动系统。

2. 带传动

带传动是一种由无级变速主电动机经带传动直接带动主轴运转的主运动形式，图 2-2 所示是这种形式的主传动系统。

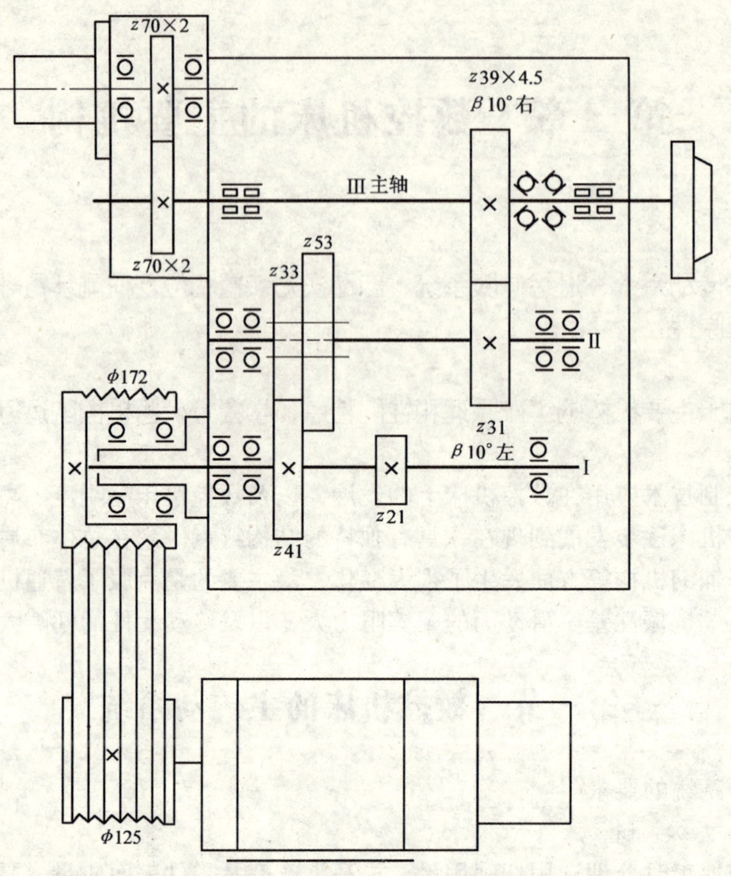

图 2-1　齿轮传动的主传动系统

这种变速方式可避免齿轮传动时引起的振动与噪声，提高主轴的运转精度。一般适用于中小型数控机床等调速范围不需太大，转矩也不需太高的场合。

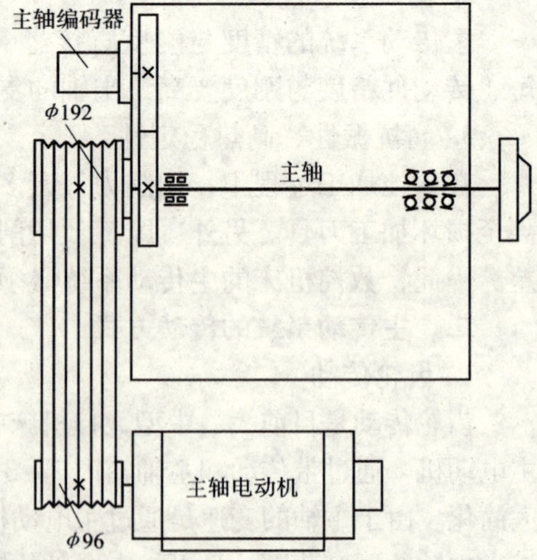

图 2-2　带传动的主传动系统

3. 主轴电动机直联传动

主轴电动机直联传动是将主电动机直接与主轴连接，驱动主轴转动，如图 2-3 所示。

这种传动方式的主轴箱体与主轴结构简单，且主轴刚度较高。由于减少了带降速传动链，主轴输出转矩较小。此外，主轴电动机产生的热量对主轴精度影响较大。

近年来，出现了一种内装式电动机主轴，即主轴与电动机的转子合为一体，而电动机的定子则与主轴箱体固定，如图 2-4 所示。这种形式使主轴部件的结构紧凑、重量轻、惯量小，可提高主轴的起动、停止响应特性，有利于控制振动和噪声，且主轴的最高转速可达 20000r/min 以上。但是，这种传动方式最大的缺点是主电动机运转时产生的热量易使主轴产生热变形。因此，采用内装式电动机主轴方式时，温度的控制与冷却是一个关键问题。通常，这种数控机床自带特定的冷却系统，如风冷、水冷、空调降温等装置。

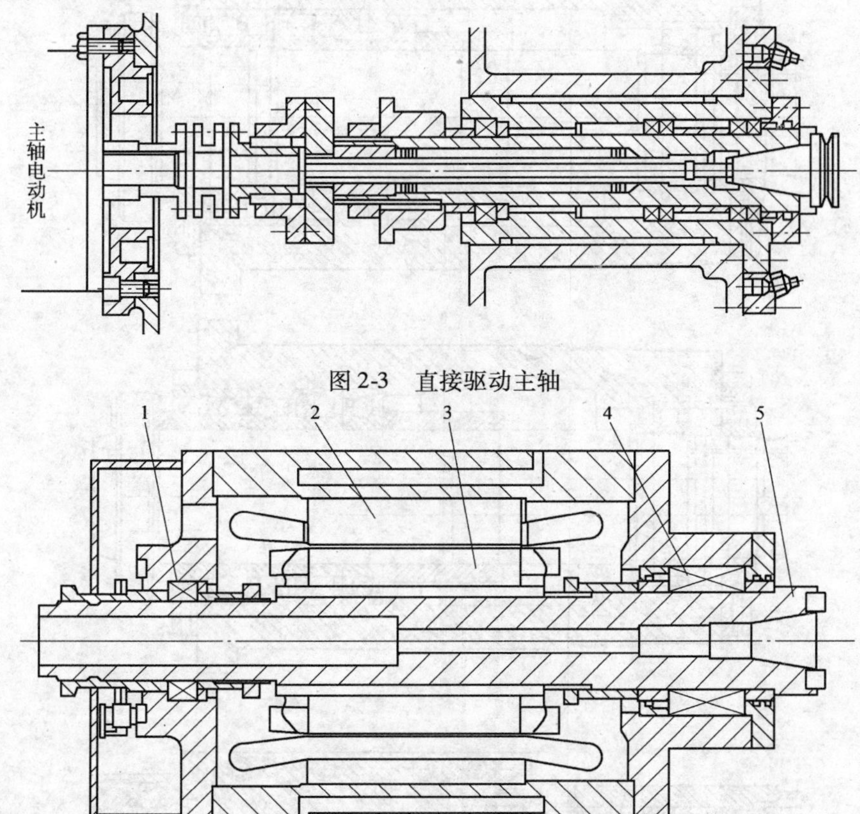

图 2-3　直接驱动主轴

图 2-4　内装式电动机主轴

1、4—主轴支承　2—内装电动机定子　3—内装电动机转子　5—主轴

三、主轴部件

数控机床主轴部件是影响机床加工精度的主要部件，其回转精度影响工件的加工精度；功率大小与回转速度影响加工效率；自动变速、准停、换刀等影响机床的自动化程度。因此，要求主轴部件具有与本机床工作性能相适应的较高的回转精度、刚度、抗振性、耐磨性和较低的温升；在结构上，必须很好地解决刀具或工件的装夹、轴承的配置、轴承间隙的调整和润滑密封等问题。

1. 主轴轴承和主轴润滑

数控机床上主轴轴承的布置形式多种多样，根据数控机床加工要求与加工情况的不同，以及轴承的承载、转速与回转精度的特点，可采用不同的轴承组合形式。如图 2-5 所示则为较典型的四种配置形式，每种形式的承载与极限转速的比较情况见表 2-1。

由于数控机床主轴的转速较高，为减少主轴发热，必须改善轴承的润滑方式。润滑的作用是在摩擦副表面形成一层薄油膜以减少摩擦发热。数控机床主轴一般采用高级油脂润滑，每加一次油脂可以使用 7 ~ 10 年。也有采用油气润滑，这种方法是除在轴承中加入少量润滑油外，还利用含油雾的压缩空气对主轴进行冷却润滑。

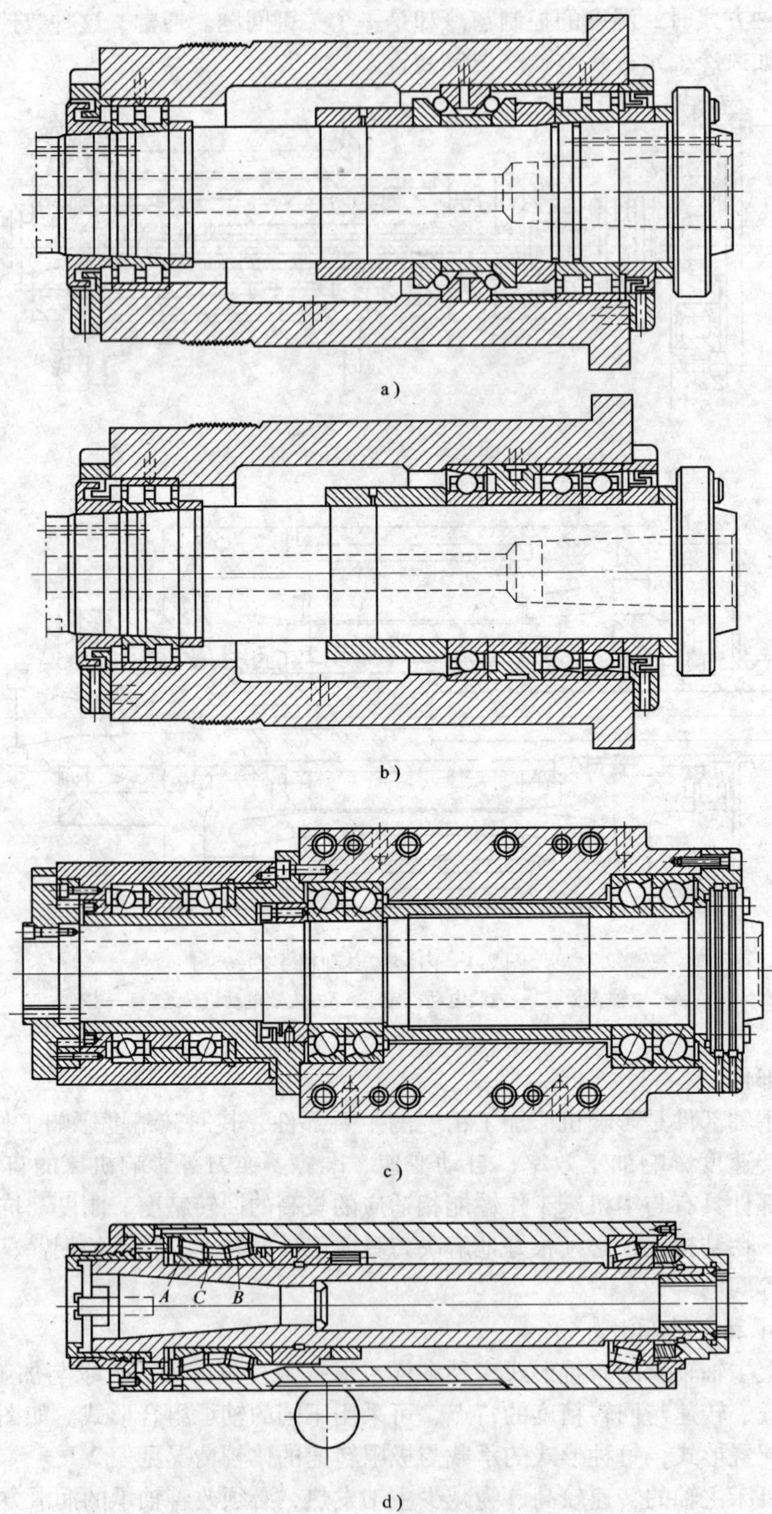

图 2-5 数控机床常用的主轴轴承配置形式

a）圆锥孔双列向心短圆柱滚子轴承配置 b）双向联组角接触深沟球轴承配置

c）同向组合角接触深沟球轴承配置 d）双列圆锥滚子轴承配置

表 2-1 数控机床主轴轴承配置形式的性能比较

主轴轴承配置形式	主轴径向刚度的比值	主轴轴向刚度的比值	允许极限转速的比值	性能	应用场合
图 2-5a 的配置形式	1.0	1.0	1.0	中等转速、高刚度	中型数控车床、精密镗床
图 2-5b 的配置形式	0.56	0.56	1.5	较高转速、中等刚度	要求转速较高的数控车床、数控铣床
图 2-5c 的配置形式	0.42	0.42	1.8	高转速、低刚度	数控磨床
图 2-5d 的配置形式	1.25	1.0	0.6	低转速、高刚度	坐标镗床

2. 主轴编码器

数控机床的进给系统是直接利用伺服电动机，通过滚珠丝杠来驱动溜板和刀架实现进给运动的，因而其进给系统的结构大为简化。数控机床能加工各种螺纹，是因为安装了与主轴同步运转的脉冲编码器，以便发出检测脉冲信号，使主轴电动机的旋转与切削进给同步，从而实现螺纹的切削。另外，车削螺纹一般都需要多次进给才能完成。为防止乱牙，脉冲编码器在发出进给脉冲时，还要发出同步脉冲，以保证每次进给时刀具在同一点切入工件。

3. 主轴内部刀具自动夹紧装置

在带有刀库且具有自动换刀功能的数控机床中，为实现刀具在主轴上的自动装卸，其主轴必须设计刀具自动夹紧机构。这里简单地介绍一下其主轴前端的结构形式，如图 2-6 所示。

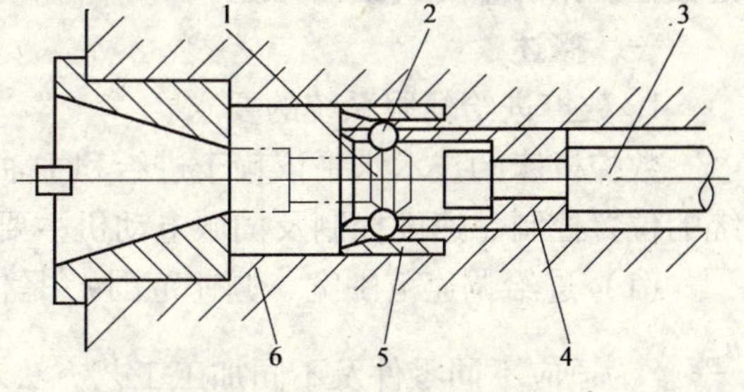

图 2-6 主轴头部刀具夹紧示意
1—刀柄 2—钢球 3—主轴拉杆
4、5—套筒 6—主轴

当数控系统发出装刀信号后，刀具由机械手或其他换刀装置装插入主轴孔，其刀柄 1 及后部的拉钉便被送到与主轴固定的前端套筒 5 内。随即数控系统发出刀具夹紧信号，此时主轴拉杆 3 在后端碟形弹簧（图中略）的弹力作用下，呈紧紧拉伸（图 2-6 中往右方向）的状态。与拉杆固定连接的套筒 4 内的一组钢球 2，在套筒 5 的锥孔逼迫下，收缩分布直径，随即将刀柄 1 后的拉钉紧紧拉住，从而完成刀具定位工作；反之，如需要松开刀具时，数控系统发出松刀信号后，在主轴拉杆 3 后端的液压缸（图中略）作用下，便可克服碟形弹簧的弹力，放松对主轴拉杆 3 的拉伸，即主轴拉杆 3 往左移而呈压缩状态。这时套筒 5 前端的喇叭口使钢球 2 的分布直径变大，随即松开刀柄 1 后的拉钉，即可卸下用过的刀具为进一步换新刀做准备。

另外，自动清除主轴孔中的切屑和灰尘是换刀时一个不容忽视的问题。通常采用在换刀的同时，从主轴内孔喷射压缩空气的方法来解决，以保证刀具准确地定位。

4. 主轴准停装置

在自动换刀的数控铣镗类机床上，必须具有主轴准确的周向定位功能，这个功能称为主轴准停。这是由于刀具装在主轴锥孔内，在切削时的切削转矩不能完全靠锥孔的摩擦力来传递，通常在主轴前端设置一个凸键，称为端面键。当刀具装入主轴时，刀柄上的键槽必须与凸键对准相配。为保证自动换刀，主轴必须停止在某一固定角度的位置上，准停装置就是为保证主轴在换刀时准确停止在换刀位置而设置的，准停装置利用主轴光电脉冲编码器的同步信号作为准停信号来控制主轴准停。近年来在数控镗铣床上已将这一编码器与主轴电动机合二为一，使结构大大简化。这种准停方式可靠，动作迅速平稳。

另外，准停功能还可延伸至其他功能。例如，在镗孔时为不使刀尖划伤已加工表面，在退刀时要让刀尖在固定位置退出加工表面一个微小量；又如，在加工精密坐标孔时，准停能使每次都在主轴固定的圆周位置上装刀，就能保证刀尖与主轴相对位置的一致性，从而减少被加工孔的误差；还有在数控车床上，利用准停功能可以保证在特殊卡盘上装夹不规则零件时，为实现自动上下料，主轴必须停在特定位置上。由此可见，准停的功能可扩大到许多主轴需要周向定位的场合。

第二节　数控机床的进给伺服系统

伺服驱动系统是计算机（包括其他数控计算装置）和机床的联系环节。计算机发出的控制信息，通过伺服驱动系统转换成坐标轴的运动，完成程序所规定的操作。伺服驱动系统是数控机床的重要组成部分。

一、概述

1. 数控进给伺服系统的要求

数控机床的技术水平依赖于进给和主轴伺服系统的性能。因此，数控机床对进给伺服系统的位置控制、速度控制及伺服电动机主要有下述要求。

（1）进给调速范围宽　调速范围 r_n 是伺服电动机的最高转速与最低转速之比，即 $r_n = \frac{n_{max}}{n_{min}}$。为适应不同零件及不同加工工艺方法对切削参数的要求，数控机床的伺服系统应能在很宽的范围内实现调速。目前，在进给脉冲当量为 1μm 的情况下，最先进的数控机床其进给速度在 0～240m/min、一般数控机床在 0～24m/min 内连续可调，即可满足要求。

（2）位置精度高　为满足加工高精度零件的需要，关键之一是要保证数控机床的定位精度和进给跟踪精度。数控机床的位置伺服系统的定位精度一般要求达到 1μm，甚至 0.1μm。相应地，对伺服系统的分辨率也提出了要求。伺服系统接受 CNC 送来的一个脉冲，工作台相应移动的距离称为分辨率。系统分辨率取决于系统的稳定工作性能和所使用的位置检测元件。目前，闭环伺服系统的分辨率可以达到 1μm，数控装置的分辨率可以达到 0.1μm，高精度的数控机床其分辨率也可以达到 0.1μm。

（3）速度响应快　为了保证零件形状精度和获得低的表面粗糙度值，要求伺服系统除具有较高的定位精度外，还应有良好的快速响应特性，即要求跟踪指令信号的响应要快。一方面，伺服系统加减速过渡时间要短，一般在 200ms 以内，甚至小于几十毫秒，且速度变化时不应有超调；另一方面，当负载变化时，过渡过程前沿要陡，恢复时间要短，且无振荡。

（4）低速大转矩　在数控机床切削加工中，一般低速时为大切削量（切削深度和宽度大），要求伺服驱动系统在低速进给时，要有大的输出转矩。为满足上述要求，伺服驱动系统对其执行元件——伺服电动机也相应地提出了严格要求。

2. 伺服系统的组成和工作原理

图 2-7 所示的闭环伺服系统结构原理。安装在工作台上的位置检测元件把机械位移变成位置数字量，并由位置反馈电路送到微机内部。该位置反馈量与输入微机的指令位置进行比较，如果不一致，微机送出差值信号，经驱动电路将差值信号进给变换、放大后驱动电动机，经减速装置带动工作台移动。当比较后的差值信号为零时，电动机停止转动，此时工作台移到指令所指定的位置。这就是数控机床的位置控制过程。

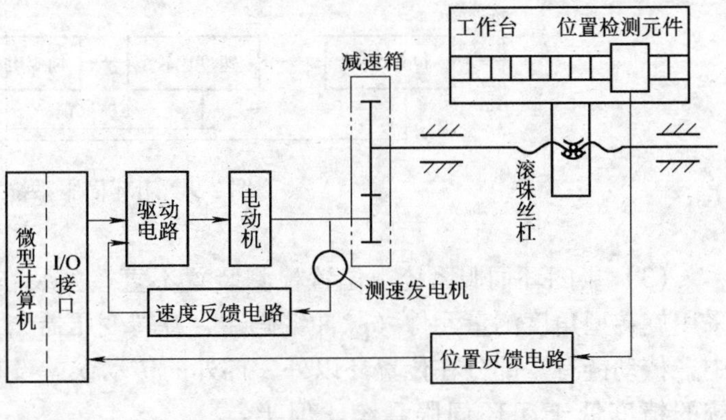

图 2-7　闭环伺服系统结构原理

由图 2-7 可知，闭环伺服系统主要由以下几个部分组成，即微型计算机、驱动电路、执行元件、传动装置、位置检测元件及其反馈电路和测速发电机及其反馈电路。除微型计算机外，其余部分称为伺服驱动系统。

3. 伺服系统的分类

伺服系统有多种分类方法，一般是按有无反馈分类来分，可分为开环伺服系统、闭环伺服系统和半闭环伺服系统。

（1）开环伺服系统　开环伺服系统无位置反馈装置，是数控机床中最简单的伺服系统，其驱动元件主要为功率步进电动机，如图 2-8 所示。数控装置发出的指令脉冲经驱动电路放大送到步进电动机，电动机输出轴转过一定的角度，再通过齿轮副和丝杠螺母副带动机床工作台移动。步进电动机轴转过的角度正比于指令脉冲的个数，旋转速度的大小正比于指令脉冲的频率。由于没有检测反馈装置，系统中各部分的误差，如步进电动机的步距角误差、机械系统的误差等综合为系统的位置误差，所以精度较低，速度也受到步进电动机性能的限制，使得其低速不平稳、高速转矩小。但开环伺服系统结构简单，易于控制与调整，一般用于轻载、负载变化不大、精度要求不高的场合，在经济型数控机床和普通机床改造中使用较多。

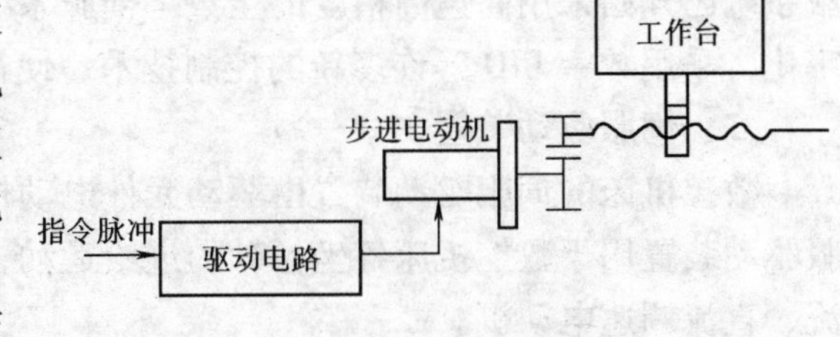

图 2-8　开环伺服系统

（2）闭环伺服系统　闭环伺服系统是误差控制随动系统，如图 2-9 所示。数控机床进给系统的误差是 CNC 输出的位置指令和机床工作台（或刀架）实际位置的差值。位置检测装置测出实际位移量或者实际所处位置，并将测量值反馈给 CNC 装置，接着与指令值进行比较求得误差。将此误差信号进行放大，控制伺服电动机带动机床工作台移动，并向着消除误差的方向进给，直到误差等于零为止。

由于闭环伺服系统是反馈控制，反馈测量装置精度很高，所以系统传动链的误差、环内各元件的误差以及运动中造成的误差都可以得到补偿，从而大大地提高了跟随精度和定位精度。但闭环系统的结构复杂，调试维护较难，故一般用于传动部件精度较高、性能稳定，使用过程中温差变化不大的精密数控机床。

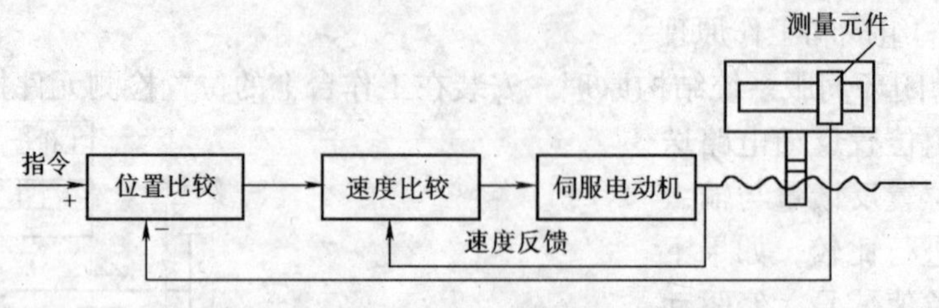

图 2-9 闭环伺服系统

（3）半闭环伺服系统 位置检测装置不直接安装在进给系统的最终运动部件上，而是采用旋转型角度测量元件（脉冲编码器、旋转变压器），如图 2-10 所示。在半闭环伺服系统中，传动链有一部分在位置环以外，环外的传动误差没有得到系统的补偿，因而这种伺服系统的精度低于闭环伺服系统。但半闭环伺服系统安装调试简单、稳定性好，且可以通过 CNC 装置实现间隙补偿与螺距误差补偿，从而可减小系统误差。因此，半闭环伺服系统在数控机床中被广泛应用。

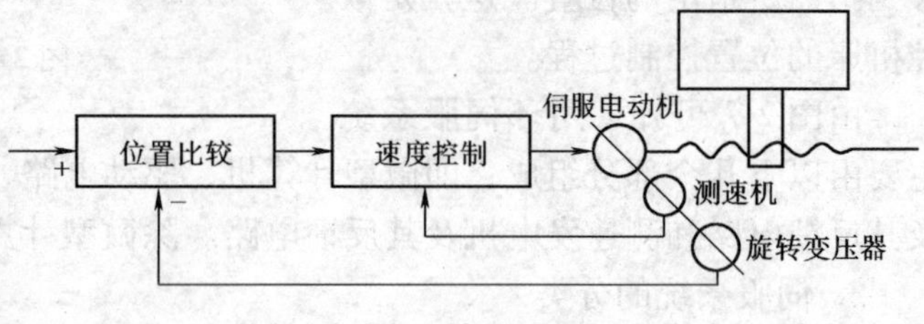

图 2-10 半闭环伺服系统

伺服系统还可按驱动装置类型分类，可分为电液伺服系统和电气伺服系统；按反馈比较控制方式分类，可分为脉冲、数字比较伺服系统、相位比较伺服系统、幅值比较伺服系统和全数字伺服系统。现代数控机床伺服系统已开始采用高速高精度的全数字伺服系统，位置、速度和电流构成的三环反馈全部数字化，采用数字 PID 等许多新的控制技术，使控制精度和品质大大提高。

二、伺服驱动装置

数控机床的伺服驱动装置由驱动元件电动机和电动机驱动控制单元两部分组成。进给伺服驱动装置用于数控机床各坐标轴的进给运动，数控机床常用的驱动元件有步进电动机和交流、直流调速电动机。

1. 步进电动机

步进电动机是一种将电脉冲信号转换成机械角位移的驱动元件。当有一个电脉冲输入时，步进电动机就回转一个固定的角度，这角度称为步距角，一个步距角就是一步，所以这种电动机称为步进电动机。又由于它输入的是脉冲电流，故也称为脉冲马达。当电脉冲连续不断地输入时，步进电动机便跟随脉冲一步一步地转动，步进电动机的角位移量和输入的脉冲个数严格成正比。因此，只需控制输入脉冲的数量、频率及电动机绕组的通电顺序，便可获得所需转角、转速和方向。在无脉冲输入时，步进电动机的转子保持原有位置，处于定位状态。步进电动机的调速范围广、惯量小、灵敏度高，输出转角能够控制，而且有一定的精度，常用做开环进给伺服系统的驱动元件。与闭环伺服系统相比，它没有位置速度反馈回路，控制系统简单，成本大大降低，与机床配接容易，使用方便，因而在对精度、速度要求不十分高的中小型数控机床上得到了广泛的应用。

2. 直流伺服电动机

由于数控机床对进给伺服驱动装置的要求较高，而直流电动机具有良好的调速特性，因此在半闭环、闭环伺服控制系统中，得到较广泛的使用。

3. 交流伺服电动机

交流伺服电动机具备了调速范围宽、稳速、精度高、动态响应快以及其他良好的技术性能。交流伺服电动机提高性能的关键在于解决对其调速控制与驱动。对交流伺服电动机的调速，目前用得较多的是计算机对交流电动机磁场作矢量变换控制。其基本原理是把交流电动机等效为直流电动机，从而使其像直流电动机一样进行有效的控制。

三、数控进给传动结构

数控进给传动结构是进给伺服系统的主要组成部分，它将伺服电动机的旋转运动转化为执行部件的直线移动或回转运动，以保证刀具与工件的相对位置关系为目的。在数控机床中，进给运动是数字控制系统的直接控制对象。工件的精度均要受到进给运动的传动精度、灵敏度和稳定性的影响。为此，数控机床的进给系统应力求做到减少摩擦力，提高传动精度与刚度，消除传动间隙以及减少运动件的惯量等。目前，在数控机床进给驱动系统中常用的机械传动装置主要有：滚珠丝杠螺母副、静压蜗杆-蜗母条、预加载荷双齿轮-齿条及双导程蜗杆等。

1. 滚珠丝杠螺母副传动

滚珠丝杠螺母副是回转运动与直线运动相互转换的新型传动装置，在数控机床上得到了广泛的应用。它的结构特点是在具有螺旋槽的丝杠螺母间装有滚珠作为中间传动元件，以减少摩擦。其工作原理如图 2-11 所示。图中丝杠和螺母上都加工有圆弧形的螺旋槽，当它们对合起来就形成了螺旋滚道。在滚道内装有滚珠，当丝杠与螺母相对运动时，滚珠沿螺旋槽向前滚动，在丝杠上滚过数圈以后通过回程引导装置，逐个地又滚回到丝杠和螺母之间，构成一个闭合的回路。

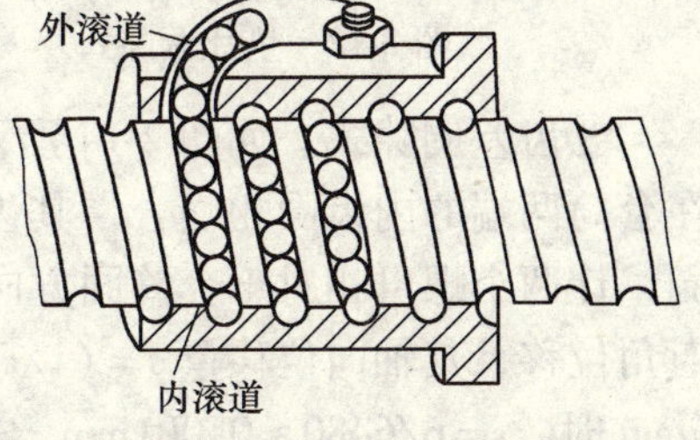

图 2-11　滚珠丝杠副的工作原理

滚珠丝杠螺母副的优点是摩擦系数小，传动效率高，η 可达 92% ~ 96%，所需传动转矩小；灵敏度高，传动平稳，不易产生爬行，随动精度和定位精度高；磨损小，寿命长，精度保持性好；可通过预紧和间隙消除措施提高轴向刚度和反向精度；运动具有可逆性，不仅可以将旋转运动变为直线运动，也可将直线运动变为旋转运动。缺点是制造工艺复杂，成本高，在垂直安装时不能自锁，因而需附加制动机构。

（1）滚珠丝杠副轴向间隙的调整　滚珠丝杠的传动间隙是轴向间隙。为了保证反向传动精度和轴向刚度，必须消除轴向间隙。消除间隙常采用双螺母结构，利用两个螺母的相对轴向位移，使两个滚珠螺母中的滚珠分别贴紧在螺旋滚道的两个相反的侧面上。用这种方法预紧消除轴向间隙时，应注意预紧力不宜过大，预紧力过大会使空载力矩增加，从而降低传动效率，缩短使用寿命。此外，还要消除丝杠安装部分和驱动部分的间隙。

常用的双螺母丝杠消除间隙的方法有以下几种。

①垫片调隙式。如图 2-12 所示，调整垫片厚度使左右两螺母产生轴向位移，即可消除间隙和产生预紧力。这种方法结构简单、刚性好，但调整不便，滚道有磨损时不能随时消除

间隙和进行预紧。

②螺纹调隙式。如图 2-13 所示，右螺母 4 外端有凸缘，而另一个螺母 1 外端没有凸缘而制有螺纹，并用两个圆螺母 2、3 固定着，用平键限制螺母在螺母座内的转动。调整时，只要拧动圆螺母 3 即可消除间隙并产生预紧力，然后用螺母 2 锁紧。这种调整方法具有结构简单、工作可靠、调整方便的优点，但预紧量不很准确。

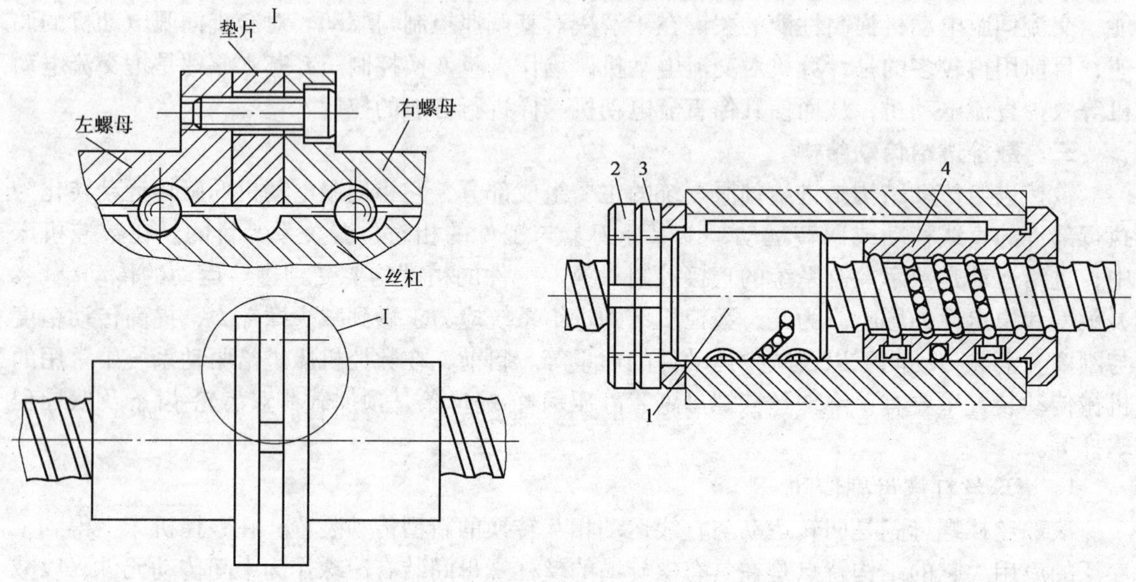

图 2-12　垫片调隙式

图 2-13　螺纹调隙式

③齿差调隙式。如图 2-14 所示，在两个螺母的凸缘上各制有圆柱外齿轮，分别与固紧在套筒两端的内齿圈相啮合，其齿数分别为 z_1 和 z_2，并相差一个齿。调整时，先取下内齿圈，让两个螺母相对于套筒同方向都转动一个齿，然后再插入内齿圈，则两个螺母便产生相对角位移，其轴向位移量 $s=(1/z_1-1/z_2)t$。例如，$z_1=80$、$z_2=81$，滚珠丝杠的导程为 $t=6\text{mm}$ 时，$s=6/6480\approx0.001\text{mm}$。这种调整方法能精确调整预紧量，且调整方便、可靠，但结构尺寸较大，多用于高精度的传动。

④单螺母变位螺距式。如图 2-15 所示，它是在滚珠螺母体内的两列循环滚珠链之间使内螺纹滚道在轴向产生一个 ΔL_0 的导程突变量，从而使两列滚珠在轴向错位实现预紧。这种调隙方法结构简单，但负荷量需预先设定且不能改变。

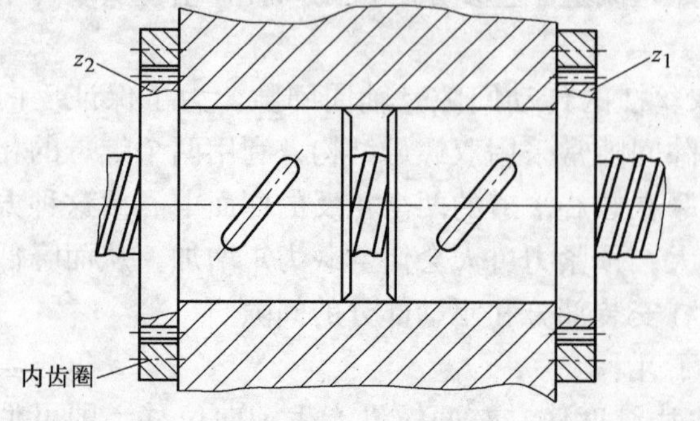

图 2-14　齿差调隙式

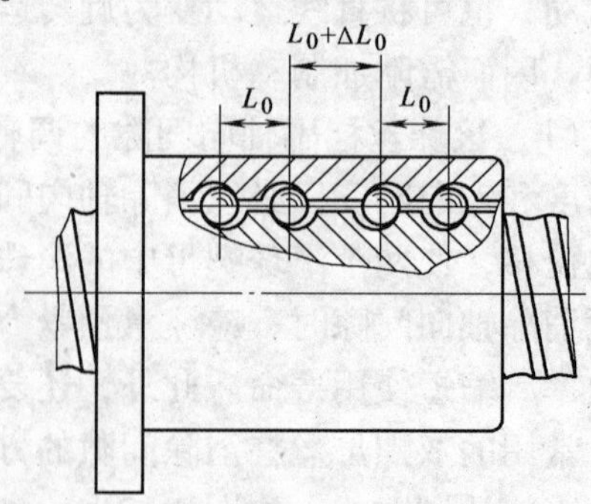

图 2-15　单螺母变位螺距式

（2）滚珠丝杠副的安装支承方式　数控机床的进给系统要获得较高的传动刚度，除了加强滚珠丝杠副本身的刚度外，滚珠丝杠的正确安装及支承结构的刚度也是不可忽视的因素。如为减少受力后的变形，螺母座应有加强肋，增大螺母座与机床的接触面积，并且要联接可靠。采用高刚度的推力轴承以提高滚珠丝杠的轴向承载能力。

滚珠丝杠在机床上的支承方式如图 2-16 所示。

图 2-16a 所示为一端装推力轴承。这种安装方式只适用于行程小的短丝杠，它的承载能力小，轴向刚度低。

图 2-16b 所示为一端装推力轴承，另一端装深沟球轴承。此种方式用于丝杠较长的情况，当热变形造成丝杠伸长时，其一端固定，另一端能作微量的轴向浮动。安装时应注意使热源和丝杠工作时的常用段远离止推端。

图 2-16c 所示为两端装推力轴承。把推力轴承装在滚珠丝杠的两端，并施加预紧力，可以提高轴向刚度，而且丝杠工作时只承受拉力，但这种安装方式对丝杠的热变形较为敏感。

图 2-16d 所示为两端装止推轴承及深沟球轴承。它的两端均采用双重支承并施加预紧，使丝杠具有较大的刚度，这种方式还可使丝杠的变形转化为推力轴承的预紧力。

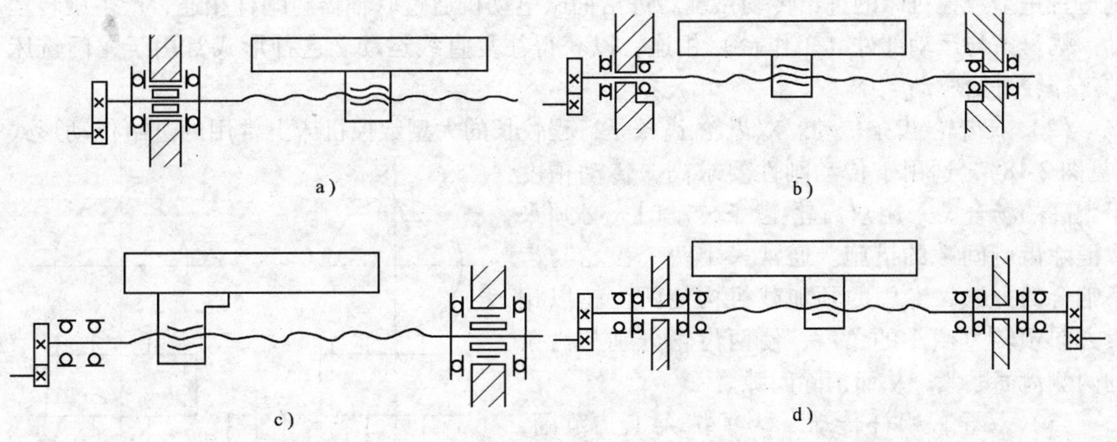

图 2-16　滚珠丝杠在机床上的支承方式

（3）滚珠丝杠的防护　滚珠丝杠副也可用润滑剂来提高耐磨性及传动效率。润滑剂可分为润滑油和润滑脂两大类。润滑油一般为全损耗系统用油。润滑脂可采用锂基润滑脂。润滑脂一般加在螺纹滚道和安装螺母的壳体空间内，而润滑油则经过壳体上的油孔注入螺母的空间内。

滚珠丝杠副和其他滚动摩擦的传动元件一样，应避免硬质灰尘或切屑污物进入，因此必须有防护装置。如果滚珠丝杠副在机床上外露，应采取封闭的防护罩。例如，采用螺旋弹簧钢带套管、伸缩套管以及折叠式套管等。安装时将防护罩的一端联接在滚珠螺母的端面，另一端固定在滚珠丝杠的支承座上。如果滚珠丝杠副处于隐蔽位置，则可采用密封圈防护，密封圈应装在滚珠螺母的两端。接触式的弹性密封圈用耐油橡胶或尼龙制成，其内孔做成与丝杠螺纹滚道相配合的形状。接触式密封圈的防尘效果好，但因有接触压力，使摩擦力矩略有增加。非接触式密封圈又称迷宫式密封圈，是用硬质塑料制成，其内孔与丝杠螺纹滚道的形状相反，稍有间隙，这样可避免摩擦力矩，但防尘效果差。

2. 其他进给传动机构

前述的滚珠丝杠螺母副传动广泛应用于各类中小型数控机床的进给传动中，但在一些大型数控机床上不宜采用滚珠丝杠传动。这是因为长丝杠制造困难，且易弯曲下垂，影响传动精度，所以在大型数控机床上一般采用静压蜗杆-蜗母条传动和双齿轮-齿条传动。另外，在圆周进给传动中，还常采用双导程蜗杆传动。下面简要介绍一下这些传动的基本原理。

（1）静压蜗杆-蜗母条传动　蜗杆-蜗母条机构是丝杠螺母机构的一种特殊形式（见图2-17）。蜗杆可看作长度很短的丝杠，蜗母条则可看作一个很长的螺母沿轴向剖开后的一部分。

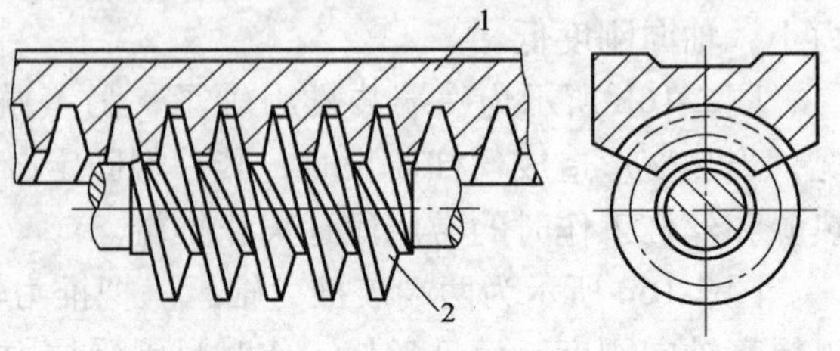

图2-17　静压蜗杆-蜗母条机构

1—蜗母　2—蜗杆

液体静压蜗杆-蜗母条机构是在蜗杆-蜗母条的啮合齿面间注入压力油，以形成一定厚度的油膜，使两啮合面形成液体摩擦，特别适宜重型数控机床的进给传动系统。进给伺服电动机通过联轴器与蜗杆相连，产生旋转运动。蜗母条与运动部件（工作台）相连，以获得往复直线运动。这种形式常用于龙门铣床的工作台进给驱动。

（2）双齿轮-齿条传动。双齿轮-齿条是行程较长的大型数控机床上常用的进给传动形式（见图2-18），适用于传动刚性要求高，传动精度不太高的场合。采用双齿轮-齿条传动时，必须采取消除齿侧间隙的措施。通常采用两个齿轮与齿条啮合的方法，专用的预加载机构使两齿轮以相反方向预转过微小的角度，使两齿轮分别与齿条的两侧齿面贴紧，从而消除间隙。

（3）双导程蜗杆传动　为了扩大工艺范围，提高生产效率，数控机床除了直线进给运动之外，还有圆周进给运动。圆周进给运动可由回转工作台来实现，其进给传动一般采用双导程蜗杆传动，如图2-19所示。

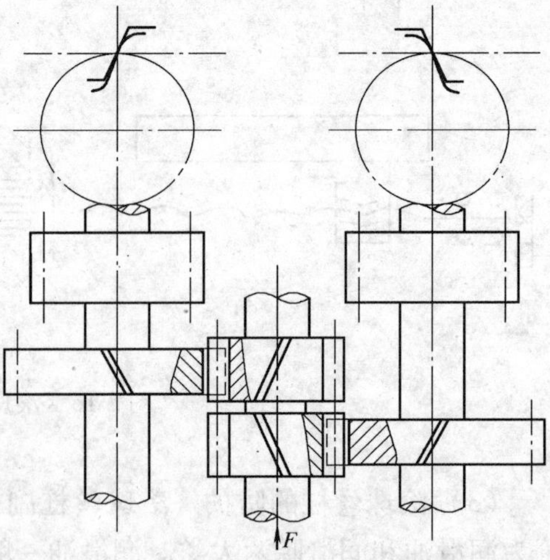

图2-18　双齿轮-齿条传动

四、数控进给传动导轨

导轨是伺服进给系统的重要环节之一，它对数控机床的刚度、精度与精度保持性等有着重要的影响。现代数控机床的导轨，对导向精度、精度保持性、摩擦特性、运动平稳性和灵敏度都有更高的要求，在材料和结构上有了“质”的变化，明显不同于普通机床的导轨。

1. 塑料滑动导轨

为了进一步降低普通滑动导轨的摩擦系数，防止低速爬行，提高定位精度，在数控机床上普遍采用塑料作为滑动导轨的材料，使原来铸铁-铸铁的滑动变为铸铁-塑料或钢-塑料的滑动。塑料导轨的摩擦系数很低，这种良好的摩擦特性能防止低速爬行，使机床运行平稳，以获得高的定位精度。

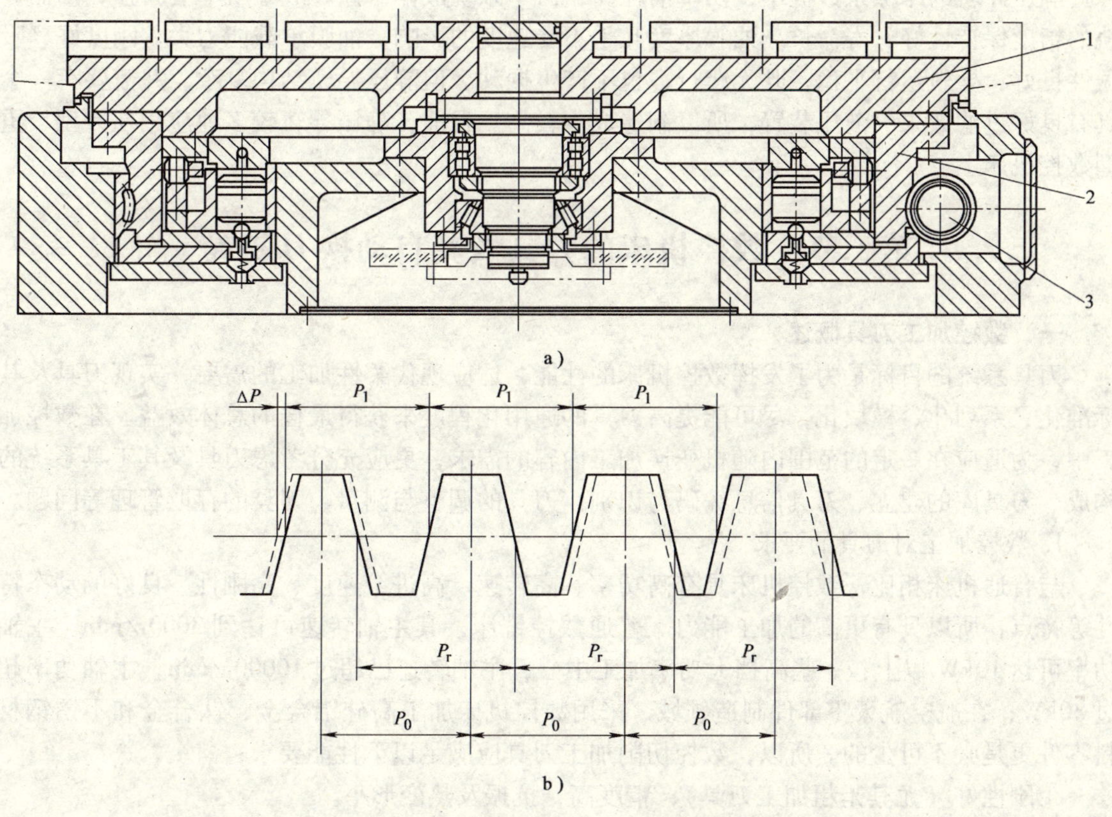

图 2-19　双导程蜗杆传动

a）回转工作台　b）双导程蜗杆变齿厚原理

1—回转工作台　2—蜗轮　3—双导程蜗杆

2. 滚动导轨

滚动导轨主要由导轨体、滑块、滚珠、保持器、端盖等组成。生产厂把滚动导轨的预紧力调整适当，成组安装，所以这种导轨又称为单元式直线滚动导轨。使用时，导轨固定在不运动部件上，滑块固定在运动部件上。当滑块沿导轨体移动时，滚珠在导轨和滑块之间的圆弧直槽内滚动，并通过端盖内的滚道，从工作负荷区到非工作负荷区，然后再滚动到工作负荷区，如此不断循环，从而把导轨体和滑块之间的移动变成了滚珠的滚动。为防止灰尘和脏物进入导轨滚道，滑块两端及下部均装有塑料密封垫，滑块还有润滑油注油杯。

滚动导轨的最大优点是摩擦系数小，比塑料导轨还小；运动轻便灵活，灵敏度高；低速运动平稳性好，不会产生爬行现象，定位精度高；耐磨性好，磨损小，精度保持性好，且润滑系统简单。为此，滚动导轨在数控机床上得到普遍的应用。但是，滚动导轨的抗振性较差，结构复杂，对脏物较敏感，必须要有良好的防护措施。

3. 静压导轨

静压导轨是在两个相对运动的导轨面间通入压力油，使运动件浮起。工作过程中，导轨面上油腔中的油压能随着外加负载的变化自动调节，以平衡外负荷，保证导轨面始终处于纯液体摩擦状态。

静压导轨的摩擦系数极小，功率消耗少，由于系统液体摩擦，故导轨不会磨损，因而导轨的精度保持性好、寿命长。油膜厚度几乎不受速度的影响，油膜承载能力大、刚度好、吸振性良好，导轨运行平稳，既无爬行，也不产生振动。但静压导轨结构复杂，并需要有一个具有良好过滤效果的液压装置，所以制造成本较高。目前，静压导轨较多地应用在大型、重型数控机床上。

第三节　数控机床的刀具及其自动换刀装置

一、数控加工刀具概述

刀具系统的目标是为了发挥数控机床的性能，适应现代柔性加工的需要，实现刀具及其标准化、系列化、模块化，尽可能提高刀具的通用化程度来获得最佳的总体效益。在数控加工中，为适应在一定的范围内随机变换加工内容的需求，更应充分考虑刀具及其工具系统的构成、刀具库的建立、刀具信息编码与识别、刀具的调整与测量、刀具的存取管理等问题。

1. 数控加工对刀具的要求

与普通机床相比，数控机床具有高功率、高转速、高进给速度、高刚性、良好的动态特性等特点，所以具有更高的加工能力。普通数控铣床，其主轴转速可达到3000r/min，主轴功率可达10kW以上；一些高挡大功率加工中心，主轴转速已超过10000r/min，主轴功率超过30kW；在航空航天零部件制造领域，采用数控机床加工高硅铝合金、钛合金和不锈钢材料零件更是必不可少的。所以，数控切削加工刀具应满足以下性能要求：

①刚性好（尤其是粗加工刀具），精度高，抗振及热变形小。

②良好的互换性，便于快速换刀，降低辅助时间，提高加工效率。

③切削性能稳定、可靠，寿命高，耐热冲击性好。

④刀具的尺寸、结构便于调整，以减少换刀调整时间。

⑤刀具应能可靠地断屑或卷屑，以利于切屑的排出。

⑥系列化、标准化、模块化，以利于减少刀具数量，提高刀具利用率，便于编程和对刀具的管理。

2. 数控机床刀具的分类

数控机床刀具的分类方法很多，下面介绍其中的几种。

（1）按照刀具结构分类

①整体式，即刀具的切削和夹持部分为一体制造的刀具，常用的有整体高速钢和整体硬质合金刀具。整体式刀具的特点是：刀具强度、刚性好，几何尺寸准确，初始精度高，制造工艺简单。整体式刀具在高温下热应力均匀，刀具磨损后可以重新修磨，但重新刃磨后需要测量预调，不易实现快换，刀片材料浪费大等。所以整体式刀具结构通常应用于钻头、丝锥、铰刀、尺寸较小的铣刀，以及用于精加工的数控刀具和一些特殊结构形式的刀具。目前，数控刀具中整体式刀具所占的比例逐步减少，正被机夹式刀具所取代。

②镶嵌式，即刀具的切削和夹持部分采用不同材料制造的刀具，包括采用焊接或机夹式连接。其中，机夹式又可分为机夹不转位式和机夹可转位式两种。目前，机夹可转位刀具技术已经非常成熟，且被广泛应用，能够基本满足各种加工工艺要求，适应对各种工件材料的加工需要，成为了数控加工刀具的中坚力量。

③其他特殊结构形式，如复合式、减振式、内冷式刀具等。不同结构型式刀具如图 2-20 所示。

（2）按照制造刀具所用的材料分类

①高速钢刀具。它具有较好的韧性，可以承受冲击载荷，其化学稳定性、制造工艺性、刃磨性较好，红硬性仅次于硬质合金，一般应用在机械加工的低速切削中。近年来刀具材料生产厂家相继研制出新型高速钢，提高了其耐磨、耐热性能，也可以用来进行中速切削和对不锈钢等难加工材料的加工。

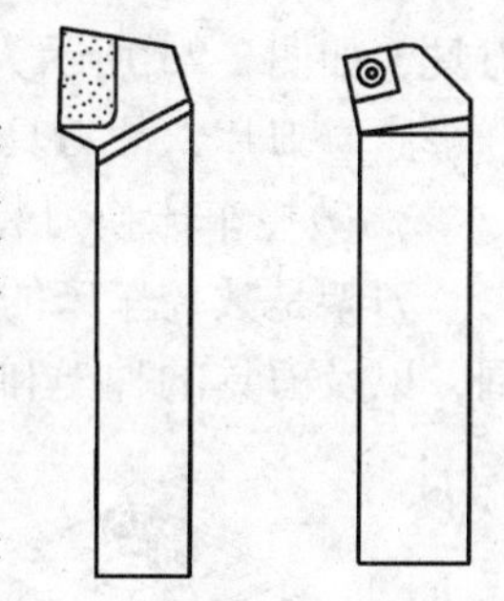
图 2-20　刀具结构型式

②硬质合金刀具。它具有较高的硬度,良好的耐磨性和耐热性,是数控机床刀具应用最为广泛的材料,适于数控加工的中速和高速切削。

③金刚石刀具，包括天然单晶金刚石和人造聚晶金刚石（PCD）刀具。单晶金刚石刀具主要用于有色金属及合金的超精密加工和非金属材料加工，如酚醛塑料等。人造聚晶金刚石适用于有色金属和非金属材料的高速、高精度加工，特别适合加工高硅铝合金、碳纤维复合材料等。

④其他材料刀具，如立方氮化硼（CBN）刀具、陶瓷刀具、金属陶瓷刀具和涂层硬质合金刀具等。目前主要用于高速精车、精铣与半精车、半精铣等。立方氮化硼刀具主要用于精加工与半精加工，一般适用于加工硬度不小于 45HRC 的冷硬铸铁、合金结构钢、工具钢、高速钢、轴承钢以及硬度不小于 35HRC 的镍基合金、钴基合金、粉末冶金零件。其寿命是硬质合金的十几倍，目前得到了广泛的应用。部分韧性较高的陶瓷刀具材料也可用于粗车或粗铣。金属陶瓷刀具一般应用于硬度低于 45HRC 的金属材料的高、中速精加工和半精加工，如各种铸铁、合金钢、不锈钢、耐高温合金等，但是它不适合于加工淬硬钢和高硅铝合金。金属陶瓷刀具在实际应用中逐渐代替硬质合金刀具或陶瓷刀具，提高了生产效率，降低了产生成本，在机夹可转位刀具中已经占有较大比重。涂层硬质合金材料既有基体的韧性，又有高硬度、抗氧化、耐腐蚀的性能，在生产中显示出很大的优越性。目前，各种复合涂层技术、金刚石涂层技术等相继问世并投入使用。其切削速度的大幅度提高，既提高了加工效率，又避免了切削过程中积屑瘤的生成，从而改善了加工质量并延长了刀具的使用寿命。涂层硬质合金刀具在机夹可转位刀具中已经成为主要组成部分，在各种材料的高速高效率加工中起着不可替代的作用。

（3）按照切削工艺分类

①车削刀具，分外圆、内孔、螺纹、切割刀具等多种。

②孔加工刀具，包括钻头、铰刀、丝锥等。

③镗铣削刀具等。

二、数控车床刀具及其自动换刀装置

1. 数控车床刀具

常用的各种数控车床刀具分类和用途如图 2-21 所示。

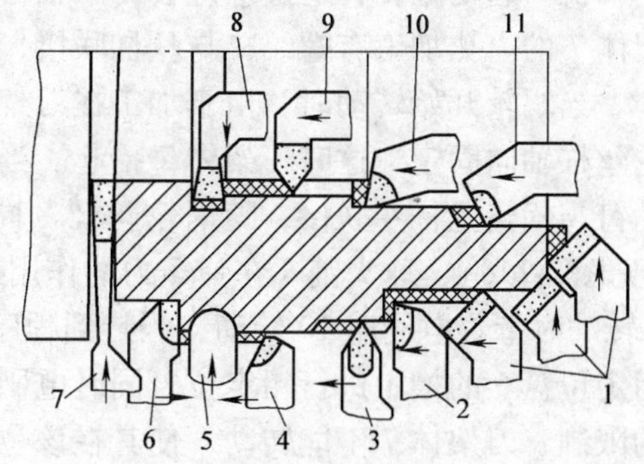

图 2-21　车削不同加工部位所用车刀示意图
1—45°端面车刀　2—90°外圆车刀　3—外螺纹车刀　4—70°外圆车刀　5—成形车刀　6—90°左切外圆车刀　7—切断、车槽车刀　8—内孔车槽车刀　9—内螺纹车刀　10—95°内孔车刀　11—75°内孔车刀

在数控车削加工中，广泛采用机夹可转位车刀。因为这种刀具在提高寿命和切削效率，节省换刀、对刀时间，节省刀杆材料等方面具有显著的经济效果。如图 2-22 所示为可转位刀具，如图 2-23 所示为可转位车刀刀片的形状。刀片材料一般为碳化钛、氮化钛两类硬质合金涂层刀片，故刀具有很高的耐磨性和耐热性。

2. 数控车床换刀装置

刀架是数控车床的重要功能部件，其结构形式很多，主要取决于机床的形式、工艺范围，以及刀具的种类和数量等。下面介绍几种典型刀架结构。

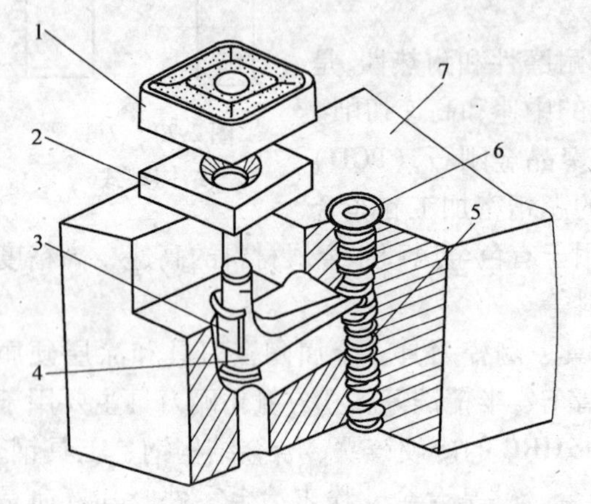

图 2-22 可转位刀具

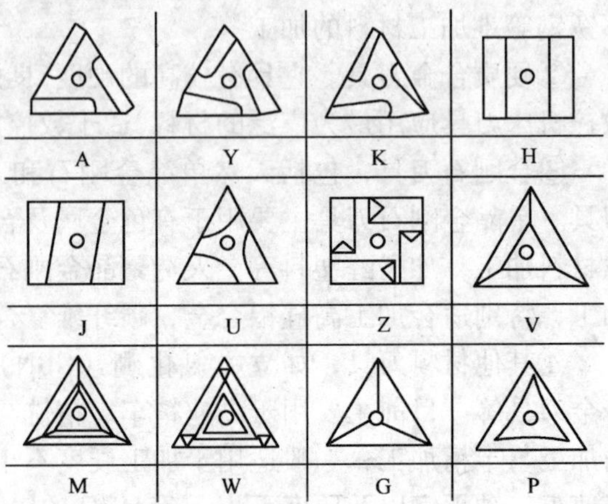

图 2-23 可转位车刀刀片的形状

（1）数控车床方刀架 数控车床刀架动作的要求是：刀架抬起、刀架转位、刀架定位和夹紧刀架。为完成上述动作要求，要有相应的机构来实现，下面就以 WZD4 型刀架为例说明其具体结构，如图 2-24 所示。

该刀架可以安装四把不同的刀具，转位信号由加工程序指定。当换刀指令发出后，小型电动机 1 起动正转，通过平键套筒联轴器 2 使蜗杆轴 3 转动，从而带动蜗轮丝杠 4 转动。刀架体 7 的内孔加工有螺纹，与丝杠联接，蜗轮与丝杠为整体结构。

当蜗轮开始转动时，由于加工在刀架底座 5 和刀架体 7 上的端面齿处在啮合状态，且蜗轮丝杠轴向固定，这时刀架体 7 抬起。当刀架体抬至一定距离后，端面齿脱开。转位套 9 用销钉与蜗轮丝杠 4 联接，随蜗轮丝杠一同转动，当端面齿完全脱开，转位套正好转过 160°（见图 2-24c），球头销 8 在弹簧力的作用下进入转位套 9 的槽中，带动刀架体转位。刀架体 7 转动时带着电刷座 10 转动，当转到程序指定的刀号时，粗定位销 15 在弹簧的作用下进入粗定位盘 6 的槽中进行粗定位，同时电刷 13 接触导体使小型电动机 1 反转。由于粗定位槽的限制，刀架体 7 不能转动，使其在该位置垂直落下，刀架体 7 和刀架底座 5 上的端面齿啮合实现精确定位。电动机继续反转，此时蜗轮停止转动，蜗杆轴 3 自身转动，当两端面齿增加到一定夹紧力时，小型电动机 1 停止转动。

译码装置由发信体 11、电刷 13、14 组成，电刷 13 负责发信，电刷 14 负责位置判断。当刀架定位出现过位或不到位时，可松开螺母 12 调好发信体 11 与电刷 14 的相对位置。

这种刀架在经济型数控车床及卧式车床的数控化改造中得到广泛的应用。

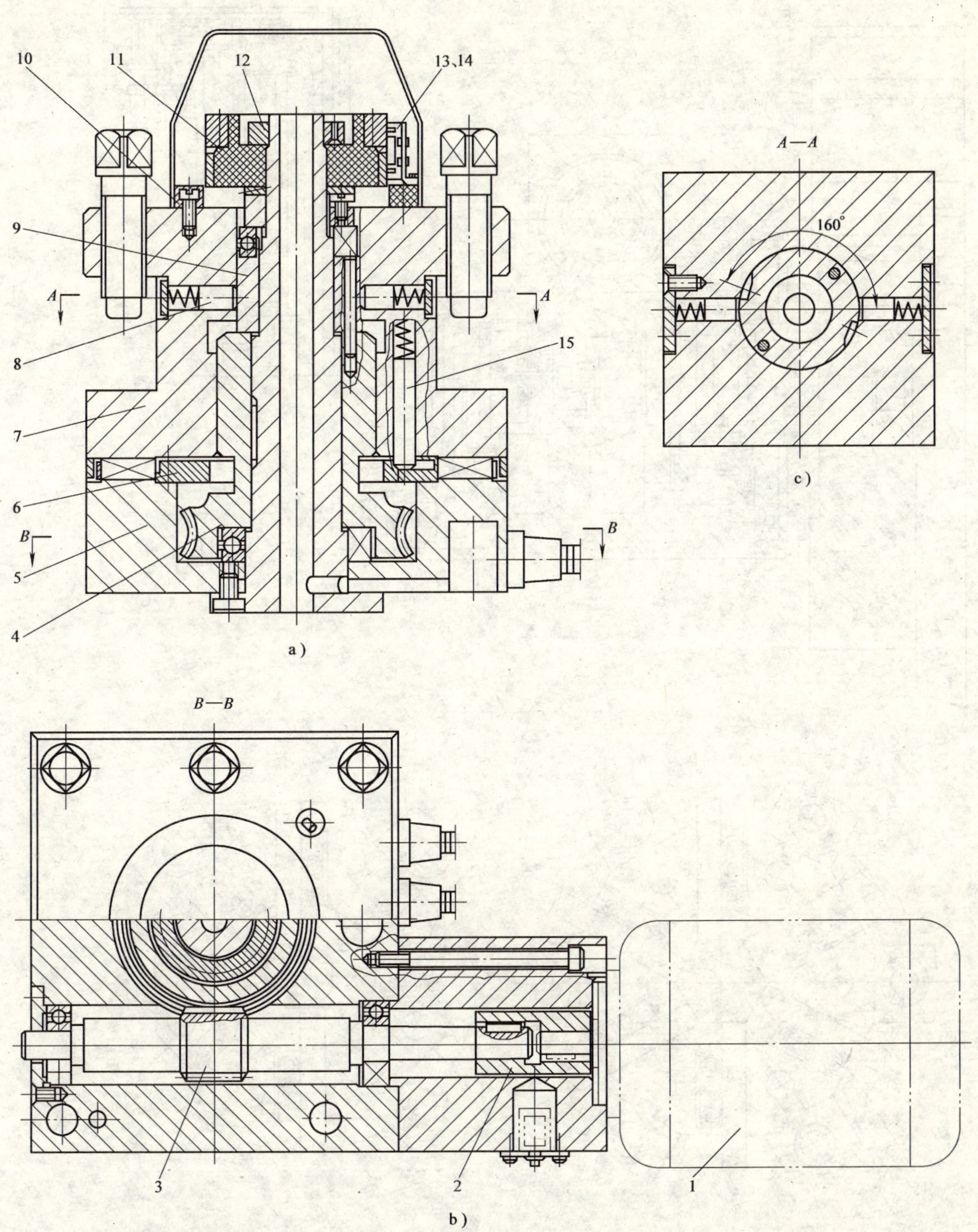

图 2-24 数控车床方刀架结构

1—小型电动机 2—平键套筒联轴器 3—蜗杆轴 4—蜗轮丝杠 5—刀架底座 6—粗定位盘 7—刀架体 8—球头销 9—转位套片 10—电刷座 11—发信体 12—螺母 13、14—电刷 15—粗定位销

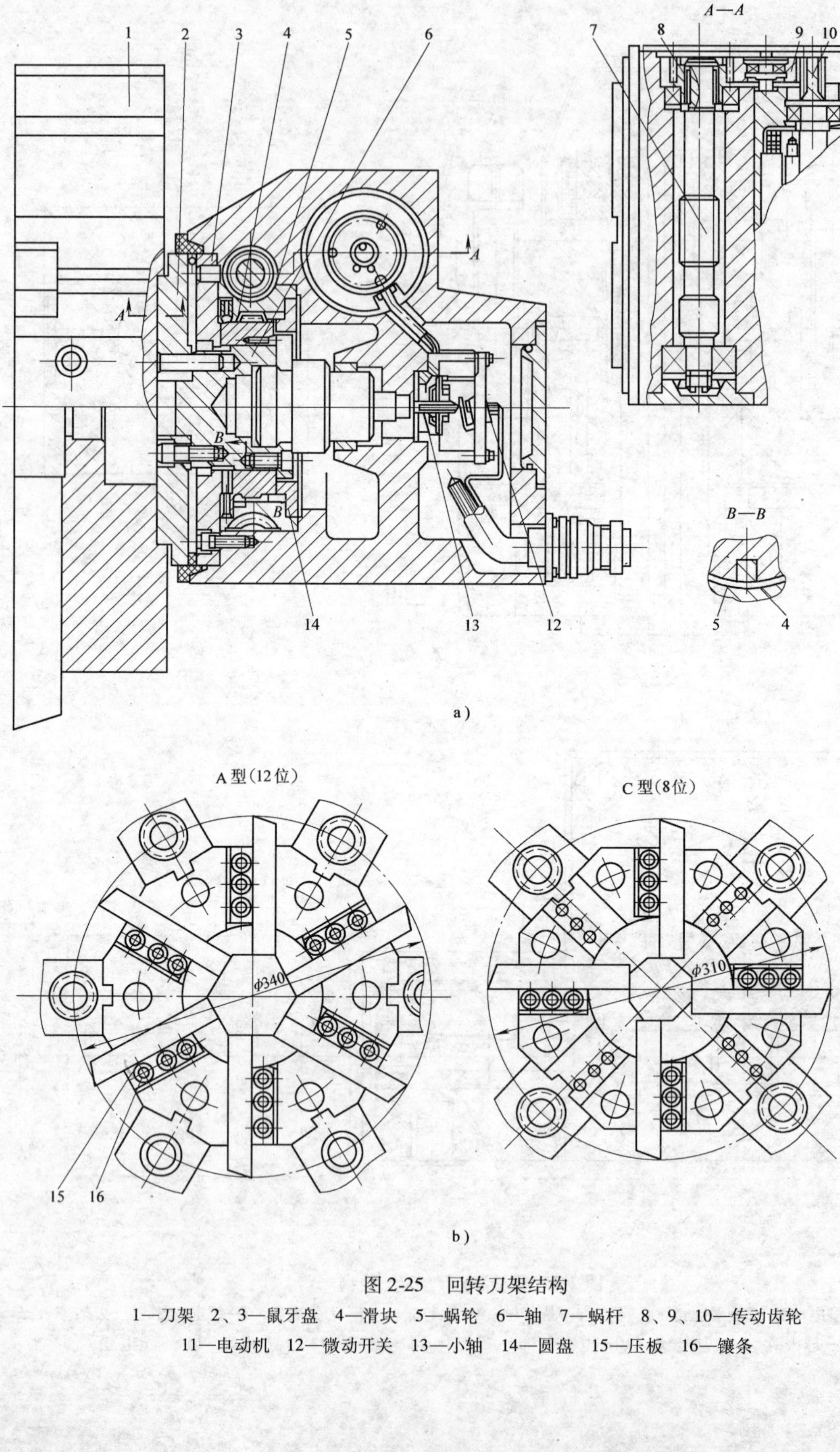

a）

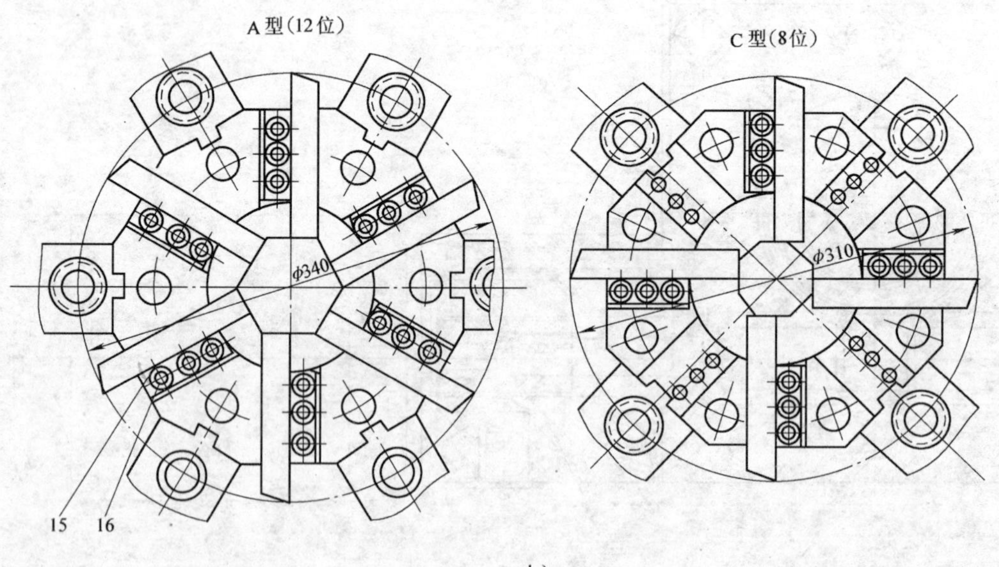

b）

图 2-25　回转刀架结构

1—刀架　2、3—鼠牙盘　4—滑块　5—蜗轮　6—轴　7—蜗杆　8、9、10—传动齿轮　11—电动机　12—微动开关　13—小轴　14—圆盘　15—压板　16—镶条

（2）盘形自动回转刀架　图 2-25 所示为 CK7815 型数控车床采用的 BA2001 刀架结构。该刀架可配置 12 位（A 型或 B 型）、8 位（C 型）刀盘。A、B 型回转刀盘的外切刀可使用尺寸为 25mm×150mm 的标准刀具和刀杆截面为 25mm×25mm 的可调刀具，C 型可用尺寸为 20mm×20mm×125mm 的标准刀具。镗刀杆直径最大为 32mm。

刀架转位为机械传动，由鼠牙盘定位。转位开始时，电磁制动器断电，电动机 11 通电转动，通过传动齿轮 10、9、8 带动蜗杆 7 旋转，使蜗轮 5 转动。蜗轮内孔制有螺纹与轴 6 上的螺纹配合。这时轴 6 不能回转，当蜗轮转动时，使得轴 6 沿轴向向左移动。因刀架 1 与轴 6 和鼠牙盘 2 固定在一起，故也一起向左移动，使鼠牙盘 2 与 3 脱开。轴 6 上有两个对称槽，内装滑块 4。在鼠牙盘脱开后，蜗轮转到一定角度时，与蜗轮固定在一起的圆盘 14 上的凸块碰到滑块 4，蜗轮便通过圆盘 14 上的凸块带动滑块连同轴 6 和刀盘一起进行转位。到达要求位置后，电刷选择器发出信号，使电动机 11 反转，这时圆盘 14 上的凸块与滑块 4 脱离，不再带动轴 6 转动。蜗轮与轴 6 上的螺纹使轴 6 右移，鼠牙盘 2、3 结合定位。当齿盘压紧，同时轴 6 右端的小轴 13 压下微动开关 12，发出转位结束信号，电动机断电，电磁制动器通电，维持电动机轴上的反转力矩，以保持鼠牙盘之间有一定的压紧力。

刀具在刀盘上由压板 15 及镶条 16（见图 2-25b）来夹紧，更换和对刀十分方便。

刀架选位由刷形选择器进行，松开、夹紧位置检测由微动开关 12 控制。整个刀架由一个纯电气系统控制，结构简单。

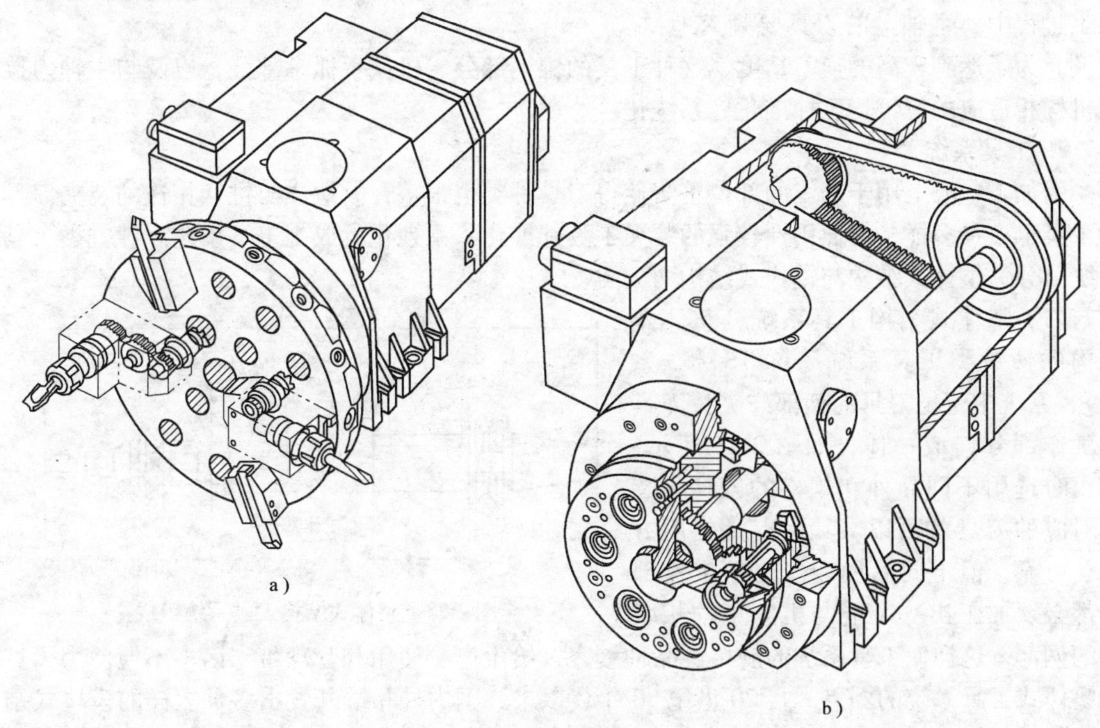

图 2-26　动力转塔刀架

a）结构　b）传动示意图

（3）车削中心用动力刀架

图 2-26a 所示为意大利巴罗法迪（Baruffaldi）公司生产的适用于全功能数控车床及车削

中心的动力转塔刀架。刀盘上既可以安装各种非动力辅助刀夹（车刀夹、镗刀夹、弹簧夹头、莫氏刀柄）来夹持刀具进行加工，还可安装动力刀夹进行主动切削，配合主机完成车、铣、钻、镗等各种复杂工序，实现加工程序自动化、高效化。

图 2-26b 所示为该转塔刀架的传动示意图。刀架采用端齿盘作为分度定位元件，刀架转位由三相异步电动机驱动，电动机内部带有制动机构。刀位由二进制绝对编码器识别，并可双向转位和任意刀位就近选刀。动力刀具由交流伺服电动机驱动，通过同步齿形带、传动轴、传动齿轮、端面齿离合器将动力传递到动力刀夹，再通过刀夹内部的齿轮传动，使刀具回转，实现主动切削。

三、镗铣类数控机床与加工中心刀具及其自动换刀装置

1. 数控镗铣类数控机床与加工中心刀具

镗铣类数控机床与加工中心所用的各种刀具由以下几部分组成，即：与机床主轴孔相适应的刀具柄部，与刀具柄部相连接的刀具装夹部分连接器和各种刀具，如图 2-27 所示。

在镗铣类数控机床及加工中心上一般都采用 7∶24 的圆锥柄。这是因为这种锥柄不自锁、换刀比较方便，并且有较高的定心精度和刚性。对于有自动换刀机构的加工中心，在整个加工过程中，主轴上的刀具要频繁地更换。为了达到较高的换刀精度，这种工具的锥柄部分、机械手抓拿部分，以及与主轴内拉紧机构相适应的拉钉均已标准化、系统化。

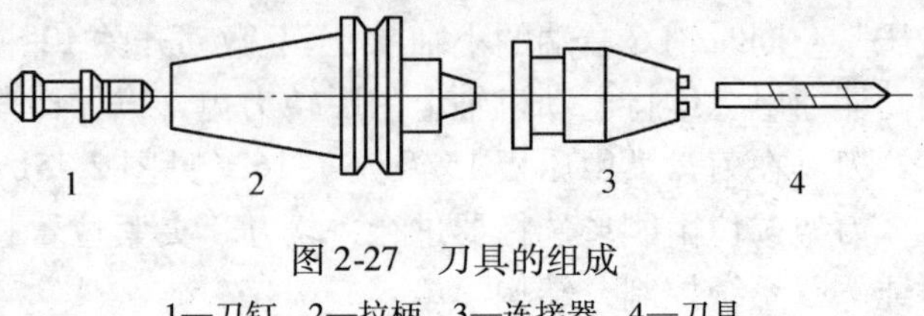

图 2-27 刀具的组成
1—刀钉 2—拉柄 3—连接器 4—刀具

2. 工具系统

因加工中心上用于加工的部位繁多使得刀具种类也很多，故造成与锥柄相连的装夹刀具的工具也多种多样。把通用性较强的装夹工具标准化、系列化就成为工具系统。镗铣类工具系统可分为整体式结构与模块式结构两大类。

(1) 整体式结构工具系统　整体式结构的镗铣类工具系统简称 TS（二系统），系统中每把刀具的柄部与夹持刀具的工作部分连成一体，如图 2-28 所示。使用时选用不同品种和规格的刀柄，装上对应的刀具就可以。其优点是使用方便、可靠，但不同品种和规格的工作部分都必须加工出一个能与机床主轴相联接的柄部，这样使工具系统的规格、品种繁多，给生产、使用和管理带来诸多不便。为了克服整体式工具系统的弱点，自 20 世纪 80 年代以来，国内外相继开发出多种多样的模块式结构工具系统。

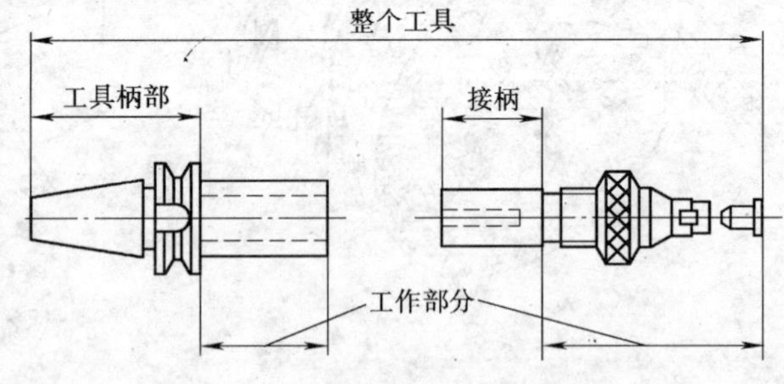

图 2-28 整体式结构工具系统组成

(2) 模块式结构工具系统　模块式结构工具系统简称 TMG 系统，是把刀具的柄部和工作部分分割开来，制成各种系列化的模块，然后通过不同规格的中间模块，组装成一套不同用途、不同规格的模块工具，如图 2-29 所示。这样既方便了制造，也方便了使用和保管，大大减少了用户的工具储备量。目前，世界上模块式结构工具系统不下几十种，它们之间的

区别主要在于模块之间的定心方式和锁紧方式不同。

（3）两类工具系统的合理选用。模块式结构工具系统比较先进，但这并不是说在机床上全部配备模块式结构工具系统就是最佳方案，这其中有技术上的原因，也有经济上的原因，需要进行综合的考虑。

3. 加工中心自动换刀装置

加工中心是能够完成两个或更多个加工工序的数控机床。其特点是被加工零件只经过一次安装，就可以连续地对工件各个表面自动进行钻削、扩孔、铰孔、镗孔、倒角、攻螺纹、铣削等多工步的加工，使工序高度集中。这种机床一般具有分度工作台或双工作台，以及刀库和自动换刀装置。加工中心有立式、卧式、龙门式等多种，其自动换刀装置的形式是多种多样的，并且换刀的原理及结构的复杂程度也不同，除利用刀库进行换刀外，还有自动更换主轴箱、自动更换刀库等形式。

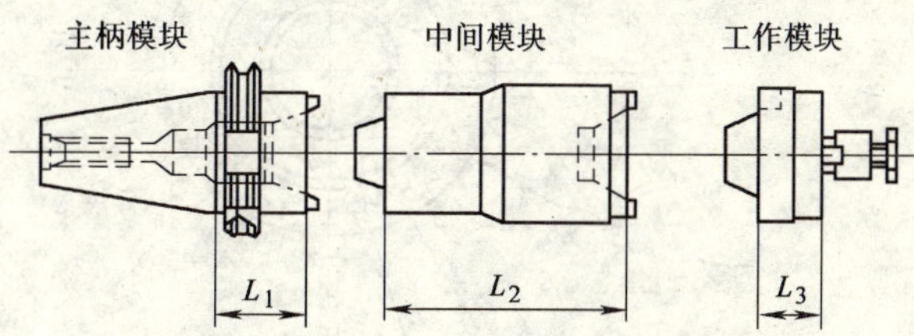

图 2-29　模块式结构工具系统组成

（1）刀库的形式　刀库的形式很多，结构也各不相同。加工中心最常用的刀库有鼓轮式刀库和链式刀库两种。

鼓轮式刀库的结构紧凑、简单，在钻削中心上应用较多，其一般存放的刀具不超过 32 把。图 2-30 所示为刀具轴线与鼓轮轴线平行布置的刀库，其中图 a 为径向取刀形式，图 b 为轴向取刀的形式。图 2-31 所示为刀具轴线与鼓轮轴线不平行布置的刀库，其中图 a 为刀具径向安装在刀库上，图 b 为刀具轴线与鼓轮轴线成一定角度布置，这种结构占地面积较大。

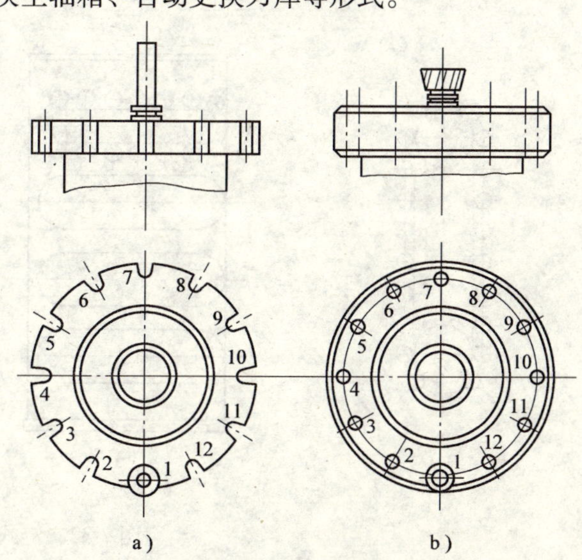

图 2-30　刀具轴线与鼓轮轴线平行布置的刀库
a）径向取刀　b）轴向取刀

链式刀库是在环形链条上装有许多刀座，刀座的孔中装夹各种刀具，链条由链轮驱动。链式刀库适用于刀库容量较大的场合，且多为轴向取刀。链式刀库有单环链式和多环链式等几种，如图 2-32a 和图 2-32b 所示。当链条较长时，可以增加支承链轮的数目，使链条折叠回绕，提高了空间利用率（见图 2-32c）。

除此之外，还有格子箱式刀库、直线式刀库、多盘式刀库等。

（2）刀具的选择　按数控装置的刀具选择指令，从刀库中挑选各工序所需刀具的操作称为自动选刀。常用的选刀方式有顺序选刀和任意选刀两种。

顺序选择方式是将刀具按加工工序的顺序，依次放入刀库的每一个刀座内，刀具顺序不能弄错。更换加工工件时，刀具在刀库上的排列顺序也要改变。这种方式的缺点是同一工件上相同的刀具不能重复使用，因此增加了刀具的数量，降低了刀具和刀库的利用率，但其控制及刀库运动等则比较简单。

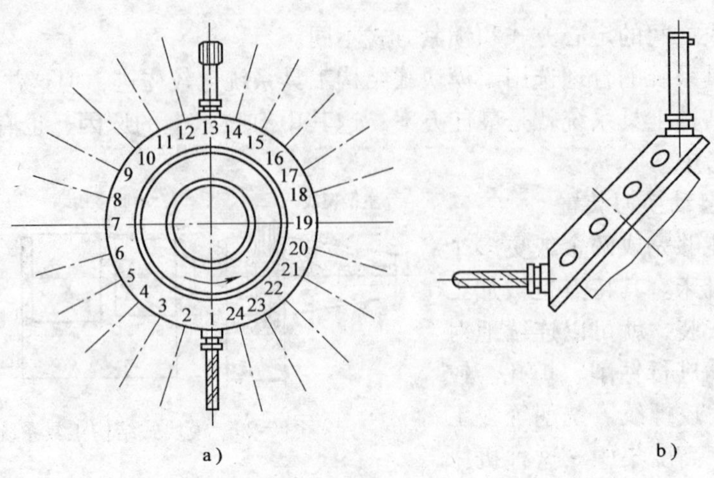

图 2-31　刀具轴线与鼓轮轴线不平行布置的刀库

a）刀具径向安装在刀库上　b）刀具轴线与鼓轮轴线成一定角度布置

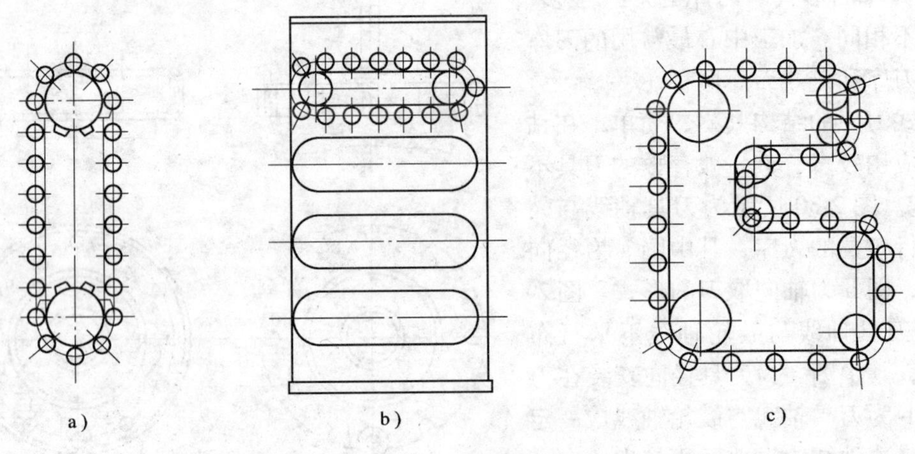

图 2-32　链式刀库

a）单环链式　b）多环链式　c）链条较长时的结构

任意选刀方式是预先把刀库中每把刀具（或刀座）都编上代码，按照编码选刀，刀具在刀库中不必按工件的加工顺序排列。任意选刀有四种方式，即刀具编码方式、刀座编码方式、编码附件方式和计算机记忆方式。

目前应用最多的是计算机记忆方式。这种方式的特点是，刀具号和存刀位置或刀座号（地址）对应地记忆在计算机的存储器或可编程序控制器的存储器内，不论刀具存放在哪个地址都始终记忆着它的踪迹，使刀具可以任意取出和送回。并且，刀具本身不必设置编码元件，使结构大为简化，控制也十分简单。计算机控制的机床几乎全部采用这种方式选刀。在刀库上设有机械原点，每次选刀运动正反向都不会超过180°。

（3）刀具交换装置　数控机床的自动换刀装置中，实现刀库与机床主轴之间传递和装卸刀具的装置称为刀具交换装置。刀具的交换方式通常分为无机械手换刀和机械手换刀两大类。

1）无机械手换刀。无机械手换刀的方式是利用刀库与机床主轴的相对运动实现刀具交换。XH754 型卧式加工中心就是采用这类刀具交换装置的实例，如图 2-33 所示。

该机床主轴在立柱上可以沿 Y 方向上下移动，工作台横向运动为 Z 轴，纵向移动为 X 轴。鼓轮式刀库位于机床顶部，有 30 个装刀位置，可装 29 把刀具。换刀过程如图 2-34 所示。

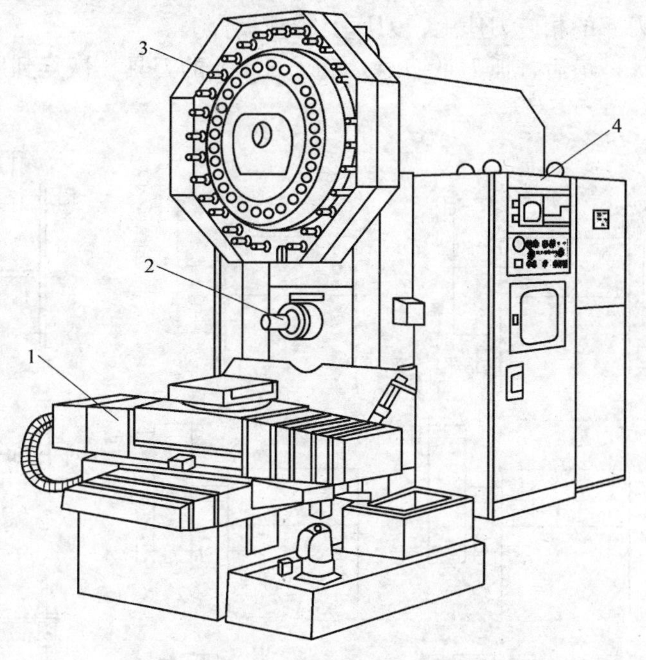

图 2-33　无机械手换刀

1—工作台　2—主轴　3—刀库　4—数控柜

图 2-34a：当本工步工作结束后执行换刀指令，主轴准停，主轴箱沿 Y 轴上升。这时刀库上刀位的空挡位置正好处在交换位置，装夹刀具的卡爪打开。

图 2-34b：主轴箱上升到极限位置，被更换的刀具刀杆进入刀库空刀位，即被刀具定位卡爪钳住。与此同时，主轴内刀杆自动夹紧装置放松刀具。

图 2-34c：刀库伸出，从主轴锥孔中将刀拔出。

图 2-34d：刀库转位，按照程序指令要求将选好的刀具转到最下面的位置。同时，压缩空气将主轴锥孔吹净。

图 2-34e：刀库退回，同时将新刀插入主轴锥孔。主轴内刀具夹紧装置将刀杆拉紧。

图 2-34f：主轴下降到加工位置后起动，开始下一工步的加工。

这种换刀机构不需要机械手，结构简单、紧凑。由于交换刀具时机床不工作，所以不会影响加工精度，但会影响机床的生产率。其次，因刀库尺寸限制，装刀数量不能太多。这种换刀方式常用于小型加工中心。

2）机械手换刀。采用机械手进行刀具交换的方式应用得最为广泛，这是因为机械手换刀有很大的灵活性，而且可以减少换刀时间。机械手的结构形式是多种多样的，因此换刀运动也有所不同。下面以 TH65100 卧式镗铣加工中心为例说明采用机械手换刀的工作原理。

该机床采用的是链式刀库，位于机床立柱左侧。由于刀库中存放刀具的轴线与主轴的轴线垂直，故机械手需要有三个自由度。机械手沿主轴轴线的插拔刀动作由液压缸来实现；绕竖直轴 90°摆动进行刀库与主轴间刀具的传送，以及绕水平轴旋转 180°完成刀库与主轴上的刀具交换动作分别由液压马达来实现。其换刀分解动作如图 2-35 所示。

图 2-35a：抓刀爪伸出，抓住刀库上的待换刀具，刀库刀座上的锁板拉开。

图 2-35b：机械手带着待换刀具绕竖直轴逆时针方向转 90°，与主轴轴线平行。另一个抓刀爪抓住主轴上的刀具，主轴将刀杆松开。

图 2-35c：机械手前移，将刀具从主轴锥孔内拔出。

图2-35d：机械手绕自身水平轴转180°，将两把刀具交换位置。

图2-35e：机械手后退，将新刀具装入主轴，主轴将刀具锁住。

图2-35f：抓刀爪缩回，松开主轴上的刀具。机械手绕竖直轴顺时针转90°，将刀具放回刀库的相应刀座上，刀库上的锁板合上。

最后，抓刀爪缩回，松开刀库上的刀具，恢复到原始位置。

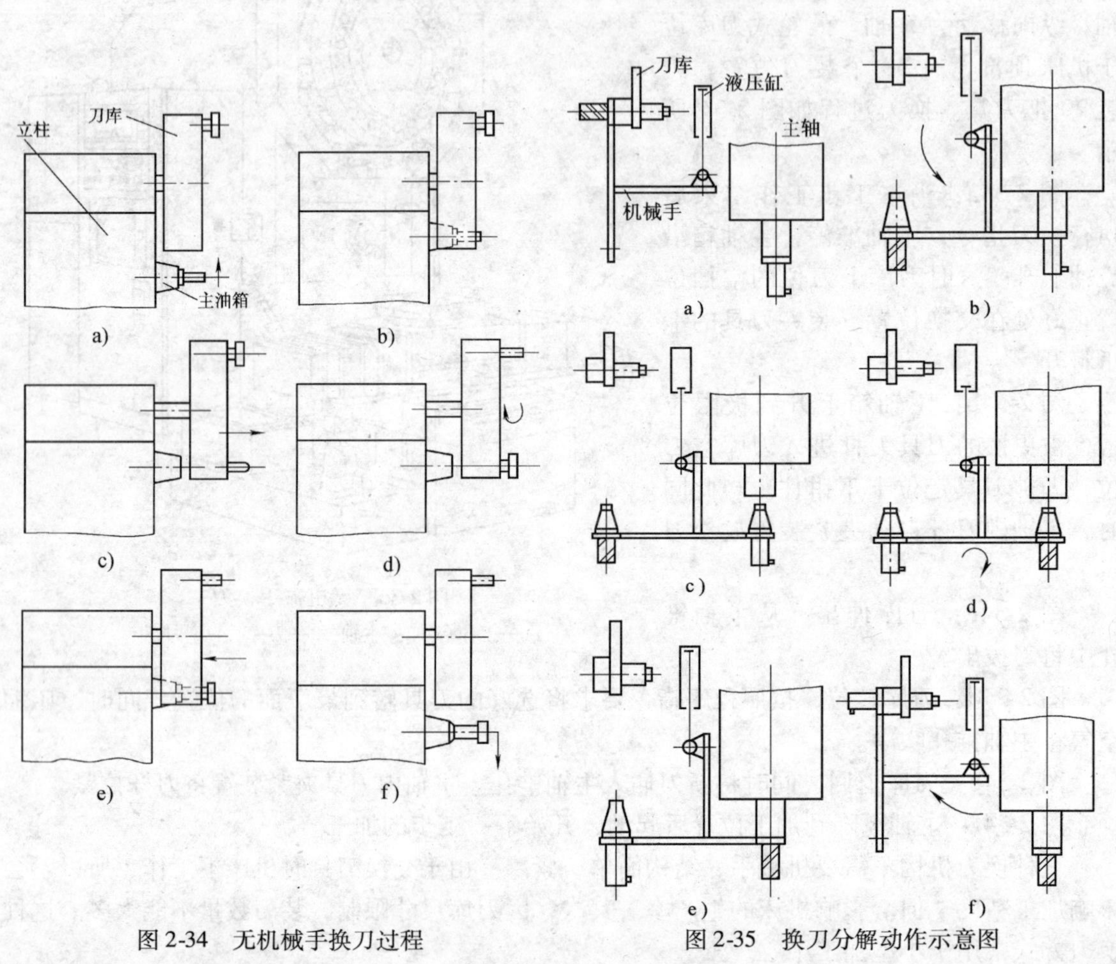

图2-34 无机械手换刀过程

图2-35 换刀分解动作示意图

四、刀具的测量

数控加工中余量去除靠刀具完成，所以刀具测量是数控加工中的一个重要环节。精确的刀具尺寸和稳定的切削状态对保证数控加工质量和机床的自动化运行具有重要意义。在编程和加工的过程中，必须确切掌握所用的每一把刀具切削刃的实际位置参数，而这些数据与刀具自身的尺寸和安装刀具的刀夹、接杆等工具系统元件的尺寸有关。常用刀具测量方法有试切法对刀、机床对刀装置对刀和预调法对刀。采用试切法，即用测量刀具加工出的实际零件尺寸来修改数控系统中有关补偿参数或相应数控加工程序的做法效率低，不利于数控自动化加工。有些数控机床上装有刀具测量装置，可以通过其对刀尖位置的探测等方法测出刀具的尺寸。但是这种方法占用机床加工时间，影响生产率。所以通常要求在刀具装入机床刀架（或刀库）之前，利用刀具预调设备（刀具预调仪，刀具测量机等）调整并测量刀具切削刃的实际位置参数，并将测得的数据直接用于数控编程或者送入刀具信息管理系统，这一过程称为刀具的预调。

1. 刀具测量分类

刀具测量按照测量目的一般分为刀具尺寸测量和刀具状态测量。刀具尺寸测量又有非切削状态进行的静态测量和切削过程中实时进行的动态尺寸测量（也叫刀具尺寸监控）。刀具状态测量一般应用于自动化无人加工中，通过对刀具磨损等参数实时采集处理，保证加工精度和质量，避免刀具磨损、失效等对加工的严重影响。

按照测量进行的地点可分为在线测量和离线测量。在线测量一般采用手动对刀测量或自动对刀装置测量等方法。离线测量通常使用刀具预调仪，这种测量方法在数控加工中应用较为广泛。

按照测量装置测头与刀具接触形式分为接触式测量和非接触式测量。按照测量设备工作原理又可分为机械式、光学式和机电式等。

2. 刀具调整方法

在对刀具进行调整时，根据刀具及工具系统结构，采用相应的方法调整刀具尺寸参数。刀具尺寸调整主要分为径向尺寸调整、轴向尺寸调整及两者的综合调整。可以采用不同的调整方法和调整结构来满足相应的调整要求。图 2-36 所示为两种刀具尺寸调整结构。

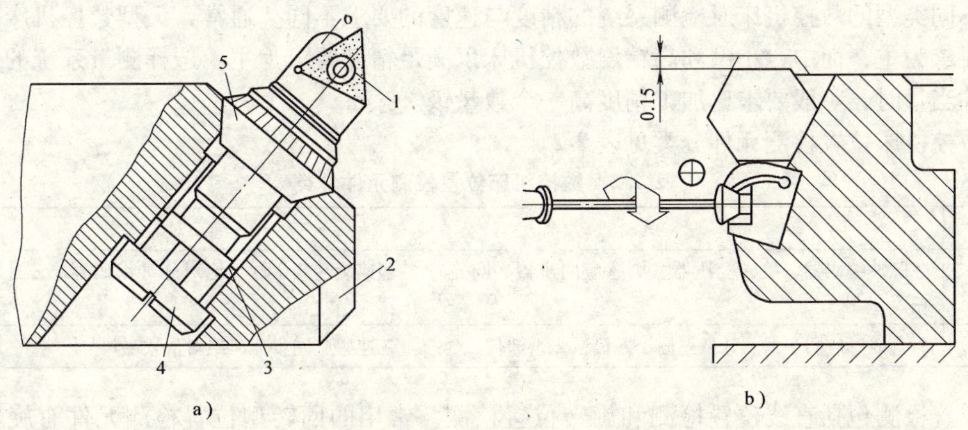

图 2-36　刀具尺寸调整结构

a）微调镗刀头　b）面铣刀尺寸调整

3. 刀具预调仪

（1）刀具预调仪的分类　刀具预调仪是用来对刀具切削刃的位置参数进行测量的高精度设备。刀具预调仪按照工作原理和结构形式等分为接触式和非接触式两种；按自动化程度分为手动和自动方式；按应用范围分为车刀预调仪和镗铣刀预调仪；按夹持轴的形式分为立式和卧式；按控制方式分为机械式和光学式；按功能分为单工位和多工位等各种形式。有的刀具预调仪本身具有刀具管理功能，并且可以与计算机或者数控系统通过通信接口进行数据传输。我国根据国际标准和市场情况制定了刀具预调仪精度指标标准，即机械行业标准 JB/T 7982—1999《刀具预调测量仪　精度》，对刀具预调仪的精度等级进行了界定。

（2）刀具预调仪的选购　选购刀具预调仪时应考虑以下几个因素：最大量程（包括径

向和轴向）、测量系统分辨率、主轴刀套锥度标准和型号、可加装过渡套的圆锥柄号、光学系统放大倍数和视场直径（对于光学投影式）、是否具有刀具管理功能和配套软件、是否具有通信接口等。具体选购时可以根据需要结合厂家样本参数进行选型。

第四节 数控机床的位置检测装置

位置精度要求不高的数控设备，用开环系统即可满足要求。若位置精度要求较高时，均应采用闭环系统。位置闭环控制系统采用一个或多个位置检测装置（常称传感器）测出工作机构的实际位置，并将实际位置输入计算机和预先给定的理想位置相比较，得到一个差值，计算机再根据差值向伺服系统发出相应的控制指令。伺服电动机带动工作机构向理想位置趋近，直到差值为零时，工作机构停止动作。可见，位置检测元件是闭环控制系统中的重要组成元件。

数据机床对位置检测装置的要求是：①寿命长，可靠性高，抗干扰能力强。②满足精度和速度要求。③使用维护方便，适合机床运行环境。④成本低。⑤便于与电子计算机连接。数控机床全部采用电传感器性质的位置检测元件，即能将被测对象的位置变化量转换成电信号，经数字化处理后再送入计算机。

不同类型的数控机床对检测系统的精度与速度的要求不同。通常，大型数控机床以满足速度要求为主，而中、小型和高精度数控机床以满足精度要求为主。选择测量系统的分辨率和脉冲当量时，一般要求比加工精度高一个数量级。

数控机床位置检测元件分类见表2-2。

表2-2 数控机床位置检测元件分类

	增量式	绝对式
回转型	脉冲编码器、旋转变压器、圆感应同步器、圆光栅	多速旋转变压器、绝对脉冲编码器、三速旋转变压器
直线型	直线感应同步器、计量光栅、磁尺激光干涉仪	三速感应同步器、绝对值式磁尺

位置检测包括直线位置检测和旋转位置检测。常用的回转型位置检测元件有旋转变压器、光电盘和编码盘等。常用的直线型位置检测元件有光栅、磁尺和感应同步器等。下面逐一介绍常用的位置检测元件。

一、旋转变压器

旋转变压器是一种旋转式的交流电动机，它由定子和转子组成。定子绕组为变压器的原边，转子绕组为变压器的一次侧。旋转变压器一次侧的输出电压随转子转角的位置不同而变化。

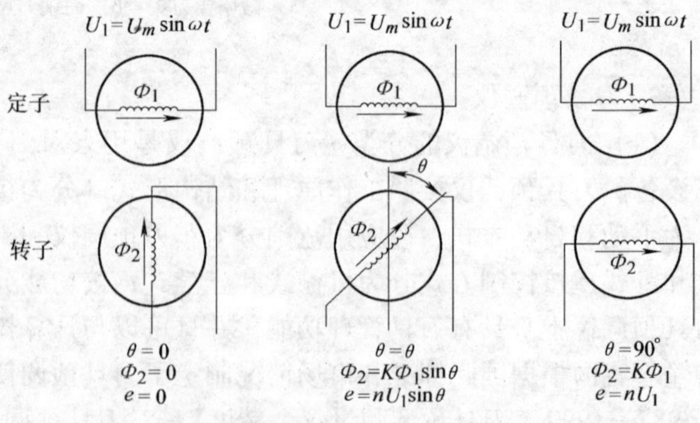

图2-37 旋转变压器的工作原理

图2-37所示是旋转变压器的工作原理。励磁电压 U_1 接在变压器的一次侧，励磁频率通常为400Hz、

500Hz、1000Hz、2000Hz及5000Hz。当励磁电压加在定子绕组上时，通过电磁耦合，在转子绕组中产生感应电压。转子的位置不同，产生的电压值也不同，如图2-37所示。如果转子绕组与定子绕组互相垂直，即转子的偏转角为零时，则转子绕组感应电压为零。

如果转子绕组自垂直位置偏转一个角度θ时，转子绕组中产生的感应电动势为

$$e = KU_1\sin\theta = KU_m\sin\omega t\sin\theta \tag{2-1}$$

式中　K——变压器电压耦合系数；

U_m——励磁电压的幅值；

ω——励磁电压的角频率；

θ——转子绕组轴线的偏转角；

U_1——定子绕组励磁电压。

由式（2-1）可见，如果转子转到与定子绕组平行时，即偏转角$\theta = 90°$时，转子绕组中的感应电动势最大，其值为

$$e = KU_m\sin\omega t$$

通常采用的是正弦余弦旋转变压器，其定子和转子绕组中各有互相垂直的两个绕组。图2-38所示是正弦余弦旋转变压器原理，为了讲述方便，图中转子只画了一个绕组。如果用两个相位差为90°的励磁电压分别加在两个定子绕组上，励磁电压的公式为

$$U_1 = U_m\sin\omega t$$
$$U_2 = U_m\cos\omega t$$

则U_1和U_2在转子绕组上产生的感应电动势分别为

$$e_1 = KU_m\sin\omega t\sin\theta$$
$$e_2 = KU_m\cos\omega t\cos\theta$$

应用叠加原理，转子绕组上总的感应电动势为

$$e = e_1 + e_2 = KU_m(\sin\omega t\sin\theta + \cos\omega t\cos\theta) = KU_m\cos(\omega t - \theta)$$

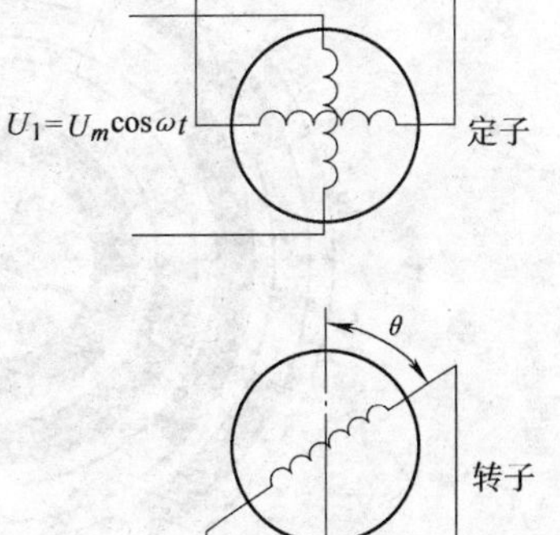

图2-38　正弦余弦旋转变压器原理

可见，转子绕组的感应电动势与转子的偏转角成正弦（或余弦）函数关系，只要检测出转子电动势的大小，即可测得转子转过的角度。

二、光电盘

光电盘也是一种角位移检测装置，图2-39所示为光电盘结构示意图。在码盘的边缘上开有间距相等的透光窄缝隙，在码盘的两侧分别安装光源与光敏元件。当码盘随被测工作轴一起旋转时，每转过一个缝隙就发生一次光线的明暗变化，使光敏元件的电阻值改变，这样就把光线的明暗变化转变成电信号的强弱变化。然后，经放大、整形处理后，光电盘输出脉冲信号，脉冲的个数就等于转过的缝隙数。如果将脉冲信号送到计数器中计数，计数显示就反映了码盘转过的角度。

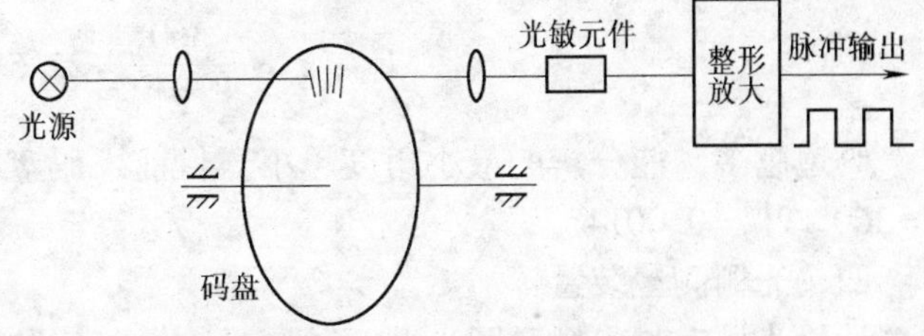

图2-39　光电盘结构示意图

为了判别旋转方向，可在码盘两侧再装一套光电转换装置。两套光电转换装置的相对位

置应能保证两者所产生的电信号在相位上相差 1/4 周期。经辨向逻辑电路处理，可判别旋转方向。光电盘读数方法测得的角度值都是相对于上一次读数的增量值，而不能反映工作轴的绝对位置，所以是一种增量式位移检测装置。

三、光电编码器

光电编码器是目前使用最广泛的角位移检测装置，码盘采用绝对值编码。图 2-40 所示为光电编码器的结构原理。图 2-40a 中的码盘上有四条码道。所谓码道就是码盘上的同心圆。按照二进制分布规律，把每条码道加工成透明和不透明相间的形式。码盘的一侧安装光源，另一侧安装一排径向排列的光电管，每个光电管对准一条码道。当光源照射码盘时，如果是透明区，则光线被光电管接收，并转变成电信号，输出信号为“1”；如果是不透明区，则光电管不能接收光线，输出信号为“0”。被测工作轴带动码盘旋转时，光电管输出的信息就是光电编码盘的信息。光电编码盘大多采用格雷码编码盘。格雷码的特点是每一相邻十进制数之间仅改变一位二进数，这样，即使制作和安装不十分准确，产生的误差最多也只是最低位的一位数。

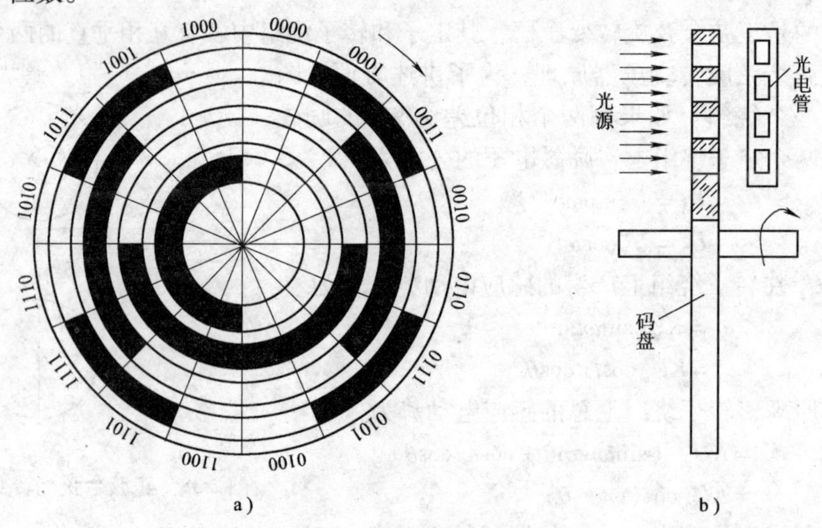

图 2-40 光电编码器的结构原理

四位二进制码盘能分辨的最小角度为

$$\alpha=\frac{360°}{2^4}=22.5°$$

码道越多，能分辨的最小角度越小。目前，码盘码道可做到 18 条，能分辨的最小角度 $\alpha=360°/2^{18}=0.0014°$

四、光栅测量装置

计量光栅有长光栅和圆光栅两种，是数控机床和数显系统常用的检测元件。光栅是利用光的透射、衍射现象制成的光电检测元件，也称光电脉冲发生器。它主要由光栅尺和光栅读数头两部分组成。通常，光栅尺固定在机床活动部件上（如工作台或丝杠），光栅读数头装在机床的固定部件上（如机床底座）。当工作台移动时，光栅尺和光栅读数头产生相对移动。

1. 光栅尺

光栅尺包括标尺光栅和指示光栅，它们是一条刻有均匀密集线纹的透明玻璃片或长条形金属镜面。对于长光栅，这些线纹相互平行，线纹之间的距离相等，该间距称为栅距。对于圆光栅，这些线纹是等栅距角的向心条纹。栅距和栅距角是决定光栅性质的基本参数。常用的透射长光栅条纹密度有25条/mm、50条/mm、100条/mm和250条/mm四种，某些特殊用途的光栅可达1000条/mm。对于直径为70mm的圆光栅，一周内刻线为100~768条；若直径为100mm，一周刻线为600~1024条。

同一光栅检测装置，其标尺光栅和指示光栅的线纹密度必须相等。

2. 光栅读数头

图2-41所示为光栅读数头的组成原理。无论是长光栅还是圆光栅，其读数头都是由光源、透镜、光敏元件和检测电路组成。读数头光源采用白炽灯泡，白炽灯泡发出辐射光线，经过透镜后变为平行光束，照射光栅尺。光敏元件接受透过光栅尺的光强信号，并将其转换成相应的电压信号。由于光敏元件产生的电压信号比较微弱，在长距离传递时很容易被各种干扰信号淹没，造成传递失真。所以，首先应将电压信号进行电压和功率放大。检测电路的作用就是对光敏元件输出的信号进行电压和功率放大。

根据不同要求，读数头常安装两个或四个光敏元件，供检测电路辨向和对测量值细分。

3. 光栅读数——摩尔条纹

光栅读数是利用摩尔条纹的形成原理进行的。图2-42所示为摩尔条纹的形成原理。将指示光栅和标尺光栅叠合在一起，中间保持0.01~0.1mm的间隙，并使指示光栅和标尺光栅的线纹相互交叉保持一个很小的夹角θ。当光源照射光栅时，在a-a线上，两块光栅的线纹彼此重合，形成一条横向透光亮带；在b-b线上，两块光栅的线纹彼此错开，形成一条不透光的暗带。这些横向明暗相间出现的亮带和暗带就是摩尔条纹。

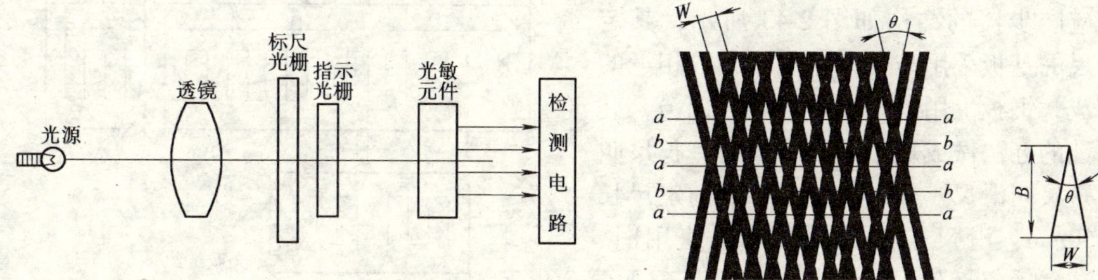

图2-41 光栅读数头的组成原理

图2-42 摩尔条纹的形成原理

两条暗带或两条亮带之间的距离叫摩尔条纹的间距B。设光栅的栅距为W，两光栅线纹的夹角为θ，则它们之间的几何关系为

$$B=\frac{W}{2\sin(\theta/2)}$$

因为夹角θ很小，所以可取$\sin(\theta/2)\approx\theta/2$，故上式可改写成

$$B=\frac{W}{\theta} \tag{2-2}$$

由式（2-2）可见，θ 越小，B 越大，相当于把栅距 W 扩大了 $1/\theta$ 倍后，转化为摩尔条纹。例如，栅距 $W=0.01\text{mm}$，夹角 $\theta=0.001\text{rad}$，则摩尔条纹的间距 $B=10\text{mm}$。这说明，不需要复杂的光学系统和电子系统处理，就可以把光栅的栅距 W 放大1000倍并转变成横向移动的摩尔条纹。

不难理解，如果两块光栅相对移动一个栅距，则光栅某一固定点的光强就按明→暗→明的规律变化一个周期，即摩尔条纹移动一个摩尔条纹的间距。因此，光电元件只要读出移动的摩尔条纹数目，就可以知道光栅移动了多少栅距，也就知道了运动部件的准确位移量。

光栅具有精度高、响应速度较快等优点，是一种非接触式检测装置。但它对外界环境条件要求高，使用时应注意加强维护和保养。

五、磁尺测量装置

磁尺测量装置是将一定波长的方波和正弦波信号用记录磁头记录在用磁性材料制成的磁性标尺上，作为测量基准。在测量时，拾磁磁头相对磁性标尺移动，并将磁性标尺上的磁化信号转换成电信号，再送到检测电路中去，把拾磁磁头相对于磁性标尺的位置或位移量用数字显示出来或转换成控制信号输送到数控装置。

六、感应同步器

感应同步器是一种电磁式位置检测元件。按其结构特点一般可分为直线式和旋转式两种。直线式感应同步器由定尺和滑尺组成，用于直线位移量的检测；旋转式感应同步器由转子和定子组成，用于角度位移量的检测。感应同步器具有检测精度高、抗干扰性强、寿命长、维护方便、成本低、工艺性好等优点，广泛应用于高精度数控机床。下面以直线式感应同步器为例，介绍其结构和工作原理。

1. 感应同步器的结构

感应同步器的结构如图2-43所示，其定尺和滑尺的基板采用与机床热膨胀系数相近的钢板制成，钢板上用绝缘粘结剂贴有铜箔，并利用腐蚀的办法做成矩形绕组。其中，长尺叫定尺，短尺叫滑尺。标准感应同步器的定尺长度为250mm，滑尺长度为100mm。使用时，定尺安装在固定部件上（如机床床身），滑尺安装在运动部件上。如果测量长度超过170mm时，可将若干根定尺接长使用。

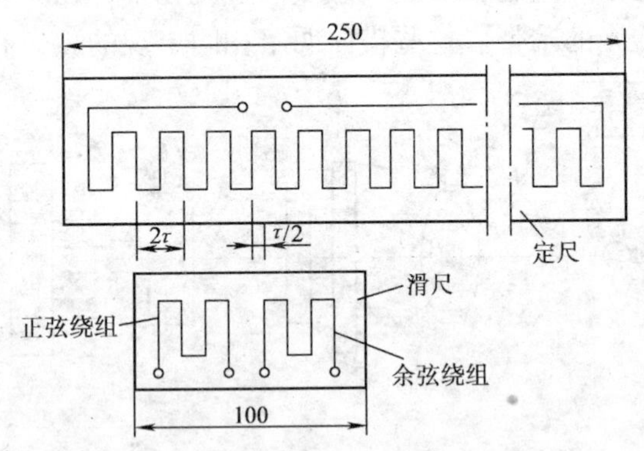

图2-43 感应同步器的结构

由图2-43可以看出，定尺绕组是连续的，而滑尺上分布两个励磁绕组，分别称为正弦绕组和余弦绕组。感应同步器的定尺和滑尺上矩形绕组的节距相等，均为 2τ。但是，滑尺上正弦绕组和余弦绕组在长度方向上相差1/4节距，即 $\tau/2$。

2. 感应同步器的工作原理

由图2-43可以看出，当滑尺的两个绕组中任一相通有励磁电流时，由于电磁感应作用，在定尺绕组中必然产生感应电动势。定尺绕组中的总感应电动势是滑尺上正弦绕组和余弦绕组所产生的感应电动势的相量和。

图2-44所示为滑尺绕组相对于定尺绕组移动时，定尺绕组感应电动势的变化情况。A

点表示滑尺绕组与定尺绕组重合，这时定尺绕组中感应电动势最大。当滑尺从 A 点向右平移时，感应电动势相应逐渐减小，到两绕组刚好错开 1/4 节距位置即 B 点，感应电动势为零。再继续移动到 1/2 节距的位置即 C 点时，得到的感应电动势大小与 A 点时的相同，但极性相反。再移动到 3/4 节距即 D 点时，感应电动势又变为零。当移动一个节距到达 E 点时，情况与 A 点相同。可见，滑尺在移动一个节距的过程中，定子绕组中的感应电动势按余弦波形变化一个周期；滑尺移动一个节距 2τ，对应的感应电动势余弦函数变化了 2π。若滑尺移动的距离为 x，则对应的感应电动势中余弦函数将变化 θ 角，其值为

$$\theta = \frac{x}{2\tau}2\pi = \frac{x\pi}{\tau}$$

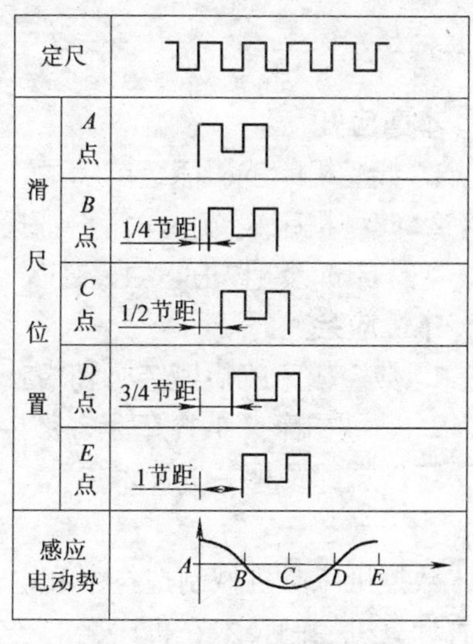

图 2-44　感应同步器的工作原理

设滑尺上一相绕组的励磁电压为 $U_s = U_m\sin\omega t$，则定子绕组中感应电动势 e 为

$$e = KU_s\cos\theta$$

即
$$e = KU_m\sin\omega t\cos\theta \tag{2-3}$$

式中　K——耦合系数；

U_m——励磁电压的幅值；

ω——励磁电压的角频率；

θ——与位移 x 对应的角度。

由式（2-3）可知，只要测量出感应电动势 e 的幅值，便可求出 θ 值，而反映的就是定尺和滑尺的相对位置。

复习思考题

1. 数控机床对主传动系统有哪些要求？
2. 加工中心主轴是如何实现刀具的自动装卸和夹紧的？主轴为何需要“准停”？如何实现“准停”？
3. 数控机床为什么采用摩擦系统小的导轨作为传动元件，它们的特点是什么？
4. 数控加工刀具的特点有哪些？
5. 刀具的交换方式有哪两类？试比较它们的特点及应用场合。
6. 高速切削的特点主要有哪些？
7. 在伺服系统中，常用的位置检测元件有几种？各有什么特点？

第三章　典型数控机床

本章应知

1. 数控机床的机械结构特点

2. 典型机床（数控车床、数控铣床、加工中心、电火花机床和线切割设备）的机械结构、工作原理及相关的技术参数

本章应会

1. 数控机床的机械结构特点

2. 典型机床（数控车床、数控铣床、加工中心、电火花机床和线切割设备）的机械结构，工作原理及相关的技术参数

数控机床是机械制造技术和电子计算机数字程序控制技术相结合的产物，它的机械结构随着计算机控制技术在机床上的普及应用，以及为适应对机床性能和功能不断提出的技术要求而逐步发展变化。由于数控机床种类繁多，本章只选取几种作介绍。在实际生产中，具体还应参照产品说明书。

第一节　HM-077 型数控车床

全功能中、高档数控车床功能丰富，一次装夹能完成多道工序的加工。HM-077 型数控车床是较典型的全功能数控车床，它采用模块化设计方法，能使用户针对特定的加工对象，合理地选择所需要的结构模块配置构成。此外，它性价比合理、加工效率高，市场适应性强，稳定性好，操作者的劳动强度低，具有良好的安全防护装置，适用于各种自动化生产，能满足多品种、小批量、短周期的现代机加工生产需要，也能适应形状复杂、精度要求高的批量零件的加工。

一、HM-077 型数控车床的组成及主要技术参数

1. HM-077 型数控的组成

如图 3-1 所示为 HM-077 型数控车床示意图。其主要组成部件有：主轴电动机、主轴箱、排屑器、液压卡盘、全封闭防护罩、尾座、工作卧式刀架、床鞍与床鞍滑板、床身、操作面板。本例中的 HM-077 型数控车床配备 FANUC 0i-TC 数控系统。

2. HM-077 型数控车床的主要技术参数（见表 3-1）

二、HM-077 型数控车床的布局

机床布局对数控车床是十分重要的，因为它直接影响机床的结构、外观和使用性能。数控车床一般都采用机电一体化的布局形式和封闭式防护装置。随着生产效率和自动化程度的提高，数控车床刀架和导轨的布局已成为突出的问题。

1. 数控车床床身和导轨的布局

按照床身及滑板导轨面与水平面的相互位置，主要分为水平床身、水平床身斜滑板和斜

床身这三种形式，如图 3-2 所示。

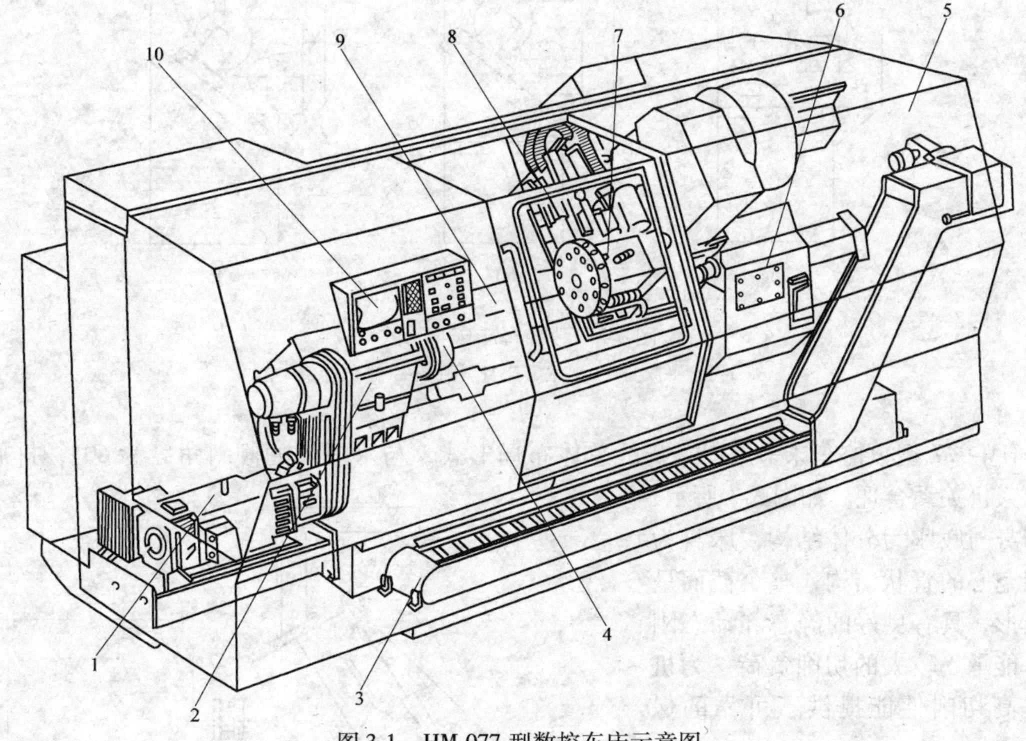

图 3-1　HM-077 型数控车床示意图

1—主轴电动机　2—主轴箱　3—排屑器　4—液压卡盘　5—全封闭防护罩　6—尾座
7—12 工位卧式刀架　8—床鞍与床鞍滑板　9—床身　10—操作面板

表 3-1　HM-077 型数控车床的主要技术参数

参数名称		参数值
床身上最大工件回转直径		ϕ360mm，ϕ450mm
床鞍上最大工件回转直径		ϕ240mm，ϕ320mm
最大工件长度		750mm，1000mm，盘类 250mm
主轴转速（无级）		30～3000r/min，40～4000r/min
主电动机功率		7.5kW，11kW，15kW，22kW
主轴头部		A_2-6，A_2-8
主轴通孔直径		ϕ57mm，ϕ77mm
卡盘直径		ϕ200mm，ϕ250mm
进给行程		X：220mm，250mm；Z：850mm，1180mm；盘类 320mm
快速进给速度		X：5m/min；Z：10m/min
刀架刀位数		12
尾座行程		100mm
尾轴顶紧力		10000N
加工精度		精车 45 钢
	圆度	0.005mm
	圆柱度	0.02/300mm
	加工尺寸离散度	0.01mm
	加工工件表面粗糙度	R_a0.8μm
可控制轴		X，Z
联动轴数		二轴
最小分辨率		0.001mm

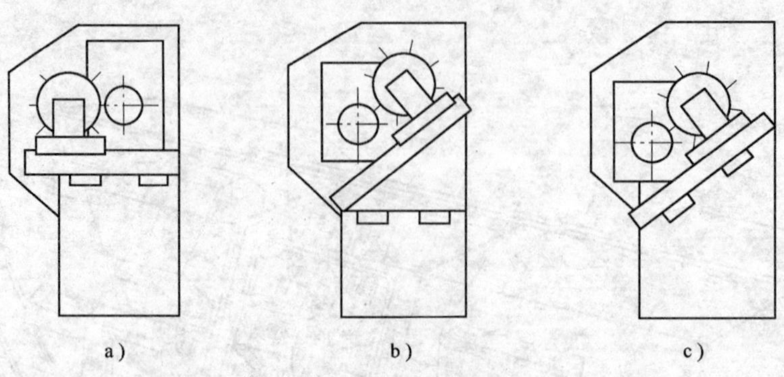

图 3-2 数控车床床身形式
a）水平床身 b）水平床身斜滑板 c）斜床身

HM-077 型数控车床采用斜床身的总体布局形式，与水平面的倾斜角度为 60°，排屑流畅，人机关系合理。如图 3-3 所示，其床身与底座为分体结构，床身为中间空心的管状结构，整个截面呈三角形，具有良好的静态和动态刚性，能承受较大的切削负荷，为机床提高切削性能提供了可靠的保障。

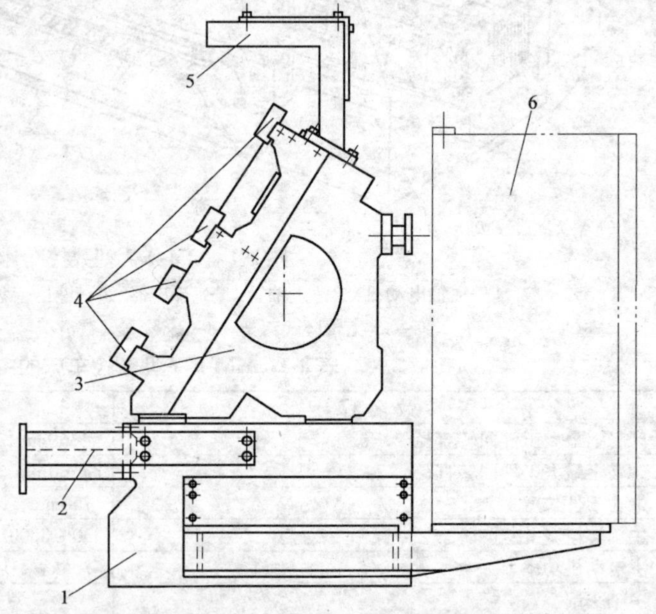

图 3-3 HM-077 型数控车床床身的总体布局
1—底座 2、5—防护罩安装支架 3—床身 4—导轨 6—电器箱

床身导轨采用矩形镶钢淬硬导轨，与之配合的移动导轨上粘接聚四氟乙烯导轨软带。这样使得摩擦系数低，具有良好的耐磨性和精度保持性，并保证运动的平稳性与快速响应性。机床底座型腔内填充砂芯，具有良好的吸振性。

2. 刀架布局

刀架是数控车床的重要部件，对机床的整体布局影响很大。数控车床多采用自动回转刀架来夹持各种不同用途的刀具，HM-077 型数控车床的刀架布局为与主轴平行的、12 工位卧式回转刀架形式。

三、HM-077 型数控车床的传动系统与典型结构

1. 主运动传动系统

如图 3-4 所示，HM-077 型数控车床的主传动变速方式为交流主电动机通过 V 带直接带动主轴旋转，传动比为 1∶2 或 1∶1.5。这种传动方式可以避免齿轮传动时引起的振动与噪声，有效地提高了主轴的运转精度。主电动机有 7.5kW、11kW、15kW 和 22kW 四种模块配置，还可采用宽调速、高转矩的宽域主轴伺服电动机，以进一步扩大调速范围、提高输出转

矩，使数控机床在机械结构上朝着优化的方向前进了一大步。另外，为实现螺纹切削，主轴后端配有位置编码器。HM-077 型数控车床采用增量式光电脉冲编码器，以 1∶1 的传动比用同步齿形带与主轴无间隙联接。

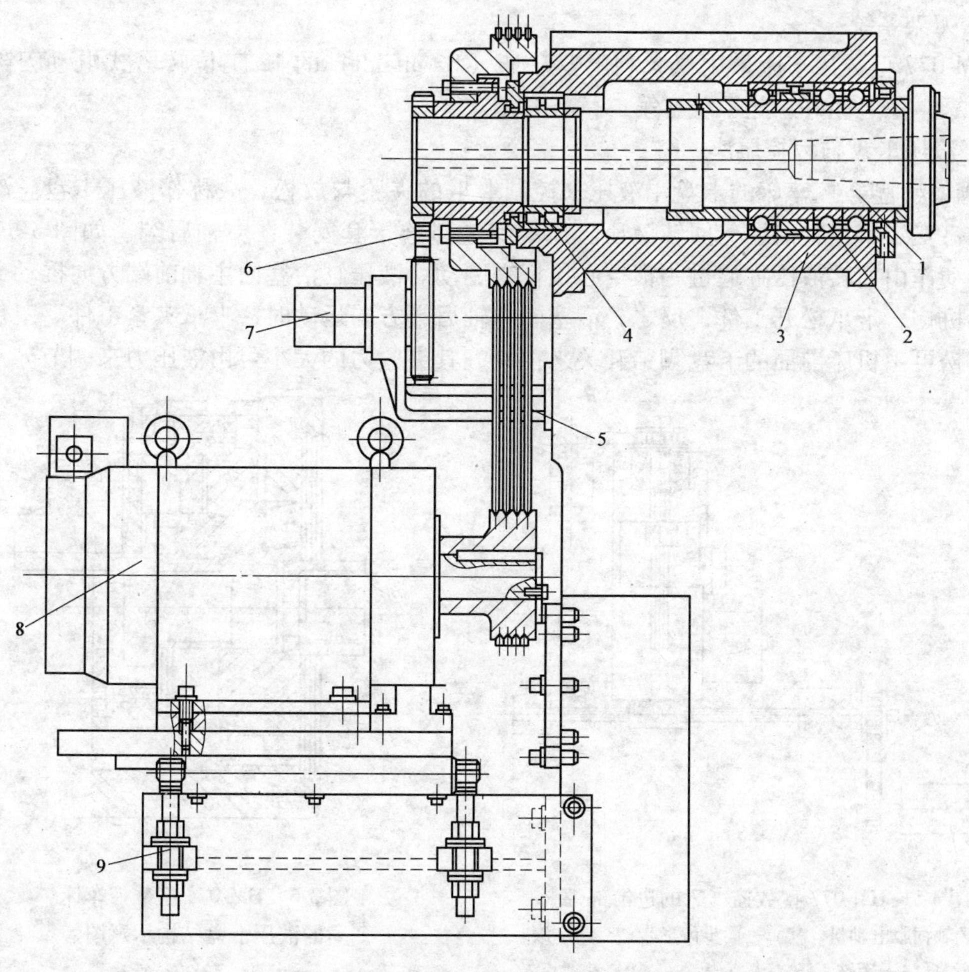

图 3-4　HM-077 型数控车床的主轴部件

1—主轴　2—主轴前支承　3—主轴箱　4—主轴后支承　5—主传动带　6—同步齿形带　7—增量式光电脉冲编码器　8—主电动机　9—主传动带调节螺钉

如图 3-4 所示，HM-077 型数控车床的主轴箱仅仅用于支承主轴，箱内无任何齿轮、离合器等会产生热量的零部件，因此主轴不会受到热量与动力传递因素的影响。前支承为成组配套的推力角接触球轴承，后支承为双列推力圆柱滚子轴承。

2. 进给传动系统

如图 3-5 所示，HM-077 型数控车床的 X、Z 向进给传动系统是由交流伺服电动机通过 1∶1的同步齿形带来驱动滚珠丝杠副，从而控制床鞍与床鞍滑板的运动，最终实现刀具的 X、Z 向进给。检测进给位置和速度的反馈元件为内置式增量光电脉冲编码器，检测精度达 0.001mm。

由于是倾斜床身布局，且滚珠丝杠摩擦力小不能自锁，所以 X 轴伺服电动机自带制动装置。HM-077 型数控车床的进给滚珠丝杠采用垫片式双螺母预加载消隙方式，丝杠支承在 60°接触角的成组配对专用轴承上，具有很高的轴向刚性。X、Z 向的导轨副采用镶钢-塑料软带相配的形式。

3. 刀架系统

HM-077 型数控车床采用意大利巴罗法迪（Baruffaldi）的 12 工位转塔式电动刀架，其功能可靠，稳定性好。此系统在第二章有介绍。

4. 液压卡盘与程控尾座

HM-077 型数控车床的卡盘用液压来控制卡爪的夹紧与放松，故称作液压卡盘。液压卡盘用螺钉安装于主轴前端，回转液压缸用螺钉通过连接套安装在主轴后端，如图 3-6 所示。卡盘的动作由回转液压缸通过一根空心拉杆来驱动。液压缸活塞向主轴前端方向推动卡盘上的楔形机构，卡爪松开工件；反之，活塞向主轴后端方向运动时，卡爪夹紧工件。工件的夹紧与放松可由机床前面的卡盘脚踏开关来控制，其夹紧力的大小可由液压力来调节。

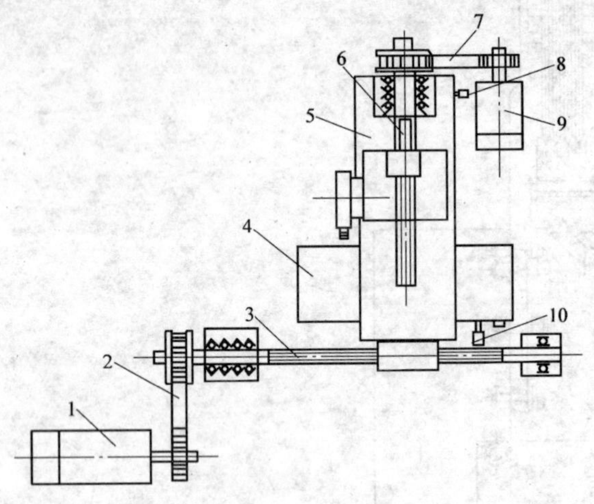

图 3-5 HM-077 型数控车床的进给部件

1—Z 轴伺服电动机 2、7—同步齿形带 3、6—滚珠丝杠 4—床鞍 5—床鞍滑板 8、10—参考点行程开关 9—X 轴伺服电动机

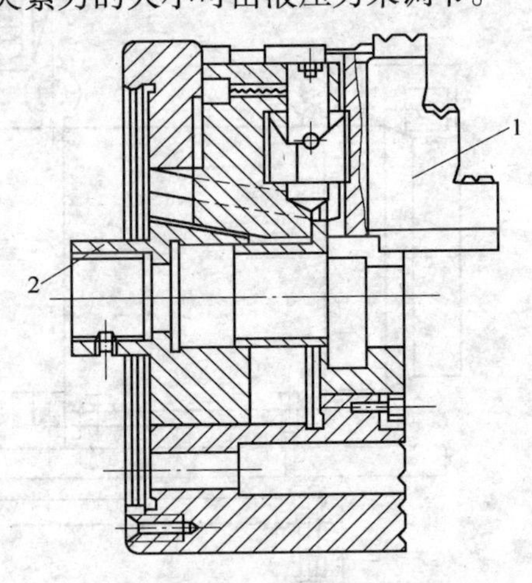

图 3-6 HM-077 型数控车床的液压卡盘结构示意图

1—卡爪 2—拉杆连接套

HM-077 型数控车床尾轴的轴向移动、尾座体在床身上的夹紧以及尾座体的移动均可实现全自动程序控制，称为程控尾座，如图 3-7 所示。

5. 液压系统与润滑系统

数控机床在实现自动化控制中，除数控系统外，还需要配备液压或气动装置来辅助实现整机的自动运行功能。

（1）液压系统 在前述液压卡盘与尾座的控制中，已经很清楚地表明了液压系统在数控机床中的作用。

（2）润滑系统 润滑对数控机床的正常运行起着重要的作用，它能减少零件的磨损并带走运行中产生的热量。机床不同部位的润滑方式及所需的润滑油（或脂）的量是不同的。数控车床进给导轨等一般采用润滑泵间歇供油、自动润滑。

另外，导轨的润滑油为消耗性的。当过滤器堵塞或油位过低等原因造成润滑系统供油压

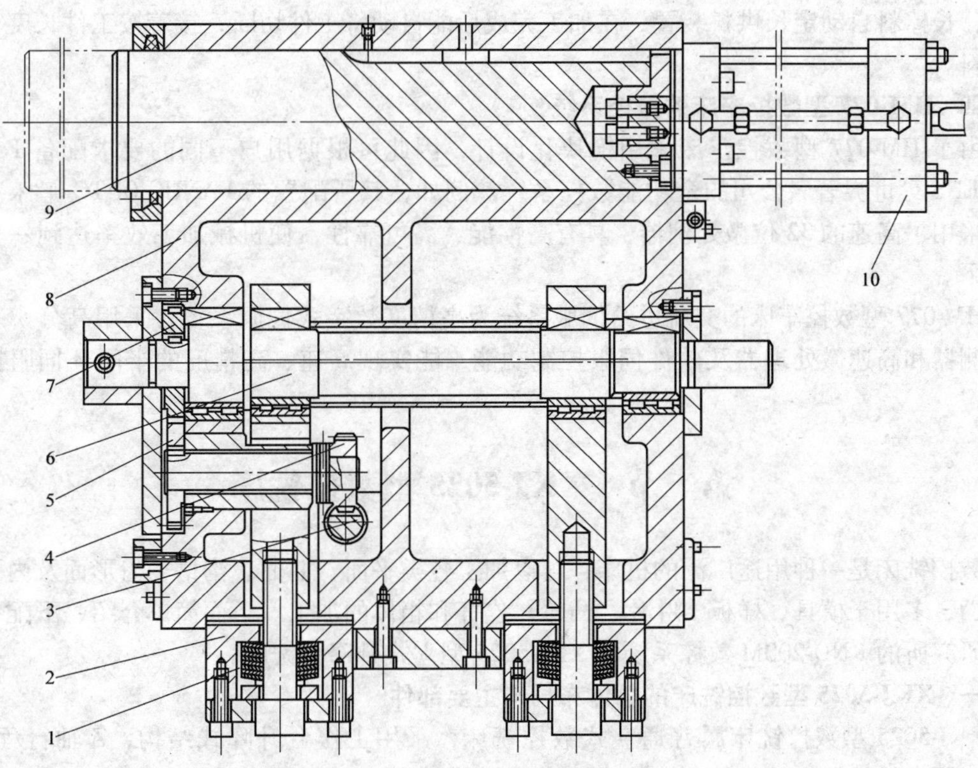

图 3-7　HM-077 型数控车床的程控尾座结构示意图

1—碟形弹簧　2—尾座压板　3—齿条轴　4、5、7—齿轮

6—偏心轴　8—尾座体　9—尾轴　10—尾座液压缸

力下降时，压力保护开关动作，使机床操作面板上的报警灯亮，发出润滑异常的报警。因此，必须经常查看润滑油箱内的油量并及时清洗过滤器。

6. 辅助装置

数控车床在具有多功能以及优良的操作性能的同时，向对应的自动化加工目标靠拢也是必要的。特别是近年来 FMC、FMS 等基于数控加工机床的自动生产系统正在受到人们的重视，推进数控车床的自动化、无人化的各种各样的周边机器和装置也在开发过程中。

（1）对刀仪　对刀仪是测量刀具刀尖位置的装置。用于刀具安装后或更换刀片后，对刀尖位置的补偿值进行检测。在自动运转、连续加工过程中经常对刀具的磨损、破损进行检查，可以保证加工精度和自动化连续生产。

（2）自动测量装置　自动测量装置可以根据测量头接触加工工件时的当前位置，算出加工工件的尺寸，自动补偿程序的形状误差量。

（3）排屑器　排屑器是将切屑从机床中自动排出的装置。数控机床的高效率使加工过程中的切屑量非常大，如不及时排出，必将会覆盖或缠绕在工件和刀具上，使自动加工无法继续进行。此外，炽热的切屑向机床或工件散发的热量会使机床和工件产生热变形，影响加工精度。因此，迅速、有效地排出切屑对数控机床加工来说是十分重要的。排屑装置的种类很多，可以根据数控机床的加工特点和使用情况加以选择。

（4）自动送料装置　为提高自动化程度，有的数控机床还配备自动送料与接料装置。

例如，长棒料自动定长供料装置，在加工完成后能自动将工件切断，接着按工件长度自动推出棒料。

四、HM-077 型数控车床的数控系统

由于 HM-077 型数控车床采用模块化设计，因此可根据用户不同的要求配备 FANUC、SIEMENS 等世界著名公司的全功能数控系统。例如，其所配置的 FANUC 0i-TC 车床数控系统，采用了高速的 32 位微处理器，具有高性能、高可靠性，使机械加工效率达到一个更高的水平。

HM-077 型数控车床的交流进给伺服系统为高精度数字式伺服系统，采用高分辨率的位置检测器和高速微处理器及软件伺服控制功能，能实现高速、高精度的半闭环伺服控制方式。

第二节　XKJ-5025 型数控铣床

数控铣床是一种用途广泛的机床，可以加工各类平面、曲面、沟槽、齿形面及内孔等工件表面，多用于模具、样板、叶片、凸轮、连杆和箱体的加工。下面简单介绍一下配备北京机床研究所的 KND-200M 数控系统的 XKJ-5025 型立式升降台铣床。

一、XKJ-5025 型数控铣床的总体布局与主要部件

XKJ-5025 型数控铣床属普通立式数控铣床，采用工作台升降式结构，Z 轴行程较大，可加工厚度尺寸较大的零件。它的驱动系统控制环为开环。XKJ-5025 型数控铣床的外形如图 3-8 所示。

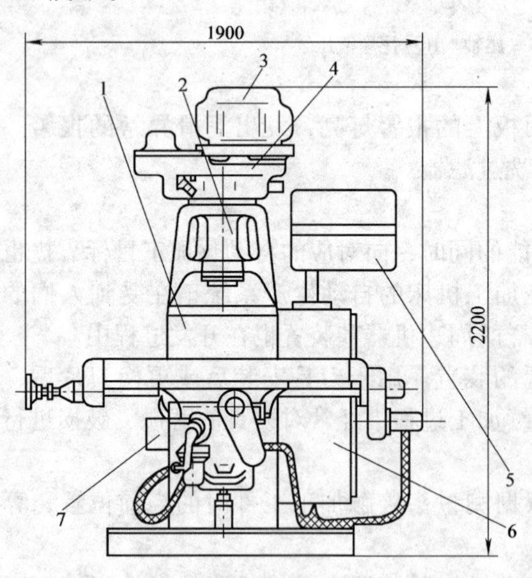

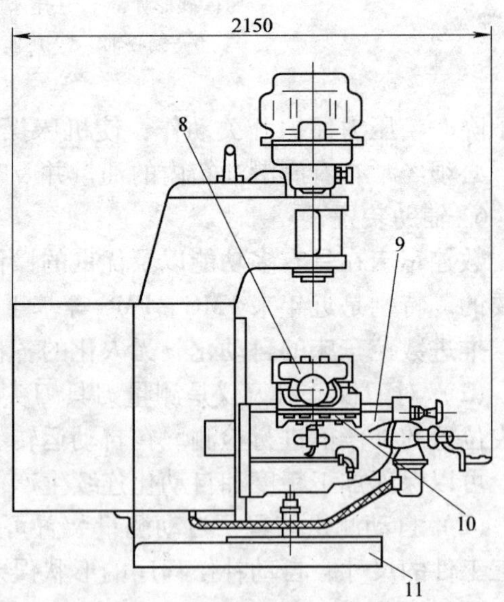

图 3-8　XKJ-5025 型数控铣床的外形

1—床身　2—主轴箱　3—主轴电动机　4—主变速箱　5—数控操作箱　6—电器控制箱
7—润滑箱　8—工作台　9—升降台　10—床鞍　11—底座

（1）床身　床身是整台机床的基础部件，工作台、主轴箱、电器箱、冷却箱、润滑系统等均安装在床身上。

（2）主轴箱　主轴箱用于安装主轴，实现机床的主运动。主电动机、主变速系统均安装于主轴箱，其上的操作手柄分别用于主轴变速、主轴锁住与带胀紧。

（3）升降台　升降台安装在床身前侧的垂直导轨上，手动可操纵其上下移动，实现机床的调整位置运动。另外，升降台上面的导轨用于支承床鞍。

（4）床鞍　床鞍安装在升降台的横向导轨上，实现与主轴垂直的横向（Y）进给。

（5）工作台　工作台安装在床鞍的纵向导轨上，实现与主轴垂直的纵向（X）进给。

（6）冷却箱　冷却箱与冷却泵均置于床身底部，且结构紧凑。

（7）润滑箱　润滑箱是自动滴油润滑站。

二、XKJ-5025 型数控铣床的主要技术参数

1. 机床规格（见表 3-2）

表 3-2　XKJ-5025 型数控铣床的规格

参　　数	参 数 值	参　　数	参 数 值
工作台面积（宽×长）	250mm ×1120mm	主轴转速范围	13～5086r/min
工作台纵向行程（X）	680mm	铣削进给速度范围	0～0.35m/min
工作台横向行程（Y）	350mm	快速移动速度	25m/min
升降台垂向行程	400mm	主电动机功率	2.2kW
T 形槽数及宽度	3 ×15.87mm	步进电动机（X/Y/Z）最大静转矩	12N·m
T 形槽间距	65mm	分辨率	0.001mm
工作台允许最大承重	250kg	定位精度	0.05mm/300mm
主轴孔锥度	7:24	重复定位精度	±0.015mm
主轴套筒行程（Z）	130mm		

2. KND-200M 控制系统的指标与功能

KND-200M 数控系统是北京凯恩帝数控技术公司开发生产的普及型钻、镗、铣床及加工中心通用的数控系统。该控制系统采用了高速微处理器、超大规模集成电路及多层印制电路板，从而极大地提高了系统的可靠性。在控制软件上，首次将全功能数控系统的机能引入步进电动机控制系统中，并针对步进电动机的特点增加了许多适合步进电动机的机能，使其发挥最佳的性能，从而使系统具有较高的性能价格比。

（1）指标　见表 3-3。

表 3-3　KND-200M 控制系统指标

指　　标	指 标 值	指　　标	指 标 值
控制坐标轴数目	3	最小移动单位	0.001mm
同时控制坐标轴数目	3	最大行程	9 999.99mm
控制方式	轨迹控制	编程方式	绝对、增量
最小设定单位	0.001mm	编程容量	63 条程序

（2）功能　KND-200M 控制系统具有螺纹补偿功能，刀具半径、长度补偿功能，宏程序编程功能，图形显示功能，各类钻、镗、攻螺纹的固定循环功能和各种故障报警功能。

三、XKJ-5025 型数控铣床主要部件的特点

（1）主运动部件　如图3-9所示为XKJ-5025型数控铣床的传动系统，变频无级调速主

电动机 1 通过四挡 V 带塔轮 2，把运动传给Ⅱ轴，再通过同步齿形带轮 3、牙嵌离合器 4、齿轮 5 把主运动传给主轴Ⅳ，主轴变速范围 13～5086r/min。

铣床的主轴圆锥孔用来安装铣刀并带动其旋转。由于铣削力是周期变化的，容易引起振动。因此要求主轴部件有较高的刚性及抗振性，它是保证机床加工精度和表面质量的关键部件。XKJ-5025 型数控铣床的主轴采用双支承结构，前支承为两个角接触球轴承，承受径向力和轴向力；后支承采用深沟球轴承。

主轴圆锥孔的锥度为 7∶24，具有定位精度高、刀具装卸方便的特点。主轴前端的端面键可与铣刀柄上的键槽相配合，用于传递切削转矩。主轴电动机内没有配备脉冲编码器，该铣床无法进行螺纹加工。

（2）进给传动部件　XKJ-5025 型数控铣床 X、Y、Z 向的进给传动如图 3-9 所示。X 向步进电动机 8 通过 1∶2 同步带轮、X 向滚珠丝杠螺母副实现工作台的 X 向进给。Y 向步进电动机 9 通过 1∶2 同步带轮、Y 向滚珠丝杠螺母副实现床鞍的 Y 向进给。Z 向步进电动机 11 通过 1∶2 同步带轮、Z 向滚珠丝杠螺母副实现主轴套筒的 Z 向进给。

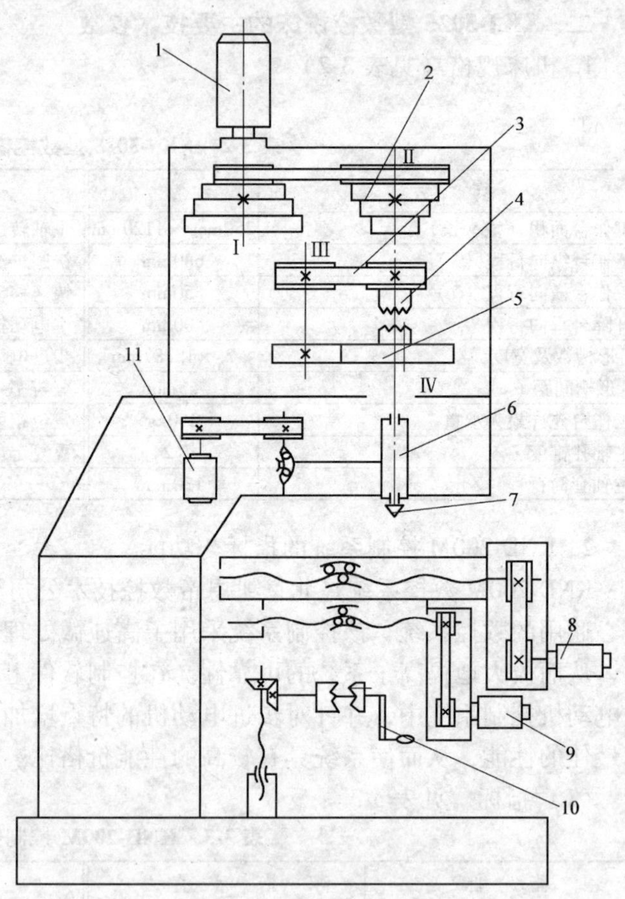

图 3-9　XKJ-5025 的传动系统

1—主电动机　2—四级 V 带塔轮　3—同步齿形带轮　4—牙嵌离合器　5—齿轮　6—主轴套筒　7—主轴　8—X 向步进电动机　9—Y 向步进电动机　10—升降台移动手柄　11—Z 向步进电动机

床鞍安装在升降台的水平矩形导轨上，工作台安装在床鞍的燕尾形导轨上。其导轨副均采用特殊的塑料软带贴塑，有效地降低导轨面的摩擦系数，提高运动的平稳性、精度的保持性和导轨的耐磨性。

（3）调整位置运动　为了使铣床上加工零件的尺寸适当增加，以及工作时切削的高低位置不变，并且要有利于操作者观察加工情况。因此，其工作台上下位置应可以进行调整，它是由手动控制升降台的上下移动来实现的。

（4）冷却与润滑系统　为保证加工零件的表面质量，需要对切削区域进行冷却。机床的冷却系统由冷却泵、出水管、回水管、开关与喷嘴等组成，冷却泵安装在机床底座的内腔里，切削液经冷却泵、出水管及喷嘴喷至切削区，然后流回冷却池，循环使用。这里要注意的是必须定期清洗冷却池，并更换切削液，保证切削液的质量和良好的冷却效果。

XKL-5025 型数控铣床的润滑方式采用自动滴油润滑与脂润滑，其主轴套筒、纵横向导轨面以及X、Y、Z向的滚珠丝杠副均由自动滴油润滑站每隔10 min自动供油一次。各轴承采用脂润滑，平时无须更换油脂，在机床大修时清洗轴承与更换油脂即可。

第三节　VMC-15型加工中心

加工中心和数控车床一样，是目前世界上产量最高、应用最广泛的数控机床。加工箱体类零件的加工中心是在镗床、铣床的基础上发展起来的，称为自动换刀数控镗铣床，习惯上简称加工中心。本节简单介绍VMC-15型加工中心。

一、VMC-15型加工中心的布局与组成

VMC-15型加工中心是美国FADAL公司的产品，布局形式为立式。它具有11.2kW的交流变频主电动机，高精度的直线滚动导轨，以及能容纳21把刀具，且换刀功能可靠的刀库。另外，它还有一个第四回转坐标轴，能实现四轴联动，工件一次装夹后可完成21道工序的加工。

如图3-10所示为VMC-15型加工中心的外形，其基本组成如下。

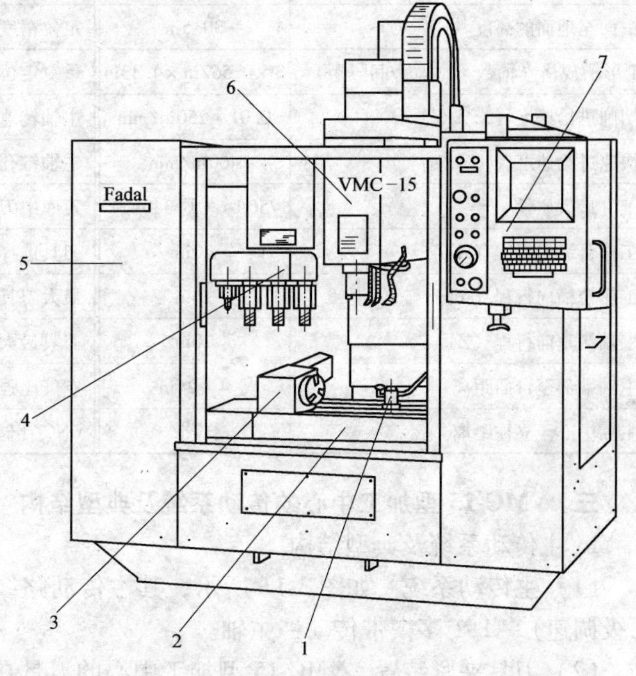

图3-10　VMC-15型加工中心的外形

1—对刀仪　2—工作台（X、Y轴）　3—第四轴旋转头　4—刀库　5—防护装置　6—主轴箱（Z轴进给）　7—操作面板

（1）主轴传动系统　主电动机通过传动比为1∶1的V带传动链直接驱动主轴旋转。主轴中具有刀具夹紧装置，确保刀具在强力切削时可靠锁紧。

（2）刀库　刀库可储存21把刀具，其换刀过程靠刀库的移动、转位以及主轴箱的上、下移动来完成，无须机械手换刀，结构简单、性能稳定、工作可靠。

（3）进给驱动系统　X、Y、Z轴的进给运动是由交流伺服电动机通过联轴器直接驱动滚珠丝杠来实现的，其最高移动速度为400in/min（英寸每分钟，1in = 2.54cm）。X、Y、Z轴导轨都采用直线滚动导轨。

（4）主轴电动机　采用高性能交流主轴电动机，具有主轴周向定位即准停功能，变频无级调速，低速挡转速范围为150～2500r/min，恒转矩输出；高速挡转速范围为2500～7500r/min，恒功率输出。

（5）FADALCNC 88HS数控系统　这种数控系统由机床制造公司生产，所有的机床功能以菜单形式用英文快速显示，不需要繁琐的键盘输入，具有功能强大、易于使用的特点。另外，还具有图形显示功能。

（6）VH-65第四轴旋转头　VMC-15型加工中心除了标准配置以外，还具有第四轴旋转

头和对刀仪两套附加部件。第四轴 A/B/C 由伺服电动机通过传动比为 1:90 的蜗杆-蜗轮来控制转位，安装在工作台上，可用于螺旋线类曲线的加工。

（7）TS-27R 对刀仪　英国 RENISHAW 的 TS-27R 对刀仪能测量刀具直径、长度，并对其进行补偿。该对刀仪还可检测刀具是否损坏。

二、VMC-15 型加工中心的技术性能

其技术性能见表 3-4。

表 3-4　VMC-15 型加工中心的技术性能

性能参数	参数值	性能参数	参数值
台面尺寸	29.5in×16in	主电动机功率	11.2kW
台面至地面的高度	30.5in	定位精度	±0.0002in
T 形槽规格（槽数×槽宽×间隔距）	3×0.562in×4.33in	重复定位精度	±0.0001in
切削进给速度（X/Y/Z）	0.01～250in/min	主轴转速	150～7500r/min
快速进给速度（X/Y/Z）	400in/min	主轴锥孔	7:24
工件最大质量	750lbs（约 340kg）	刀库中刀具数	21 把
工作台纵向行程（X）	20in	刀具选择方式	双向任意式
工作台横向行程（Y）	16in	最大刀具直径（没邻近刀具）	3in（4.5in）
主轴箱垂向行程（Z）	20in	刀具最大质量	15lbs（约 6.8kg）
主轴端部至台面距离	4～24in	空气压强	约 800kPa
主轴中心至立柱距离	17in	CNC 存储量	38KB

三、VMC-15 型加工中心的传动系统及典型结构

1. 主传动系统及典型结构

（1）主传动系统　如图 3-11 所示，其主传动路线为：交流主电动机（150～7500r/min 无级调速）→1:1 多楔带传动→主轴。

（2）刀具夹紧装置　VMC-15 型加工中心的刀具在主轴上夹紧与放松的基本原理与大多数加工中心类似，以碟形弹簧的弹性力拉紧刀具，以气缸的气压力松开刀具。刀杆采用 7:24 的大锥度锥柄，其尾部固定一拉钉，只要拉紧拉钉就可以把刀杆的锥面定位在主轴端部的锥孔中。如图 3-12 所示为主轴上的刀具夹紧机构示意图。在碟形弹簧 5 的作用下，拉杆 2 始终以 2000lbs（约 907kg）的拉力，并通过拉杆 2 下端径向孔中的钢球 1 将刀杆尾部的拉钉拉紧。

换刀前必须先将刀柄松开。当发出换刀信息后，其压缩空气进入拉杆尾部的气缸，活塞受到的气压力克服碟形弹簧 2000lbs（约 907kg）的弹性力，从而压缩碟形弹簧，拉杆下移使钢球向外移动，松开刀具。采用这种方式，刀柄夹紧与放松均能自动进行，且具有夹持力稳定、可靠的特点。

（3）主轴轴承　主轴定位于高精度的推力角接触球轴承上。这种轴承成对组配，按给定级别预紧，其装配在净化室内进行。轴承的润滑采用特种油脂，其温升低、运转平稳，是机床高精度、长寿命的保证。

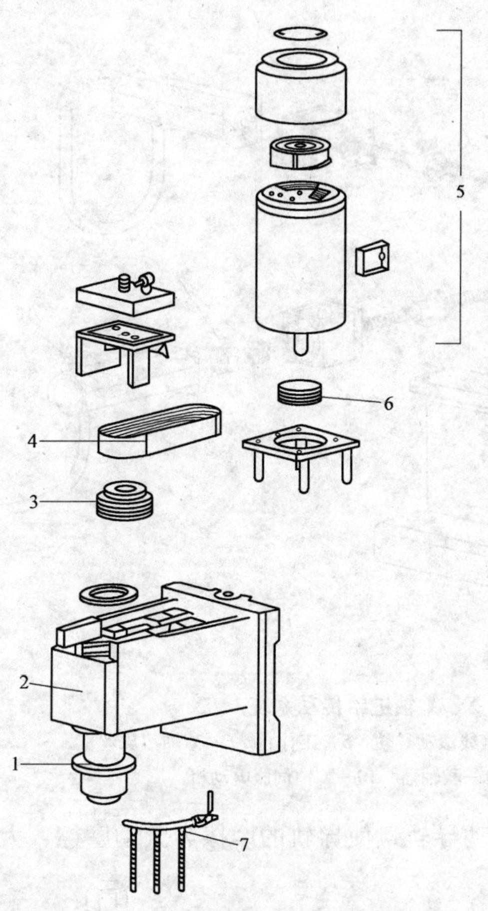

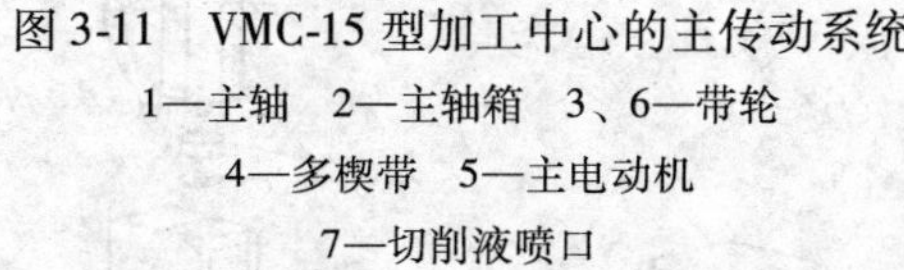

图 3-11　VMC-15 型加工中心的主传动系统

1—主轴　2—主轴箱　3、6—带轮

4—多楔带　5—主电动机

7—切削液喷口

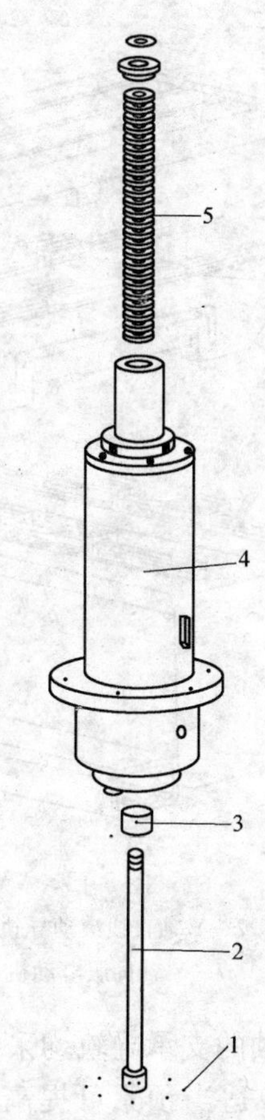

图 3-12　主轴上的刀柄夹紧机构示意图

1—钢球　2—拉杆　3—套筒

4—主轴　5—碟形弹簧

（4）准停装置　VMC-15 型加工中心的主轴电动机内部直接安装反馈编码器，能发出准停信号，使主轴准确停止在某一特定位置。

（5）自动吹屑　在换刀的同时，采用压缩空气从主轴中间吹出，使主轴锥孔、刀杆锥柄表面保持清洁，保证接触刚性和定位精度。

2. 进给传动系统及典型结构

（1）进给传动系统　如图 3-13 所示为 VMC-15 型加工中心的 X、Y 轴进给传动系统，如图 3-14 所示为其 Z 轴进给传动系统。其传动路线为：X、Y、Z 交流伺服电动机→联轴器→滚珠丝杠（X/Y/Z）→工作台 X/Y 进给、主轴 Z 向进给。

（2）进给传动的典型结构　如图 3-13、图 3-14 所示，X、Y、Z 轴的进给分别由工作台、床鞍、主轴箱的移动来实现。X、Y、Z 轴方向的导轨均采用直线滚动导轨，其床身、工作台、床鞍、主轴箱均采用高性能、最优化整体铸铁结构，内部均布置适当的网状肋板、肋条，具有足够的刚性、抗振性，能保证良好的切削性能。

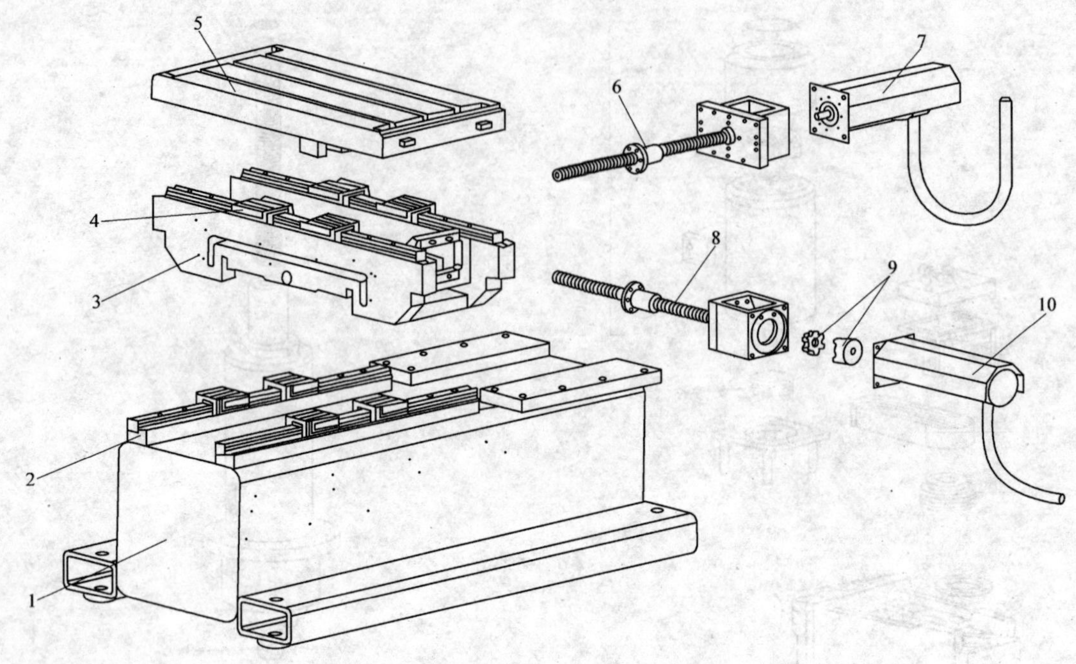

图 3-13 VMC-15 型加工中心的 X、Y 轴进给传动系统

1—床身 2—Y 轴直线滚动导轨 3—床鞍 4—X 轴直线滚动导轨 5—工作台 6—Y 轴滚珠丝杠 7—Y 轴伺服电动机 8—X 轴滚珠丝杠 9—联轴器 10—X 轴伺服电动机

X、Y、Z 轴的支承导轨均采用滑块式直线滚动导轨，使导轨的摩擦为滚动摩擦，大大降低摩擦系数。适当预紧可提高导轨刚性，具有精度高、响应速度快、无爬行现象等特点。这种导轨均为线接触（滚动体为滚柱、滚针）或点接触（滚动体为滚珠），总体刚性差，抗振性弱，在大型机床上较少采用。近几年在中、小型数控机床上应用越来越普遍，充分体现了数控机床的高响应、高速度、高精度的特点，尤其是此加工中心使用的滑块式直线滚动导轨，其导轨副为整体外购，使用时安装方便，精度有保证。

X、Y、Z 轴进给传动采用滚珠丝杠副结构，它具有传动平稳、效率高、无爬行、无反向间隙等特点。VMC-15 型加工中心采用轴伺服电动机通过联轴器直接与滚珠丝杠副联接，这样可减少中间环节引起的误差，保证了传动精度。

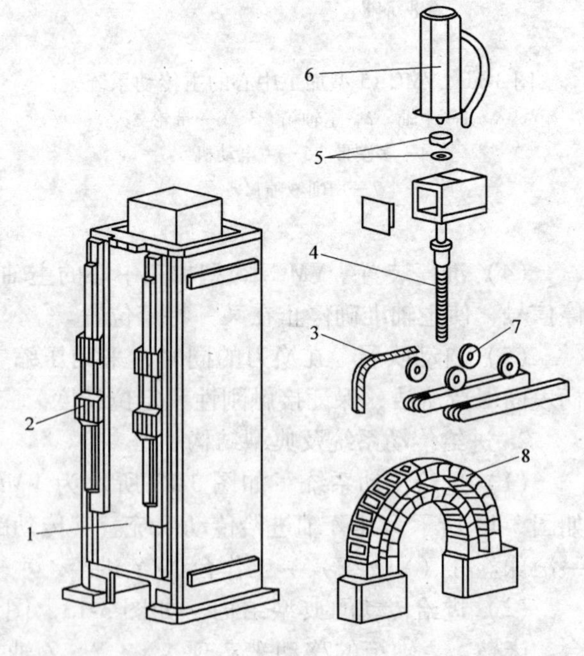

图 3-14 VMC-15 型加工中心的 Z 轴进给传动系统

1—立柱 2—Z 轴直线滚动导轨 3—链条 4—Z 轴滚珠丝杠 5—联轴器 6—Z 轴伺服电动机 7—链轮 8—导管防护套

机床的 Z 向进给靠主轴箱的上、下移动来实现，这样可以增加 Z 向进给的刚性，

便于强力切削。主轴则通过主轴箱前端套筒法兰直接与主轴箱固定，刚性高且便于维修、保养。另外，为使主轴箱作 Z 向进给时运动平稳，主轴箱体通过链条、链轮联接配重块，如图 3-15 所示。再则由于滚珠丝杠无自锁功能，为防止主轴箱体的垂向下落，Z 向伺服电动机内部带有制动装置。

3. 自动换刀系统

VMC-15 型加工中心的刀库可安装 21 把刀具，其结构简单，无需机械手交换刀具，可提供可靠快速的刀具交换方式。目前刀具数目在 30 把以下的刀库应用较普遍，代表当今的先进水平。如图 3-15 所示为 VMC-15 型加工中心的刀库结构示意图。

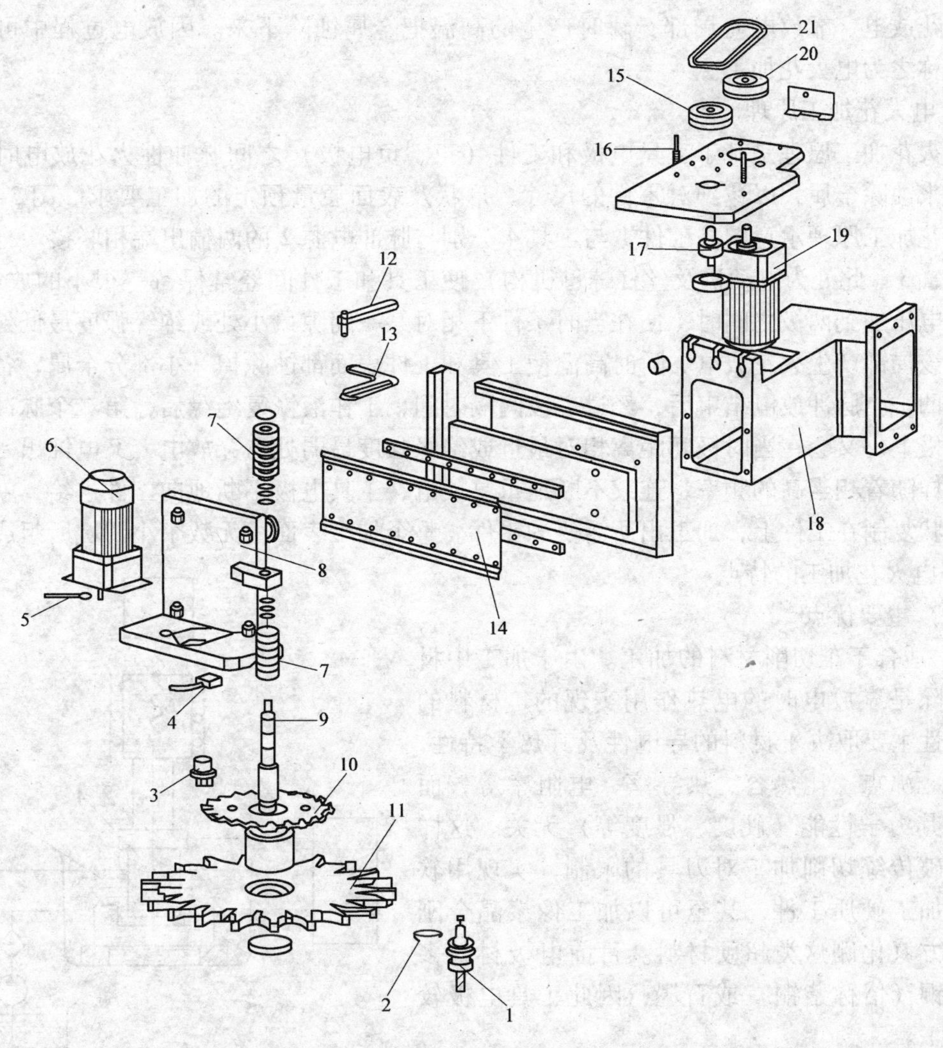

图 3-15　VMC-15 型加工中心的刀库结构示意图

1—刀柄　2—刀柄卡簧　3—槽轮套　4、5、16—接近开关　6—转位电动机　7—碟形弹簧　8—电动机支架　9—刀库转轴　10—马氏槽轮　11—刀盘　12—杠杆　13—支架　14—刀库导轨　15、20—带轮　17—带轮轴　18—刀库架　19—刀库移动电动机　21—传动带

第四节 数控电火花机床

电火花加工在特种加工中是比较成熟的工艺，在民用、军工企业和科学研究中已经获得广泛应用。电火花加工工艺及机床设备的类型较多，其中应用最广、数量较多的是电火花穿孔成形加工机床和电火花线切割机床。

一、电火花加工

电火花加工又称放电加工（Electrical Discharge Machining，简称 EDM），在 20 世纪 40 年代开始研究并逐步应用于生产。它是在加工过程中，使工具电极和工件之间不断产生脉冲性的火花放电，靠放电时局部、瞬时产生的高温把金属蚀除下来。因放电过程中可见到火花，故称之为电火花加工。

1. 电火花加工原理

电火花加工原理是基于工具电极和工件（正、负电极）之间脉冲性火花放电时的电腐蚀现象来蚀除金属，以达到对零件的尺寸、形状及表面质量预定的加工要求。图 3-16 所示为电火花加工原理示意图。工件 1 与工具 4 分别与脉冲电源 2 的两输出端相联接。自动进给调节装置 3（此处为电动机及丝杠螺母机构）使工具和工件间经常保持一很小的放电间隙。当脉冲电压加到两极之间时，便在当时条件下相对某一间隙最小处或绝缘强度最低处击穿介质，在该局部产生火花放电。瞬时高温使工具和工件表面都蚀除掉一小部分金属，各自形成一个小凹坑。脉冲放电结束后，经过一段间隔时间，工作液恢复绝缘后，第二个脉冲电压又加到两极上，又会在当时极间距离相对最近或绝缘强度最弱处击穿放电，又电蚀出一个小凹坑。这样随着相当高的频率，连续不断地重复放电，工具电极不断地向工件进给，就可将工具的形状复制在工件上，加工出所需要的零件。整个加工表面由无数个小凹坑所组成。

2. 电火花加工的特点

（1）主要优点

1）适合于难切削材料的加工。由于加工中材料的去除是靠放电时的电热作用实现的，材料的可加工性主要取决于材料的导电性及其热学特性，如熔点、沸点、比热容、热导率、电阻率等，而几乎与其力学性能（硬度、强度等）无关。这样可以突破传统切削加工对刀具的限制，实现用软的工具加工硬质工件，甚至可以加工像聚晶金刚石、立方氮化硼这类超硬材料。目前电极材料多采用纯铜（俗称紫铜）或石墨，因此工具电极较容易加工。

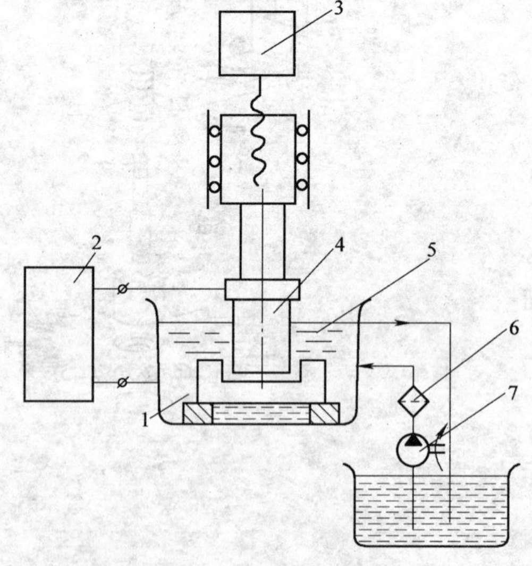

图 3-16 电火花加工原理示意图
1—工件 2—脉冲电源 3—自动进给调节装置 4—工具 5—工作液 6—过滤器 7—工作液泵

2）可以加工特殊及复杂形状的零件。由于加工中工具电极和工件不直接接触，没有机械加工宏观的切削力，因此适宜低刚度工件加工及微细加工。由于可以简单地将工具电极的形状复制到工件上，因此特别适用于复杂表面形状工件的加工，如复杂型腔模具加工等。数控技术的采用使得用简单的电极加工复杂形状零件也成为可能。

（2）电火花加工的局限性

1）主要用于加工金属等导电材料，但在一定条件下也可以加工半导体和非导体材料。

2）一般加工速度较慢。安排工艺时，通常多采用切削来去除大部分余量，然后再由电火花加工以提高生产率。但最近已有新的研究成果表明，采用特殊水基不燃性工作液进行电火花加工，其生产率甚至可不亚于切削加工。

3）存在电极损耗。由于电极损耗多集中在尖角或底面，影响成形精度。但近年来粗加工时已能将电极相对损耗比降到1%以下，甚至更小。

由于电火花加工具有许多传统切削加工所无法比拟的优点，因此其应用领域日益扩大，目前已广泛应用于机械（特别是模具制造）、航天、航空、电子、电机电器、精密机械、仪器仪表、汽车拖拉机、轻工等行业，以解决难加工材料及复杂形状零件的加工问题。其加工范围很大，小到几微米的小轴、孔、缝，大到几米的超大型模具和零件都可以加工。

3. 电火花加工机床

电火花加工机床主要由主机（包括自动调节系统的执行机构）、脉冲电源、自动进给调节系统、工作液过滤及循环系统几部分组成。

（1）机床主要组成部分　主要包括：主轴头、床身、立柱、工作台及工作液槽几部分。机床的整体布局按机床型号的大小，可采用如图3-17所示结构。其中，图3-17a为分离式，图3-17b为整体式（油箱与电源箱放入机床内部成为整体）。一般以分离式居多。

床身和立柱是机床的主要结构件，要有足够的刚度。床身工作台面与立柱导轨面间应有一定的垂直度要求，还应有较好的精度保持性，这就要求导轨具有良好的耐磨性并能充分消除材料内应力等。

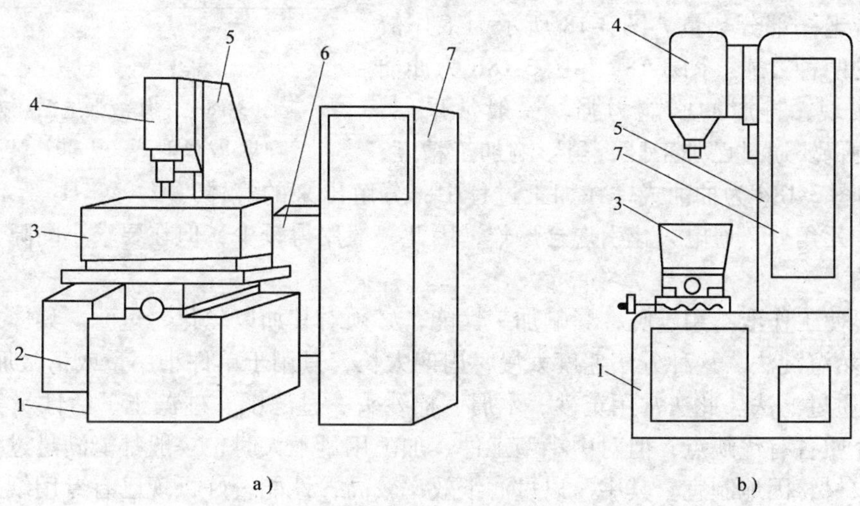

图3-17　电火花加工机床

a）分离式　b）整体式

1—床身　2—液压油箱　3—工作液槽　4—主轴头　5—立柱　6—工作液箱　7—电源箱

作纵横向移动的工作台一般都带有坐标装置。常用的是靠刻度手轮来调整位置，随着加工精度要求的提高，可采用光学坐标读数装置和磁尺数显等装置。

近年来，由于工艺水平的提高及微机、数控技术的发展，已生产有三坐标伺服控制的，以及主轴和工作台回转运动并加三向伺服控制的五坐标数控电火花机床。有的机床还带有工具电极库，可以自动更换工具电极。机床的坐标位移脉冲当量为1μm。

(2) 主轴头　主轴头是电火花成形机床中最关键的部件，是自动调节系统中的执行机构，对加工工艺指标的影响极大。对主轴头的要求是：结构简单、传动链短、传动间隙小、热变形小、具有足够的精度和刚度，以适应自动调节系统的惯性小、灵敏度好、能承受一定负载的要求。主轴头主要由进给系统、导向防扭机构、电极装夹及其调节环节组成。

随着步进电动机、数控直流/交流伺服电动机的出现和技术进步，电火花机床中已越来越多地采用电-机械式主轴头。它们的传动链短，可由电动机直接带动进给丝杠。主轴头的导轨可采用矩形滚柱或滚针导轨。

(3) 工具电极夹具　工具电极的装夹及其调节装置的形式很多，其作用是调节工具电极和工作台的垂直度，以及调节工具电极在水平面内微量的扭转角。常用的有十字铰链式和球面铰链式。

(4) 工作液过滤及循环系统　工作液过滤及循环系统包括工作液（煤油）箱、电动机、泵、过滤装置、工作液槽、油杯、管道、阀门以及测量仪表等。放电间隙中的电蚀产物除了靠自然扩散、定期抬刀以及使工具电极附加振动等排除外，常采用强迫循环的办法加以排除，以免间隙中电蚀产物过多，引起已加工过的侧表面间“二次放电”，影响加工精度。此外，在电蚀产物的排除过程中也可带走一部分热量。图3-18所示为工作液强迫循环的两种方式。图3-18a和图3-18b为冲油式，较易实现，排屑冲刷能力强，一般常采用，但电蚀产物仍要通过已加工区，稍影响加工精度；图3-18c和图3-18d为抽油式，在加工过程中，分解出来的气体（H_2、C_2H_2等）易积聚在抽油回路的死角处，遇电火花引燃会爆炸，因此一般用得较少，但在要求小间隙、精加工时也有使用的。

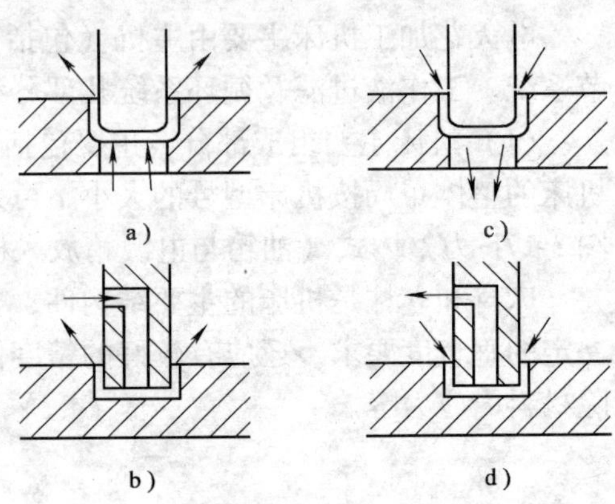

图3-18　工作液强迫循环方式
a)、b) 冲油式　c)、d) 抽油式

为了不使工作液越用越脏，影响加工性能，必须对其加以净化、过滤。具体方法如下：

1) 自然沉淀法。这种方法速度太慢，周期太长，只用于单件小用量或精微加工。

2) 介质过滤法。此法常用黄砂、木屑、棉纱头、过滤纸、硅藻土、活性炭等为过滤介质。这些介质各有优缺点，但对中小型工件、加工用量不大时，一般都能满足过滤要求。并且可就地取材，因地制宜。其中，以过滤纸效率较高，性能较好，现已有专用纸过滤装置生产供应。

3) 高压静电过滤、离心过滤法等。这些方法技术上比较复杂，采用较少。

二、电火花线切割加工

电火花线切割加工（Wire Cut EDM，简称WEDM）是用线状电极靠火花放电对工件进行切割，故称为电火花线切割，有时简称线切割。它已获得广泛的应用，目前国内外的线切割机床已占电加工机床的60%以上。

1. 线切割加工的原理

电火花线切割加工的基本原理是利用移动的细金属导线（铜丝或钼丝）作电极，对工件进行脉冲火花放电、切割成形。

电火花线切割的加工原理和加工工艺与电火花穿孔成形加工既有共性，又有区别。

（1）电火花线切割加工与电火花成形加工的共性

1）线切割加工的电压、电流波形与电火花加工的基本相似。

2）线切割加工的加工机理、生产率、表面粗糙度等工艺规律，以及材料的可加工性等也都与电火花加工基本相似，可以加工硬质合金等导电材料。

（2）线切割加工的特点

1）由于电极工具是直径较小的细丝，故脉冲宽度、平均电流等不能太大，加工工艺参数的范围较小，属中、精正极性电火花加工，工件常接电源正极。

2）采用水或水基工作液，不会引燃起火，容易实现安全无人运转。但由于工作液的电阻率远比煤油小，因而在开路状态下，仍有明显的电解电流。电解效应稍有益于改善加工表面粗糙度。

3）一般没有稳定的电弧放电状态。因为电极丝与工件始终有相对运动，尤其是快速走丝电火花线切割加工，因此线切割加工的间隙状态可以认为是由正常火花放电、开路和短路这三种状态组成。但往往在单个脉冲内有多种放电状态，有“微开路”、“微短路”现象。

4）电极与工件之间存在着“疏松接触”式轻压放电现象。

5）省掉了成形的工具电极，大大降低了成形工具电极的设计和制造费用，缩短了生产准备时间，加工周期短，这对新产品的试制是很有意义的。

6）由于电极丝比较细，故可以加工微细异形孔、窄缝和复杂形状的工件。由于切缝很窄，且只对工件材料进行“套料”加工，所以实际金属去除量很少，材料的利用率很高，这对加工、节约贵重金属有重要意义。

7）由于采用移动的长电极丝进行加工，使单位长度电极丝的损耗较少，从而对加工精度的影响比较小。特别在低速走丝线切割加工时，电极丝一次性使用，电极丝损耗对加工精度的影响更小。

电火花线切割加工有许多突出的优点，因而在国内外发展都较快，已获得了广泛的应用。

2. 线切割加工机床的组成

数控电火花线切割机床由工作台、走丝机构、供液系统、脉冲电源和控制系统（控制柜）五大部分组成，如图 3-19 所示。

（1）床身与工作台　床身的作用是：支承和连接工作台、走丝机构等部件；安放机床电器；存放工作液系统等。

工作台又称切割台，用于安装并带动工件在工作台面内作纵向、横向（X、Y）两个方向的移动。工作台有上、下两层，分别与 X、Y 向滚珠丝杠相连，由两个步进电动机通过变速齿轮分别驱动。

（2）走丝机构　走丝机构主要由储丝筒、走丝电动机、丝架和导轮等部件组成。储丝筒安装在走丝溜板上，由走丝电动机通过联轴器带动其正、反旋转。储丝筒的正、反旋转运动通过齿轮同时传给走丝溜板的丝杠，使溜板作往复运动。丝架分上丝架和下丝架，用来安装导轮，调节导轮额外位置。钼丝安装在导轮和储丝筒上，开动走丝电动机，钼丝以一定的速度作往复运动，即走丝运动。

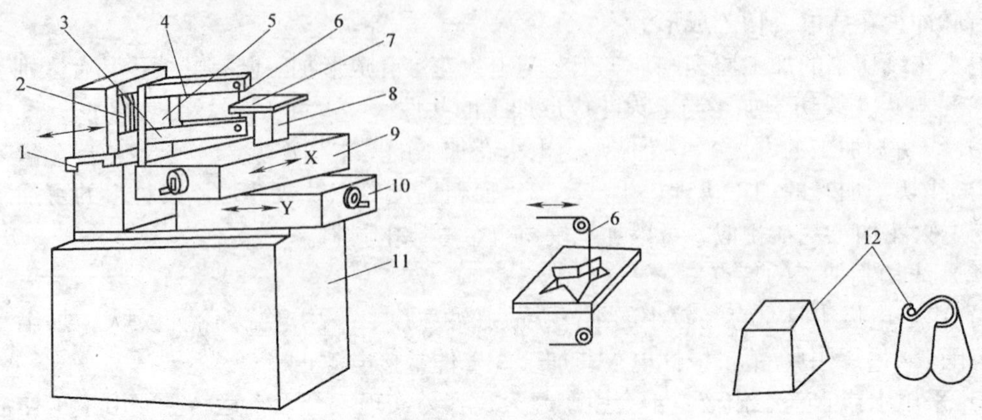

图 3-19 线切割机床的组成

1—走丝溜板 2—储丝筒 3—丝架下臂 4—丝架上臂 5—丝架 6—电极丝 7—工件 8—绝缘垫板 9—工作台 10—滑台 11—床身 12—可以切割的零件形状

（3）供液系统 供液系统为机床的切割加工提供足够、合适的工作液，由工作液、工作液箱、工作液泵和循环导管组成。线切割加工中应用的工作液种类很多，有煤油、乳化液、去离子水、蒸馏水、洗涤液和酒精等，应根据具体条件加以选用。

工作液起绝缘、排屑、冷却等作用。每次脉冲放电后，工件与电极丝之间必须迅速恢复绝缘状态，否则脉冲放电就会转变为稳定持续的电弧放电，影响加工质量。在加工过程中，工作液把加工过程中产生的金属颗粒迅速从电极之间冲走，使加工顺利进行。工作液还可冷却受热的电极和工件，防止工件变形。

（4）脉冲电源 脉冲电源就是产生脉冲电流的能源装置，其作用是把普通的交流电转换成高频率的单向脉冲电源。加工时，电极丝接脉冲电源的负极，工件接正极。电火花线切割的脉冲电源是影响线切割加工工艺指标最关键的设备之一。

（5）控制系统 机床的控制系统就是对整个切割加工过程和切割轨迹作数字程序控制。控制装置以微型计算机为核心，配备有光电耦合电路板、控制按钮以及控制软件等。计算机对整个系统进行监控，控制器驱动步进电动机并产生变频信号。加工程序可由键盘输入，通过控制软件可以实现放大、缩小等多种功能的加工。开机进入控制功能后，通过打印口接收变频脉冲，输出信号驱动 X、Y 轴步进电动机运转，带动工作台按加工轨迹移动，切割出所要求的工件。

3. 线切割加工机床的主要技术性能

目前使用的数控线切割机床品种繁多，控制系统也不尽相同。一般来说，机床精度及脉冲电源效率的设计指标无太大差别，它们的组成部分和工作原理基本类似，只是具体的技术指标有所不同，系统功能有强有弱。功能较强的线切割机床上增加了间隙补偿和锥度补偿功能，能方便地切割出不同间隙要求的凹模和凸模，或根据要求切割出锥度。下面以带锥度功能的 DK7725 型线切割机床的一些技术指标为例进行介绍，其控制系统为苏州沙迪克三光机电有限公司的 BKDC 快速走丝线切割控制机。

（1）DK7725 型线切割机床的主要技术参数　见表 3-5。系统功能包括：自动对边、自动找正对孔中心、自动回直、自动故障诊断、图形显示、加工状态显示、短路处理、断丝处理和加工停电处理等。

表 3-5　DK7725 型线切割机床的主要技术参数

技 术 参 数	参 数 量
工作台面尺寸（长×宽）	560mm×360mm
工作台最大行程（纵×横）	350mm×250mm
切割工件最大厚度	150mm
切割工件最大质量	120kg
锥度溜板最大行程（纵×横）	8mm×8mm
最大切割锥度	6°
电极丝最大直径	0.25mm
电极丝最大长度	300mm
走丝溜板最大往复行程	180mm
走丝速度	10～12mm/s
切割速度	≥100mm/min
切割表面粗糙度	R_a≤2.5μm
设备总功率	1.5kW
工作液规格	5%～10%皂化油水溶液
工作液箱体容量	0.049m^3
工作台及线架电动机	三相反应式步进电动机
工作台移动脉冲当量	0.001mm
可控制轴数	X、Y、U、V 四轴联动（可进行锥度切割）
齿隙补偿	0～127μm
线径补偿	0～9.999mm
输入方式	串行输入、磁盘输入、键盘输入

（2）线切割机床的工作过程　操作者应先将切割工件的数控程序编制好（可以是手工编制，也可以是计算机自动编程），通过键盘（或通信接口）输入机床的控制柜，经图像模拟检验，确认程序正确即可开始切割加工。

将工件正确装夹在工作台面上，脉冲电源的正极接工件，负极接工具电极（钼丝）。在控制系统的控制下，钼丝以一定的速度往复运动，它不断地进入和离开放电区域；供液系统在钼丝与工件之间浇注液体介质（工作液）；工作台带着工件按照数控程序的指令作纵向和横向运动。只要有效地控制钼丝相对工件运动的轨迹和速度，就能切割出一定形状和尺寸的工件。

复习思考题

1. 简述数控车床斜床身斜滑板的布局特点。
2. HM-077 型数控车床的转塔刀架的特点是什么？
3. 简述自动润滑系统的原理和油量分配器的作用。
4. 加工中心的特点是什么？
5. VMC-15 型加工中心的自动换刀装置的特点是什么？
6. 简述电火花加工的原理和特点。
7. 简述线切割加工的原理和特点。
8. DK7725 型线切割机床的主要技术性能指标有哪些？

第四章　数控机床的控制系统

本章应知

1. 数控机床常用的数控系统
2. 数控机床的 PMC 结构
3. 数控机床的强电控制系统

本章应会

1. 数控机床常用数控系统的特点及应用范围
2. 数控机床 PMC 的典型运用和编程规则
3. 数控机床控制系统的连接
4. 判定数控机床常见的故障

数控机床的 PMC 结构和强电控制系统是构建数控机床和使用数控机床经常涉及的内容。数控系统的用户在了解数控系统的 PMC 编程规则后，就可以利用编程平台在数控系统上任意开发个性化的控制功能（M 功能）。如果全面了解数控机床的 PMC 规划，用户可以通过电路图和 PMC 规划表很容易地查找出数控机床出现故障的范围。

第一节　数控系统概述

数控机床能够按照预定的工作程序自动运行，由数控系统对数控机床的运动部件作实时控制。数控系统性能的优劣决定了数控机床的加工效率、加工精度和运行的稳定性。

数控系统的生产厂家设计制造有多种型号和用途的数控系统，形成一个产品系列，可以满足各种数控设备的要求。同一型号的数控系统，通过改变数控系统的内部参数和内置式 PLC 控制程序，可以用来控制不同种类、具有不同运动功能的机床。例如，SIEMENS 840D 数控系统既可以用于数控车床、数控铣床、数控磨床和镗铣加工中心，也可用于具有多轴联动控制的复合型数控机床。

加工中心所使用的数控系统应该具有较强的控制功能和多种辅助管理功能。数控系统控制功能的多少，标志着数控系统性能的高低，它决定了数控机床所能够完成的加工种类。例如，车削加工中心使用的数控系统均具有 C 轴功能，该功能与 X 轴、Z 轴配合可以在已经加工的外圆表面上铣削出圆柱凸轮及在轴端面上加工出端面凸轮，也可以在轴端铣削出有位置要求的平面。辅助管理功能不同于机床的加工控制功能，它与机床的自动化程度和加工效率有紧密的联系，高性能数控系统通常具有较多和较为完善的辅助管理功能。加工中心上使用的数控系统通常具备的加工辅助功能有：自动换刀功能、刀具自动补偿功能、刀具寿命管理功能、过载超程自动保护及故障诊断功能等。

现代数控系统可以实现二轴、三轴甚至多轴联动加工，联动轴数越多，加工过程中数控系统的计算数据量就越大，从而导致数控系统的结构更加复杂，要求数控装置的计算速度就越快，使数控系统的制造成本大大提高。随着计算机技术的飞速发展，大量先进的高性能工业控制计算机被用作数控机床数控系统的控制器，如32位或64位高性能工业控制机已被广泛使用，使数控系统的工作效率大大提高，数控系统的控制功能大大加强。软件技术的发展使得具有多通道控制功能的数控系统在数控机床上普遍使用。该功能改善了数控机床加工过程中辅助时间的使用方式，使数控机床在进行机械加工的同时，还可以完成数控系统赋予其他通道的控制功能。例如，数控机床在加工的同时可以进行自动选刀、控制料库自动备料和生产过程的统计、加工信息的传输等工作。

加工中心与普通数控机床的区别在于有无刀库和自动换刀装置。加工中心利用自身的刀库（通常十几到上百把刀具）和自动换刀装置能在一次装夹中完成零件的多个表面和多道工序的加工，大幅度提高生产效率和自动化程度。

第二节 数控机床常用的数控系统

一、SIEMENS 数控系统

SIEMENS 数控系统是目前世界上应用最广泛的数控系统之一，其规格型号繁多，不同型号具有不同的性能。

SINUMERIK 802D 是 SIEMENS 公司新推出的面向中国地区开发的普及型全数字数控系统。它仅有一个加工通道，采用4(伺服轴)+1(主轴)轴控制模式，系统的输入、输出及驱动采用 PROFIBUS 通信协议，可实现各部件之间的快速无衰减同步通信。该协议抗干扰能力强、扩展性好。SINUMERIK 802D 数控系统可以配置直流或交流伺服系统，改变数控系统的内置式 PLC 程序后，可组成简易车削加工中心或镗铣加工中心。但因该系统仅有一个控制通道，刀库选刀和加工过程不能同时进行，如刀库容量过大其生产效率就会受到影响。

SINUMERIK 810D 数控系统采用 80486 微处理器，集成式 PLC，分离式小尺寸操作面板和机床控制面板，具有最多5轴（1个主轴和4个驱动轴）的控制能力。SINUMERIK 810D 数控系统未配备以太网络接口，与外部的数据交换采用 RS-232C 接口，可以手工设置其数据交换的速率，操作编程简单方便、运行可靠、维修方便。面向中国销售的数控系统具有中、英文菜单。SINUMERIK 810D 数控系统的控制功能优于 SINUMERIK 802D 数控系统，多用于构建小型数控机床。

SINUMERIK 840D 是 SIEMENS 公司生产的高性能数控系统，其控制单元为全数字信号处理单元 CPU，结构和性能有别于 SINUMERIK 810D 和 SINUMERIK 802D 数控系统的 CPU。SINUMERIK 840D 数控系统采用 32 位主 CPU 组成的多微处理器系统，它除了数控计算用 CPU 之外，还有伺服用 CPU 和通信用 CPU。在实际使用中，除通信 CPU 外，其他 CPU 均可扩展到 2~4 个，使数控系统具有支持并行处理数据的模式，以提高数据处理的速度。SINUMERIK 840D 数控系统属于真正多通道、多任务的高效控制系统，适用于高自动化水平的机床及柔性制造系统，可以完成大量的运动控制功能和辅助控制功能。

SINUMERIK 840D 数控系统采用开放式数控系统结构，以通用工业控制计算机取代了以前专用的数控装置，数控系统控制软件的开发基于 Windows NT 或其他操作平台；数控系统的内置式 PLC 使用 STEP 7 编程语言，具有较强的通用性。SINUMERIK 840D 数控系统采用紧凑型通道结构 CNC 装置，共设置有 10 个数控通道，具有同时处理 10 组加工数据的能力；它最多可控制24个NC轴和6个主轴。数控系统标准配备的以太网接口具有很强的通信功能，可与车间计算机网络联网，在加工的同时也可以与柔性制造系统进行信息交换。

基于Windows NT开发的SINUMERIK 840D数控系统具有较强的功能扩展能力，数控系统与执行件驱动器和其他输入输出装置之间的通信使用PROFIBUS通信协议，用通用数据线可以迅速与数控系统构成全数字控制网络。SINUMERIK 840D数控系统可以使用ISO标准G代码编制加工程序，共包含38个功能组，150多个功能。

SIEMENS数控系统及伺服单元设计有多种工作电压规格，其中一种可直接和我国采用AC 3×380V、50Hz的工业电源标准连接，不需要交流电源转换器。

二、FANUC数控系统

目前常用的FANUC数控系统有0、16、18、21等产品系列。其中，16、18系列是FANUC数控系统系列中功能相对比较强大、完善的产品。

FANUC 0系列常用的有0T和0M数控系统。0T系列主要用于车削类机床，可控制2~3个轴；0M系列主要用于镗铣削类机床，可控制3~5个轴，具有三轴或五轴联动功能。FANUC数控系统是以功能包的形式向用户提供数控系统的打包服务，不同功能包的部件具有不同的功能或容量。功能包包括：CNC控制单元、FANUC AC伺服电动机、FANUC AC主轴电动机、FANUC控制电动机放大器。每一个系列一般提供3个不同的功能包。

FANUC 16/18系列数控系统属于高性能数控系统，主CPU采用32位CISC处理器和RISC高速处理器，主要用于高速度、高精度、高效率的加工场合。数控系统除具有常规的插补功能外，还增加了圆柱面插补、指数函数插补和渐开线插补；除了常规的补偿功能外，还具有坡度补偿、线性度补偿及各种新的刀具补偿功能。数控系统还增加了人工智能故障诊断功能，系统推理软件可以依知识库为根据查找故障原因。

FANUC 16/18系列数控系统可以设置数控机床上各种易耗件、易耗品的使用寿命，数控系统会根据用户的使用情况显示其剩余寿命，并会提前发出寿命警报。数控系统在使用中有实时记录工况的能力，在发生故障时由对话方式诊断故障发生的范围，并在监控画面上显示伺服和主轴发生报警时的运行数据履历，供操纵者排除故障时作参考。

FANUC 16/18系列数控系统具有多主轴、多控制轴的控制功能，数控铣床可以构成具有三轴联动和五轴联动功能的加工中心；数控车床可以组成具有C轴、Y轴功能的车削中心。FANUC 16/18系列数控系统具有与计算机联网组成柔性制造系统的能力。数控系统设置的以太网接口可以实现远程故障诊断。

在FANUC 16/18系列数控系统上开发有存储卡在线DNC加工功能，避免了使用RS-232接口和计算机，提高了运行可靠性。使用存储卡可以实现大型模具加工时几十甚至上百兆字节加工程序的数据传输。

FANUC数控系统提供多种机床位置控制方式，选用不同的位置检测器件可构成半闭环或全闭环控制方式。

FANUC数控系统及伺服系统采用AC3×220V、50Hz电源标准，配置数控系统时需加装与机床总动力负荷相当的电源变压器；如果实现机床辅助功能的电机（如：机床加工过程冷却、电控箱热交换等）采用AC3× 380V、50Hz电源标准，数控机床应使用双回路交流供电。

第三节　数控机床 PMC

一、PMC 概述

PMC 又称为数控机床内置式 PLC，是数控机床生产厂家根据机床功能规划对数控系统进行的二次开发。数控机床是机电液（气）一体化的高新技术密集设备，完成其控制需要综合机械制造、计算机、自动控制和传感检测等多种技术，对完成控制所采用的 CNC 系统具有较高的技术要求（如界面开放、智能化、网络功能等）。因此，数控机床电气控制系统在完成硬件电路设计和 PMC 的 I/O 规划之后，还要投入更多的时间来完成实现数控机床逻辑控制的 PMC 软件开发工作。这种开发是建立在 CNC 生产厂家的系统软件基础平台之上，针对具体数控机床的控制功能和动作要求进行的 PMC 逻辑程序开发。

一般来讲，CNC 系统在软件上均由 NC 和 PMC（指 CNC 内置 PLC）两大控制模块组成。在数控系统出厂时，NC 软件的功能已被定义和安装完毕，可用来完成主轴运动控制、伺服轴进给控制、第一操作面板的管理、手轮信号的处理、CRT 显示控制、加工程序传输与网络控制等数控系统的通用功能。而 PMC 软件则是数控系统生产厂留给用户（数控机床制造厂）根据其特别用途开发的，用来使通用的 CNC 系统能通过不同 PMC 逻辑软件控制不同功能数控机床的逻辑动作。例如，第二操作面板的设置及管理，工作方式的选择及方式之间的联锁，自动换刀的分解动作及与动作相配合的进给坐标移动，用户设置的 PMC 报警及处理等。NC 模块和 PMC 模块在数控系统中的关系如图 4-1 所示。

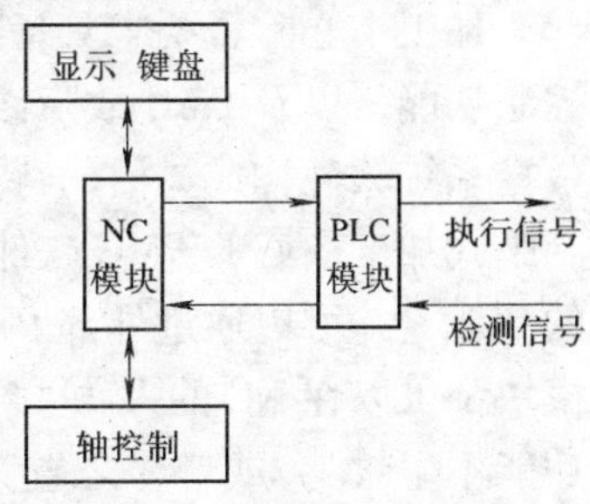

图 4-1　NC 模块和 PMC 模块在数控系统中的关系

二、数控机床 PMC 的动作要求

在加工中心工作过程中，其 PMC 需具备的控制功能有如下几个方面。

①具有加工中心的基本控制功能。

②具有刀库管理和自动换刀控制功能。

③具有故障诊断、显示和报警功能。

由于加工中心功能复杂、自动化程度较高，工作中要求其各个移动部件之间有严格的动作顺序、位置及精度要求，数控系统的 PMC 应对移动部件的动作过程进行实时精确监控。因此，在开发 PMC 软件之前应对机床动作及联锁关系进行全面分析和熟悉。

在操作界面上加工中心的 PMC 功能可以分为两部分：报警功能部分和动作功能部分。通常，报警功能给出了数控机床不能继续进行工作的特定条件（如气压不足——可能导致工件装夹不牢固，电机过载——继续工作可能会损坏电机等）。此时，数控系统将根据 PMC 经过计算后传输的信息发出紧急停机指令（如主轴停止转动、进给轴停止进给），并通过声光报警信号通知操作者。

紧急停机指令执行时，根据其急、缓程度不同，在执行时数控系统采取的措施也有一定的区别：最高级别报警数控系统可以将主轴及伺服系统的强电全部关断（如采用液压为动力驱动部分部件动作的加工中心，若是液压系统故障，数控系统会采取除数控系统电源以外的强电全部切断的措施），次一级报警数控系统将会按照先停伺服进给，再停主轴旋转的安全动作顺序，关掉加工动作并发出声光报警（如机床在加工过程中，因切削液泵电动机过载时，数控系统会发出此类报警，但不会关断强电电源）。PMC 程序在拟定时应根据可能出现故障的种类及危及的程度，确定报警时数控系统应该采取的措施级别。

在拟定动作功能时，应尽可能多地考虑执行该动作的安全限制条件，使特定的动作能安全、高效、顺利进行。这些限制条件应覆盖国家安全、劳动保护等法规所规定的限制条件，如果是销售到国外的产品，还应该考虑当地的劳动保护法规限制。在这些限制条件中，一些是动作执行必须满足的条件，另一些则是对动作执行影响不大的条件，在编制 PMC 程序时应对这些条件进行认真分析、区别对待，避免造成动作的执行条件设计得过于复杂而影响动作的顺利执行，或者是动作的执行条件设计得过于简单而存在潜在的不安全因素。

三、PMC 程序总体结构

1. 模块化的 PMC 软件开发思想

加工中心除了要求具备数控机床的基本控制功能之外，还要求具有刀库管理和自动换刀控制功能，以及 PMC 故障诊断、显示和报警功能。在 PMC 软件开发中可以充分利用开放式数控系统软件构成灵活的特点和丰富的人-机界面，将加工中心的控制功能分段完成。在编制卧式加工中心的 PMC 软件时，采用了模块化程序的结构设计思路，每一个模块完成特定的功能，并可以通过外部 PMC 参数的设定改变其功能完成的过程。PMC 程序中的每一个子模块都可以在 NC 的人-机接口 PLC 参数设置栏中设置开关条件，将之置为“关闭”，即“该功能不生效”，或者将之置为“使用” 即“该功能生效”。当该软件用于其他数控机床时，能通过选择相关模块的“使用”或“关闭”，快速完成 PMC 软件开发调试，该模块化的 PMC 软件对一般数控机床具有通用性。

2. PMC 软件的总体结构

数控系统的 PMC 程序包含以下几部分内容：

（1）头文件　数控系统在运行中解释 PMC 程序所需要的基本规范和数学定义等称为头文件。

（2）变量声明　变量声明是用户可能用到的接口、变量等定义。

（3）定义人-机对话界面的 PMC 参数　人-机对话界面的 PMC 参数是指在机床运行过程中，PMC 程序根据工作状态和要求要调用的参数。在数控机床机电整合时，这些参数作为变量来使用，在调试中间通过调节这些参数可以使数控机床处于安全、协调的工作状态。PMC 参数设置使用得越多，PMC 程序工作的柔性就越大，机电联调的工作量就越大。在系统中设定的 PMC 参数，如动作停留时间的长短、位移的距离、运动的速度等。

（4）PMC 软件组成　PMC 软件分为初始化、运行和关闭三个组成部分，依靠调用三个无返回值的函数来完成。在初始化程序中，首先定义有关报警的字符段。以工控机为基础开发的开放式数控系统对字符段无特别的限制，在编制 PMC 程序时，根据系统提供的显示平台可以使用中文显示或英文显示。字符段的长度可根据所拟定故障的种类和属性而定，一般以阐明故障来源和原因为主，无长度限制。

第四节　数控机床的强电控制系统

目前，常用的数控系统均为 32 位或 64 位工业控制计算机，其输入信号电平通常为

DC5V/10mA，输出信号多为 DC5V/100mA 的弱电信号，而电力系统为数控机床提供的多为 AC220V 或 AC380V 的强电。因此，必须为数控系统配备一套合适的强电控制系统，使它能够接受数控系统发出的弱电信号，并将弱电信号放大后去控制强电设备的运转。同时，数控机床工作时的各种信号又可以用合适的电平反馈给数控系统。

数控系统与数控机床之间的信号交换，一般是通过数控系统的 PMC 进行，即数控系统通过输出接口，向数控系统机床发出逻辑控制信号，同时又通过 PMC 的输入信号接口接收数控机床反馈的状态、动作等信号，并对接收到的输入信号作出处理。数控系统不但要控制数控机床的伺服电动机、主轴电动机，还要控制数控机床辅助功能的电机，并监控它们的工作状态。例如，切削液电动机起、停及工作状态，电控箱工作中的温度状态及电控箱热交换机的工作状态等。数控机床的这些辅助功能都是由数控系统的 PMC 来完成的。

强电系统在设计时应充分考虑避免外界干扰信号的侵入和数控机床本身强电元件起动和停止时可能产生的干扰。对外界干扰信号（如大型动力机械起动、电弧焊机焊接时等），采取隔离变压器或自动交流稳压器进行处理可以取得良好的效果；对于强电系统内部接触器吸合等产生的干扰信号，使用浪涌抑制元件可以消除其影响；对于数控系统通信使用的控制信号电缆，使用单端或两端接地的方式可以有效消除电磁波的干扰；数控机床的控制柜一定要良好接地，使其能够良好屏蔽外部的电磁干扰信号；在控制柜内部的数控系统和伺服驱动系统等运动控制系统也应采取良好的接地措施，避免控制柜的密闭空间内可能产生的电磁干扰信号的影响。

一、加工中心 PMC 的输入/输出信号

加工中心的开关、传感器、电磁阀、显示灯、报警灯等器件，作为数控系统内置 PLC（即 PMC）的 I/O 信号，需要 I/O 中继模板接入。由于每一块模板的输入点和输出点有限，因此必须对加工中心所需要的控制信号进行合理设置，使其既满足运行要求，又节省扩展板。典型加工中心上需要进入 PLC 逻辑控制的信号如下。

1. PLC 与操作面板间的连接信号

从操作面板各操作按钮传送给 PLC 的信号有：急停、超程复位、主轴速度 +、主轴速度 -、主轴速度 100%、循环起动、进给保持、主轴正转、主轴反转、主轴停止、开切削液及主轴准停按钮输入信号等。转换开关传送给 PLC 的信号有：SW0、SW1、SW2、SW3 和 SW4。

由 PLC 输出至操作面板的显示信号有：循环起动显示灯、进给保持显示灯、切削液指示灯、主轴正转指示灯、主轴反转指示灯、主轴停止指示灯、程序结束指示灯及报警指示灯。

2. PLC 与手轮之间的连接信号

PLC 输出到手轮的信号有 6 个，X、Y、Z 轴选择信号和进给倍率选择信号 ×1、×10、×100。手轮的脉冲编码器信号直接进入数控系统。

3. PLC 与手动操作面板间的连接信号

加工中心的手动操作面板只与 PLC 发生联系，且仅在调整时使用。从手动操作面板各操作按钮传送给 PLC 的输入信号有：刀库步进、交换台手动/自动转换、交换台上升、交换台下降、交换台旋转、工作台放松、工作台锁紧、编程超程解除及鞍座旋转按钮信号。由 PLC 输出至手动操作面板的显示信号为各按钮内部的显示灯信号。

4. PLC与机床主体之间的连接信号

加工中心主体上有许多电磁阀由PLC的输出进行控制。例如，切削液阀、刀库前进阀、刀具放松阀、刀库正转阀、刀库反转阀和松刀吹气阀等。

加工中心主体上还有许多传感器的信号需要传送到PLC。例如，刀库前进到位、刀库后退到位、主轴松刀到位、主轴抓刀到位、刀具计数信号、准停到位信号、刀库位置信号、工作台位置、工作台放松到位和工作台锁紧到位等。

5. PLC与各轴驱动单元之间的连接信号

从主轴及X、Y、Z轴驱动单元传送给PLC的信号主要有各轴的报警信号及工作状态信号，PLC将主轴驱动单元及各个伺服驱动单元的运行状态信号发送给数控系统NC模块。

PLC向主轴驱动单元传送的输出信号是给主轴的正转、反转、准停指令；PLC向伺服驱动单元传送的输出信号只有各轴制动指令。

6. 其他信号

除了上述信号之外，其他PLC输入信号有：切削液电动机、主轴冷却电动机、排屑电动机、鞍座电动机、交换电动机、刀库电动机的过载保护信号及空压机气压信号。输出信号有：控制强电启动的NC就绪信号。

PMC的I/O中继模板扩展了数控系统PMC信号的功率范围，在中继板上将PMC的输出信号直接驱动小型中间继电器（AC220V/1A或DC24V/2A）或电子式固态继电器，使PMC的驱动能力增强；中继板上的输入信号采取了光耦隔离措施，极大地减少干扰信号对数控系统工作状态的影响。使用中继板的优点在于出现故障时可以避免将电气系统的故障扩大到数控系统控制单元内部，起到保护数控系统的作用。

二、数控机床故障的判定

数控机床由数控系统、伺服系统、液压系统、机械系统等子系统组成。在数控机床出现故障时，报警信息通常向机床操作者提供故障出现的具体位置或故障的类型，以方便操作者对复杂的数控机床进行准确的查找和维修。数控机床的制造者在使用数控系统构建数控机床时，使机床的PMC具有动作控制、运动检测、故障报警信息的处理等功能。为使操作者便于对机床进行维护，数控机床的PMC在规划时安排有几十甚至几百个故障信号输入点。通常，数控机床的故障可以分为数控系统故障、伺服系统故障、液压系统故障和机械系统故障等几种。数控系统故障通常由数控系统自身的逻辑处理程序直接处理，并在数控系统的CRT上显示。这一过程不需要机床PMC处理，数控机床制造者仅按照数控系统提供故障代码和故障内容在机床使用说明书上给予说明。

坐标轴伺服系统或主轴驱动系统通常在制造时也设置了几十甚至上百种故障信息，这些信息一般通过伺服驱动器的控制面板以16进制代码和故障指示灯同时显示。如果数控系统和伺服系统由同一个厂家制造，则伺服驱动器的故障信息可以通过数据接口直接传送给数控系统，且故障内容全面，判断过程快捷；如果数控系统和伺服系统不是由同一厂家制造，则它们之间的故障信息交换比较困难或者根本无法连接，但伺服驱动器上通常均设置有一个由微型继电器输出的故障信号输出点，可以将此信号直接接入PMC输入接口，由数控系统处理。

在液压系统和机械系统等系统内部，设置有许多保证系统稳定正常运转的传感器。例如，接近开关、温度传感器、力传感器、振动传感器，以及过电压、过电流、缺相等检测元件。这些检测信号均以开关量的形式输入 PMC，在设备运行中一旦检测对象超过设定值，传感器立即向 PMC 发出开关量信号，由数控系统根据输入信号的位置和信号出现的时间将预先设定的符合条件的报警信息传送至 CRT，并按 PMC 的要求作进一步的动作处理。

在以工业控制计算机为基础构成的数控系统中，计算机的内存容量和信息处理能力大幅度提高，可以向用户提供英文或中文界面；进行 PMC 开发时，通常会对故障内容进行准确描述，配合数控机床制造厂家向用户提供数控机床的电路图、PMC 规划表和故障信息表，在维修时可以准确判定故障发生的部位。

复习思考题

1. 数控系统还有很多扩展功能本章并未讲述，请举例说明。

2. 请举例说明你见过的数控机床使用的数控系统名称、机床类型、伺服电动机的型号和种类、数据传输的方式等。

3. 数控机床 PMC 设计前，应合理规划数控机床的动作和限制条件，试以数控车床或数控铣床为例规划其动作和限制条件。

4. 数控机床的 PMC 由几部分组成?

5. 如何查找数控机床的故障点?

6. 如何避免强电系统干扰信号对数控系统的干扰?

第五章 数控机床的编程基础

本章应知

1. 了解程序编制的内容与步骤
2. 掌握程序编制中基本指令的运用
3. 掌握程序编制中的工艺处理
4. 掌握数控车床、数控铣床、加工中心的编程
5. 了解数控电火花、数控线切割的编程
6. 了解自动编程的概况

本章应会

1. 掌握程序编制中基本指令的运用
2. 掌握数控车床、数控铣床、加工中心的编程

第一节 程序编制的基本概念

数控机床是在普通机床的基础上发展和演变而来的。在普通机床加工零件时，一般在加工前先由工艺人员制定零件加工工艺规程，操作人员按工艺规程中的工艺顺序、切削参数，用工艺卡上规定的机床、刀具、夹具对零件进行加工。而数控加工是数控机床依据编程人员所编制的程序进行自动加工。所谓数控机床的编程，就是把零件加工工艺过程、工艺参数、机床位移量以及刀具位移量等信息，用数控系统所规定的语言记录在程序单上的全过程。

一、程序编制的内容与步骤

1. 工艺分析

对零件图样要求的形状、尺寸、精度、材料及毛坯形状和热处理方法进行分析，明确加工内容和要求；确定加工方案；选择适合的数控机床；确定工件的定位基准；选用刀具及夹具；确定对刀方式和选择对刀点；确定合理的进给路线及选择合理的切削用量等。在安排工序时，要根据数控加工的特点按照换刀次数少、空行程路线短及工序集中的原则，尽可能在一次装夹中就能完成所有工序。

2. 数值处理

根据零件的几何尺寸、加工路线,计算出零件轮廓线上的几何元素的起点、终点以及圆弧的圆心坐标。如果数控系统无刀具补偿功能,还应该计算刀具运动的中心轨迹。当用直线、圆弧来逼近非圆曲线(如渐开线、阿基米德螺旋线等)时,应计算曲线上各节点的坐标值。对于列表曲线、空间曲面的程序编制,其数学处理更为复杂,一般需要使用计算机辅助计算,否则难以完成。

3. 编写加工程序

该步骤是在完成上述工艺处理及数值计算工作后，按照数控系统规定使用的功能指令代码及程序段格式，逐段编写加工程序单。程序编制人员应对数控机床的性能、程序指令及代码非常熟悉，才能编写出正确的加工程序。

4. 程序输入

程序的输入可以通过键盘直接将程序输入数控系统。也可以先制作控制介质（如穿孔带、磁带、磁盘等），再将控制介质上的程序通过计算机通信接口输入数控系统。

5. 程序检验

对有图形显示功能的数控机床,可进行图形模拟加工,检查刀具运动轨迹是否正确。无此功能的数控机床可以进行空运行检验。以上方法只能证明运动轨迹的正确性,但不能查出被加工零件的精度。因此,需要对工件进行首件试切,当发现误差时,应分析误差产生的原因,并加以修正。

二、加工程序的编制方法

加工程序的编制方法，一般分为手工编程和自动编程两大类。

1. 手工编程

手工编程就是从分析零件图样、确定加工工艺过程、数值计算、编写零件加工程序单、制备控制介质到程序校验都由人工完成。加工形状简单、计算量小、程序不多的零件，采用手工编程较容易，而且经济、及时。因此，在点位加工或由直线与圆弧组成的数控加工中，手工编程仍广泛应用。对于形状复杂的零件，特别是具有非圆曲线、列表曲线及曲面组成的零件，手工编程就有一定困难，出错的概率增大，有时甚至无法编出程序，这时必须用自动编程的方法。

2. 自动编程

自动编程是利用计算机专用软件编制数控加工程序的过程。编程人员只需根据零件图样的要求，使用数控语言，由计算机自动地进行数值计算及后置处理，自动生成加工程序。自动编程使得一些计算繁琐、手工编程困难或无法编出的程序能够顺利地完成。

三、程序的基本构成

每种数控系统，根据其本身的特点及编程需要，都有一定的程序格式。对于不同的数控系统，加工程序的编写格式也有所不同。

1. 程序结构

一个完整的加工程序由若干个程序段组成，程序的开头是程序名，中间是程序内容，最后是程序结束指令。下面是一个数控车床的加工程序。

```
O0001                        程序号
N10 G90                      ┐
N20 M03 S1500                │
N30 M06 T0101                │
N40 G54                      │
N50 G00 X38 Z1               │
N60 G01 Z-35 F100            │
N70 X42                      ├程序内容
N80 G00 Z1                   │
N90 X36                      │
N100 G01 Z-15 F100           │
N110 X40                     │
N120 G00 X100 Z100           │
N130 M05                     ┘
N140 M30                     程序结束
```

这个完整的车削加工程序由 14 个程序段组成。程序的开头 O0001 为程序号，内容由程序段号 N10 ~ N130 中的内容组成。最后一个程序段，以程序指令 M02 或 M30 作为符号来结束程序。

（1）程序号　程序号即为程序的开始部分。为了区别存储器中的程序，每个程序都要有编号，在编号前采用程序编号地址码。如在 GSK980T 系统中一般用 O。有的机床用% 或 P 表示，其号码可为 0001 ~ 9999 或 01 ~ 99。在 SEIMENS 系统中，开始的两个符号须为字母，其后的符号可以是字母、数字或下划线，最多为 8 个字符，不可使用分隔符。

（2）程序内容　程序内容是整个程序的核心，由许多程序段组成，每个程序段由一个或多个指令组成，表示数控机床要完成的全部动作。

（3）程序结束　以程序结束指令 M02 或 M30 作为整个程序结束的符号。

2. 程序段格式

一个程序段是由若干个程序字组成的，程序字通常是由英文字母表示的地址符和数字表示的数据符组成的。现在一般使用字地址可变程序段格式，每个字长不固定，各个程序段中的长度和功能字的个数都是可变的。地址可变程序段格式中，在上一程序段中写明的、本程序段里又不变化的那些字仍然有效，可以不再重写。这种功能字称之为续效字。

（1）顺序号字　顺序号字是用以识别程序段的编号，由地址符 N 和后面的若干位数字组成。例如，N20 表示该语句的顺序号为 20。

（2）准备功能字（G 功能）　G 功能是使数控机床作好某种操作准备的指令，用地址符后跟两位数字构成，从 G00 ~ G99 共 100 种。目前，有的数控系统也用到 00 ~ 99 之外的 G 代码。

（3）坐标字　坐标字由地址符、表示正负的符号及绝对（或增量）数值构成。坐标字的地址符有 X、Y、Z、U、V、W、P、Q、R、A、B、C、I、J、K、D、H。例如，X35、Y-46。坐标字的“+”可省略。

（4）进给功能字　进给功能字表示刀具运动时的进给速度，由地址符 F 和后面若干位数字构成。这个数字的单位取决于每个系统所采用的进给速度的指定方法。例如，F100 表示进给速度为 100mm/min；有的以 FXX 表示，这后两位既可以是代码，也可以是进给量的数值。具体内容见所用机床编程说明书。

（5）主轴功能字　主轴功能字由地址符 S 和后面若干位数字构成，单位为 r/min。例如，S350 表示主轴转速为 350r/min。

（6）刀具功能字　刀具功能字由地址符 T 和后面若干位数字构成，其中的数字是指选定的刀号和刀补号，T 后面的位数由所用的系统决定。例如，T0303 表示更换 3 号刀时执行第 3 组刀补。

（7）辅助功能字（M 功能）　辅助功能字表示机床的一些辅助动作的指令，由地址符 M 和后面两位数字构成。例如，M03 表示主轴正转。辅助功能字从 M00 ~ M99，共 100 种。

第二节　数控机床的坐标系

为了便于编程时描述机床的运动，简化程序的编程及保证程序的通用性，国际标准化组织对数控机床的坐标和方向制定了统一的标准。我国工业自动化系统和集成标准化技术委员会也颁布了 JB/T 3051—1999《数控机床　坐标和运动方向的命名》标准，规定直线运动的坐标轴用 X、Y、Z 表示，围绕 X、Y、Z 轴旋转的圆周进给坐标轴分别用 A、B、C 表示。

一、标准坐标系

1. 标准坐标系规定原则

在数控机床上，机床的动作是由数控装置来控制的。为了确定机床上的成形运动和辅助运动，必须先确定机床上运动的方向和距离。这就需要一个坐标系才能实现，这个坐标系就称为机床坐标系。

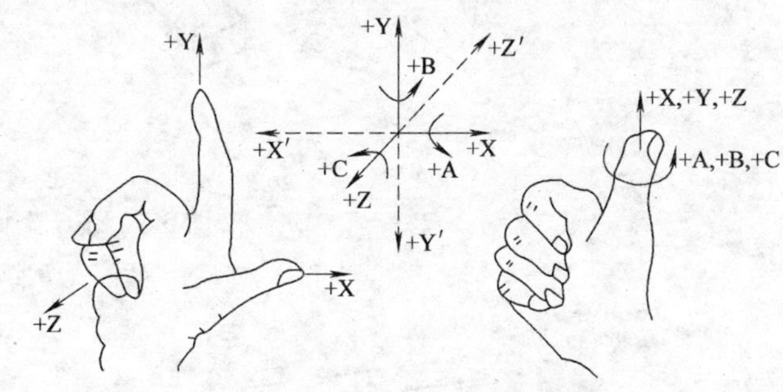

图 5-1　右手直角笛卡儿坐标系

机床坐标系中 X、Y、Z 轴的关系，采用右手直角笛卡儿坐标系，也称右手直角坐标系（见图 5-1）。用右手的拇指、食指和中指分别代表 X、Y、Z 三轴，三个手指互相垂直，所指方向分别为 X、Y、Z 轴的正方向。围绕 X、Y、Z 各轴的回转运动分别用 A、B、C 表示，其正向用右手螺旋定则确定。与 + X、 + Y、 + Z、…、 + C 相反的方向用带“′”的 + X′、 + Y′、 + Z′、…、 + C′表示。

2. 刀具相对于静止工件运动的原则

这一原则使编程人员在编程时不必考虑是刀具移向工件，还是工件移向刀具的情况下，就可以依据零件图样编制加工程序。该原则规定：永远假定工件是静止的，而刀具相对于工件运动。如果在坐标轴命名时，把刀具看作相对静止不动，而工件移动，那么工件移动的坐标系就是 + X′、 + Y′、 + Z′等。

3. 坐标轴运动方向的确定

确定机床坐标轴时，一般是先确定 Z 轴，再确定 X 轴，最后确定 Y 轴。机床某运动部件的运动正方向规定为增大工件与刀具之间距离的方向，即刀具靠近工件表面为负方向，刀具远离工件表面为正方向。

（1）Z 轴坐标的运动方向　机床传递切削力的主轴轴线为 Z 轴。主轴带动工件旋转的机床有车床、磨床和其他成形表面的机床（见图 5-2）。主轴带动刀具旋转的机床有铣床（见图 5-3）、镗床、钻床等。当机床有几个主轴时，选一个垂直于工件装夹面的主轴为 Z 轴，如龙门铣床（见图 5-4）。当机床无主轴时，取与装夹工件的工作台面相垂直的直线为 Z 轴，如图 5-5 所示。

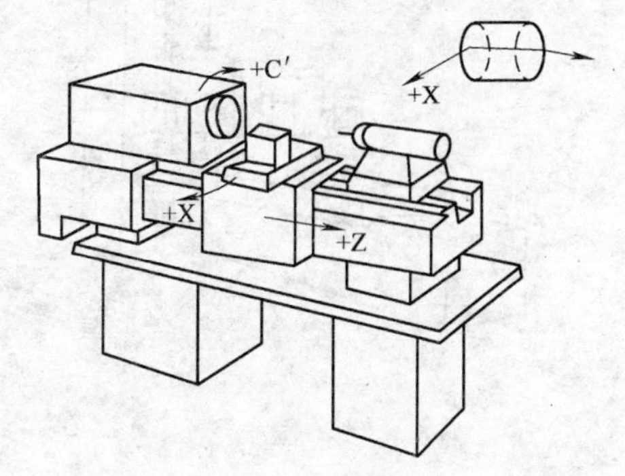

图 5-2　车床坐标轴

Z 坐标的正方向是增加刀具和工件之间距离的方向。例如，在钻镗加工中，钻入或镗入工件的方向是 Z 的负方向。

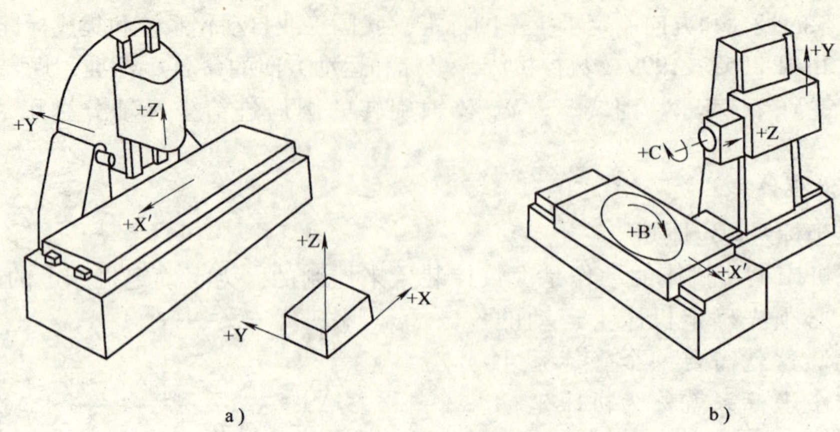

图 5-3 铣床坐标轴

a）立式 b）卧式

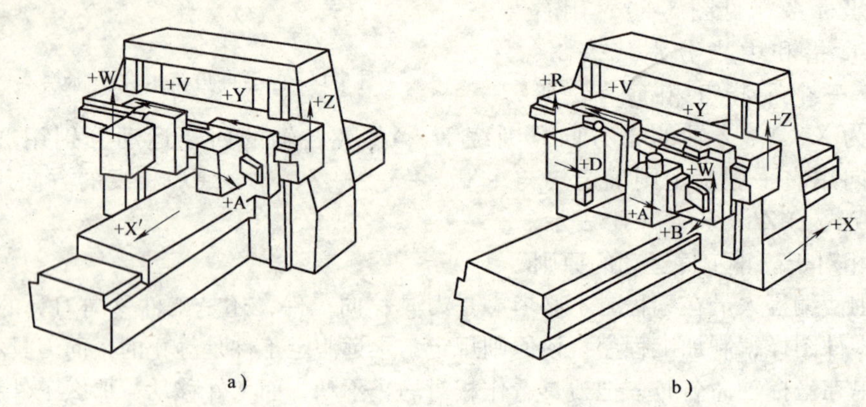

图 5-4 龙门铣床坐标轴

a）工作台移动式铣床 b）框架移动式铣床

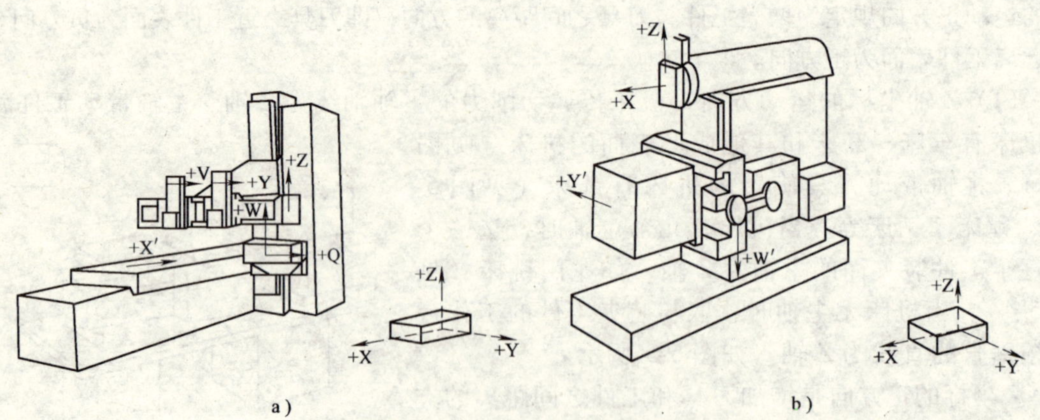

图 5-5 刨床坐标系

a）龙门刨 b）牛头刨

（2）X 轴坐标的运动方向　X 轴一般位于平行工件装夹面的水平面内，是刀具或工件定位平面内运动的主要坐标（见图 5-1、图 5-3）。在没有主轴的机床（如刨床）上，X 坐标平行于主要切削方向，以该方向为正方向（见图 5-5）。对工件作回转切削运动的机床（如车床、磨床），在水平面内取垂直于工件回转轴线（Z 轴）的方向为 X 轴，刀具远离工件方向为正方向。对刀具作回转切削运动的机床（如铣床、镗床），当 Z 轴竖直（立式）时，人面对主轴，向右为 X 正方向，如图 5-3a 所示；当 Z 轴水平（卧式）时，则向左为 X 正方向，如图 5-3b 所示。

（3）Y 轴坐标的运动方向　正向 Y 坐标的运动，根据 X 和 Z 的运动，按照右手直角笛卡儿坐标系来确定。

（4）回转进给运动坐标　如图 5-1 所示，用 + A、 + B、 + C 来表示轴线与 + X、 + Y、 + Z 平行的旋转运动坐标，其正向用右手螺旋定则确定。

（5）工件的运动与附加运动坐标　对于移动部分是工件而不是刀具的机床（见图 5-6），必须将前面所介绍的移动部分是刀具的各项规定，在理论上作相反的安排。此时，用带有“′”的字母表示工件正向运动。如 + X′、 + Y′、 + Z′ 表示工件相对于刀具正向运动的指令，两者所表示的运动方向恰好相反。

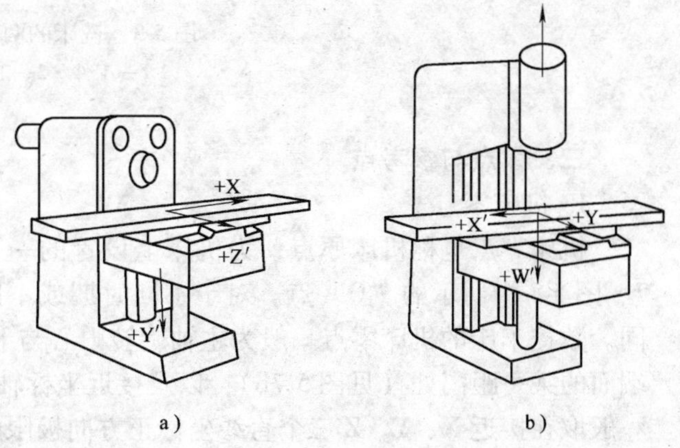

图 5-6　升降台铣床

一般称 X、Y、Z 为第一坐标系。如有平行于第一坐标的第二组和第三组坐标，则分别指定为 U、V、W 和 P、Q、R。

二、坐标系的类型

数控机床坐标系分为两种类型，一种是机床坐标系，另一种是工件坐标系。

1. 机床坐标系

以机床原点（亦称机床零点）为坐标原点建立起来的直角坐标系称为机床坐标系，如图 5-7 所示的 XOZ。机床坐标系是机床固有的，它是制造和调整机床的基础，也是设置工件坐标系的基础。其坐标轴及方向按标准规定，其坐标原点的位置则由各机床生产厂设定，一般情况下不允许用户随意变动。

2. 工件坐标系

工件坐标系也称编程坐标系，专供编程使用。为使编程人员在不知道是“刀具移动”还是“工件移动”的情况下，可根据图样确定机床加工过程，规定工件坐标系是“刀具相对工件运动”的刀具运动坐标系，如图 5-7、图 5-8 所示的 $X_pO_pZ_p$。

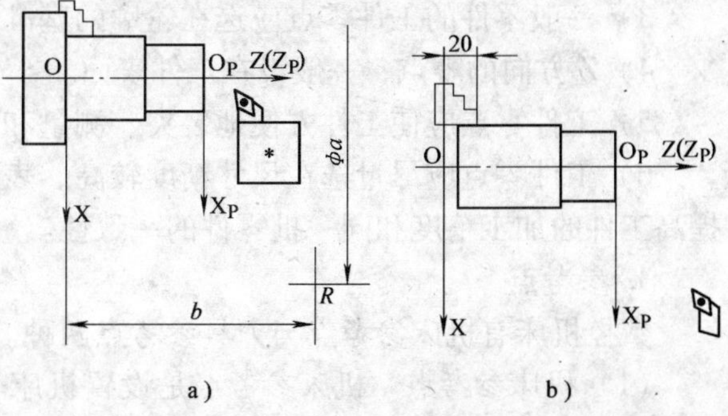

图 5-7　车床的两种坐标系

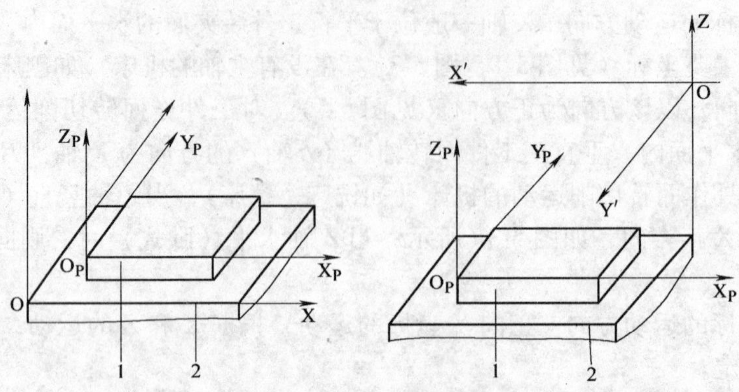

图 5-8 铣床的两种坐标系

1—工件 2—工作台

三、零点与参考点

1. 机床零点

机床零点也称机床原点，为机床上设置的一个固定点，是机床坐标系的零点，如图 5-7、图 5-8 中所示的“O”点。对于不同时期或不同厂家制造的数控机床，其零点也不尽相同。数控车床的机床零点一般为主轴旋转中心与卡盘定位面之交点（见图 5-7a），或离卡盘端面的某一距离处（见图 5-7b），以及接近坐标轴正向极限的位置处。数控铣床的机床零点一般取在接近 X、Y、Z 三个直线坐标正方向极限的位置。

2. 工件零点

工件零点也称为工件编程原点，是工件坐标系的零点，如图 5-7、图 5-8 所示的“O_p”点。对于操作人员来说，应在装夹工件、调试程序时确定工件原点的位置，并在数控系统中给予设定（即给出原点设定值），这样数控机床才能按照准确的工件坐标系位置开始加工。工件零点可以随意设定，但为了编程方便故确定以下原则。

1）工件零点应选在零件图标注的尺寸基准上，这样可以直接用图样标注的尺寸作为编程点的坐标值，减少计算工作量。

2）对称零件的工件零点应选在对称中心上。

3）一般零件的工件零点应选在轮廓的基准角上。

4）Z 方向的零点，一般设在工件表面。

5）工件零点应使工件方便地装夹、测量和检验。

6）工件零点应尽量选在尺寸精度较高、表面粗糙度值比较低的工件表面上。这样可以提高工件的加工精度和同一批零件的一致性。

3. 参考点

数控机床有机床参考点与刀具参考点两种。

（1）机床参考点　机床参考点是设置机床坐标系的一个基准点。对于具有绝对行程测量的机床来说，机床参考点是没有必要的。因为每一个瞬间都可以直接读出运动轴的准确坐标值。机床参考点是用于增量行程测量系统来确定机床坐标系的。由于刀具无法接近机床零点，只有附设一个基准点（机床参考点）来设定机床坐标系。机床参考点是机床某一固定点，该点为刀具退离到一个固定不变、接近正向极限位置的点，如图 5-7a 所示的“R”点。

该点可由机床各轴方向的机械挡块来设定，用户不能随意调整。

（2）刀具参考点　刀具参考点为刀架或基准刀具上一个固定基准点，是机床参考点在刀架或刀具上的一个具体定标点，如图 5-7a 所示“*”的位置，回机床参考点时“*”与“R”重合。数控系统也是通过控制刀具参考点的轨迹，来间接保证刀具刀尖点的运动位置。

有的机床参考点与机床零点重合，这时回参考点的操作也称作机床回零。此时，刀具参考点也可以设在基准刀具的刀尖点。

第三节　程序编制中的基本指令

数控机床在加工过程中的动作，例如机床的起停、正反转，以及刀具的进给路线方向等，都是事先由编程人员在程序中用指令的方式给以规定好的。这些指令称为工艺指令。工艺指令大体上可分为两类。一类是准备功能指令——G 指令。这类指令在数控系统插补运算之前需要预先规定，为插补运算作好准备。例如，刀具沿哪个坐标平面运动，是直线插补还是圆弧插补等。另一类是辅助功能指令——M 指令。这类指令与数控系统插补运算无关，而是根据操作机床的需要给以规定的工艺的指令。例如，主轴的起停、定向停止等。G 代码和 M 代码是数控加工程序中描述加工零件过程的各种操作和运行特征的基本单元，是程序的基础。

为了满足设计、制造、使用和维修的需要，在输入代码、坐标系统、加工指令、辅助功能及程序段格式方面，国际上已形成了两种通用的标准，即国际标准化组织（ISO）标准和美国电子工业学会（EIA）标准。我国根据 ISO 标准制定了 JB/T 3051—1999《数控机床坐标和运动方向的命名》、JB/T 3208—1999《数控机床　穿孔纸带程序段格式中的准备功能 G 和辅助功能 M 的代码》。目前各种数控机床和数控系统中，指令代码的定义没有完全统一。对于同一 G 代码而言，不同的数控系统所代表的含义不完全一样；对于同一功能，不同的数控系统采用的代码也有差异。因此，在编程时应按所使用机床数控系统的代码编程规则进行编程。

一、准备功能指令——G 指令

G 指令是使 CNC 机床准备好某种运动方式的指令。例如，快速定位、直线插补、圆弧插补、刀具补偿、固定循环等。G 指令由地址 G 及其后的两位数字组成，从 G00 ~ G99 共 100 种（见表 5-1）。G 指令分为模态指令和非模态指令。模态指令表示该指令在程序中一旦被应用，在同组 G 指令出现之前，其指令一直有效，直到被同组指令取代为止。模态指令可以在其后的语句中省略不写。非模态指令只在本程序段中有效。下面介绍常用的 G 指令。

表 5-1　G　指　令

代码	模态指令	非模态指令	功能	代码	模态指令	非模态指令	功能
G00	a		点定位	G05	#	#	不指定
G01	a		直线插补	G06	a		抛物线插补
G02	a		顺时针方向圆弧插补	G07	#	#	不指定
G03	a		逆时针方向圆弧插补	G08		*	加速
G04		*	暂停	G09		*	减速

（续）

代码	模态指令	非模态指令	功能	代码	模态指令	非模态指令	功能
G10 ~ G16	#	#	不指定	G55	f		直线偏移 Y
G17	c		XY 平面选择	G56	f		直线偏移 Z
G18	c		ZX 平面选择	G57	f		直线偏移 XY
G19	c		YZ 平面选择	G58	f		直线偏移 XZ
G20 ~ G32	#	#	不指定	G59	f		直线偏移 YZ
G33	a		螺纹切削，等螺距	G60	h		准确定位 1（精）
G34	a		螺纹切削，增螺距	G61	h		准确定位 2（精）
G35	a		螺纹切削，减螺距	G62	h		快速定位（粗）
G36 ~ G39	#	#	永不指定	G63		*	攻螺纹
G40	d		刀具补偿/刀具偏置注销	G64 ~ G67	#	#	不指定
G41	d		刀具补偿—左	G68	#（d）	#	刀具偏置，内角
G42	d		刀具补偿—左	G69	#（d）	#	刀具偏置，外角
G43	#（d）	#	刀具偏置—正	G70 ~ G79	#	#	不指定
G44	#（d）	#	刀具偏置—负	G80	e		固定循环注销
G45	#（d）	#	刀具偏置 +/+	G81 ~ G89	e		固定循环
G46	#（d）	#	刀具偏置 +/-	G90	j		绝对尺寸
G47	#（d）	#	刀具偏置 -/-	G91	j		增量尺寸
G48	#（d）	#	刀具偏置 -/+	G92		*	预置寄存
G49	#（d）	#	刀具偏置 0/+	G93	k		时间倒数，进给率
G50	#（d）	#	刀具偏置 0/-	G94	k		每分钟进给
G51	#（d）	#	刀具偏置 +/0	G95	k		主轴每转进给
G52	#（d）	#	刀具偏置 -/0	G96	i		恒线速度
G53	f		直线偏移，注销	G97	i		每分钟转数（主轴）
G54	f		直线偏移 X	G98 ~ G99	#	#	不指定

注：1. #号表示：如选作特殊用途，必须在程序格式说明中说明。

2. 如在直线切削控制中没有刀具补偿，则 G43 到 G52 可指定作其他用途。

3. 在表中左栏括号中的字母（d）表示，可以被同栏中没有括号的字母 d 所注销或代替，亦可被有括号的字母（d）所注销或代替。

4. G45 ~ G52 的功能可用于机床相任意两个预定的坐标。

5. 控制机上没有 G53 ~ G59、G63 功能时，可以指定其他用途。

1. 与坐标系有关的 G 指令

（1）绝对尺寸指令 G90 与增量尺寸指令 G91　G90 表示程序段中的尺寸为绝对坐标值。G91 表示程序句中的尺寸为增量坐标值，即刀具运动的终点（目标点）相对于起始点的坐标增量值。如图 5-9 所示，要求刀具由 A 点直线插补到 B 点。用 G90 编程，其程序段为：N20 G90 G01 X10 Y20；用 G91 编程，其程序段为：N20 G91 G01 X-20 Y10

（2）工件坐标系设定及注销指令 G53～G59 在数控机床上加工零件时，必须确定工件在机床坐标系中的位置，即工件原点的位置。一般数控机床开机后，先返回参考点再使刀具中心或刀尖移到工件原点，并将该位置设为零，程序即按工件坐标系进行加工。

工件原点相对机床原点的坐标值称为原点设置值，G54～G59 称为原点设置选择指令。原点设置值可先存入 G54～G59 对应的存储单元，在执行程序过程中，遇到 G54～G59 指令后，便将对应的原点设置值取出来参加计算。当一个原点设置指令使用完毕，可以用 G53 将其注销，此时的坐标尺寸立即回到以机床原点为原点的坐标系中。

（3）坐标平面设定指令 G17、C18、G19 如图 5-10 所示，笛卡儿直角坐标系的三个互相垂直的轴（X、Y、Z）构成三个平面，即 XY 平面、XZ 平面和 YZ 平面。对于三坐标运动的铣床和加工中心常用这些指令确定机床在哪一个平面内执行插补（加工）运动。由于 CNC 车床总是在 XZ 平面内运动，故无需设定平面指令。G17 表示在 XY 平面内加工，G18 表示在 XZ 平面内加工，G19 表示在 YZ 平面内加工。

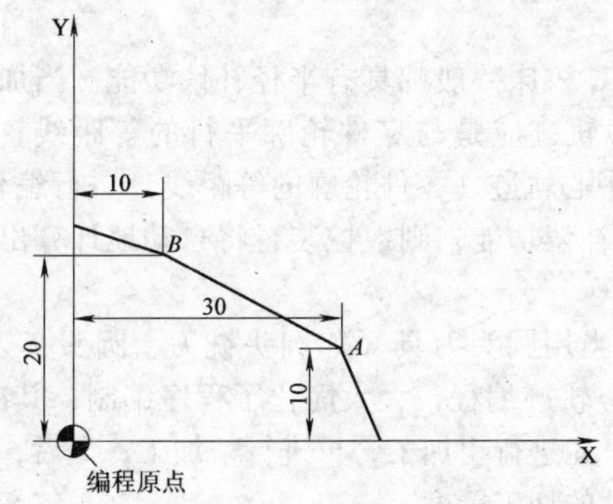

图 5-9 G90 指令与 G91 指令的功能

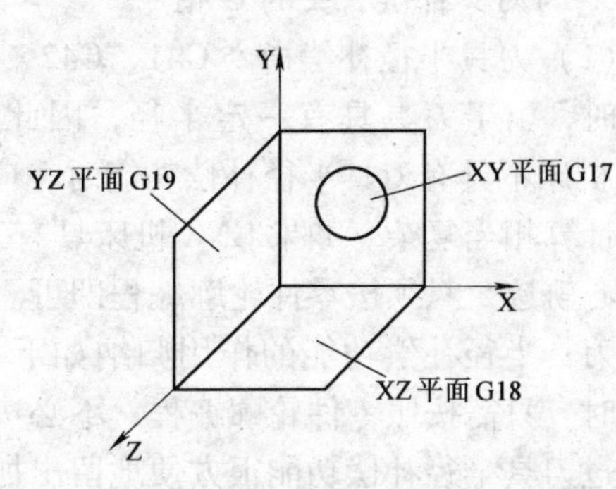

图 5-10 数控铣床平面设定

2. 与刀具运动方式有关的 G 代码

（1）快速定位指令 G00 G00 命令刀具以点位控制方式，由刀具所在位置快速移动到目标点。快速移动速度值由系统预先给定，运动中有加减速过程。

程序段格式：G90 G00 X____ Y____ Z____

G91 G00 X____ Y____ Z____

（2）直线插补指令 G01 G01 命令刀具以进给速度进行直线插补运动。G01 指令后必须有 F 进给速度。G01 和 F 都是模态指令。

程序段格式：G01 X____ Y____ Z____ F____

（3）圆弧插补指令 G02、G03 G02 为顺时针圆弧插补指令，G03 为逆时针圆弧插补指令。圆弧的顺、逆时针方向的判别：按圆弧所在平面（如 XY 平面）的另一坐标轴的负方向（即 –Z）看去，顺时针方向为 G02，逆时针方向为 G03，如图 5-11 所示。

圆弧插补程序段格式主要有两种形式。

程序段格式一：

$\left.\begin{matrix}G02\\G03\end{matrix}\right\}$ X__ Y__ Z__ I__ J__ K__ F__

格式一中：X、Y、Z 为圆弧终点坐标值；I、J、K 为圆心相对于圆弧起点的增量坐标，I、J、K 分别是圆心的 X、Y、Z 轴增量坐标；F 为进给速度。

程序段格式二：

$$\left.\begin{matrix}G02\\G03\end{matrix}\right\}X\_\ \ Y\_\ \ Z\_\ \ R\_\ \ F\_$$

格式二中：X、Y、Z 为圆弧终点坐标值；R 为圆弧半径值，并规定，当圆心角 $\alpha \leqslant 180°$ 时，R 以正值表示，当圆心角 $\alpha > 180°$时，R 以负值表示。但对整圆而言，圆弧起点就是终点，所以不能用这种格式编程。

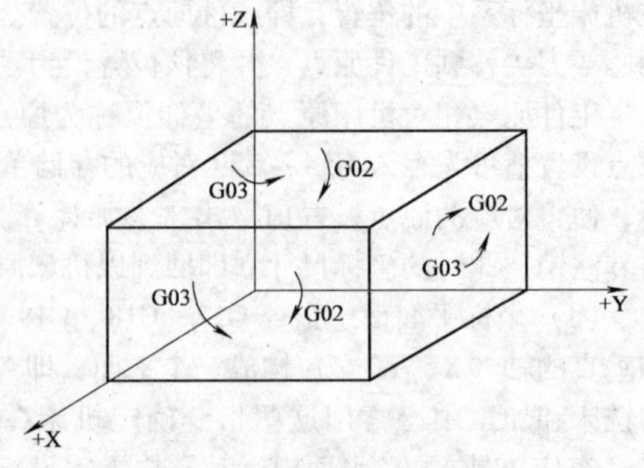

图 5-11　G02 和 G03 的确定

3. 与刀具补偿有关的 G 指令

（1）刀具半径补偿指令 G41、G42、G40　CNC 机床一般都具有半径补偿功能。当加工零件时，由于刀具具有一定半径，因此刀具中心轨迹应是与零件轮廓平行的等距线。当 CNC 机床不具有刀具半径补偿功能时，应按刀具中心轨迹（零件轮廓的等距线）进行编程，有时计算相当复杂。如果 CNC 机床具有刀具半径补偿功能，则数控装置将自动地计算出刀具中心轨迹，只须按零件轮廓编程即可。

刀具半径补偿功能的作用归纳如下：首先，当用圆头刀具（如圆头铣刀、圆头车刀）加工时，只需按照零件轮廓编程，不必按刀具中心轨迹编程，大大简化了程序编制；其次，可通过刀具半径补偿功能很方便地留出加工余量，先进行粗加工，再进行精加工；最后，可以补偿由于刀具磨损等因素造成的误差，提高零件的加工精度。

G41——左补偿，即沿刀具进给方向看去，刀具中心向零件轮廓的左侧偏移。

G42——右补偿，即沿刀具进给方向看去，刀具中心向零件轮廓的右侧偏移。

刀具偏离的距离（半径值）由操作者根据需要由操作键盘输入到数控装置中，以供调用。

G40——取消刀具补偿，即取消 G41 或 G42 指令。

（2）刀具长度补偿指令 G43、G44　刀具长度补偿指令一般用于刀具轴向（Z 方向）的补偿。当所选用的刀具长度不同或者需进行刀具轴向进刀补偿时，使用该指令。它可以使刀具在 Z 方向上的实际位移量大于或小于程序给定值。即实际位移量 = 程序给定值 + 补偿值。

G43——正偏置，即刀具在 +Z 方向进行补偿。

G44——负偏置，即刀具在 −Z 方向进行补偿，如图 5-12 所示。

通常选定一把刀作为基准刀，其他刀具长度与基准刀具长度之差为刀具补偿值，将其存储在刀具数据存储器中，以供调用。

有的 CNC 机床，在刀具数据存储器中存入刀号、刀具半径值、长度值及其补偿值。使用时，从程序中调出刀号即可。

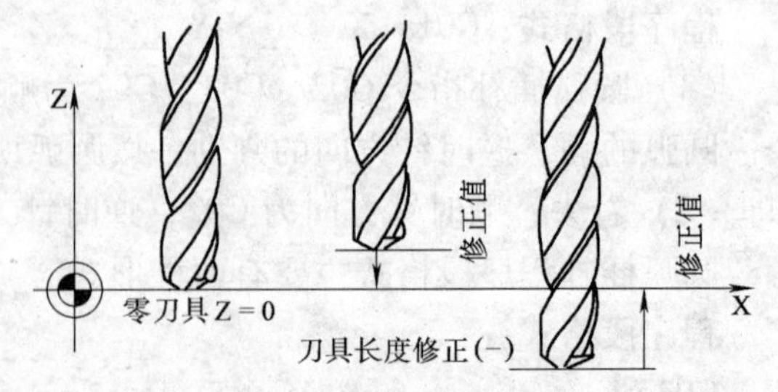

图 5-12　刀具长度补偿

4. 与固定循环有关的 G 指令

在某些典型的工艺加工中，有几个固定的连续动作。例如，钻孔是由快速趋近工件、慢速钻孔、快速退回三个固定动作完成。如果将这些典型的、固定的几个连续动作，用一条固定循环指令去执行，则将大大简化程序。因此，CNC 机床设置了不少典型加工的固定循环指令。例如，G81——钻孔指令，G84——攻螺纹指令，G85——铰孔指令。

固定循环程序段格式一般先给出固定循环 G 指令，再输入工艺参数、尺寸参数。

如：G81　F＿　S＿　Z＿　F＿　Z＿

常用 G80 ~ G89 作为固定循环指令。在有些 CNC 车床中，常用 G33 ~ G35 与 G70 ~ G79 作为固定循环指令。

5. 等距螺纹切削指令 G33

主轴上安装了脉冲编码器或通过同步齿形带驱动脉冲编码器的数控车床，可以进行螺纹切削。此时，指令 G33 确定了主轴转速和工作进给速度间的相互关系，从而使工作进给速度与主轴转速直接联系起来。

使用指令 G33 可以加工单线或多线圆柱、平面螺纹及锥螺纹。

6. 暂停指令 G04

使用 G04 可以调入暂停功能，根据暂停计时器预先给定的时间停止进给。暂停指令是从工艺要求出发而设计的，因而在下述几种情况下可以使用。

1）锪孔时，在刀具进给到规定的深度后，最好用暂停指令停 1 ~ 2s，然后退刀。这样可使孔底平整。

2）在数控车床上切槽至预定深度后，为了使槽底平整，应让主轴旋转一周以上再退刀。这可以用暂停指令来实现。

3）在车床上倒角或钻顶尖孔时，为了使倒角表面和顶尖孔锥面平整，也用暂停指令。不同的数控系统，暂停指令时间的地址符不同，最大暂停时间也不同，一般用在 1 ~ 10s 之间，最大可达 999. 99s。其常用格式为：N20 G04 X2（表示暂停时间为 2s）。G04 功能只在本程序段内有效。

二、辅助功能指令——M 指令

M 代码主要用于 CNC 机床开、关的控制。例如，控制主轴的正、反转，切削液的开、关，工件夹紧、松开，程序结束等。表 5-2 为常用的 M 指令。从 M00 ~ M99 共 100 种。M 指令功能常因生产厂家及机床结构和规格不同而不同。

表 5-2　常用的 M 指令

代码	功能开始时间		功能保持到被注销或被适当程序指令代替	功能仅在所出现的程序段内有作用	功能
	与程序段指令运动同时开始	在程序段指令运动完成后开始			
M00		*		*	程序停止
M01		*		*	计划停止
M02		*		*	程序结束
M03	*		*		主轴顺时针方向旋转

（续）

代码	功能开始时间		功能保持到被注销或被适当程序指令代替	功能仅在所出现的程序段内有作用	功能
	与程序段指令运动同时开始	在程序段指令运动完成后开始			
M04	*		*		主轴逆时针方向旋转
M05		*	*		主轴停止
M06	—	—		*	换刀
M07	*		*		2 号切削液开
M08	*		*		1 号切削液开
M09		*	*		切削液关
M10	—	—	*		夹紧
M11	—	—	*		松开
M12	—	—	—	—	不指定
M13	*		*		主轴顺时针方向旋转，切削液开
M14	*		*		主轴逆时针方向旋转，切削液开
M15	*			*	正运动
M16	*			*	负运动
M17 ~ M18	—	—	—	—	不指定
M19		*	*		主轴定向停止
M20 ~ M29	—	—	—	—	永不指定
M30		*		*	纸带结束
M31	—	—		*	互锁旁路
M32 ~ M35	—	—	—	—	不指定
M36	*		*		进给范围 1
M37	*		*		进给范围 2
M38	*		*		主轴速度范围 1
M39	*		*		主轴速度范围 2
M40 ~ M45	—	—	—	—	如果需要作为齿轮换挡，此外不指定
M46 ~ M47	—	—	—	—	不指定
M48		*	*		注销 M49
M49	*		*		进给率修正旁路
M50	*		*		3 号切削液开
M51	*		*		4 号切削液开
M52 ~ M54	—	—	—	—	不指定
M55	*		*		刀具直线位移，位置 1
M56	*		*		刀具直线位移，位置 2
M57 ~ M59	—	—	—	—	不指定

（续）

代码	功能开始时间		功能保持到被注销或被适当程序指令代替	功能仅在所出现的程序段内有作用	功能
	与程序段指令运动同时开始	在程序段指令运动完成后开始			
M60		*		*	更换工件
M61	*		*		工件直接位移，位置 1
M62	*		*		工件直接位移，位置 2
M63 ~ M70	—	—	—	—	不指定
M71	*		*		工件角度位移，位置 1
M72	*		*		工件角度位移，位置 2
M73 ~ M89	—	—	—	—	不指定
M90 ~ 99	—	—	—	—	永不指定

注：1. —号表示：如选作特殊用途，必须在程序说明中说明。

2. M90 ~ M99 可指定为特殊用途。

现将常用辅助功能指令介绍如下：

M00——程序停止。用以停止主轴旋转、进给和切削液，以便执行某一手动操作。例如，手动变速、换刀、测量工件。此后，须重新启动才能继续执行后面的程序。

M01——计划停止。如果操作者在执行某个程序段之后准备停机，便可预先接通计划停止开关。当机床执行到 M01 时，就进入程序停止状态。此后，须重新启动，才能执行以后程序。但如果不接通计划停止开关，则 M01 指令不起作用。

M02——程序结束。该指令编在最后一条程序段中。用以表示程序结束，使数控系统处于复位状态。

M03、M04、M05——分别命令主轴正转、反转和停止。

M06——换刀指令。常用于加工中心机床刀库换刀前的准备动作。

M07——切削液开。

M09——切削液停。

M10、M11——夹紧和松开指令。可用于机床的滑座、工件、夹具的夹紧和松开。

M19——主轴定向停止。使主轴停止在预定的位置上。

M30——程序结束并返回到程序的第一条语句，准备下一个零件的加工。

第四节　数控编程中的工艺处理

工艺处理是加工程序编制工作中较为复杂又非常重要的环节。数控加工工艺分析涉及的内容很多，根据实际应用需要，主要处理以下内容。

一、选择并决定零件适合在数控机床上加工的内容

当选择并决定某个零件进行数控加工后，并不是等于要把它所有的加工内容包下来，可能只是其中的一部分进行数控加工。所以必须对零件图样进行仔细的工艺分析，选择那些最适合、最需要进行数控加工的内容和工序。在选择并作出决定时，应结合本单位的实际，立足于

解决难题、攻克关键和提高生产率，充分发挥数控加工的优势。一般可按下列顺序考虑。

1）通用机床无法加工的内容应优先选择。

2）通用机床难加工，质量也难以保证的内容作为重点选择。

3）通用机床加工效率低，工人手工操作劳动强度大的内容，可在数控机床尚存在富余能力的基础上进行选择。

此外，在选择和决定加工内容时，也要考虑批量、生产周期，以及工序间周转情况等。总之，要尽量做到合理，达到多、快、好、省的目的，还要防止把数控机床降格为通用机床使用。

二、对零件图样进行数控加工工艺分析，明确技术要求

零件各加工部位的结构工艺性应符合数控加工的特点，检查构成轮廓的几何元素的条件和尺寸是否充分。审查与分析定位基准的可靠性以及对毛坯进行工艺性分析。对图样的工艺性分析与审查，一般是在零件图样设计和毛坯设计以后进行的。特别是在把原来采用通用机床加工的零件改为数控加工的情况下，零件设计都已经定型，如果再要求根据数控加工工艺的特点对图样或毛坯进行较大更改是比较困难的。所以一定要把重点放在零件图样或毛坯图样初步设计与定型之间的工艺性审查与分析上。编程人员不但要积极参与审查和作过细的工作，还要与设计人员密切合作，并尽力说服设计人员在不损害零件使用特性的许可范围内，更多地满足数控加工的各种要求。

三、具体设计加工工序

一般在数控机床上加工工件应采用工序集中的原则安排工序，同时考虑数控机床的精度、使用寿命及使用成本。通常采取粗加工在普通机床上进行，精加工安排在数控机床上进行。加工工序划分的原则如下：

(1) 按粗、精加工划分工序　在粗加工工作全部完成之后，再进行精加工。在一次安装中绝不可先将零件某一部分表面加工完成之后，再加工零件上的其他表面。按粗、精加工划分工序的好处，一方面是使粗加工时可快速切除余量，精加工时又可保证精度和表面粗糙度；另一方面是能及时发现毛坯的各种缺陷，并能发挥粗加工的效益。

(2) 按所用刀具划分工序　在数控机床上加工时，为了减少换刀次数，节省辅助时间，先用一把刀具加工尽可能多的表面，再换刀加工其他表面。

(3) 按先面后孔划分工序　对箱体类工件，为提高孔的位置精度，应先加工面，后加工孔。

四、选择刀具和夹具

数控机床用的刀具应满足安装调整方便、刚性好、精度高、寿命长的要求。

在数控机床上安装零件，应尽量选择组合、通用夹具装夹零件，尽量避免采用专用夹具；尽量减少装夹次数，一次安装把零件的所有加工表面都加工出来；零件的定位基准与设计基准重合，以减少定位误差；零件上的加工部位要外露，以免因夹具而影响刀具进给。

五、确定切削用量

对于高效率的金属切削机床加工来说，被加工材料、切削刀具、切削用量是三大要素。这些条件决定着加工时间、刀具寿命和加工质量。经济的、有效的加工方式，要求必须合理地选择切削条件。

编程人员在确定每道工序的切削用量时，应根据刀具的寿命和机床说明书中的规定去选择，也可以结合实际经验用类比法确定切削用量。在选择切削用量时要充分保证刀具能加工完一个零件，或保证刀具寿命不低于一个工作班，最少不低于半个工作班的工作时间。

背吃刀量主要受机床刚度的限制。在机床刚度允许的情况下，尽可能使背吃刀量等于工序的加工余量，这样可以减少进给次数，提高加工效率。对于表面粗糙度和精度要求较高的零件，要留有足够的精加工余量，数控加工的精加工余量可比通用机床的加工余量小一些。编程人员在确定切削用量时，要根据被加工工件材料、硬度、切削状态、背吃刀量、进给量、刀具寿命，最后选择合适的切削速度。

第五节　数控车削加工工艺

一、数控车削加工的主要对象

数控车削是数控加工中用得最多的加工方法之一。由于数控车床具有零件回转、回转刀架，能实现坐标轴联动插补，形成直线和圆弧等轮廓，再加上加工精度高以及在加工过程中能自动变速的特点，因此其工艺范围较普通机床宽得多。针对数控车床的特点，下列几类零件比较适合数控车削加工。

1. 表面形状复杂的回转体零件

由于数控车床具有直线和圆弧插补功能，所以可以车削由任意直线和曲线组成的形状复杂的回转体零件。如图 5-13 所示的壳体零件封闭内腔的成形面，具有直线、圆弧轮廓。其内表面轮廓复杂，在普通机车上加工难度很大，而在数控车床上则很容易加工出来。组成零件轮廓的曲线可以是数学方程式描述的曲线，也可以是列表曲线。对于由直线或圆弧组成的轮廓，直接利用机床的直线或圆弧插补功能；对于由非圆曲线组成的轮廓应先用直线或圆弧去逼近，然后再用直线或圆弧插补功能进行插补切削。

2. 带特殊螺纹的回转体零件

卧式车床所能车削的螺纹相当有限，它只能车削相等导程的圆柱和端面的米制、英制螺纹，而且一台车床只能限定加工若干种导程。数控车床不但能车削任何等导程的圆柱、圆锥和端面螺纹，而且能车削增导程、减导程，以及要求等导程与变导程之间平滑过渡的螺纹。数控车床车削螺纹时主轴回转与刀架进给可实现多种同步功能，主轴转向不必像卧式车床那样交替变换，它可以一刀又一刀不停顿地循环直到完成，所以它车削螺纹的效率很高。数控车床可以配备精密螺纹切削功能，再加上一般采用硬质合金成形刀片，以及可使用较高的转速，所以车削的精度高、表面粗糙度值小。

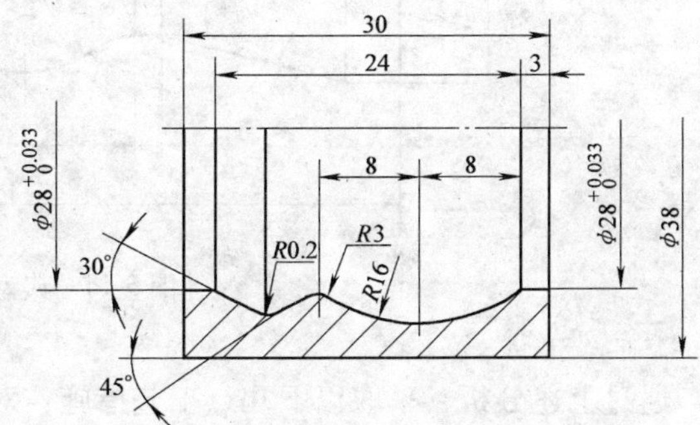

图 5-13　壳体零件封闭内腔的成形面

3. 精度要求高的回转体零件

由于数控车床刚性好，制造和对刀精度高，以及能方便和精确地进行人工补偿和自动补偿，所以能加工尺寸精度要求较高的零件，在有些场合甚至可以实现以车代磨。此外，数控车削的刀具运动是通过高精度插补运算和伺服驱动来实现的，再加上机床的刚性好、制造精度高，所它能加工对素线直线度、圆度、圆柱度等形状精度要求高的零件。对于圆弧以及其他曲线轮廓，加工出的形状与图样上所要求的几何形状的接近程度比用仿形车床要高得多。另外，数控车削对提高位置精度也特别有效。不少位置精度要求高的零件用卧式车床车削时，因机床制造精度低、工件装夹次数多而达不到要求，只能在车削后用磨削或其他方法弥补。

4. 表面粗糙度要求低的回转体零件

数控车床具有恒线速切削功能，能加工出表面粗糙度值小而均匀的零件。在材质、精车余量和刀具已定的情况下，表面粗糙度值取决于进给量和切削速度。在卧式车床上车削锥面和端面时，由于转速恒定不变，致使车削后的表面粗糙度值不一致，只有某一直径处的粗糙度值最小。使用数控车床的恒线速切削功能，就可选用最佳线速度来切削锥面和端面，使车削后的表面粗糙度值既小又一致。数控车削还适合于车削各部位表面粗糙度值要求不同的零件。粗糙度值要求大的部位选用大的进给量，要求小的部位选用小的进给量。

二、典型零件的数控车削加工工艺分析

1. 轴类零件数控车削加工工艺分析

下面以图 5-14 所示零件为例，介绍其数控车削加工工艺。该零件表面由圆柱、圆锥、顺圆、逆圆弧及双线螺纹等表面组成，其中多个直径尺寸有较严的尺寸精度和表面粗糙度等要求；球面 ϕ50mm 的尺寸公差还兼有控制该球面形状（线轮廓）误差的作用。尺寸标注完整，轮廓描述清楚。零件材料为 45 钢，无热处理和硬度要求。

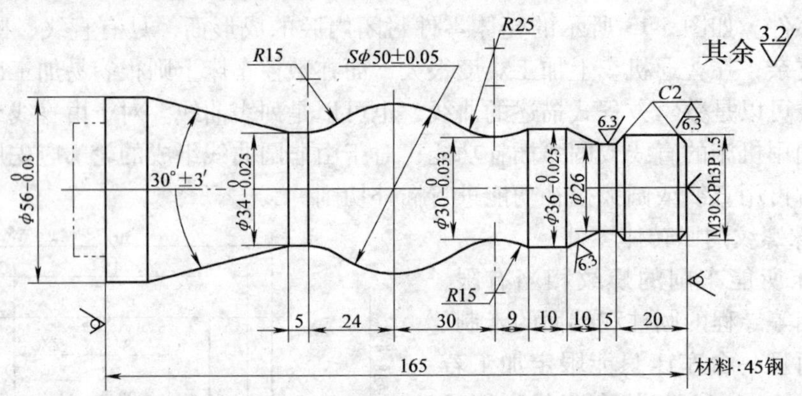

图 5-14　典型轴类零件

通过上述分析，采取以下几点工艺措施：对图样上给定的几个精度（IT7 ~ IT8）要求较高的尺寸，因其公差数值较小，同时公差值偏向一边，故编程时不必取平均值，而全部取其基本尺寸即可。为便于装夹，毛坯左端应预先车出夹持部分（双点画线部分），右端面也应先车削出并钻中心孔。毛坯选 ϕ60mm 棒料。

（1）确定装夹方案　确定坯件轴线和左端大端面（设计基准）为定位基准。左端采用三爪自定心卡盘定心夹，右端采用活动顶尖支承的装夹方式。

（2）确定加工顺序及进给路线　加工顺序按由粗到精、由近到远（由右到左）的原则确定。即先从右到左进行粗车（留 5mm 精车余量），然后从右到左进行精车，最后车削螺纹。

GSK980T 数控车床具有粗车循环和车螺纹循环功能，只要正确使用编程指令，机床数控系统会自行确定其进给路线。因此，该零件的粗车循环和车螺纹循环不需要人为确定其进给路线。但精车的进给路线需要人为确定，该零件是从右到左沿零件表面轮廓进给，如图5-15所示。

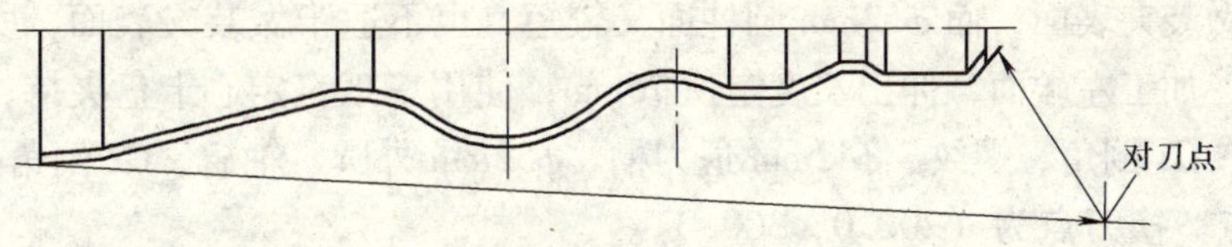

图5-15　轴类零件加工路线

（3）选择刀具

1）粗车和精车选用硬质合金90°外圆车刀。副偏角不能太小，以防与工件轮廓发生干涉，必要时作图检验，本例取35°。

2）车螺纹选用硬质合金60°外螺纹车刀，取刀尖角 $\varepsilon_r=59°30'$，取刀尖圆弧半径 $\gamma_\varepsilon=0.15\sim0.2$mm。

（4）选择切削用量

1）背吃刀量。粗车循环时，确定其背吃刀量为 $a_P=3$mm；精车时为 $a_P=0.5$mm。

2）主轴转速

①车直线和圆弧轮廓时的主轴转速。查表取粗车的切削速度 $v_c=90$m/min，精车的切削速度 $v_c=120$m/min，根据坯件直径（精车时取平均直径），并结合机床说明书选取：粗车时，主轴转速 $n=500$r/min；精车时，主轴转速 $n=1\ 200$r/min。

②车螺纹时的主轴转速。根据主轴转速公式计算，取主轴转速 $n=320$r/min。

3）进给量。粗车时，选取进给量 $f=0.4$mm/r；精车时，选取 $f=0.15$mm/r；车削螺纹时，进给量等于螺纹导程，即 $f=3$mm/r。

因该零件工步数及所用刀具较少，故省略工艺文件。

2. 轴套类零件数控车削加工工艺分析

零件如图5-16所示。材料：45钢，毛坯尺寸：$\phi80$mm×110mm。

（1）图样分析

1）加工内容。此零件加工包括车端面、外圆、倒角、内锥面、圆弧、螺纹、退刀槽等。

2）工件坐标系。该零件加工时需调头，从图样上尺寸标注分析应设置两个工件坐标系，两个工件原点均设定于零件装夹后的右端面（精加工面）。调头后装夹 $\phi50$mm 外圆，$\phi58$mm 圆柱作轴向（Z向）定位，平端面，测量，设置第2个工件原点（设在精加工端面上）。

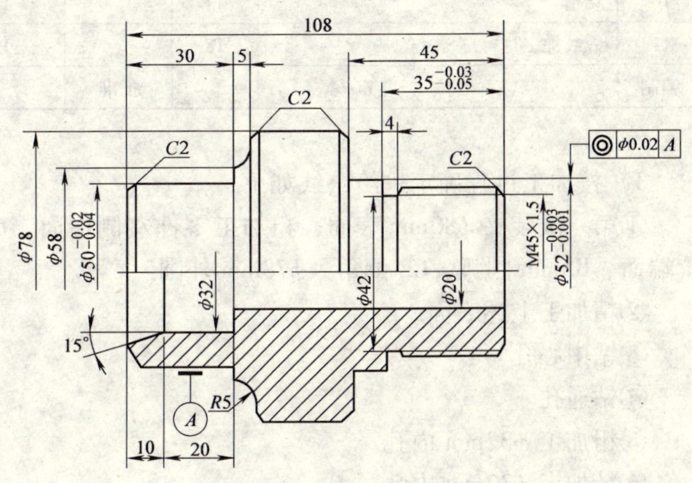

图5-16　典型轴套类零件

（2）工艺分析

1）装夹定位方式。此工件不能一次装夹完成加工，必须分两次装夹。该工件右端外表面为螺纹不适于做装夹表面；而 ϕ52mm 圆柱面又较短，也不适于做装夹表面。所以，第一次装夹工件右端面，加工左端面，伸出长度定位 76mm，使用三爪自定心卡盘夹持；第二次装夹完成工件右端面、C2 倒角、螺纹、ϕ42mm 退刀槽、ϕ52mm 外圆、轴肩、C2 倒角的粗、精加工。

2）换刀点。换刀点为（200.0，300.0）。

表 5-3 数控加工工序卡

工厂	数控加工工序卡片		产品名称或代号	零件名称	材料	零件图号	
				轴套	45		
工序号	程序编号	夹具名称	夹具编号	使用设备		车间	
		三爪自定心卡盘					
工步号	工步内容	刀具号	刀具规格	主轴转速 /（r/min）	进给速度 /（mm/min）	背吃刀量 /mm	余量 /mm
1	夹 ϕ80mm 表面，粗车左侧端面、车 ϕ78mm 外圆、车 ϕ58mm 台阶面、车 ϕ50mm 外圆、倒角 C2	T1		180	0.3	3	0.3
2	钻中心孔	T3		1500	0.02		
3	钻通孔 ϕ19.5mm	T4		600	0.1		
4	粗加工内轮廓	T5		160	0.25	2	0.2
5	精加工外轮廓	T2		200	0.1		
6	精加工内轮廓	T6		200	0.1		
7	夹 ϕ50mm 表面，粗车右侧端面、车 ϕ52mm 外圆、车 M45mm 螺纹外圆至 ϕ44.82mm、倒角 C2	T1		180	0.3	3	0.3
8	精加工内轮廓	T6		200			
9	精加工外轮廓	T2		200			
10	切槽	T7		1500	0.04		
11	螺纹加工	T8		1200			
编制		审核		批准	共1页	第1页	

3）按加工过程确定进给路线如下：

①第一次装夹 ϕ80mm 表面，粗加工零件左侧端面、C2 倒角、ϕ50mm 外圆、ϕ58mm 台阶端面、R5mm 圆弧、C2 倒角、ϕ78mm 外圆。

②精加工上述表面。

③钻中心孔。

④钻通孔。

⑤粗加工 ϕ32mm 内孔。

⑥精加工 ϕ32mm 内孔。

⑦第二次调头装夹 ϕ50mm 外圆，粗加工右端面、C2 倒角、螺纹、ϕ42mm 退刀槽、

ϕ52mm 外圆、轴肩。

⑧精加工上述轮廓。

⑨精加工 ϕ20mm 内轮廓。

⑩切槽，进行螺纹加工。

（3）填写工艺文件

1）按加工顺序将工步的加工内容、所用刀具及切削用量等填入表 5-3 数控加工工序卡片中。

2）将选定的各工步所用刀具的刀具型号、刀片型号、刀片牌号及刀尖圆弧半径等填入表 5-4 数控加工刀具卡片中。

3）将各工步的进给路线绘成文件形式的进给路线图。本例因篇幅所限，故略去。

表 5-4 数控加工刀具卡片

产品名称、代号			零件名称		零件图号		程序号
工步号	刀具号	刀具名称	刀具型号	刀片		刀尖圆弧半径/mm	设备
				型号	牌号		
1	T1	外圆粗车刀	DCLNL2525M12	CNMM160612-PR	GC4035	0.8	
2	T2	外圆精车刀	PCLNL2525M12	DNMG150404-PF	GC4015	0.4	
3	T3	中心孔钻					
4	T4	钻头					
5	T5	内圆粗车刀	PCLNR09	CNMG090308-PM		0.8	
6	T6	内圆精车刀	PCLNR09	CNMG090304-PF		0.4	
7	T7	切槽刀	LF123H13-2525B	N123H2-0400-0003-GM	GC4125	0.3	
8	T8	螺纹刀	L166.4FG-252—16	R166.0G-16MM01—150	GC1020		
编制		审核		批准		共 1 页	第 1 页

第六节 数控铣削加工工艺

一、数控铣削加工的主要对象

数控铣削是机械加工中最常用和最主要的数控加工方法之一。主要用于各种较复杂的平面、曲面和壳体类零件的加工，同时还可以进行钻孔、扩孔、锪孔、铰孔、攻螺纹、镗孔等加工。根据数控铣床所用刀具的不同，可以加工不同的表面。圆柱形铣刀主要用于加工平面，其中粗齿圆柱形铣刀适用于粗加工，细齿圆柱形铣刀适用于精加工；立铣刀主要用于加工平面凹槽、台阶面以及加工成形表面；键槽铣刀主要用于加工圆头封闭键槽；三面刃铣刀适用于加工凹槽和台阶面；角度铣刀主要用于加工带角度沟槽和斜面；模具铣刀用于加工模具型腔或凸模成形表面。根据数控铣床的特点，从铣削加工角度考虑，适合数控铣削加工的零件有下面几类。

1. 平面类零件

加工面平行或垂直于水平面，或加工面与水平面的夹角为定角的零件为平面类零件。目前在数控机床上加工的绝大多数零件属平面类零件。由于平面类零件的各个加工面是平面，或可以展开成平面，所以它是数控铣削加工对象中最简单的一类零件，一般只需用三坐标数控铣床的两坐标联动（或两轴半坐标联动）就可以把它们加工出来。

2. 变斜角类零件

加工面与水平面的夹角呈连续变化的零件称为变斜角类零件。这类零件多为飞机零件，如图 5-17 所示为飞机上的一种变斜角椽条。由于变斜角类零件的变斜角加工面不能展开为平面，但在加工中，加工面与铣刀圆周接触的瞬间为一条线，所以最好采用四坐标或五坐标数控铣床摆角加工。在没有上述机床时，可采用三坐标数控铣床进行两轴半坐标近似加工。

3. 曲面类零件

加工面为空间曲面的零件称曲面类零件，如模具、叶片、螺旋桨等。曲面类零件的加工面不能展开为平面，加工时加工面与铣刀始终为点接触。加工曲面类零件一般采用球头铣刀在三坐标数控铣床上加工。当曲面较复杂、通道较狭窄、会伤及毗邻表面及需刀具摆动时，要采用四坐标或五坐标铣床。

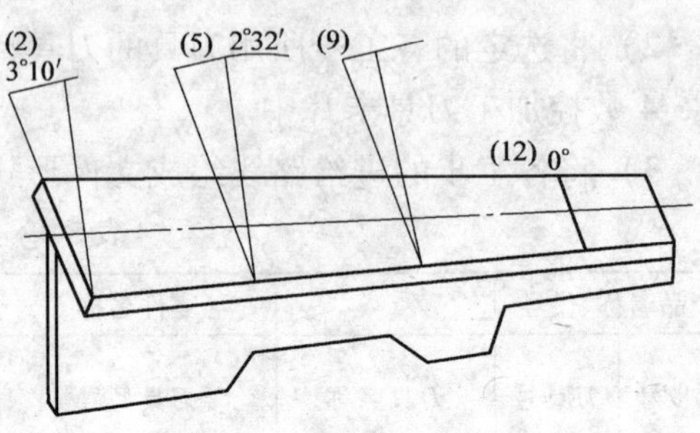

图 5-17 变斜角类零件

二、典型零件的数控铣削加工工艺分析

平面凸轮零件是数控铣削加工中常见的零件之一，其轮廓曲线组成不外乎直线-圆弧、圆弧-圆弧、圆弧-非圆弧及非圆弧曲线等几种，一般多用两轴以上联动的数控铣床进行加工。下面以图 5-18 所示的平面槽形凸轮为例分析其数控铣削加工工艺。

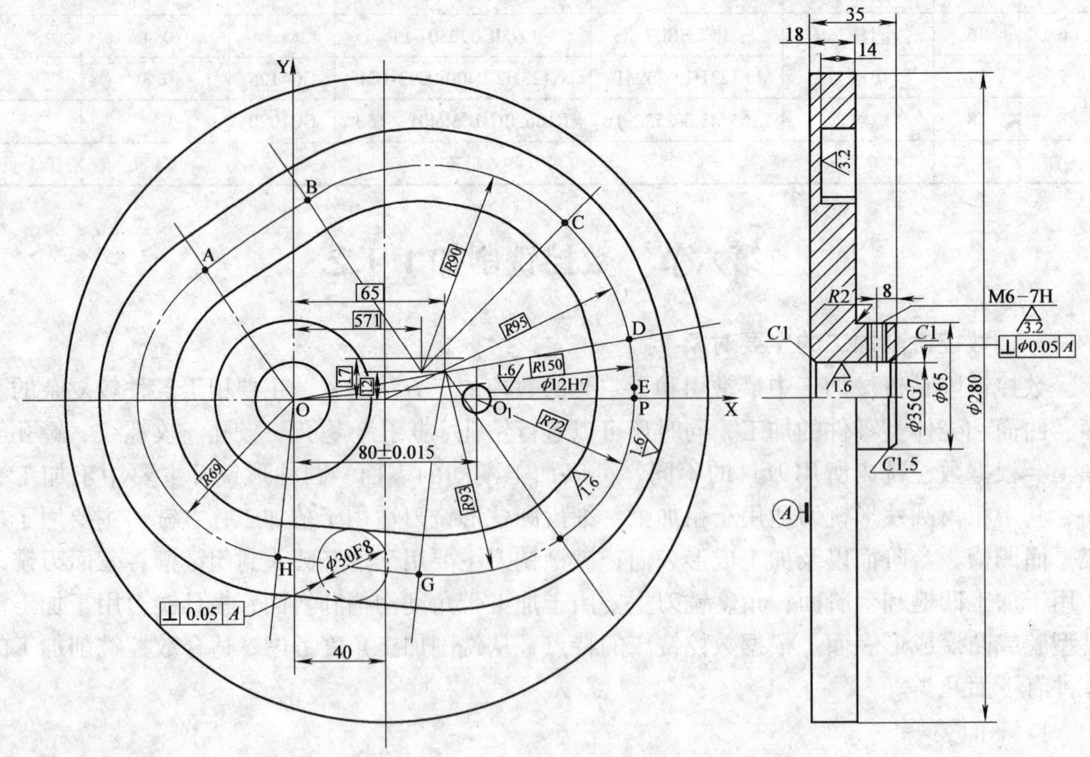

图 5-18 平面槽形凸轮简图

1. 零件图样工艺分析

（1）数控铣削加工内容的选择 该零件为一种平面槽形凸轮，其轮廓是由圆弧$\overset{\frown}{HA}$、$\overset{\frown}{BC}$、$\overset{\frown}{DE}$、$\overset{\frown}{FG}$和直线AB、HG以及过渡圆弧$\overset{\frown}{CD}$、$\overset{\frown}{EF}$所组成的曲线轮廓，在普通铣床上难以加工，质量也难以保证，需用两轴联动的数控铣床。

（2）零件结构工艺性分析 构成凸轮轮廓的几何元素的条件充分，几何模型完整、光滑，无多余的曲面。数学模型无曲面重叠现象，曲面参数分布合理、均匀，曲面没有异常的凸起和凹坑。编程时，所需基点坐标很容易求得。

凸轮内外轮廓面对 A 面有垂直度要求，只要提高装夹精度，使 A 面与铣刀轴线垂直，即可保证；ϕ35G7 对 A 面的垂直度要求已由前工序保证。

（3）零件毛坯的工艺性分析 该零件在数控铣削加工前已在普通机床上进行了初加工，从而留有充分、稳定的加工余量。其材料为铸铁，切削加工性较好。工件是经过初加工后，含有两个基准孔（直径为 ϕ280mm、厚度为 18mm）的圆盘。圆盘底面 A 及 ϕ35G7 和 ϕ12H7 两孔可用作定位基准，无需其他工艺孔定位。

2. 确定装夹方案

根据所示凸轮的结构特点，采用“一面两孔”定位，设计一“一面两销”专用夹具，用一块 320mm × 320mm × 40mm 的垫块，在垫块上分别精镗 ϕ35G7 及 ϕ12H7 两个定位销安装孔，孔距为 80mm ± 0.015mm，垫块平面度为 0.05mm。加工前先固定垫块，使两定位销孔中心连线与机床的 X 轴平行，垫块的平面要保证与工作台面平行，并用百分表检查。

图 5-19 所示为本例凸轮零件的装夹方案示意图。采用双螺母夹紧，提高装夹刚性，防止铣削时振动。

3. 确定进给路线

铣削外表面轮廓时，铣刀的切入和切出点应沿工件轮廓曲线的延长线切向切入和切出工件表面，而不应沿法线直接切入工件，以避免加工表面产生划痕，保证零件轮廓光滑。本例凸轮零件的平面内进给路线从过渡圆弧切入。对于深度进给有两种方法：一种方法是在 XY（YZ）平面内来回铣削，逐渐进刀到既定深度；另一种方法是先打一个工艺孔，然后从工艺孔进到既定深度。本例进刀点选在 $P(150,\ 0)$，刀具在 Y－15 及 Y＋15 之间来回运动。逐渐加深铣削深度，当达到既定深度后，刀具在 XY 平面内运动，铣削凸轮轮廓。为保证凸轮的工作表面有较好的表面质量，采用顺铣方式，即从 $P(150,\ 0)$ 开始，对外凸轮廓按顺时针方向铣削，对内凹轮廓按逆时针方向铣削。

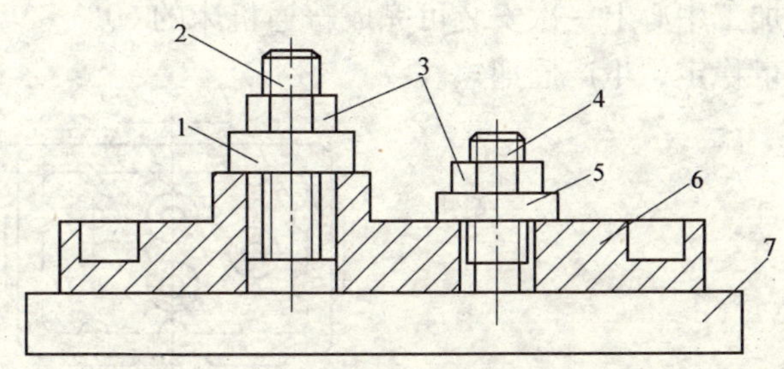

图 5-19 凸轮零件的装夹方案示意图
1—开口垫片 2—带螺纹圆柱销 3—压紧螺母
4—带螺纹菱形销 5—垫片 6—工件
7—垫块

4. 选择刀具及切削用量

本例零件材料（铸铁）属一般材料，切削加工性较好，选用 ϕ18mm 硬质合金立铣刀，主轴转速取 150～235r/min，进给速度取 30～60mm/min。槽深 14mm，铣削余量分三次完成，第一次背吃刀量 8mm，第二次背吃刀量 5mm，剩下的 1mm 随同轮廓精铣一起完成。凸轮槽两侧面各留 0.5 ~0.7mm 精铣余量。在第二次进给完成之后，检测零件几何尺寸，依据检测结果决定进刀深度和刀具半径偏置量，分别对凸轮槽两侧面精铣一次，达到图样要求的尺寸。

第七节　加工中心的加工工艺

一、加工中心的主要加工对象

加工中心适合于加工形状复杂、加工工序多、精度要求较高，需要用多种类型的普通机床和众多的工艺装备，且需经多次装夹和调整才能完成加工的零件。其主要加工对象有如下几种。

1. 既有平面又有孔系的零件

加工中心具有自动换刀装置，在一次安装中，可以完成零件上平面的铣削，孔系的钻削、镗削、铰削及螺纹切削等多道工序。加工部位可以在一个平面上，也可以在不同的平面上。因此，既有平面又有孔系的零件是加工中心的首选加工对象，这类零件常见的有箱体和盘、套、板类零件。

(1) 箱体类零件　箱体类零件有很多，图 5-20 所示为常见的几种箱体类零件。箱体类零件一般都要进行多工位孔系及平面加工，精度要求较高，特别是形状精度和位置精度要求较严格。其加工通常要经过铣、钻、扩、镗、铰、锪、攻螺纹等工步，需要刀具较多，在普通机床上加工难度大，工装套数多，需多次装夹找正，且手工测量次数多，精度不易保证。在加工中心上一次安装可完成普通机床的 60% ~95% 的工序内容，零件各项精度一致性好，质量稳定，生产周期短。

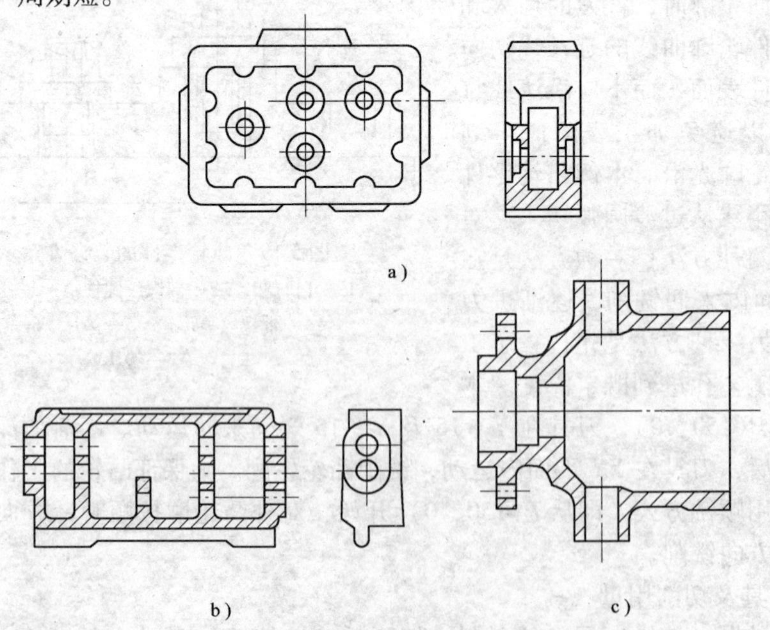

图 5-20　几种常见箱体类零件简图
a）组合机床主轴箱　b）车床进给箱　c）泵壳

（2）盘、套、板类零件　这类零件端面上有平面、曲面和孔系，径向也常分布一些径向孔，如图5-21所示。加工部位集中在单一端面上的盘、套、板类零件宜选择立式加工中心，加工部位不是位于同一方位表面上的零件宜选择卧式加工中心。

2. 结构形状复杂及普通机床难加工的零件

对主要表面是由复杂曲线、曲面组成的零件进行加工时，需要多坐标联动加工，这在普通机床上是较难甚至是无法加工的，加工中心是加工这类零件的最佳设备。常见的典型零件有以下几类。

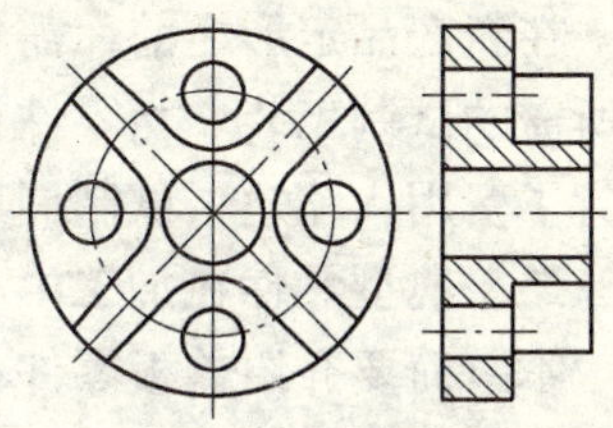

图5-21　盘类零件

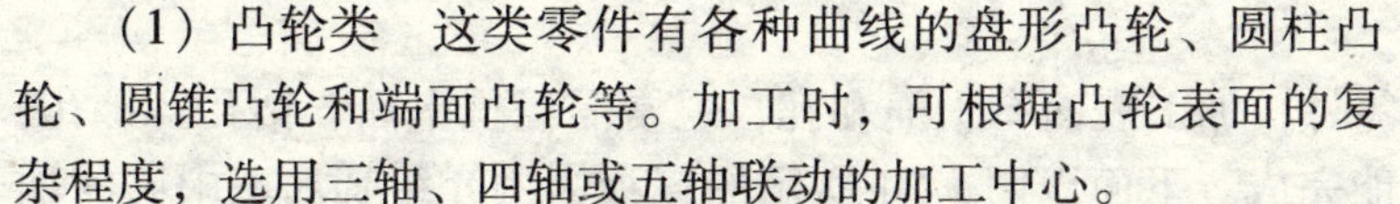

（1）凸轮类　这类零件有各种曲线的盘形凸轮、圆柱凸轮、圆锥凸轮和端面凸轮等。加工时，可根据凸轮表面的复杂程度，选用三轴、四轴或五轴联动的加工中心。

（2）整体叶轮类　整体叶轮常见于航空发动机的压气机、空气压缩机、船舶水下推进器等，它除具有一般曲面加工的特点外，还存在许多特殊的加工难点。例如，通道狭窄，刀具很容易与加工表面和临近曲面产生干涉。图5-22所示为轴向压缩机涡轮，它的叶面是一个典型的三维空间曲面。加工这样的型面，可采用四轴以上联动的加工中心。

（3）模具类　常见的模具有锻压模具、铸造模具、注塑模具及橡胶模具等。图5-23所示为连杆锻压模具。采用加工中心加工模具，由于工序高度集中，动模、静模等关键件的精加工基本上是在一次安装中完成全部机加工内容，尺寸累积误差及修配工作量小；同时，模具的可修复性强，互换性好。

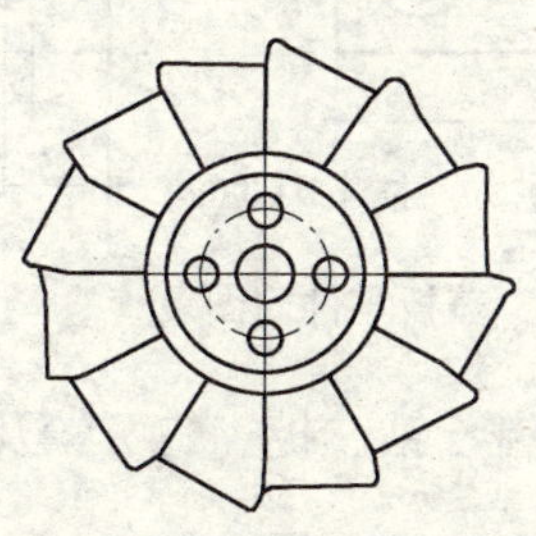

图5-22　轴向压缩机涡轮

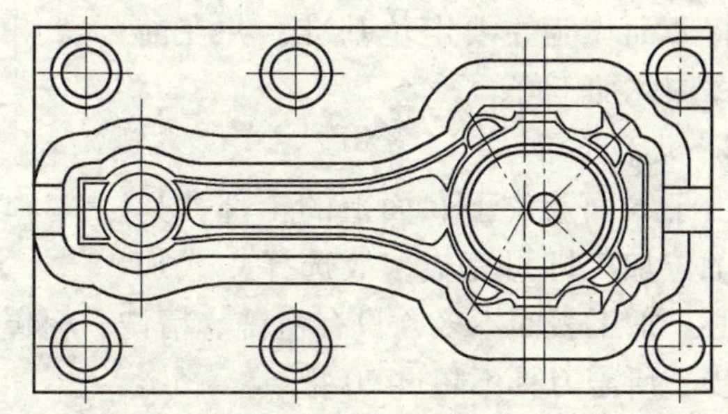

图5-23　连杆锻压模

3. 外形不规则的异形零件

异形零件指支架、拨叉这一类外形不规则的零件，大多需要点、线、面多工位混合加工。由于外形不规则，在普通机床上只能采取工序分散的原则加工，需用工装较多，周期较长。利用加工中心多工位点、线、面混合加工的特点，可以完成大部分甚至全部工序内容。

4. 周期性投产的零件

用加工中心加工零件时，所需工时主要包括基本时间和准备时间。其中，准备时间占很大比例。例如，工艺准备、程序编制、零件首件试切等，这些时间往往是单件基本时间的几十倍。采用加工中心可以将这些准备时间的内容储存起来，供以后反复使用。这样，对周期性投产的零件，生产周期就可以大大缩短。

5. 加工精度要求较高的中小批量零件

针对加工中心加工精度高、尺寸稳定的特点，对加工精度要求较高的中小批量零件选择加工中心加工，容易获得所要求的尺寸精度和形状位置精度，并可得到很好的互换性。

6. 新产品试制中的零件

在新产品定形之前，需经反复试验和改进。选择加工中心试制，可省去许多通用机床加工所需的试制工装。当零件被修改时，只需修改相应的程序及适当地调整夹具、刀具即可，节省了费用，缩短了试制周期。

二、典型零件在加工中心上的加工工艺分析

本节简要介绍盖板零件在加工中心的加工工艺，以便进一步掌握制定零件加工中心加工工艺的方法和步骤。

盖板是机械加工中常见的零件，加工表面有平面和孔，通常需经铣平面、钻孔、扩孔、镗孔、铰孔及攻螺纹等工步才能完成。下面以图 5-24 所示的盖板为例介绍其加工中心的加工工艺。

1. 定位面选择

该盖板的材料为铸铁，故毛坯为铸件。由图 5-24 可知，盖板的四个侧面为不加工表面，全部加工表面都集中在 *A*、*B* 面上。最高精度为 IT7 级。从工序集中和便于定位两个方面考虑，选择 *B* 面及位于 *B* 面上的全部孔在加工中心上加工，将 *A* 面作为主要定位基准，并在前道工序中先加工好。

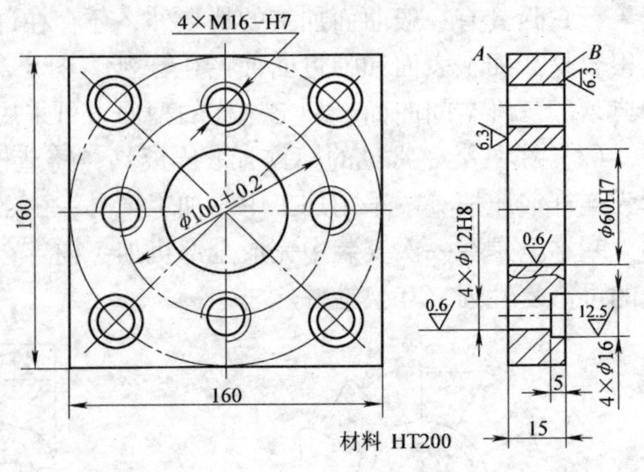

图 5-24 盖板零件简图

2. 机床选择

由于 *B* 面及位于 *B* 面上的全部孔只需单工位加工即可完成，故选择立式加工中心。加工表面不多，只有粗铣、精铣、粗镗、半精镗、精镗、钻、扩、锪、铰及攻螺纹等工步，所需刀具不超过 20 把。

3. 加工工艺分析

（1）选择加工方法 *B* 平面用铣削方法加工，因其表面粗糙度为 R_a6. 3μm，故采用粗铣→精铣方案；ϕ60H7 孔为已铸出毛坯孔，为达到 IT7 级精度和为 R_a0. 8μm 的表面粗糙度，需经三次镗削，即采用粗镗→半精镗→精镗方案；对 ϕ12H8 孔，为防止钻偏和达到 IT8 级精度，按钻中心孔→钻孔→扩孔→铰孔方案进行；ϕ16mm 孔在 ϕ12mm 孔基础上锪至尺寸即可；M16mm 螺孔采用先钻底孔后攻螺纹的加工方法，即按钻中心孔→钻底孔→倒角→攻螺纹方案加工。

（2）确定加工顺序 按照先面后孔、先粗后精的原则确定。具体加工顺序为粗、精铣 *B* 面→粗、半精、精镗 ϕ60H7 孔→钻各光孔和螺纹孔的中心孔→钻、扩、锪、铰 ϕ12H8 及 ϕ16mm 孔→M16mm 螺孔钻底孔、倒角和攻螺纹，详见表 5-5。

（3）确定装夹方案和选择夹具 该盖板零件形状简单，四个侧面较光整，加工面与不加工面之间的位置精度要求不高，故可选用机用虎钳，以盖板底面 *A* 和两个侧面定位，用机用虎钳钳口从侧面夹紧。

（4）选择刀具　所需刀具有面铣刀、镗刀、中心钻、麻花钻、铰刀、立铣刀及丝锥等，其规格根据加工尺寸选择。*B* 面粗铣铣刀直径应选小一些，以减小切削力矩，但也不能太小，以免影响加工效率；*B* 面精铣铣刀直径应选大一些，以减少接刀痕迹，但要考虑到刀库允许的装刀直径大小，也不能太大。刀柄柄部根据主轴锥孔和拉紧机构选择。所选刀具详见表 5-6。

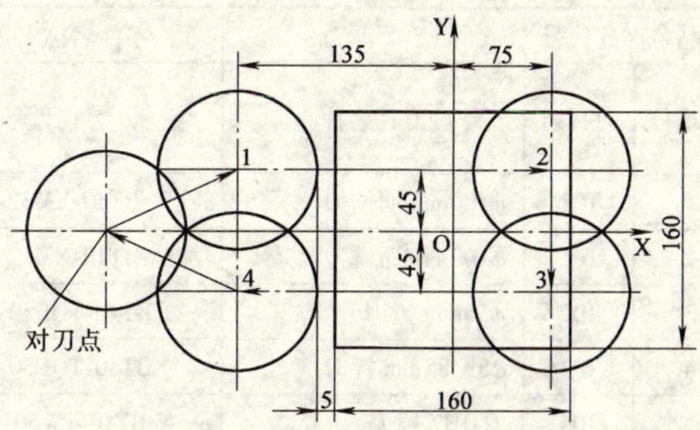

图 5-25　铣削 *B* 面进给路线

（5）确定进给路线　*B* 面的粗、精铣削加工进给路线根据铣刀直径确定。因所选铣刀为 ϕ100mm，故安排沿 X 方向两次进给，如图 5-25 所示。所有孔加工进给路线均按最短路线确定，因为孔的位置精度要求不高，机床的定位精度完全能保证。

（6）选择切削用量　查表确定切削速度和进给量，然后计算出机床主轴转速和机床进给速度，详见表 5-5。

表 5-5　盖板零件数控加工工序卡片

厂名	数控加工工序卡片			产品名称或代号	零件名称		材料	零件图号
					盖板		HT200	
工序号	程序号	夹具名		夹具编号	使用设备		车　间	
		平口钳						
工步号	工步内容	加工面	刀具号	刀具规格/mm	主轴转速/(r/min)	进给速度/(mm/min)	背吃刀量/mm	备注
1	粗铣 *B* 平面留余量 0.5mm		T01	ϕ100	300	70	3.5	
2	精铣 *B* 平面至尺寸		T01	ϕ100	350	50	0.5	
3	粗镗 ϕ60H7 孔至 ϕ58mm		T02	ϕ58	400	60		
4	半精镗 ϕ60H7 孔至 ϕ59.85mm		T03	ϕ59.85	450	50		
5	精镗 ϕ60H7 孔至尺寸		T04	ϕ60H7	500	40		
6	钻 4 × ϕ12H8 及 4 × M16 – H7 的中心孔		T05	ϕ3	1000	50		
7	钻 4 × ϕ12H8 至 ϕ10mm		T06	ϕ10	600	60		
8	扩 4 × ϕ12H8 至 ϕ11.85mm		T07	ϕ11.8	300	40		
9	锪 4 × ϕ16mm 至尺寸		T08	ϕ16	150	30		
10	铰 4 × ϕ12H8 至尺寸		T09	ϕ12H8	100	40		
11	钻 4 × M16 – H7 底孔至 ϕ14mm		T10	ϕ14	450	60		
12	倒 4 × M16 – H7 底孔端角		T11	ϕ18	300	40		
13	攻 4 × M16 – H7 螺纹孔		T12	M16	100	200		
编 制		审核			批准		共 1 页	第 1 页

表 5-6 盖板零件数控加工刀具卡片

产品名称或代号			零件名称 1 盖板	零件图号}	1 程序编号		
工步号	刀具号	刀具名称	刀柄型号	刀具		补偿值/mm	备注
				直径/mm	长度/mm		
1	T01	ϕ100mm 面铣刀	BT40-XM32-75	ϕ100		实测	
2	T01	ϕ100mm 面铣刀	BT40-XM32-75	ϕ100		实测	
3	T02	ϕ58mm 镗刀	BT40-TQC50-180	ϕ58		实测	
4	T03	ϕ59.85mm 镗刀	BT40-TQC50-180	ϕ59.85		实测	
5	T04	ϕ60H7 镗刀	BT40-TW50-140	ϕ60H7		实测	
6	T05	ϕ3mm 中心钻	BT40-Z10-45	ϕ3		实测	
7	T06	ϕ10mm 麻花钻	BT40-M1-45	ϕ10		实测	
8	T07	ϕ11.85mm 扩孔钻	BT40-M1-45	ϕ11.85		实测	
9	T08	ϕ16mm 阶梯铣刀	BT40-MW2-55	ϕ16		实测	
10	T09	ϕ12H8 铰刀	BT40-M1-45	ϕ12H8		实测	
11	T10	ϕ14mm 麻花钻	BT40-M1-45	ϕ14		实测	
12	T11	ϕ18mm 麻花钻	BT40-M2-50	ϕ18		实测	
13	T12	M16mm 机用丝锥	BT40-G12-130	M16		实测	

第八节 数控车床的编程

数控车床是当今使用最为广泛的数控设备之一，主要用于轴类、盘类等回转体零件的加工。通过程序控制，不但能够自动完成内外圆柱面、圆锥面、圆弧面、螺纹等工序的车削加工，还可进行钻、镗、铰孔等孔类零件的加工。经济型数控车床一般为两轴联动控制的 CNC 车床，它不仅可进行圆弧面、圆柱面、圆锥面、槽、螺纹等的加工，还具有刀具半径补偿功能。本单元介绍数控车床编程基础，对不同型号的数控系统，程序格式会有所不同，但基本方法及原理相同。本单元主要参考 GSK980T 型车床数控系统。

一、准备功能

准备功能指令又称 G 代码指令，是使数控机床准备好某种运动方式的指令。例如，快速定位、直线插补、圆弧插补、刀具补偿、固定循环等。G 代码由地址 G 及其后的两位数字组成，从 G00 ~ G99 共 100 种。不同的数控系统，G 代码的功能可能会有所不同，具体操作时，可以参考数控系统编程说明书。

1. 直径与半径编程

由于数控车床加工的零件通常为横截面为圆形的轴类零件，因此数控车床的编程可用直径编程方式，也可以用半径编程方式，用哪种方式可事先通过参数设定或指令来确定。车床出厂时均设定为直径编程，所以在编程时与 X 轴有关的各项尺寸一定要用直径编程。如果用半径编程，则要改变系统中相关的几项参数或指令，使系统处于半径编程状态。显然，半径编程较麻烦，因为编程时把零件图样上直径尺寸除以 2 再去编程，给编程带来不必要的麻烦，且易出现失误。所以，目前数控车床上广泛采用直径编程。

2. 绝对值与增量值编程

指令刀具运动的方法，有绝对指令和增量指令两种。

（1）绝对值编程　绝对值编程是用刀具移动的终点位置坐标值来编程的方法。绝对坐标值是指终点位置坐标点到工件编程原点之间的垂直距离，用 X 代表径向，Z 代表轴向，且 X 向在直径编程时为直径量（实际距离的两倍），图 5-26 中所示各点的绝对坐标值见表 5-7。

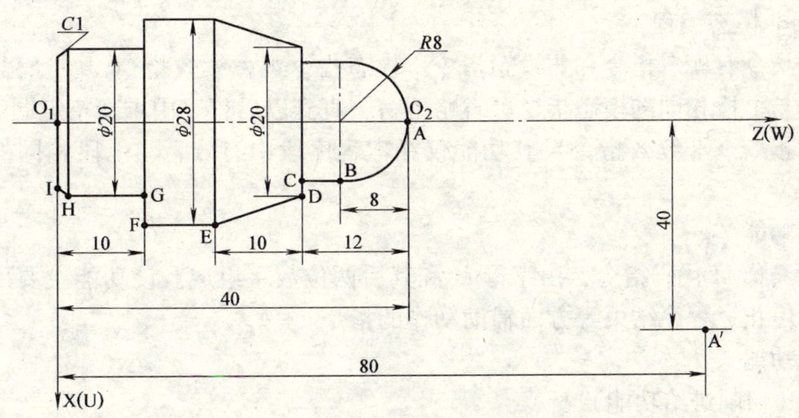

图 5-26　不同原点情况下的绝对坐标值

表 5-7　图 5-26 零件的绝对坐标值

	以 O_1 为工件编程原点		以 O_2 为工件编程原点	
	X	Z	X	Z
A′	80	80	80	40
A	0	40	0	0
B	16	32	16	-8
C	16	28	16	-12
D	20	28	20	-12
E	28	18	28	-22
F	28	10	28	-30
G	20	10	20	-30
H	20	1	20	-39
I	18	0	18	-40

（2）增量值编程　增量值编程是直接用刀具移动量编程的方法。增量坐标值指在坐标系中，运动轨迹的终点坐标是以起点计量的，各坐标点的坐标值是相对于前点所在的位置之间的距离，径向用 U 表示，轴向用 W 表示。图 5-26 中各点增量坐标值以加工顺序 A′→A→B→C→D→E→F→G→H→I 为例，则各坐标点的增量标值为：A 点 U-80、W-40（相对于 A′点），B 点 U16、W-8（相对于 A 点），C 点 U0、W-4（相对于 B 点），D 点 U4、W0（相对于 C 点），E 点 U8，W-10（相对于 D 点），F 点 U0、W-8（相对于 E 点），G 点 U-8、W0（相对于 F 点），H 点 U0、W-9（相对于 G 点），I 点 U-2、W-1（相对于 H 点）。

3. 米制与英制编程

数控车床的程序输入方式有两种，一种为米制输入，另一种为英制输入。我国一般使用米制尺寸，所以机床出厂时，车床的各项参数均以米制单位设定。无论采用米制还是英制输入，必须在坐标系确定之前指定，且在一个程序内，不能两种指令同时使用。如果一个程序开始用英制指令，则表示程序中相关的一些数据均为英制（单位为 in）；如果一个程序开始用米制指令，则表示程序中的数据是米制（单位为 mm）。英制或米制指令断电前后一致，即停机前使用的英制或米制指令，在下次开机时仍有效，除非再重新设定。

4. 模态与非模态编程

编程中的指令有模态指令和非模态指令。模态指令也称续效指令，一经程序段中指定，便一直有效。与上段相同的模态指令可省略不写，直到以后程序中重新指定同组指令时才失效。而非模态指令（非续效指令）其功能仅在本程序段中有效，与上段相同的非模态指令不能省略不写。

二、辅助功能

辅助功能又称 M 代码指令，由字母 M 和其后两位数字组成。该功能主要用于控制主轴起动、旋转、停止、程序结束等方面辅助动作的指令。

三、其他功能

1. F 功能（切削进给功能）

为了切削工件，用指定的速度使刀具运动称为进给。决定进给速度的功能称为进给功能，用 F 指定。如在直线插补（G01）、圆弧插补（G02，G03）等情况下，刀具用多大速度进给，要由 F 后面指令的数值来决定。进给速度可以用实际的数值指定。例如，当工件每转要使刀具进给 2mm 时，在程序中指令为 F2。F 指令是模态指令，即一经程序段中指定便一直有效，与上段相同的 F 指令可省略不写，直到以后程序中需重新指定 F 指令时才失效。

在数控车床加工中，F 指令有以下三种形式：

（1）每分钟进给量（mm/min） 如图 5-27a 所示。

指令：G98

格式：G98　F__；

说明：G98：每分钟进给指令 G 代码。

　　　F__每分钟刀具进给量，单位为 mm/min。

（2）每转进给量（mm/r） 如图 5-27b 所示。

指令：G99

格式：G99　F__；

说明：G99：每转进给指令 G 代码。

　　　F__：主轴每转刀具进给量，单位为 mm/r。

注意：接入电源时，系统默认 G98 模式（每分钟进给量）。

（3）螺纹切削进给速度（mm/r） 如图 5-27c 所示。

格式：G32　F__；

　　　G76　F__；

　　　G92　F__；

说明：G32、G76、G92：螺纹循环 G 代码。.

　　　F__：指定螺纹的螺距（单头螺纹），单位为 mm/r。

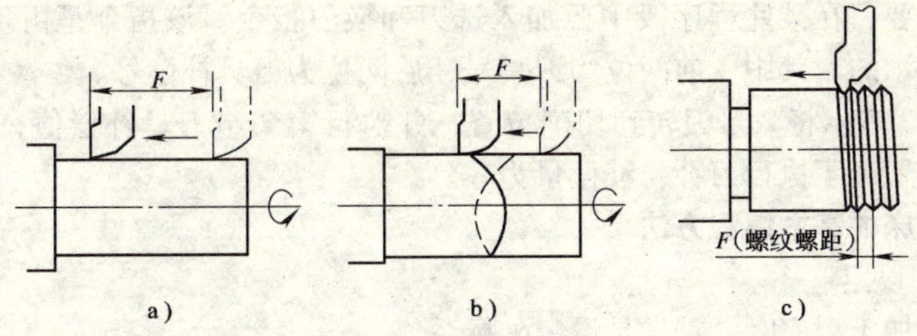

图 5-27　切削进给功能

a）每分钟进给　b）每转进给　c）螺纹切削进给

2. S 功能（主轴功能）

主轴功能指令（S 指令）是设定主轴转速的指令。利用地址 S 后续数值，可以控制主轴的回转速度。有以下三种主轴转速控制指令。

（1）主轴最高转速的设定（G50）

指令：G50

格式：G50　S __；

说明：G50：主轴最高转速设定 G 代码。

S __：主轴最高转速，单位为 r/min。

注意：当工件直径越来越小时，主轴转速会越来越高。如果超过机床允许的最高转速时，工件有可能从卡盘中飞出。为防止发生事故，有时必须限制主轴的最高转速。这时可使用 G50 指令。例如，G50 S2000 表示主轴最高转速被限制为 2000 r/min。

（2）设定主轴线速度恒定指令（G96）

指令：G96

格式：G96　S __；

说明：G96：主轴线速度恒定 G 代码。

S __：设定主轴线速度，即切削速度，单位为 mm/min。

把切削工件时刀具和工件的相对速度称为切削速度。采用 G96 控制线速度恒定指令时，若工作直径（切削点的直径 D）变化则主轴每分钟转数也随之变化，这样就可保证切削速度恒定不变，从而提高了切削质量。例如，G96 S150 表示线速度恒定，切削速度为 150mm/min。

（3）直接设定主轴转速指令（G97）

指令：G97

格式：G97　S __；

说明：G97：取消主轴线速度恒定 G 代码。

S __：设定主轴转速，单位为 r/min。

注意：G96 是模态 G 代码。若指令了 G96，则以后均为恒速控制状态（G96）。当由 G96 转为 G97 时，应对 S 码赋值。未指令时，将保留 G96 指令的最终值。当由 G97 转为 G96 时，若没有 S 指令，则按前一 G96 所赋 S 值进行恒线速度控制。例如，G97 S600 表示取消线速度恒定功能，主轴转速为 600 r/min。

3. T 功能（刀具功能）

根据加工需要，在某些程序段中要加入选刀和换刀指令。该指令是由地址符 T 和其后跟四位数字来表示的。其中，前两位为刀具号，后两位为刀具补偿号。

例如，T0202 表示将 2 号刀转到切削位置，并执行第 2 组刀具补偿值；T0100 表示将 1 号刀转到切削位置，不执行刀补，补偿量为零。

四、数控车床的基本编程方法

1. 坐标系的设定

在编写工件加工程序时，首先是设定坐标系。

（1）机床坐标系与工件坐标系　数控车床坐标系统包括机床坐标系和工件坐标系（编程坐标系）。无论哪种坐标系统都规定与车床主轴轴线平行的坐标轴为 Z 轴，且规定从卡盘中心至尾座顶尖中心的方向为正方向。与车床主轴轴线垂直的坐标轴为 X 轴，且规定刀具远离主轴旋转中心的方向为正方向。

1）机床坐标系。机床坐标系是以机床原点为坐标系原点建立的由 Z 轴与 X 轴组成的直角坐标系。机床原点也称为机床零位，它的位置通常由机床制造厂确定，大多规定在其主轴轴心线与装夹卡盘之法兰盘端面的交点上。但有的机床将机床原点直接设在参考点处。

2）工件坐标系。工件坐标系是加工工件所使用的坐标系，也是编程时使用的坐标系，所以又称编程坐标系。数控编程时，应该首先确定工件坐标系和工件原点。通常把零件的基准点作为工件原点。以工件原点为坐标原点建立的直角坐标系，称为工件坐标系。

3）工件坐标系的设定。工件坐标系和工件零点可在程序中用指令设定，下面介绍设定工件原点的方法。

指令：G50

格式：G50　X__　Z__；

说明：指令后的参数是刀具起点距工件原点在 X 向和 Z 向的尺寸。

执行 G50 指令后，系统内部即对其数值进行记忆，并显示在显示器上，这就相当于在系统内部建立了一个以工件原点为坐标原点的工件坐标系。实际上，它是通过设置刀具起点相对于工件坐标系的坐标值来设定工件坐标系的。而刀具起点是加工开始时刀具所处的位置，即刀具相对工件运动的起始点。注意：执行加工程序车削，应使刀具位于刀具起点。

如图 5-28 所示，在 GSK980T 系统某车床上，分别设 O_1、O_2、O_3 为工件零点，即

设 O_1 为工件原点时，G50 编程格式为：G50　X70　Z70

设 O_2 为工件原点时，G50 编程格式为：G50　X70　Z60

设 O_3 为工件原点时，G50 编程格式为：G50　X70　Z20

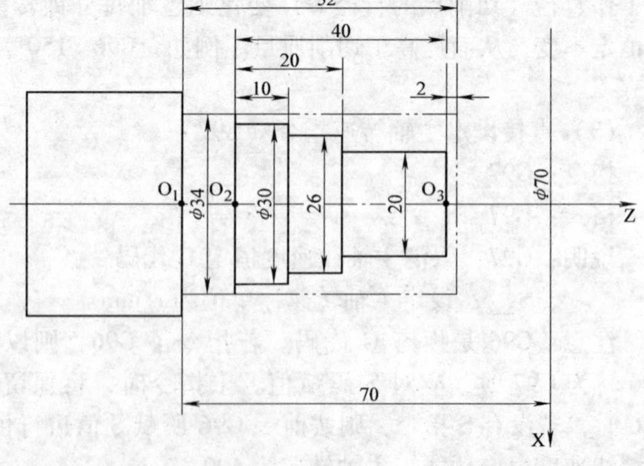

图 5-28　工件原点设定示例

2. 基本移动指令

（1）快速定位（G00）　该指令使刀具以机床规定的快速进给速

度移动到目标点。又称为点定位。

指令格式：G00 X(U) __ Z(W) __;

说明：X __ Z __：绝对编程时为刀具移动的终点坐标值。

U __ W __：增量编程时为刀具移动的终点相对于起始点的相对位移量。

执行该指令时，机床以由系统快进速度决定的最大进给量移向指定位置。它只是快速定位，而无运动轨迹要求，也不需规定进给速度。如图 5-29 所示，从起点 A 快速运动到目标点 B 的编程为

绝对值方式编程为：G00 X60 Z100; A→B，X 为半径值

增量值方式编程为：G00 U40 W80; A→B，U 为半径值

执行上述程序段时，刀具实际的运动路线不是直线，而是折线。首先，刀具以快速进给速度运动到点（60，60），然后再运动到点（60，100）。所以，使用 G00 指令时，要注意刀具是否和工件及夹具发生干涉。若忽略这一点，就容易发生碰撞，而在快速状态下的碰撞就更加危险。

如图 5-30 所示，刀尖从起点 A 快进到 C 点，准备车外圆。分别用绝对、增量方式写出 G00 程序段，即

G50 X60 Z25; 坐标系设定

G00 X38 Z2；或 G00 U-22 W-23;

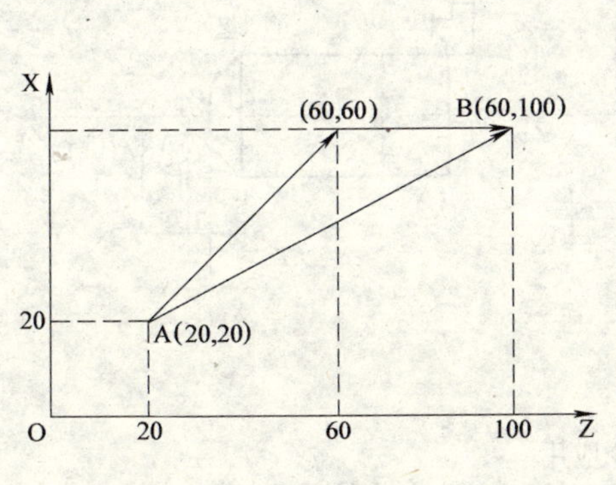

图 5-29 快速点定位

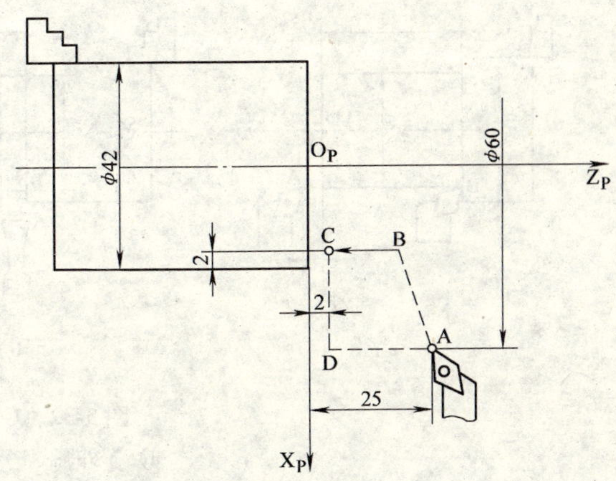

图 5-30 G00 指令功能

刀具先沿 X 轴同时移至 B 点，然后再沿 Z 轴至 C 点。若此进给路线 A→B→C 不合适时，可将指令分两个程序段，两个轴分别移动为

G50 X60 Z25; 坐标系设定

G00 Z2; A→D

X38; D→C

（2）直线插补（G01） 该指令用于直线或斜线运动。可使数控车床沿 X、Z 方向执行单轴运动，也可以沿 X、Z 平面内任意斜率的直线运动。

指令格式：G01 X(U) __ Z(W) __ F __;

说明：X __ Z __：绝对编程时为刀具移动的终点坐标值。

U __ W __：增量编程时为刀具移动的终点相对于起始点的相对位移量。

F __：刀具的进给速度。

刀具用F指令的进给速度沿直线移动到被指令的点，即进给速度由F指令决定。F指令也是模态指令，它可以用G00指令取消。如图5-31所示，刀尖从起点直线插补到终点，准备车锥面。用绝对值方式和增量值方式写出G01程序段如下。

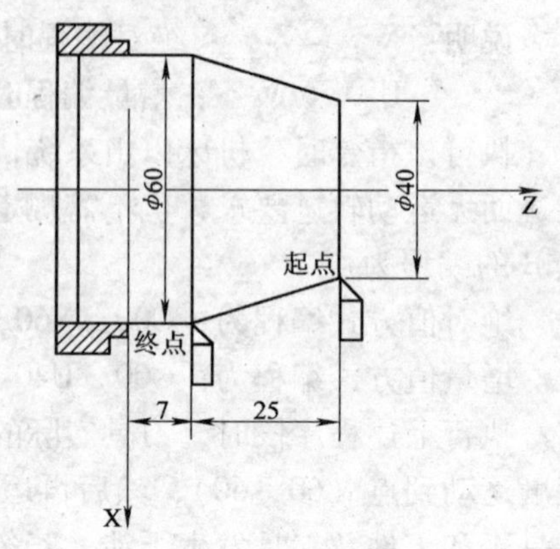

图5-31 G01指令功能

绝对值编程：G01 X60.0 Z7.0 F80

增量值编程：G01 U20.0 W-25.0 F80

如图5-32所示，分别用绝对值、增量值方式写出完成车外圆、车槽、倒角的程序段。

车外圆：G01 X24 Z-34 F60；（绝对值编程）

G01 U0 W-36 F60；（增量值编程）

车槽： G01 X25 Z-20 F20；（绝对值编程）

G01 U-9 W0 F20；（增量值编程）

倒角： G01 X20 Z-2 F60；（绝对值编程）

G01 U6 W-3 F60；（增量值编程）

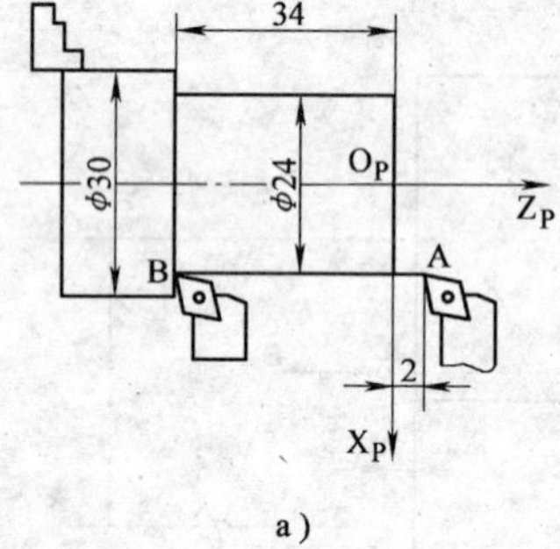

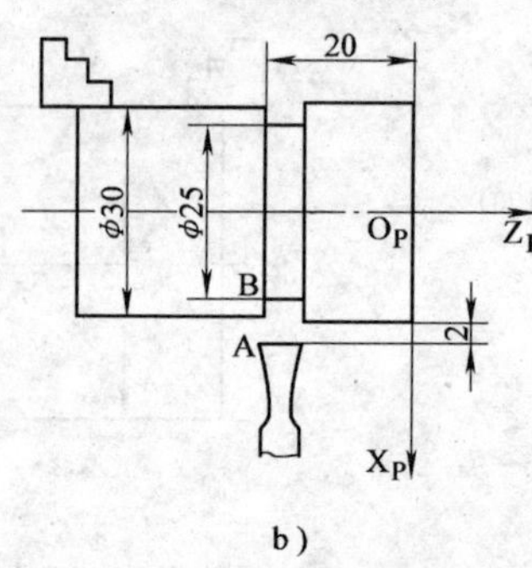

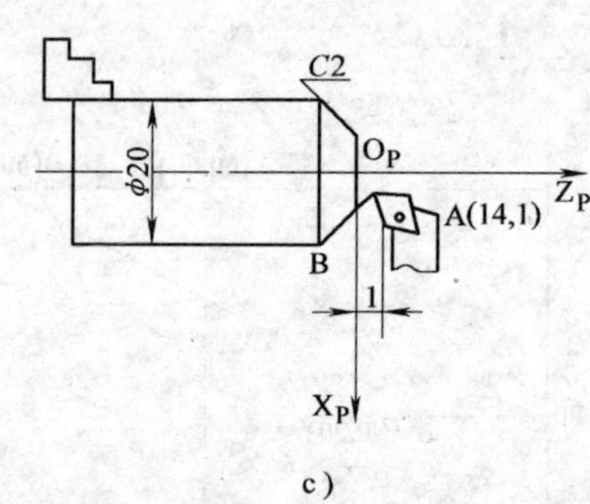

图5-32 G01指令应用

a）车外圆 b）车槽 c）倒角

（3）圆弧插补（G02、G03） G02和G03为模态G指令。G02为顺时针圆弧指令，G03为逆时针圆弧指令。

G02指令格式：G02 X(U)__ Z(W)__ I __ K __ F __；或者G02 X(U)__ Z(W)__ F __；

G03指令格式：G03 X(U)__ Z(W)__ I __ K __ F __；或者G03 X(U)__ Z(W)__ R __ F __；

说明：R：圆弧半径。

I：圆心与圆弧起点X轴坐标的差值。

K：圆心与圆弧起点Z轴坐标的差值。

注意：当用半径R(K)指定圆心位置时，由于在同一半径R的情况下，从圆弧的起点到终点有两个圆弧的可能性。为区别二者，规定圆心角 $\alpha \leqslant 180°$时，用“+R”。当 $\alpha > 180°$时，用“-R”表示。不过，车床一般不会加工大于180°的圆弧。

如图5-33所示，刀尖从圆弧起点A移动至终点B，写出圆弧插补的程序段如下。

G02 X60 Z-30 R12 F50；或 G02 X60 Z-30 I12 K0 F50；（绝对值编程）

G02 U24 W-12 R12 F50；或 G02 U24 W-12 I12 K0 F50；（增量值编程）

G03 X60 Z-25 R10 F50；或 G03 X60 Z-25 I0 K-10 F50；（绝对值编程）

G03 U20 W-10 R10 F50；或 G03 U20 W-10 I0 K-10 F50；（增量值编程）

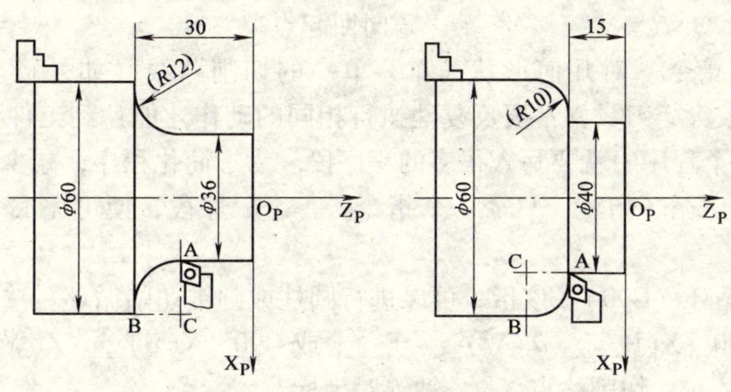

图5-33 圆弧插补指令应用

（4）暂停指令（G04） 该指令功能为：各轴运动停止，不改变当前的G指令模态和保持的数据、状态，延时给定的时间后，再执行下一个程序段。

指令格式：G04 P __；或G04 X __；或G04 U __；

说明：P __、X __或U __为延时时间。G04为非模态G指令。

例如，G04 P1表示延时（暂停）1s。

（5）螺纹切削指令（G32） 该指令功能为：刀具的运动轨迹是从起点到终点的一条直线，如图5-34所示。

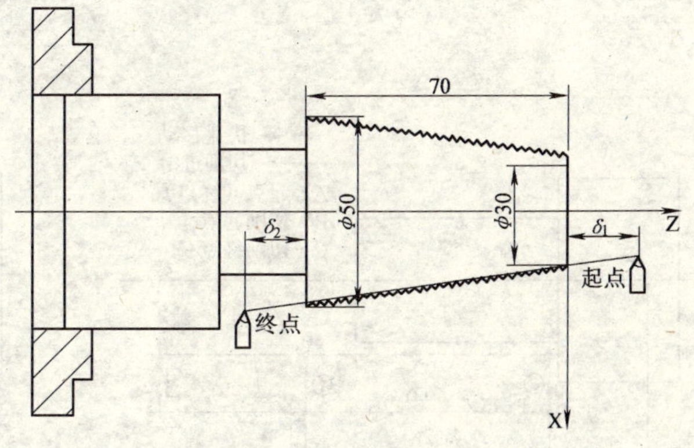

图5-34 G32指令应用

指令格式：G32 X（U）__Z（W）__ F（I）__；

说明：

F：米制螺纹螺距（0.001～500mm），为主轴转一周Z轴的移动量。F指令值执行后保持有效，直至再次执行给定螺纹螺距的F指令字。

I：每英寸螺纹的牙数（0.06～25400牙/in），为Z轴方向1in（25.4mm）长度上螺纹的牙数，也可理解为Z轴移动1in（25.4mm）时主轴旋转的圈数。I指令值执行后不保持，每次加工英制螺纹都必须输入I指令字。

加工如图5-34所示螺纹，其螺距为4mm，$\delta_1 = 3.5$mm，$\delta_2 = 3.5$mm，总切削1mm（单

边)，分两次切入。写出加工程序段如下。

G00 X28 Z3; 第一次切入0.5mm

G32 X51 W-77 F4.0; 锥螺纹第一次切削

G00 X55; 刀具退出

W77; Z向回起点

X27; 第二次再进0.5mm

G32 X50 W-77 F4.0; 锥螺纹第二次切削

G00 X55; 刀具退出

W77; Z向回起点

(6) 固定循环指令 对几何形状简单、单一的切削路线(如外径、内径、端面的切削)，若加工余量较大，刀具常常要反复地执行相同的动作才能达到工件要求的尺寸。要完成上述加工，在一个程序中就要写入很多的程序段。为了简化程序，减少程序所占内存，数控机床设有各种固定循环指令。只需一个指令。一个程序段，便可完成多次重复的切削动作。

1) 轴向切削循环(G90)。该指令可以进行圆柱或圆锥切削循环。

指令格式：G90 X(U)__ Z(W)__ F__；或G90 X(U)__ Z(W)__ R__ F__；

说明：X__ Z__：切削终点X、Z轴绝对坐标。

U__ W__：切削终点相对起点X、Z轴绝对坐标的差值。

R__：切削起点与切削终点X轴绝对坐标的差值(半径值)。当R与U的符号不一致时，要求|R|≤|U/2|。

F__：刀具的进给速度。

循环过程：刀具从循环起点开始按矩形循环，其加工顺序按①、②、③、④进行，最后又回到循环起点。G90为模态指令，指令的起点和终点相同，如图5-35和图5-36所示。U、W反应了切削终点与起点的相对位置，按U、W的符号不同有四种不同的组合，如图5-37所示。

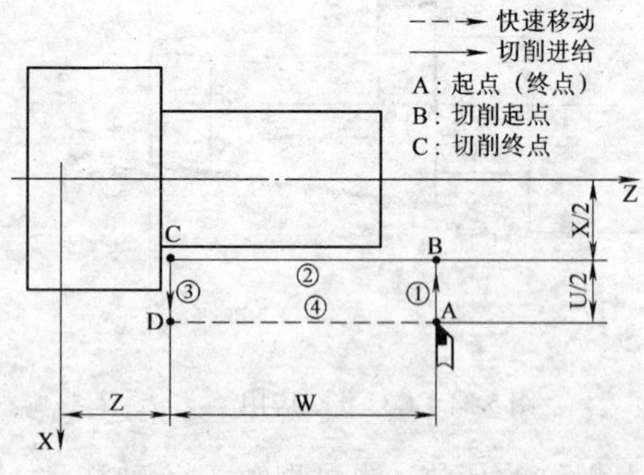

图5-35 圆柱轴轴向切削循环

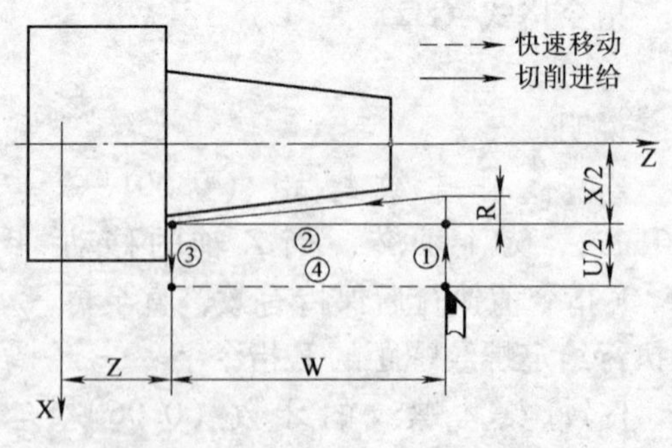

图5-36 圆锥轴轴向切削循环

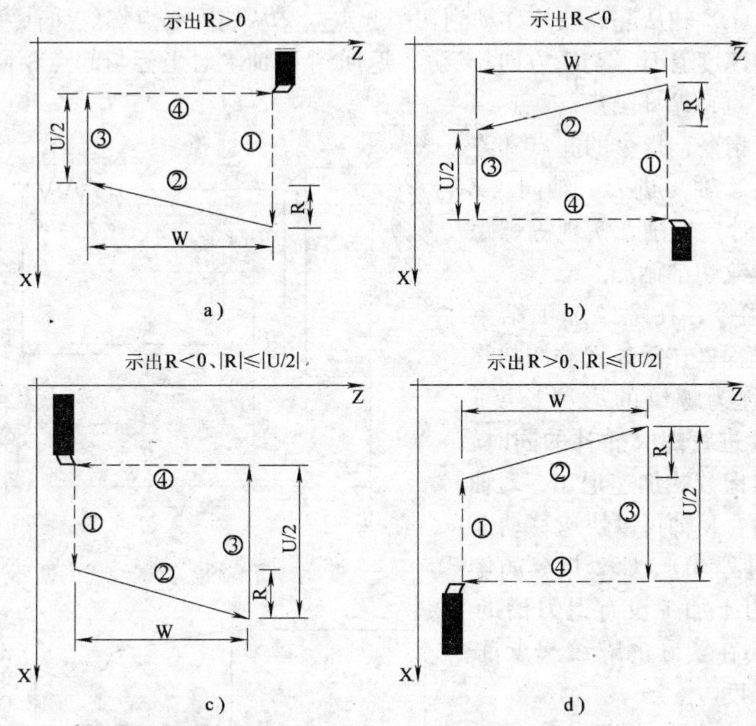

图 5-37　轴向切削循环指令运行轨迹的四种形状

a) U>0, W<0　b) U<0, W<0　c) U>0, W>0　d) U<0, W>0

如图 5-38 所示为轴向切削循环加工实例，其加工程序段如下。

```
O0001;
M3   S300;
G0   X130   Z5;
G90   X120   Z-110   F200;              C→D
X60   Z-30;                              A→B
G0   X130   Z80;
G90   X120   Z-80   R-30   F150;         B→C
M5   S0;
M30;
```

2）螺纹切削循环（G92）。G92 为简单螺纹循环，其作用为简化编程。该指令用于对圆锥或圆柱螺纹的切削循环，如图 5-39 和图 5-40 所示。

指令格式：G92　X(U)__　Z(W)__　F__;

说明：X__　Z__：螺纹终点 X、Z 轴绝对坐标。

U__　W__：螺纹终点相对起点 X、Z 轴绝对坐标的差值。

F__：米制螺纹螺距，F 指令值执行后保持，可省略输入。

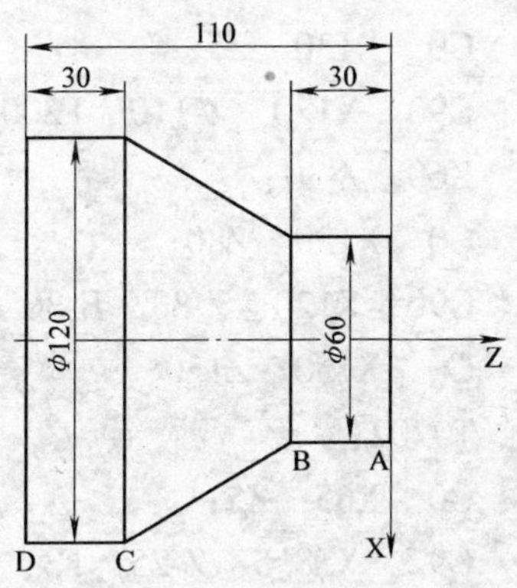

图 5-38　轴向切削循环加工实例

循环过程：①X 轴从起点快速移动到切削起点。②从切削起点螺纹插补到切削终点。③X 轴以快速移动速度退刀（与①方向相反），返回到 X 轴绝对坐标与起点相同处。④Z 轴快速移动返回到起点，循环结束。

G92 为模态指令，指令的起点和终点相同，径向（X 轴）进刀、轴向（Z 轴或 X、Z 轴同时）切削，实现等螺距的直螺纹、锥螺纹切削循环。

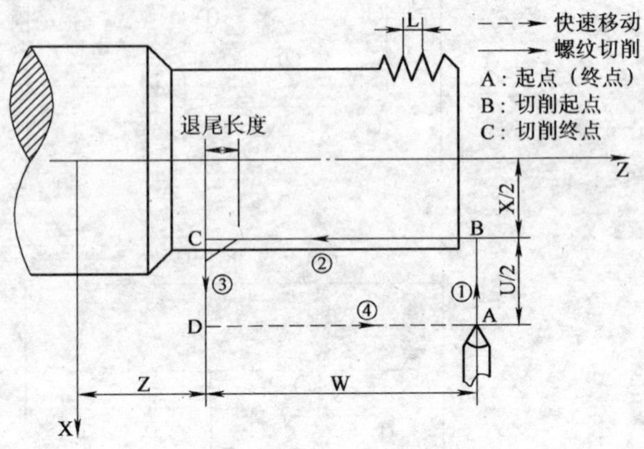

图 5-39 直螺纹切削循环

执行 G92 指令，在螺纹加工结束前有螺纹退尾过程：在距离螺纹切削终点固定长度（称为螺纹的退尾长度）处，在 Z 轴继续进行螺纹插补的同时，X 轴沿退刀方向指数式加速退出，Z 轴到达切削终点后，X 轴再以快速移动速度退刀（循环过程③）。G92 指令的螺纹退尾功能可用于加工没有退刀槽的螺纹，但仍需要在实际的螺纹起点前留出螺纹引入长度。

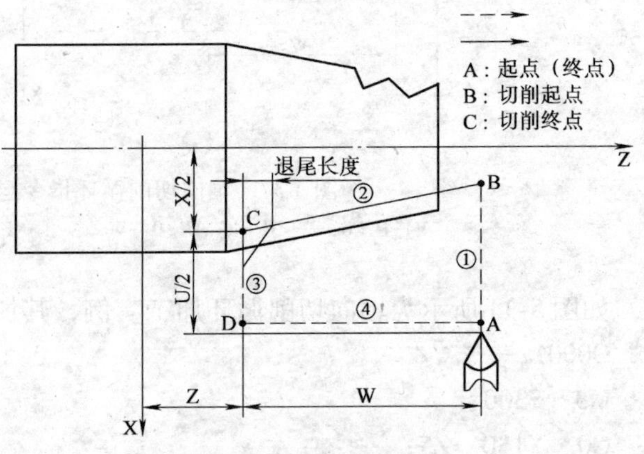

图 5-40 锥螺纹切削循环

G92 指令可以分多次进刀完成一个螺纹的加工，但不能实现两个连续螺纹的加工，也不能加工端面螺纹。G92 指令螺纹螺距的定义与 G32 一致，螺距是指主轴转一周 Z 轴的位移量（X 轴位移量按半径值计算）。

如图 5-41 所示螺纹切削循环加工实例的程序段如下。

```
O0002;
M3  S300;
G0  X150  Z50;
T0101;                          外圆车刀
G0  X130  Z5;
G90  X120  Z-110  F200;         C→D
X60  Z-30;                      A→B
G0  X130  Z80;
G90  X120  Z-80  R-30  F150;
G0  X150  Z150;
T0202;                          螺纹刀
G0  X65  Z5;
G92  X58.5  Z-25  F3;           加工螺纹，分 4 刀切削，第一次进刀 1.5mm
X57.5  Z-25;                    第二次进刀 1mm
```

X56.5　Z-25；　　　　　　　　　　　第三次进刀0.5mm

X56　Z-25；　　　　　　　　　　　　第四次进刀0.5mm

M5　S0；

M30；

3）径向切削循环（G94）

指令格式：G94　X(U)＿　Z(W)＿　F＿；（端面切削）

G94　X(U)＿　Z(W)＿　R＿　F＿；(锥度端面切削)

说明：X＿　Z＿：切削终点X、Z轴绝对坐标。

U＿　W＿：切削终点相对起点X、Z轴绝对坐标的差值。

R＿：切削起点相对切削终点Z轴绝对坐标的差值(半径值)，当R与U的符号不一致时，要求|R|≤｜U/2｜。

F＿：刀具的进给速度。

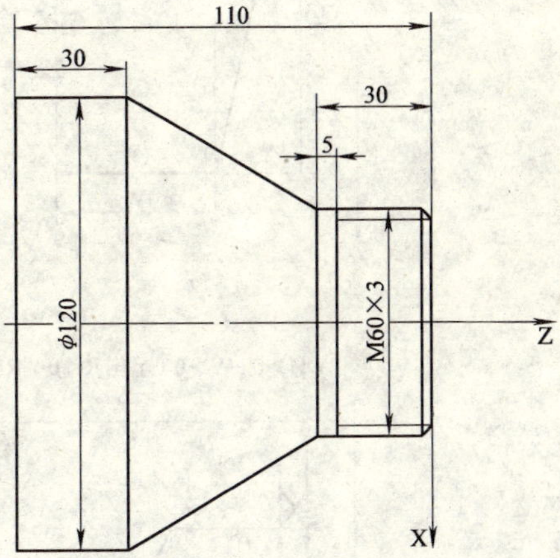

图5-41　螺纹切削循环加工实例

循环过程：①Z轴从起点快速移动到切削起点。②从切削起点直线插补（切削进给）到切削终点。③Z轴以切削进给速度退刀（与①方向相反），返回到Z轴绝对坐标与起点相同处。④X轴快速移动返回到起点，循环结束。

G94为模态指令，指令的起点和终点相同，轴向（Z轴）进刀、径向（X轴或X、Z轴同时）切削，实现端面或锥面切削循环，如图5-42和图5-43所示。U、W反映了切削终点与起点的相对位置，按U、W的符号不同有四种不同组合，如图5-44所示。

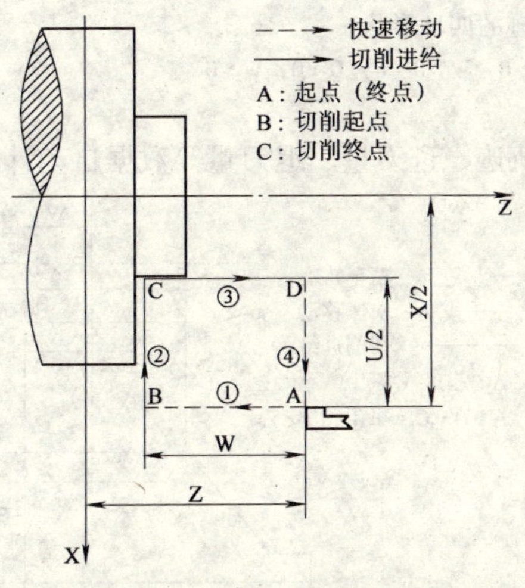

图5-42　端面切削循环

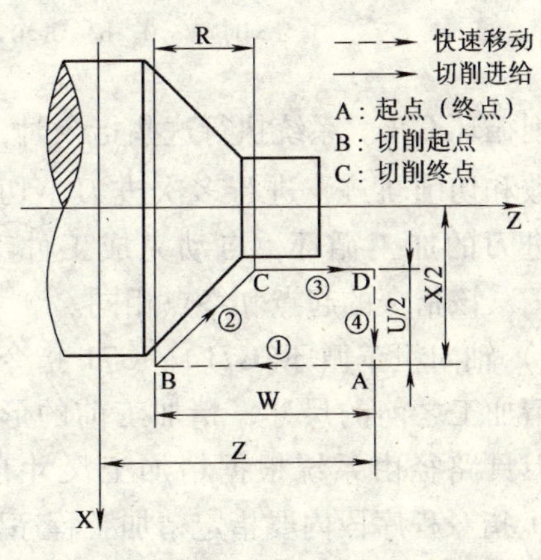

图5-43　锥面切削循环

（7）多重循环指令　多重循环指令包括：轴向粗车循环G71、径向粗车循环G72、封闭切削循环G73、精加工循环G70、轴向切槽多重循环G74、径向切槽多重循环G75及多重螺

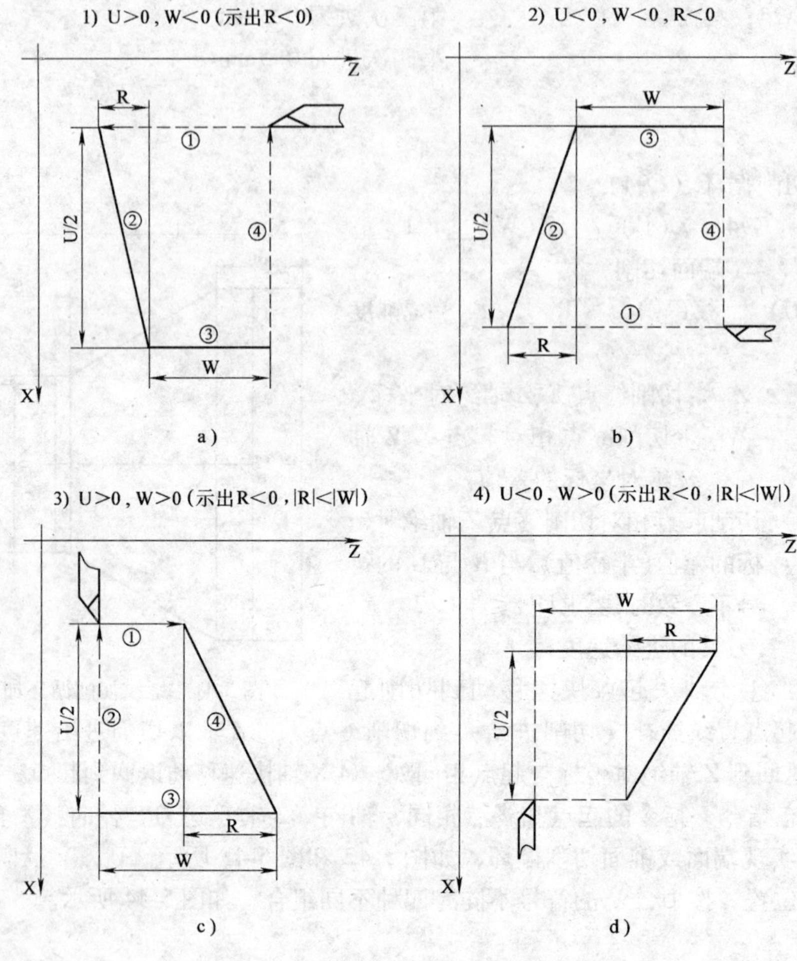

图 5-44　G94 指令运行轨迹的四种形状

a) U>0，W<0　b) U<0，W<0　c) U>0，W>0　d) U<0，W>0

纹切削循环 G76。系统执行这些指令时，根据编程轨迹、进刀量、退刀量等数据自动计算切削次数和切削轨迹，进行多次进刀→切削→退刀→再进刀的加工循环，自动完成工件毛坯的粗、精加工。该指令的起点和终点相同。

1）轴向粗车循环（G71）。G71 指令将工件切削至精加工之前的尺寸，精加工前的形状及粗加工的刀具路径由系统根据精加工尺寸自动设定。在 G71 指令程序段内要指定精加工程序段的序号、精加工余量、粗加工每次切深、F 功能等。刀具循环路径如图 5-45 所示。

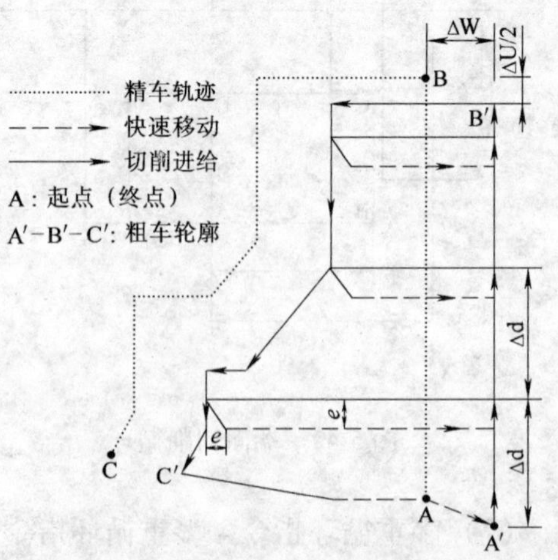

图 5-45　G71 指令刀具循环路径

指令格式：G71　U(Δd)　R(e)；

G71　P(ns)　Q(nf)　U(Δu)

W(Δw)　F__　S__　T__；

N(ns)..... ;

......

.... F;

.... S;

......

T;

...

N(nf)..... ;

说明：

Δd：粗车时 X 轴的单次进刀量，单位为 mm，半径值，无符号，进刀方向由 ns 程序段的移动方向决定。

e：粗车时 X 轴的单次退刀量，单位为 mm，半径值，无符号，退刀方向与进刀方向相反。

ns：精车轨迹的第一个程序段的程序段号。

nf：精车轨迹的最后一个程序段的程序段号。

Δu：X 轴的精加工余量，单位为 mm，直径值。

Δw：Z 轴的精加工余量，单位为 mm。

F：切削进给速度。

S：主轴转速。

T：刀具号、刀具偏置号。

注意：

①ns ~ nf 程序段必须紧跟在 G71 程序段后编写，系统不执行在 G71 程序段与 ns 程序段之间编写的程序段。

②执行 G71 时，ns ~ nf 程序段仅用于计算粗车轮廓，程序段并未被执行。ns ~ nf 程序段中的 F、S、T 指令在执行 G71 时无效，此时 G71 程序段的 F、S、T 指令有效。按 ns ~ nf 程序段执行 G70 精加工循环时，ns ~ nf 程序段中的 F、S、T 指令有效。

③Δu、Δw 反应了粗车的坐标偏移和切入方向，按 Δu、Δw 的符号不同有四种不同组合，如图 5-46 所示。图中：A→B→C 为精车轨迹，A′→B′→C′为粗车轮廓，A 为起点。

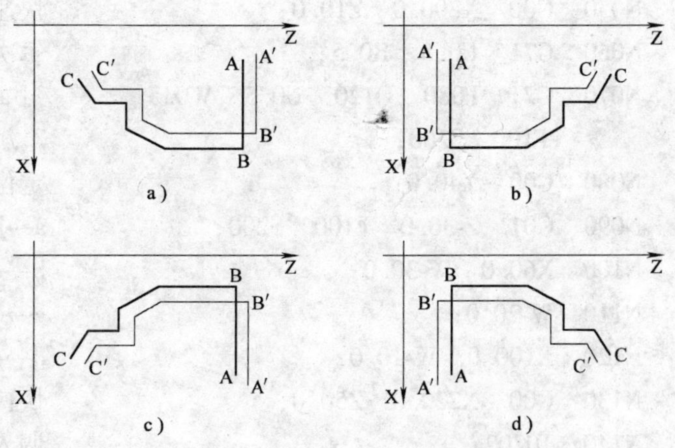

图 5-46　G71 指令运行轨迹的四种形状

a) Δu < 0，Δw > 0　b) Δu < 0，Δw < 0

c) Δu > 0，Δw > 0　d) Δu > 0，Δw < 0

④ns 程序段只能是不含 Z(W) 指令字的 G00、G01 指令。

⑤精车轨迹（ns ~ nf 程序段），X 轴、Z 轴的尺寸都必须单向变化（一直增大或一直减

小）。

⑥ns ~ nf 程序段中，不能有下列指令：除 G04（暂停）外的其他 00 组 G 指令；除 G00、G01、G02、G03 外的其他 01 组 G 指令；子程序调用指令（如 M98/M99）。

如图 5-47 所示为 G71 指令编程实例，其程序段如下。

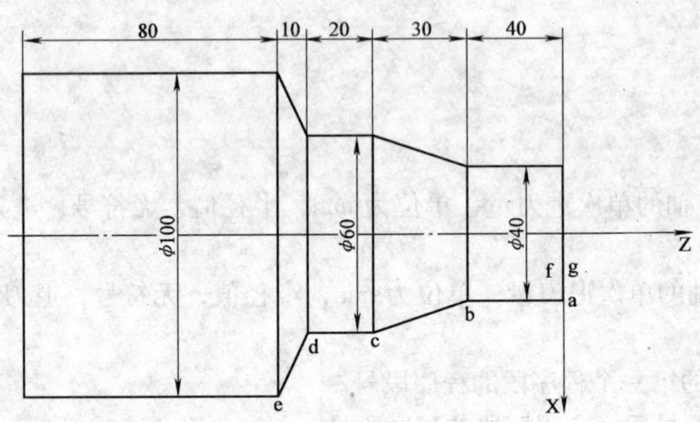

图 5-47　G71 指令编程实例

O0001;	
N010　G50　X220. 0　Z50;	设定坐标系
N020　M3　S300;	主轴正转,转速为 300r/min
N030　M8;	打开切削液
N040　T0101;	调入粗车刀
N050　G00　X200. 0　Z10. 0;	快速移动,接近工件
N060　G71　U0. 5　R0. 5;	每次切深 1mm(直径),退刀 1mm
N070　G71　P080　Q120　U0. 5　W0. 5 F100　S200;	对 a→d 粗车加工,余量 X 方向 0. 5mm, Z 方向 0. 5mm
N080　G00　X40. 0;	定位到 X40
N090　G01　Z-30. 0　F100　S200;	a→b
N100　X60. 0　W-30. 0;	b→c
N110　W-20. 0;	c→d
N120　X100. 0　W-10. 0;	d→e
N130　G00　X220. 0　Z50. 0;	快速退刀到安全位置
N140　T0202;	调入 2 号精加工刀,执行 2 号刀具偏置
N160　G70　P80　Q120;	对 a→d 精车加工
N170　G00　X220. 0　Z50. 0　M05　S0;	快速回安全位置,关主轴,停转速
N180　M09;	关闭切削液
N190　T0100;	换回基准刀,清刀
N200　M30;	程序结束

2）径向粗车循环（G72）。该指令功能是：系统根据精车轨迹、精车余量、进刀量、退刀量等数据自动计算粗加工路线，沿与 Z 轴平行的方向切削，通过多次进刀→切削→退刀的切削循环完成工件的粗加工。G72 的起点和终点相同，本指令适用于非成形毛坯（棒料）的成形粗车。刀具循环路径如图 5-48 所示。

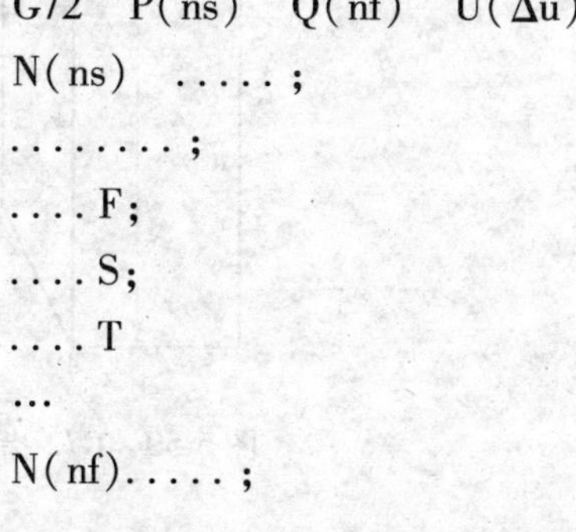

指令格式：

```
G72  W(Δd)  R(e);
G72  P(ns)  Q(nf)  U(Δu)  W(Δw)  F__  S__  T__;
N(ns)  .....;
........;
....F;
....S;
....T
...
N(nf).....;
```

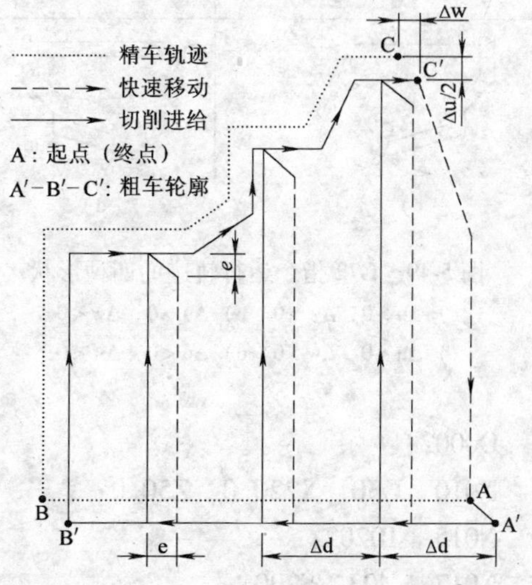

图 5-48　G72 指令刀具循环路径

说明：

Δd：粗车时 Z 轴的单次进刀量（单位：mm，半径值）。无符号，进刀方向由 ns 程序段的移动方向决定。

e：粗车时 Z 轴的单次退刀量（单位：mm，半径值）。无符号，退刀方向与进刀方向相反。

ns：精车轨迹的第一个程序段的程序段号。

nf：精车轨迹的最后一个程序段的程序段号。

Δu：X 轴的精加工余量，单位为 mm，直径值。

Δw：Z 轴的精加工余量，单位为 mm。

F：切削进给速度。

S：主轴转速。

T：刀具号、刀具偏置号。

注意：

①ns ~ nf 程序段必须紧跟在 G72 程序段后编写，系统不执行在 G72 程序段与 ns 程序段之间编写的程序段。

②执行 G72 时，ns ~ nf 程序段仅用于计算粗车轮廓，程序段并未被执行。ns ~ nf 程序段中的 F、S、T 指令在执行 G72 时无效，此时 G72 程序段的 F、S、T 指令有效。按 ns ~ nf 程序段执行 G70 精加工循环时，ns ~ nf 程序段中的 F、S、T 指令有效。

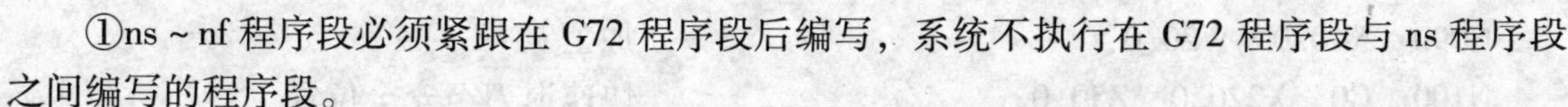

③Δu、Δw 反映了粗车的坐标偏移和切入方向。按 Δu、Δw 的符号不同有四种不同组合，如图 5-49 所示。图中：A→B→C 为精车轨迹，A′→B′→C′为粗车轮廓，A 为起点。

④ns 程序段只能是不含 X(U) 指令字的 G00、G01 指令。

⑤精车轨迹（ns ~ nf 程序段），X 轴、Z 轴的尺寸都必须单向变化（一直增大或一直减小）。

⑥ns ~ nf 程序段中，不能有下列指令：除 G04（暂停）外的其他 00 组 G 指令；除 G00，G01，G02，G03 外的其他 01 组 G 指令；子程序调用指令（如 M98/M99）。

如图 5-50 所示为 G72 指令编程实例，其程序段如下。

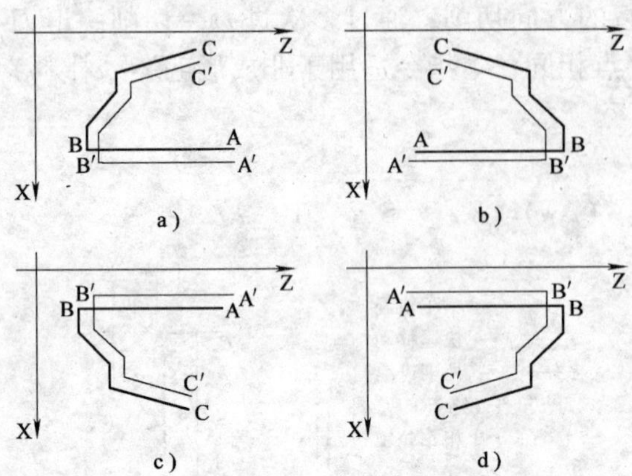

图 5-49　G72 指令运行轨迹的四种形状

a）Δu >0，Δw >0　b）Δu >0，Δw <0

c）Δu <0，Δw >0　d）Δu <0，Δw <0

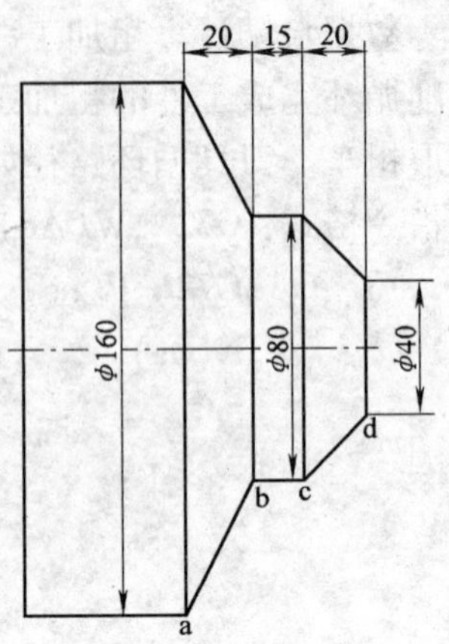

图 5-50　G72 指令编程实例

程序	说明
O0002;	
N010　G50　X220.0　Z50.0;	设定工件坐标系
N015　T0202;	换 2 号刀，执行 2 号刀具偏置
N017　M03　S200;	主轴正转，转速 200r/min
N020　G00　X176.0　Z10.0;	快速移动，接近工件
N030　G72　W1.0　R0.5;	进刀量 1mm，退刀量 0.5mm
N040　G72　P050　Q090　U1　W0.5 F100　S200;	对 a→d 粗车，X 留 1mm，Z 留 0.5mm 余量
N050　G00　Z-55.0　S200;	快速移动
N060　G01　X160.0　F120;	进刀至 a 点
N070　X80.0　W20.0;	加工 a→b
N080　W15.0;	加工 b→c
N090　X40.0　W20.0;	加工 c→d
N100　G0　X220.0　Z50.0;	快速退刀至安全位置
N105　T0303;	换 3 号刀，执行 3 号刀具偏置
N110　G70　P050　Q090;	精加工 a→d
N120　G0　X220.0　Z50.0;	快速返回起点
N130　M5　S0　T0200;	停主轴，换 2 号刀，取消刀补
N140　M30;	程序结束

3）封闭切削循环（G73）。封闭切削循环就是按照一定的切削形状逐渐地接近最终形状。这种方式对于铸造或锻造毛坯的切削是一种效率很高的方法。刀具循环路径如图 5-51 所示。

指令格式：G73　U(Δi)　W(Δk)　R(d)；

G73　P(ns)　Q(nf)　U(Δu)　W(Δw)　F__　S__　T__；

N(ns) ……;

………;

…F;

…S;

…T;

…

N(nf)……;

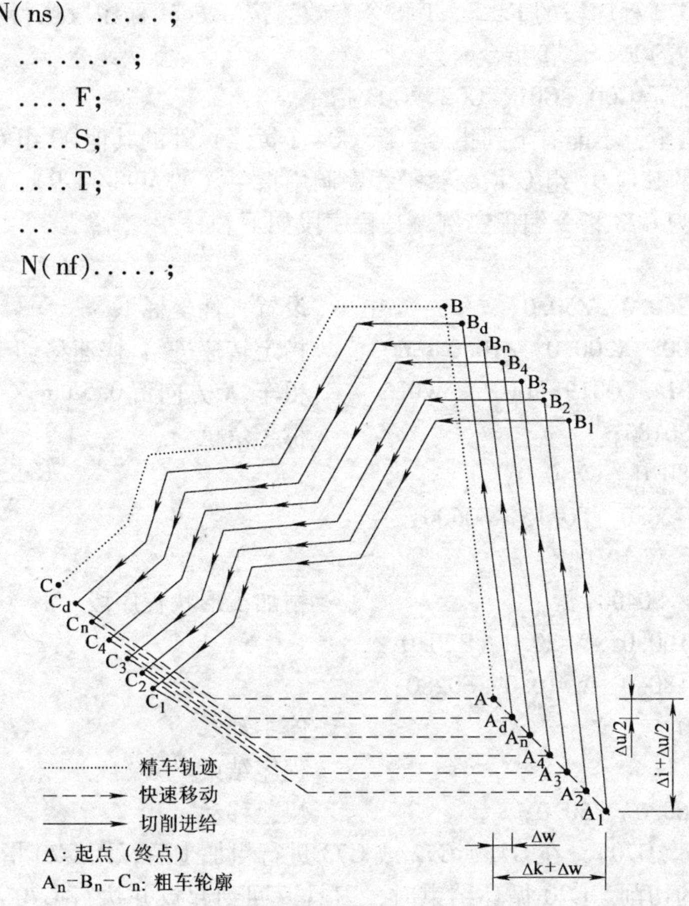

图 5-51　G73 指令刀具循环路径

说明：Δi：X 轴粗车退刀量，单位为 mm，半径值。

Δk：Z 轴粗车退刀量，单位为 mm。

d：切削的次数，单位为千次。

ns：精车轨迹的第一个程序段的程序段号。

nf：精车轨迹的最后一个程序段的程序段号。

Δu：X 轴的精加工余量，单位为 mm。

Δw：Z 轴的精加工余量，单位为 mm。

F：切削进给速度。

S：主轴转速。

T：刀具号、刀具偏置号。

注意：

①ns ~ nf 程序段必须紧跟在 G73 程序段后编写，系统不执行在 G73 程序段与 ns 程序段之间编写的程序段。

②执行 G73 时，ns ~ nf 程序段仅用于计算粗车轮廓，程序段并未被执行。ns ~ nf 程序段中的 F、S、T 指令在执行

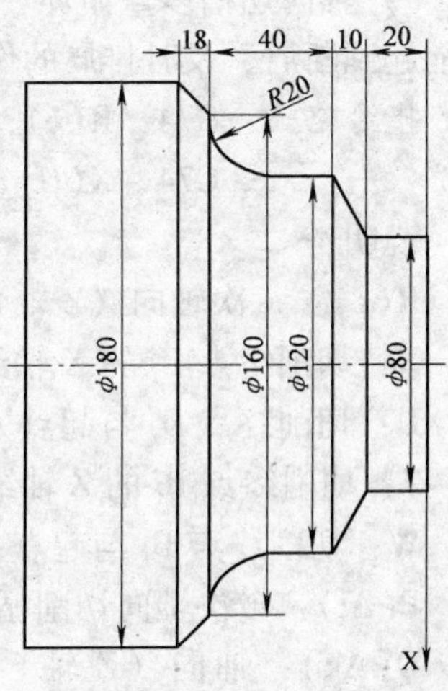

图 5-52　G73 指令编程实例

G73 时无效，此时 G73 程序段的 F、S、T 指令有效。按 ns ~ nf 程序段执行 G70 精加工循环时，ns ~ nf 程序段中的 F、S、T 指令有效。

③ns 程序段只能是 G00、G01、G02、G03 指令。

④ns ~ nf 程序段中，不能有下列指令：除 G04（暂停）外的其他 00 组 G 指令；除 G00，G01，G02，G03 外的其他 01 组 G 指令；子程序调用指令（如 M98/M99）。

如图 5-52 所示为 G73 指令编程实例，其程序段如下。

```
O0010;
N010  G50  X260.0  Z50.0;                        设置工件坐标系
N011  G99  G00  X200.0  Z10.0  M03;              指定转速进给,快速移动至起点,起动主轴
N013  G73  P014  Q019  U0.5  W0.5                粗车,X 方向留 0.5mm,Z 方向留 0.5mm
      F0.3  S0180;                               精车余量
N014  G00  X80.0  W-40.0;
N015  G01  W-20.0  F0.15  S0600;
N016  X120.0  W-10.0;
N017  W-20.0  S0400;                             精加工形状程序段
N018  G02  X160.0  W-20.0  R20.0;
N019  G01  X180.0  W-10.0  S0280;
N020  M05  S0;                                   停主轴
N022  M30;                                       程序结束
N021  G0  X260.0  Z50.0;                         快速移动
```

4）精加工循环（G70）。在 G71、G72 或 G73 进行粗加工后，用 G70 指令进行精车，单次完成精加工余量的切削。G70 循环结束时，刀具返回到起点并执行 G70 程序段后的下一个程序段。

指令格式：G70　P(ns)　Q(nf)；

说明：ns：精车轨迹的第一个程序段的程序段号。

　　nf：精车轨迹的最后一个程序段的程序段号。

5）轴向切槽多重循环（G74）。此指令用于工件端面加工环形槽或中心深孔，轴向断续切削起到断屑、及时排屑的作用。刀具循环路径如图 5-53 所示。

指令格式：G74　R(e)；

　　G74　X(U)__　Z(W)__　P(Δi)　Q(Δk)　R(d)；

说明：

R(e)：每次轴向（Z 轴）进刀后的轴向退刀量，单位为 mm，无符号。

X：切削终点 B_f 的 X 轴绝对坐标值，单位为 mm。

U：切削终点 B_f 与起点 A 的 X 轴绝对坐标的差值，单位为 mm。

Z：切削终点 B_f 的 Z 轴绝对坐标值，单位为 mm。

W：切削终点 B_f 与起点 A 的 Z 轴绝对坐标的差值，单位为 mm。

P(Δi)：单次轴向切削循环的径向（X 轴）切削量，单位为 0.001mm，半径值。

Q(Δk)：轴向（Z 轴）切削时，Z 轴断续进刀的进刀量，单位为 0.001mm，无符号。

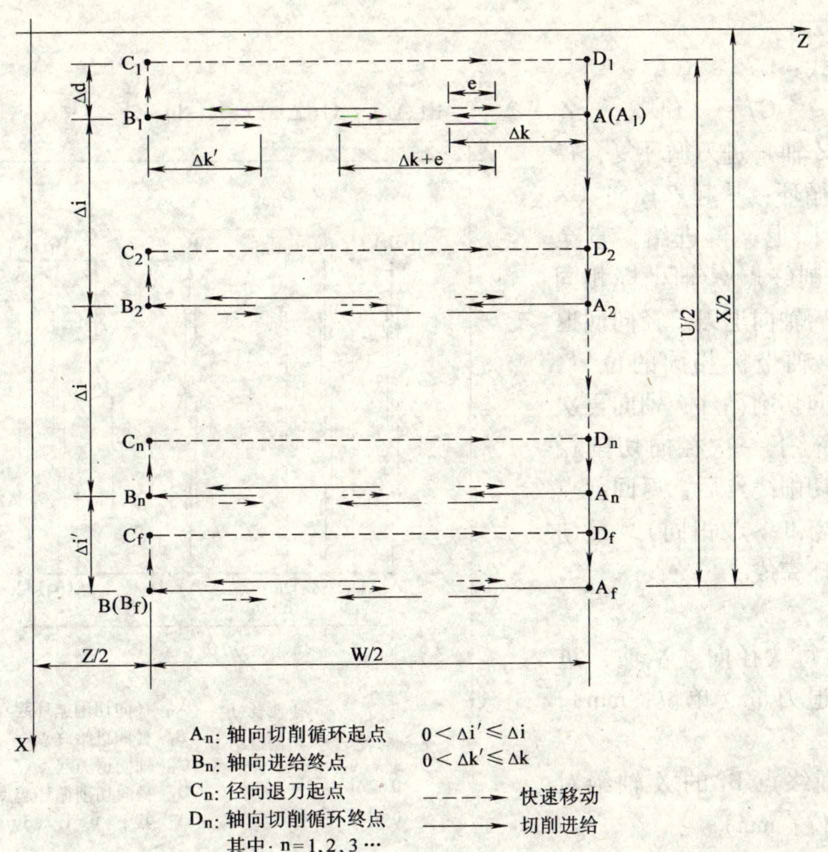

图 5-53　G74 指令刀具循环路径

R(Δd)：切削至轴向切削终点后，径向（X 轴）的退刀量，单位为 mm，半径值，无符号。

如图 5-54 所示为 G74 指令编程实例，其程序段如下。

```
O0001;                              程序名
G50   X100   Z50;                   快速移动
M3   S500;                          起动主轴,置转速 500r/min
G0   X40   Z5;                      定位到加工起点
G74   R0.5;                         加工循环
G74   X20   Z60   P500   Q500   F50;
G0   Z50;                           Z 向退刀
X100;                               X 向退刀
M5   S0;                            停主轴
M30;                                程序结束
```

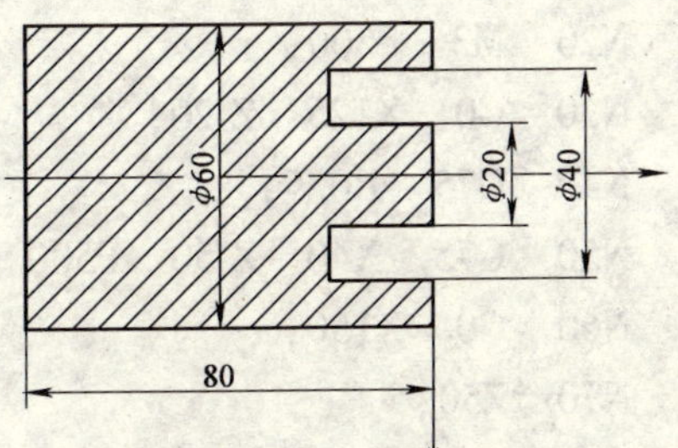

6）轴向切槽多重循环（G75）。在此循环中，可以进行端面切削的断屑处理，并且可以对外径进行沟槽加工和切断加工（省略 Z、W、Q）。刀具循环路径

φ60　φ20　φ40　80　X

图 5-54　G74 指令编程实例

如图 5-55 所示。

指令格式：G75　R(e)；

G75　X(U)__　Z(W)__　P(Δi)　Q(Δk)　R(d)　F__；

轴向（Z 轴）进刀循环复合径向断续切削循环：从起点径向（X 轴）进给、回退、再进给，直至切削到与切削终点 X 轴坐标相同的位置，然后轴向退刀、径向回退至与起点 X 轴坐标相同的位置，完成一次径向切削循环；轴向再次进刀后，进行下一次径向切削循环；切削到切削终点后，返回起点（G75 的起点和终点相同），径向切槽复合循环完成。

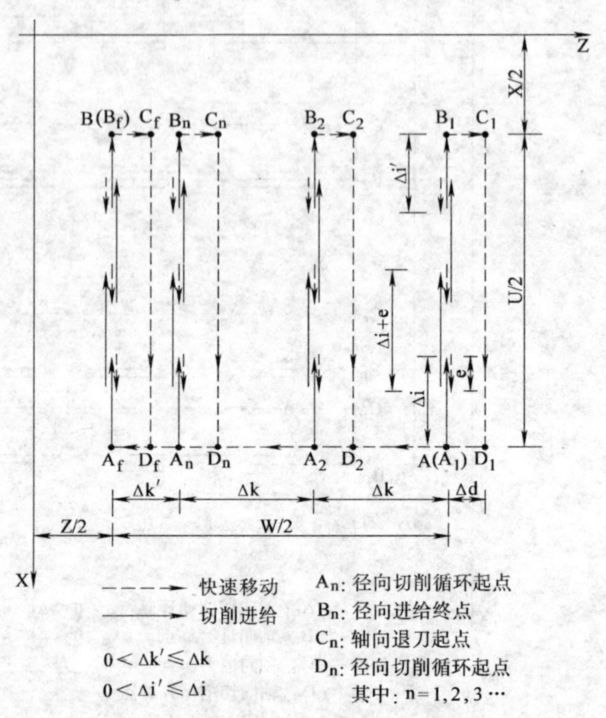

图 5-55　G75 指令刀具循环路径

说明：

R(e)：每次径向（X 轴）进刀后的径向退刀量（单位：mm），无符号。

X：切削终点 B_f 的 X 轴绝对坐标值（单位：mm）。

U：切削终点 B_f 与起点 A 的 X 轴绝对坐标的差值（单位：mm）。

Z：切削终点 B_f 的 Z 轴绝对坐标值（单位：mm）。

W：切削终点 B_f 与起点 A 的 Z 轴绝对坐标的差值（单位：mm）。

P(Δi)：单次轴向切削循环的径向（X 轴）切削量（单位：0.001mm，半径值）。

Q(Δk)：径向（Z 轴）切削时，Z 轴断续进刀的进刀量（单位：0.001mm），无符号。

R(Δd)：切削至轴向切削终点后，径向（Z 轴）的退刀量（单位：mm，半径值），无符号。

如图 5-56 所示为 G75 指令编程实例，其程序段如下：

```
O0001;                                  程序名
N10  G50  X150  Z50;                    快速移动
N20  M3  S500;                          起动主轴,转速 500r/min
N30  G0  X125  Z-20;                    定位到加工起点
N40  G75  R0.5;                         加工循环
N50  G75  X40  Z-50  P500  Q500  F50;
N60  G0  X150;                          X 向退刀
N70  Z50;                               Z 向退刀
N80  M5  S0;                            停主轴
N90  M30;                               程序结束
```

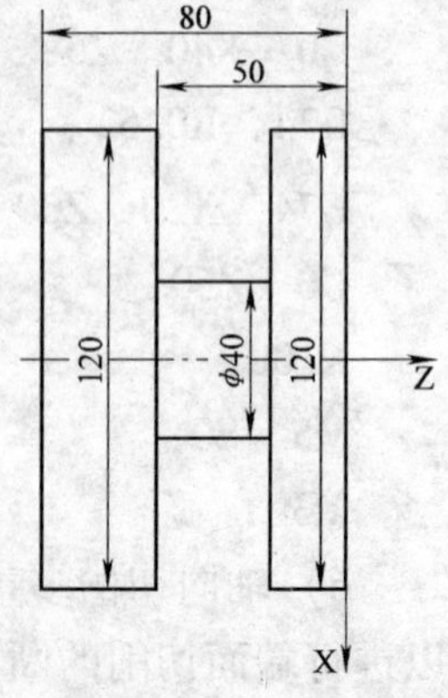

图 5-56　G75 指令编程实例

7）多重螺纹切削循环（G76）。该指令的功能是：通过多次螺纹粗车、螺纹精车完成规定牙高（总切深）的螺纹加工。如果定义的螺纹角度不为0°，螺纹粗车的切入点由螺纹牙顶逐步移至螺纹牙底，使得相邻两牙螺纹的夹角为规定的螺纹角度。G76 指令可加工带螺纹退尾的直螺纹和锥螺纹，可实现单侧切削刃螺纹切削，吃刀量逐渐减少，有利于保护刀具、提高螺纹精度。G76 指令不能加工端面螺纹。刀具循环路径如图 5-57 所示。

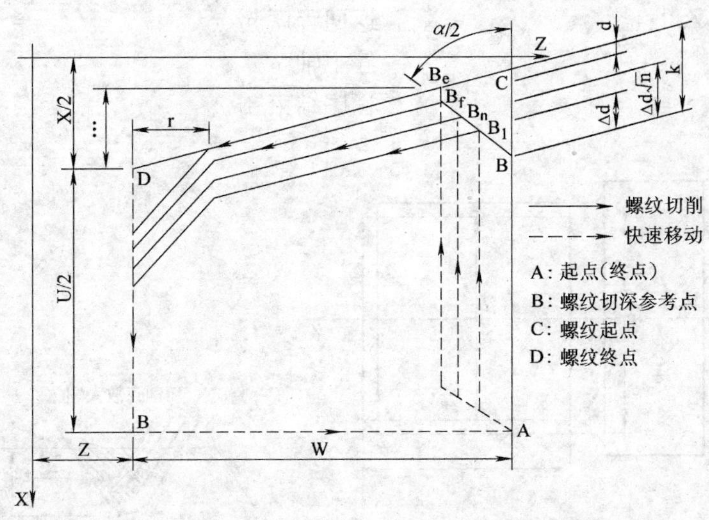

图 5-57 G76 指令刀具循环路径

指令格式：G76 P(m)(r)(a) Q(Δd_{min}) R(d)；

G76 X(U)__ Z(W)__ R(i) P(k) Q(Δd) F(I)__；

说明：

X：螺纹终点 X 轴绝对坐标值，单位为 mm。

U：螺纹终点与起点 X 轴绝对坐标的差值，单位为 mm。

Z：螺纹终点 Z 轴的绝对坐标值，单位为 mm。

W：螺纹终点与起点 Z 轴绝对坐标的差值，单位为 mm。

m：螺纹精车次数 00～99 次，必须输入两位数。

r：螺纹退尾宽度 00～99，单位为 0.1×L(L 为螺纹螺距)，必须输入两位数。

a：相邻两牙螺纹的夹角，取值：00、29、30、55、60、80，单位为度（°），必须输入两位数。

Δd_{min}：螺纹粗车时的最小切削量，单位为 μm，无符号，半径值。

d：螺纹精车的切削量。

i：螺纹锥度，螺纹起点与螺纹终点 X 轴绝对坐标的差值，单位为 mm，半径值。

k：螺纹牙高，螺纹总背吃刀量，单位为 0.001mm，半径值，无符号。

F：米制螺纹螺距，单位为 mm。

I：0.06～25400 牙/in，英制螺纹每英寸的螺纹牙数。

如图 5-58 所示为 G76 指令编程实例，其程序段如下。

```
O0002;
G50  X100  Z50;                     设置工件坐标系
M3  S300;                           起动主轴，指定转速
G00  X80  Z10;                      快速移动到加工起点
G76  P011060  Q100  R0.2;           进行螺纹切削
G76  X60.64  Z-62  P3680  Q1800  F6.0;
G00  X100  Z50;                     返回程序起点
M5  S0;                             停主轴
M30;                                程序结束
```

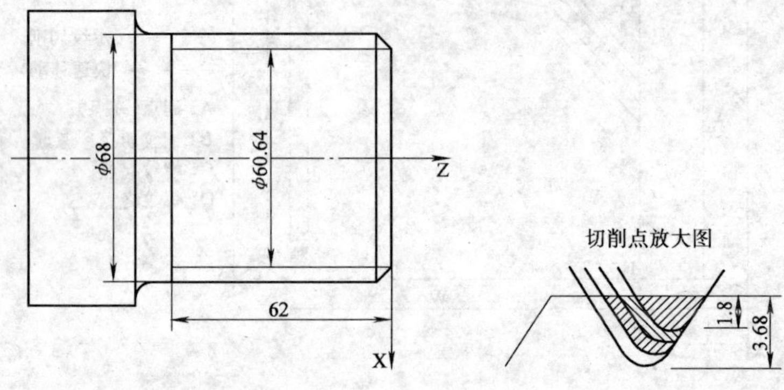

图 5-58 G76 指令编程实例

8）子程序（M98、M99）

①子程序调用（M98）。该指令用来调用事先存放在存储器当中的子程序，实现某一加工重复操作。子程序可以由主程序调用，并且已被调用的子程序还可调用其他的子程序。从主程序调用的子程序称为一重调用，GSK980T 系统可以调用二重子程序，如图 5-59 所示。

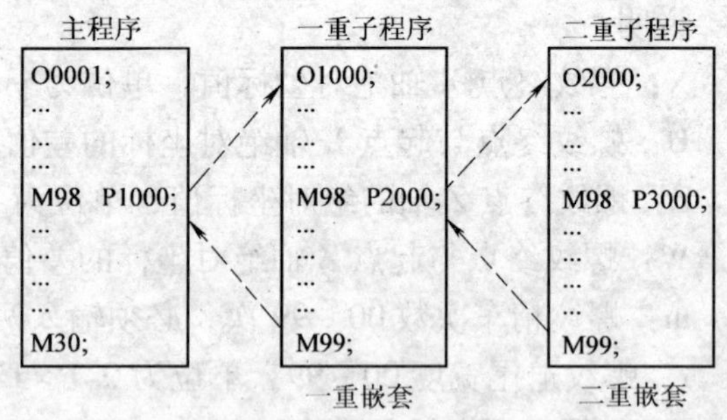

图 5-59 二重子程序嵌套

指令格式：M98 P×× □□□□；

说明：

×××：调用次数（1～99）。调用 1 次时，可不输入。

□□□□：被调用的子程序号（0000～9999）。当调用次数未输入时，子程序号的前导 0 可省略；当输入调用次数时，子程序号必须为 4 位数。

例如，M98 P51008 表示子程序号为 1008 的子程序连续被调用 5 次。

②从子程序返回（M99）。该指令功能是：（子程序中）当前程序段的其他指令执行完成后，返回主程序中由 P 指定的程序段继续执行；当未输入 P 时，返回主程序中调用当前子程序的 M98 指令的后一程序段继续执行。如果 M99 用于主程序结束（即当前程序不是由其他程序调用执行），当前程序反复执行。如图 5-60 和图 5-61 所示，图 5-60 表示调用子程

序（M99 中有 P 指令字）的执行路径；图 5-61 表示 M99 中无 P 指令字调用及返回执行路径。

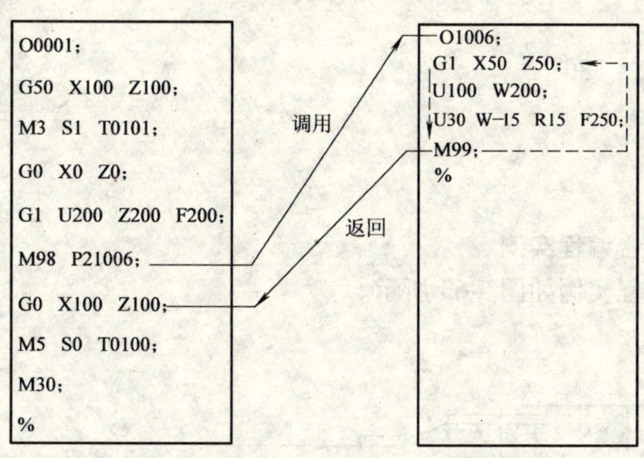

图 5-60　调用子程序的执行路径

指令格式：M99；或 M99 P□□□□；

如图 5-62 所示为子程序编程实例，其程序段如下：

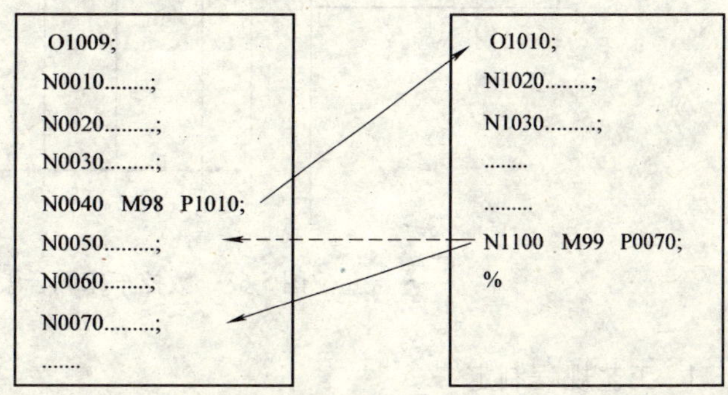

图 5-61　M99 中无 P 指令的调用及返回执行路径

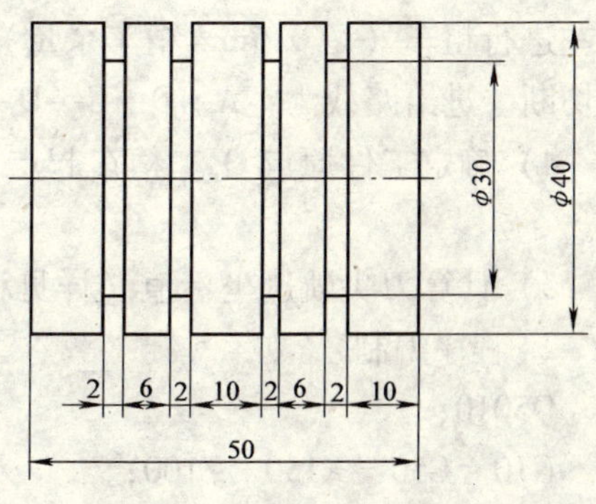

图 5-62　子程序编程实例

```
O1234；（主程序）
N10  G50  X100  Z100；
N20  M3  S800；
N30  G0  X35  Z0  T0101；
N40  G01  X0  F80；
N50  G00  Z2；
N60  X30；
N70  G01  Z-55；
N80  G00  X100  Z100；
T0100；
N90  S100  M03；
N100  G00  X32  Z0；
T0202；
N110  M98  P21112；
N120  G00  X50；
N130  T0200；
N140  G00  X100  Z100；
N150  M05；
N160  M30；
O1112；（子程序）
N10  G00  W-12；
```

N20 G01 U-12 F30;

N30 G04 X1;

N40 G00 U12;

N50 W-8;

N60 G01 U-12 F30;

N70 G04 X1;

N80 G00 U12;

N90 M99;

五、数控车床综合编程实例

数控车床综合编程实例如图 5-63 所示。

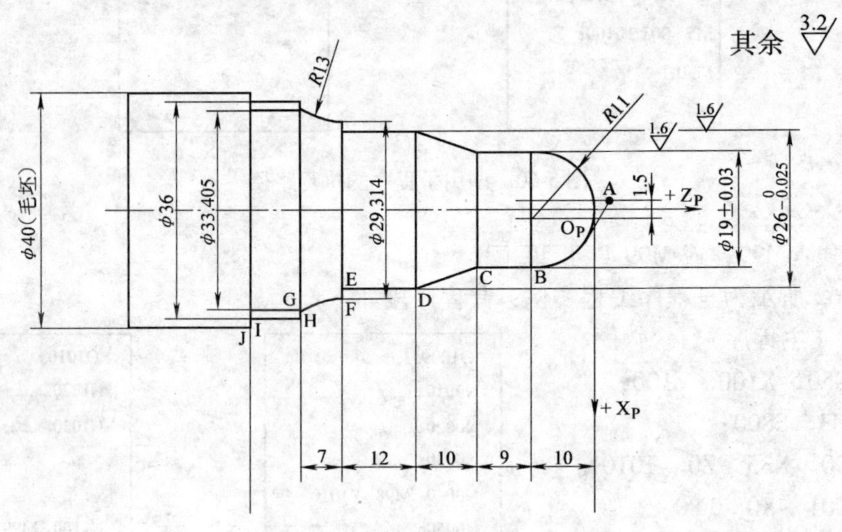

图 5-63 数控车床综合编程实例

1. 工艺规程制定

1）零件图工艺分析。该零件表面由圆柱、圆锥、顺圆弧、逆圆弧等表面组成，其中有的直径尺寸有较严格的精度要求，编程时取中间值。

2）确定刀具。T0101 外圆精车刀、T0202 外圆粗车刀、T0303 切断刀。

3）确定加工顺序及进给路线。加工顺序按由粗到精、由右到左的原则确定。即先从右到左进行粗车（留 0.5mm 精车余量），然后从右到左沿零件表面轮廓进行精车，最后将工件切断。进给路线为：A→B→C→D→E→F→G→H→I→J。

4）确定工件原点 O_P、精车起点 A 及加工起点的坐标值。工件原点 O_P 设在工件右端面处。

5）计算刀尖轨迹坐标值（详见程序）。

2. 程序编制

O5010;

N10 G50 X150 Z100; 设定工件坐标系

N20 S2 M3 T0202; 主轴以 560r/min 正转，调用 2 号刀

```
N30   G00   X40   Z3;                        快速接近工件
N40   G71   U1   R1;                         开始循环粗车外表面
N50   G71   P60   Q160   U0.5   W0   F100;
N60   G00   X0;
N70   G01   Z0   F50;
N80   X3;
N90   G03   X19   W-10   R11;
N100   G1   W-9;
N120   W-12;
N130   X29.314;
N140   G02   X33.405   W-7   R13;
N150   G01   X36;
N160   Z-70;                                 循环结束段
N170   G00   X150   Z100;                    退刀
N180   M5;
N190   M00;
N200   S1   M3   T0101;                      主轴以1120r/min正转，调用1号刀精车
N210   G00   X40   Z3;
N220   G70   P60   Q160;                     精车
N230   G00   X150   Z100;
N240   M5;
N250   M00;
N260   S1   M3   T0303;                      主轴以360r/min正转，调用3号刀切断
N270   G00   X45   Z-56;
N280   G01   X0   F20;
N290   G00   X150;
N300   Z100;
N310   T0100;                                调回1号刀，取消刀补
N320   M5;                                   主轴停
M330   M30;                                  程序结束
```

第九节　数控铣床的编程

一、准备功能

准备功能又称G功能或G指令、G代码。它是用来指令机床进行加工运动和插补方式的功能。

1. 绝对值与增量值编程

编程时作为指令轴移动量的方法，有绝对值指令和增量值指令两种。绝对值指令用G90指令，增量值指令用G91指令。这是一对模态指令，在同一程序段内只能用一种，不能混

用。

如图 5-64 所示，轴快速从始点移动到终点，用绝对值指令编程和增量值指令编程的情况如下。

1）绝对值指令 G90：G90　G00　X50.0　Y60.0；

2）增量值指令 G91：G91　G00　X-70.0　Y40.0；

用增量值指令编程，坐标值有正负值之分。终点坐标值大于始点坐标值为正值，终点坐标值小于始点坐标值为负值。

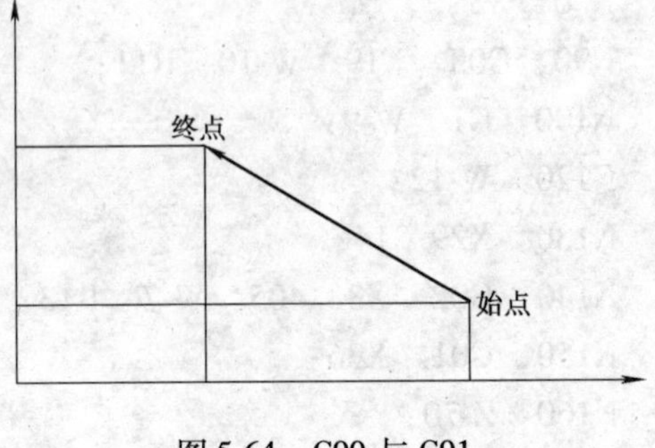

图 5-64　G90 与 G91

2. 米制与英制编程

编程时，如输入单位是米制，用 G21 指令；如输入单位是英制，用 G20 指令。下列各值的单位制根据米制、英制切换的 G 代码变化。

1）F 表示的进给速度指令值。

2）与位置有关的指令值。

3）偏移量。

4）手摇脉冲发生器 1 个刻度移动量。

5）参数的一部分数值。

米制、英制 G 代码的切换，要在程序开始设定工件坐标系之前用单独的程序段指令。电源接通时，G21、G20 与电源切断前相同。

3. 模态与非模态

准备功能 G 代码按其功能不同分为若干组。G 代码有两种：模态 G 代码和非模态 G 代码。00 组的 G 代码属于非模态 G 代码，亦称一次性 G 代码，只在被指令的程序段中有效，其余组的 G 代码属于模态 G 代码。

4. 小数点编程

一般的数控系统允许使用数值小数点输入，也可以不用。对于表示距离、时间和速度单位的指令值可以使用小数点。其基本含义与数控车床类似。

二、辅助功能

辅助功能代码用地址字 M 及两位数字表示，也称 M 功能或 M 指令。它用来指令数控机床辅助装置的接通和断开，如主轴的起停、切削液的开关等。常用的 M 指令功能如下。

1）程序暂停（M00）。当执行有 M00 指令的程序段后，不执行下段。相当于执行单程序段操作。当按下操作面板上的循环启动按钮后，程序继续执行。

该指令可应用于自动加工过程中，停车进行某些手动操作。例如，手动变速、换刀、关键尺寸的抽样检查等。

2）程序选择暂停（M01）。该指令的作用和 M00 相似，但它必须在预先按下操作面板上“选择停止”按钮的情况下，当执行有 M01 指令的程序段后，才会停止执行程序。如果不按下“选择停止”按钮，M01 指令无效，程序继续执行。

3）程序结束（M02）。该指令用于控制加工程序全部结束。执行该指令后，机床便停止自动运转，关闭切削液，机床复位。有的机床设定该功能可卷回纸带到程序的开始字符位置。

4）主轴正转（M03）。对于立式铣床，所谓正转设定为由 Z 轴正方向向负方向看去，主轴顺时针方向旋转。

5）主轴反转（M04）。主轴逆时针方向旋转。

6）主轴停止（M05）。

7）切削液开（M08）。

8）切削液关（M09）。

9）夹紧（M10）。

10）松开（M11）。

11）润滑开（M32）。

12）润滑关（M33）。

13）纸带结束（M30）。在完成程序段所有指令后，使主轴、进给和切削液都停止，机床及控制系统复位，纸带倒回到程序开始的字符位置。

14）调用子程序（M98）。

15）子程序结束并返回到主程序（M99）。

在一个程序段中只能指令一个 M 代码。如果在一个程序段中指令了两个或两个以上的 M 代码时，只有最后一个 M 代码有效，其余的 M 代码均无效。

移动指令和 M 指令在同一程序段中时，先执行 M 指令后执行移动指令，如图 5-65 所示。

其程序段为：N10　G91　G01　X50. 0　Y-50. 0　M03　S800；表示主轴正转指令开始执行，再执行 A 点移动指令。

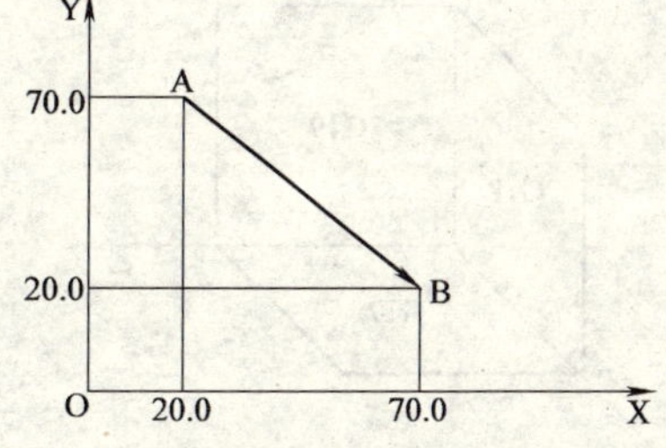

图 5-65　M 指令与移动指令

三、其他功能

1. 进给功能代码 F

（1）切削进给速度　在直线插补 G01 和圆弧插补 G02、G03 中用 F 代码及其后面数值来指令刀具的进给速度，单位为 mm/min（米制）或 in/min（英制）。例如，米制 F60. 0 表示进给速度为 60mm/min。

（2）快速进给　用点定位指令 G00 进行快速定位。快速进给的速度每个轴由参数来设定，所以在程序中不需要指定。

2. 主轴功能代码 S

表示主轴转速。用 S 代码及其后面数值来指令主轴转速，单位为 r/min。例如，S600 表示主轴转速为 600r/min。

3. 刀具功能代码 T

表示选刀功能。它用在加工中心中，在进行多道工序加工时，必须选取合适的刀具。每把刀具应安排一个刀号，刀号在程序中指定。刀具功能用 T 代码及其后面的两位数字来表示。例如，T06 表示选取第 6 号刀具。

4. 刀具补偿功能代码 H

表示刀具补偿号。它用 H 代码及其后面的两位数字表示。这两位数字为存放刀具补偿量的存储器地址字。例如，H01 表示刀具补偿量用第 1 号。

四、数控铣床的基本编程方法

1. 坐标系的设定

（1）坐标平面选择（G17、G18、G19） 坐标平面选择指令用于选择圆弧插补平面和刀具补偿平面。如图 5-66 所示，G17 选择 XOY 平面，G18 选择 XOZ 平面，G19 选择 YOZ 平面。

移动指令与平面选择无关。例如，G17 Z __，Z 轴不存在于 XOY 平面上，但这条指令可使机床在 Z 轴方向上产生移动。

该组指令为模态指令，在数控铣床上，数控系统初始状态一般默认为 G17 状态。若要在其他平面上加工则应使用坐标平面选择指令。

如图 5-67 所示中半径为 50mm 的球面，球心位于坐标原点 O。刀心轨迹 A→B→C→A 的圆弧插补程序如下。

```
N10  G17  G90  G03  X0  Y50.0  R50.0  F100;    在 XOY 平面 A→B
N20  G19  G03  Y0  Z50.0  R50.0;               在 YOZ 平面 B→C
N30  G18  X50.0  Z0  R50.0;                    在 XOZ 平面 C→A
```

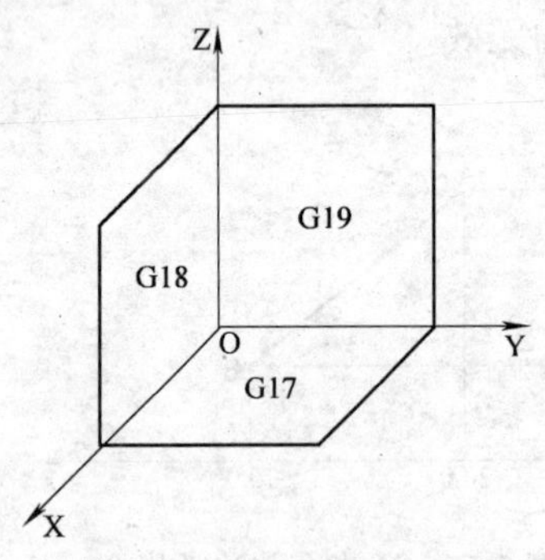

图 5-66 插补平面选择

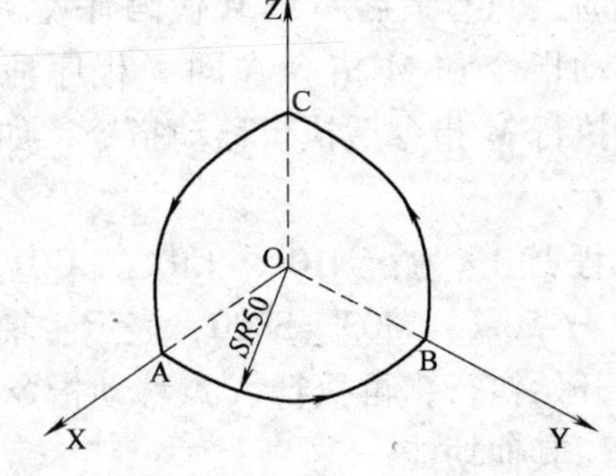

图 5-67 G17、G18、G19 的应用

（2）设定工件坐标系（G92） 该指令设定起刀点即程序开始运动的起点，从而建立工件坐标系。工件坐标系原点又称为程序零点，执行 G92 指令后，也就确定了起刀点与工件坐标系坐标原点的相对距离。

格式：G92 X __ Y __ Z __；

如图 5-68 所示工件的坐标系程序为：G92 X30.0 Y40.0 Z20.0；

说明：该指令只是设定坐标系，机床（刀具或工作台）并未产生任何运动。G92 指令执行前的刀具须放在程序所要求的位置上，如果刀具在不同的位置，所设定出的工件坐标系的坐标原点位置也会不同。

如图 5-69 所示，工件坐标系原点在 O_p，刀具起刀点在 A 点，则设定工件坐标系 $X_pO_pY_p$ 的程序段为：G92 X20.0 Y20.0；

当刀具起刀点在 B 点，要建立图 5-69 所示的工件坐标系时，则设定该工件坐标系的程序段为：G92 X10.0 Y10.0。这时，若仍用程序段 G92 X20.0 Y20.0 来设置坐标系，则所设定的工件坐标系为 $X_p'O_p'Y_p'$。由此，G92 设定工件坐标系时，所设定的工件原点与当前刀具所在位置有关。

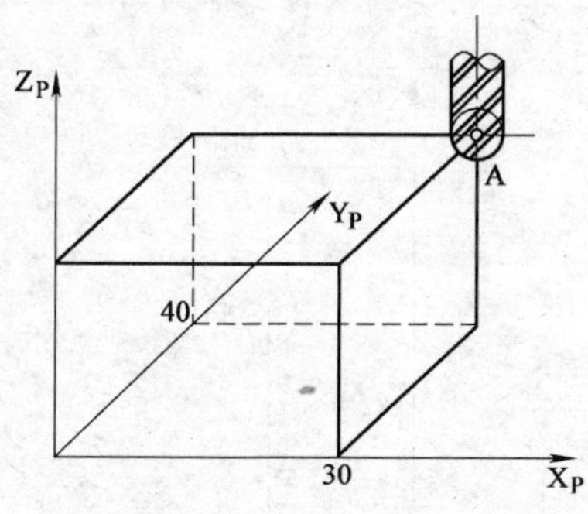

图 5-68　设定工件坐标系（一）

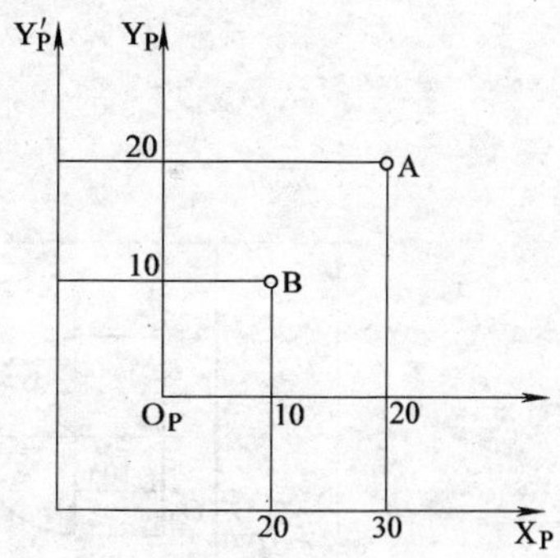

图 5-69　设定工件坐标系（二）

（3）选择工件加工坐标系（G54～G59）　若在工作台上同时加工多个相同零件或不同的零件，它们都有各自的尺寸基准。在编程过程中，有时为了避免尺寸换算，可以建立六个工件坐标系，其坐标原点设在便于编程的某一固定点上。当加工某个零件时，只要选择相应的工件坐标系编制加工程序即可。在机床坐标系中确定 6 个工件坐标系坐标原点的坐标值后，通过 CRT/MDI 方式输入设定。

格式：G54～G59；

如图 5-70 所示，建立原点在 O_p 的 G54 工件坐标系，原点 O_p 在机床坐标系中坐标为（X-60.0，Y-60.0，Z-10.0）。将其用 CRT/MDI 方式在设置 G54 中设定，刀具快速移动到图示位置则执行以下指令。

N10　G54；

N20　G90　G00　X0　Y0　Z20.0；

以上程序也可合并成一段，即 N10　G54　G90　G00　X0　Y0　Z20.0；

该程序执行后，所有坐标字指定的尺寸都是选定的工件坐标系中的位置。

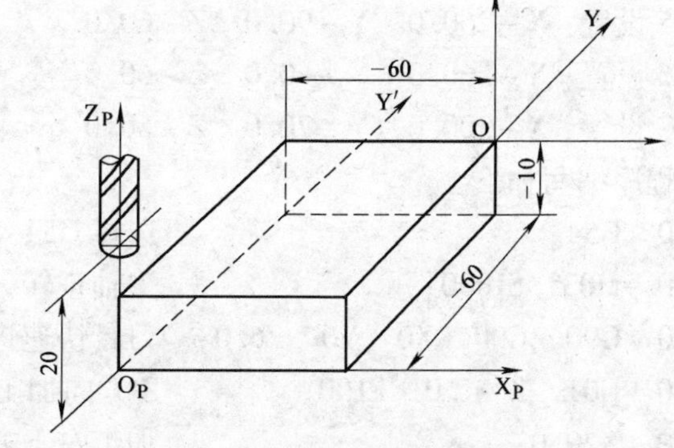

图 5-70　设定工件坐标系

G54～G59 指令是通过 CRT/MDI 在设置参数的方式下设定工件坐标系的。一经设定，工件坐标原点在机床坐标系中的位置就不改变。它与刀具的当前位置无关，除非更改。其在系统断电后并不破坏，再次开机回参考点后仍有效。

加工如图 5-71 所示的四个图形，用选择工件坐标系来编程。图形为铣刀进给走刀轨迹，切深为 -1mm。

G54～G57 工件加工坐标系的坐标原点分别设在 O_1、O_2、O_3、O_4。设起刀点与 O_1 点重合时，机床坐标系的坐标值分别为 X-300.0、Y-100.0、Z-60.0。机床坐标系的 G17 平面 XOY 如图 5-74 所示（图中 Z 轴略），G54～G57 设置如下。

G54 设置：X-300.0　Y-100.0　Z-60.0

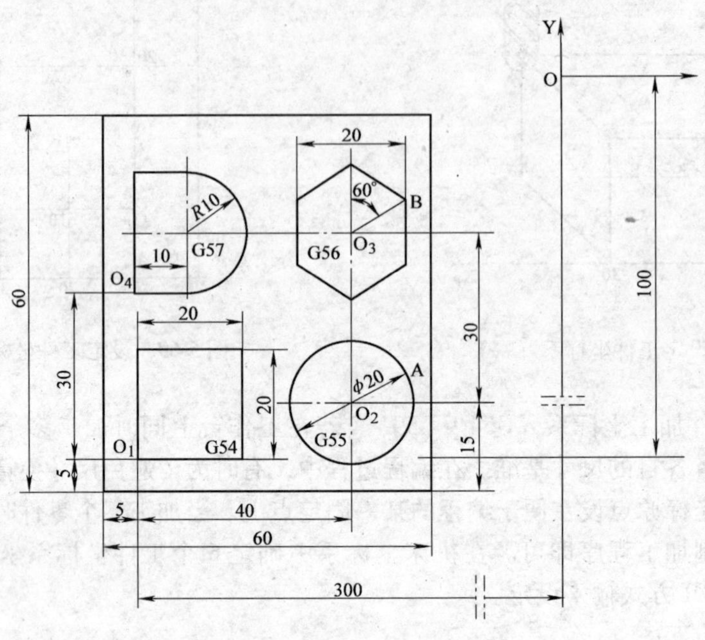

图 5-71 选择工件加工坐标系

G55 设置：X－260.0 Y－90.0 Z－60.0

G56 设置：X－260.0 Y－60.0 Z－60.0

G57 设置：X－300.0 Y－70.0 Z－60.0

其程序编写如下。

N10 G54； 选择 G54

N20 M03 S1000； 主轴正转，转速 1000r/min

N30 G90 G00 X0 Y0 Z6.0； 刀具快速进至 O_1 点上方 6mm 处

N40 G01 Z－1.0 F100； Z 方向加工进给，速度 100mm/min

N50 X20.0； 加工左下方图形

N60 Y20.0； 加工左下方图形

N70 X0； 加工左下方图形

N80 Y0； 加工左下方图形

N90 G00 Z6.0； Z 方向快退

N100 G55； 选择 G55

N110 G00 X0 Y0； 刀具快速进至 O_2 点上方 6mm 处

N120 X10.0： 快进至 A 点

N130 G01 Z－1.0 F100； Z 方向加工进给

N140 G02 I－10.0； 加工右下方图形

N150 G00 Z6.0； Z 方向快退

N160 G56； 选择 G56

```
N170  G00  X0  Y0;                 刀具快速进至 O3 点上方 6mm 处
N180  X10  Y5.77;                  快进至 B 点
N190  G01  Z-1.0  F100;            Z 方向加工进给
N200  X0  Y11.551;                 加工右上方图形
N210  X-10  Y5.77;                 加工右上方图形
N220  Y-5.77;                      加工右上方图形
N230  X0  Y-11.55;                 加工右上方图形
N240  X10.0  Y-5.77;               加工右上方图形
N250  Y5.77;                       加工右上方图形
N260  G00  Z6.0;                   Z 方向快退
N270  G57;                         选择 G57
N280  G00  X0  Y0;                 刀具快速进至 O4 点上方 6mm 处
N290  G01  Z-1.0  F100;            Z 方向加工进给
N300  X10.0;                       加工左上方图形
N310  G03  Y20  I0  J10.0;         加工左上方图形
N320  X0;                          加工左上方图形
N330  Y0;                          加工左上方图形
N340  G00  Z6.0;                   Z 方向快退
N350  M05;                         主轴停止
N360  M30;                         程序结束
```

2. 基本移动指令

（1）定位（G00）　格式：G00　X__　Y__　Z__;

定位 G00 指令为刀具相对于工件分别以各轴快速移动速度由始点快速移动到终点定位。当采用绝对值 G90 指令编程时，刀具分别以各轴快速移动速度移至工件坐标系中坐标值为 X、Y、Z 的定位点上。当采用增量值 G91 指令编程时，刀具则移至当前点至始点增量距离为 X、Y、Z 值的点上。G00 的运动速度、运动轨迹由系统决定。运动轨迹在一个坐标平面内先按比例沿 45°斜线移动，再移动剩下的一个坐标方向上的直线距离。如果是要求移动一个空间距离，则先同时移动三个坐标，即空间位置的移动一般是先走一段空间的直线，再走一条平面斜线，最后沿剩下的一个坐标方向移动达到终点。可见，G00 指令的运动轨迹一般不是一条直线，而是三条或两条直线段的组合。忽略这一点，就容易发生碰撞，相当危险。如图 5-72 所示，刀具的起始点位于工件坐标系的 A 点。当程序为：G90　G00　X45.0　Y25.0；或 G91　C00　X35.0　Y20.0；时，刀具的进给路线为一折线，即刀具从起始点 A 先沿斜线移动至 B 点，然后再沿 X 轴移动至终点 C。

（2）直线插补（G01）　格式：G01　X__　Y__　Z__　F__;

直线插补 G01 指令用于使刀具相对于工件以 F 指令进给速度，从当前点向终点进行直线移动。刀具沿 X、Y、Z 方向执行单轴移动，或在各坐标平面内执行任意斜率的直线移动，也可执行三轴联动，刀具沿指定空间直线移动。F 代码是进给速度指令代码，在没有新的 F 指令以前一直有效，不必在每个程序段中都写入 F 指令。

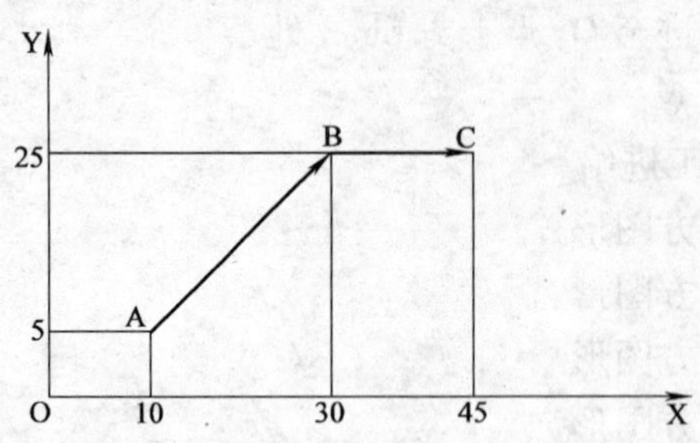

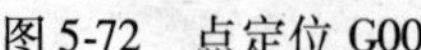
图 5-72 点定位 G00

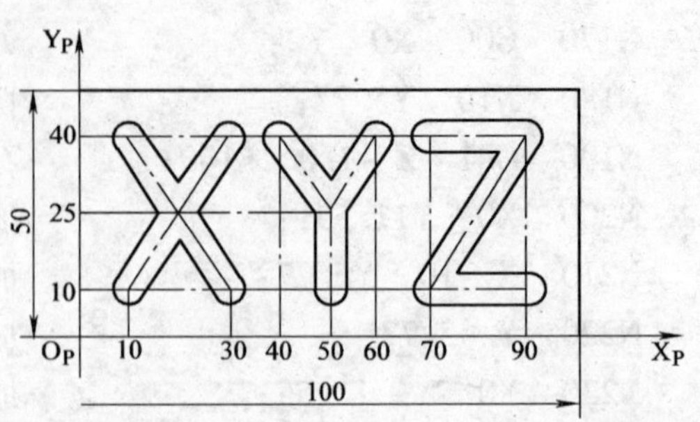

图 5-73 G00、G01 指令应用

加工如图 5-73 所示图形，用 $\phi6$ 铣刀铣出 X、Y、Z 三个字母（中心轨迹），深度为 1 mm，可以应用 G00、G01 指令编程。其程序如下。

绝对值编程：

```
N10   G54;
N20   M03   S1000;
N30   G90   G00   X0   Y0   Z6.0;
N40   X10.0   Y10.0;
N50   G01   Z-1.0   F100;
N60   X30.0   Y40.0;
N70   G00   Z6.0;
N80   X10.0;
N90   G01   Z-1.0   F100;
N100   X30.0   Y10.0;
N110   G00   Z6.0;
N120   X50.0;
N130   G01   Z-1.0   F100;
N140   Y25.0;
N150   X40.0  Y40.0;
N160   G00   Z6.0;
N170   X60.0;
N180   G01   Z-1.0   F100;
N190   X50.0   Y25.0;
N200   G00   Z6.0;
N210   X70.0   Y40.0;
N220   G01   Z-1.0   F100;
N230   X90.0;
N240   X70.0   Y10.0;
N250   X90.0;
N260   G00   Z6.0;
```

增量值编程：

```
N10   G54;
N20   M03   S1000;
N30   G90   G00   X0   Y0   Z6.0;
N40   G91   X10.0   Y10.0;
N50   G01   Z-7.0   F100;
N60   X20.0   Y30.0;
N70   G00   Z7.0;
N80   X-20.0;
N90   G01   Z-7.0   F100;
N100   X20.0   Y-30.0;
N110   G00   Z7.0;
N120   X20.0;
N130   G01   Z-7.0   F100;
N140   Y15.0;
N150   X-10.0   Y15.0;
N160   G00   Z7.0;
N170   X20.0;
N180   G01   Z-7.0   F100;
N190   X-10.0   Y-15.0;
N200   G00   Z7.0;
N210   X20.0   Y15.0;
N220   G01   Z-7.0   F100;
N230   X20.0;
N240   X-20.0   Y-30.0;
N250   X20.0;
N260   G00   Z7.0;
```

N270　M05；　　　　　　　　　　N270　M05；
N280　M30；　　　　　　　　　　N280　M30；

（3）圆弧插补（G02、G03）（G12、G13）　圆弧插补 G02 指令：刀具相对于工件在指定的坐标平面（G17、G18、G19）内，以 F 指令的进给速度从始点向终点进行顺时针圆弧插补。圆弧插补 G03 则是逆时针圆插补。

圆弧顺、逆时针方向的判断：沿着不在圆弧平面内的坐标轴由正方向向负方向看去，顺时针方向为 G02，逆时针方向为 G03，如图 5-74 所示。

格式（在 XOY 平面内，其他平面依次类推）：

$$G17\ \begin{Bmatrix} G02 \\ G03 \end{Bmatrix}\ X\_\_\ \ Y\_\_\ \begin{Bmatrix} I\_\_\ \ J\_\_ \\ R\_\_ \end{Bmatrix}\ F\_\_$$

式中 X、Y、Z 是圆弧终点坐标值，对应于 G90 指令用绝对值表示，对应于 G91 指令用增量值表示。增量值是从圆弧的始点到终点的距离值。

圆弧中心用地址 I、J、K 指定，如图 5-75 所示。它们是圆心相对于圆弧起点，分别在 X、Y、Z 轴方向的坐标增量，是带正负号的增量值。其中，圆心坐标值大于圆弧起点坐标值为正值，圆心坐标值小于圆弧起点坐标值为负值。

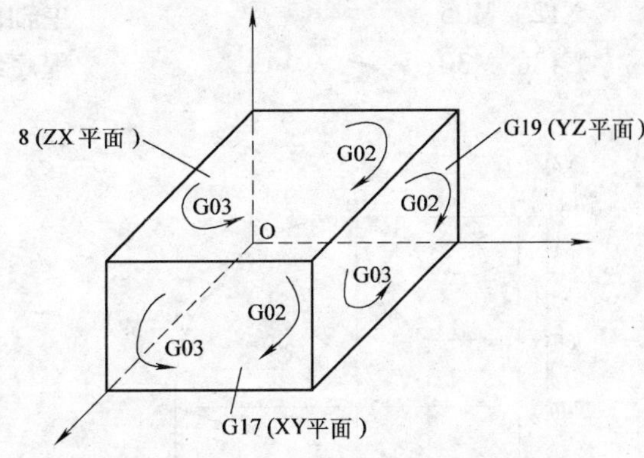

图 5-74　圆弧顺、逆时针方向的判断

圆弧中心也可用半径指定，在 G02（G12）、G03（G13）指令的程序段中，可直接指令圆弧半径，指令半径的尺寸字地址一般是 R(K)。在相同半径的条件下，从圆弧起点到终点有两个圆弧的可能性。即圆弧所对应的圆心角小于 180°，用 +R(+K)表示。圆弧所对应的圆心角大于 180°，用 −R(−K)表示。对于 180°的圆弧，正负号可正可负。

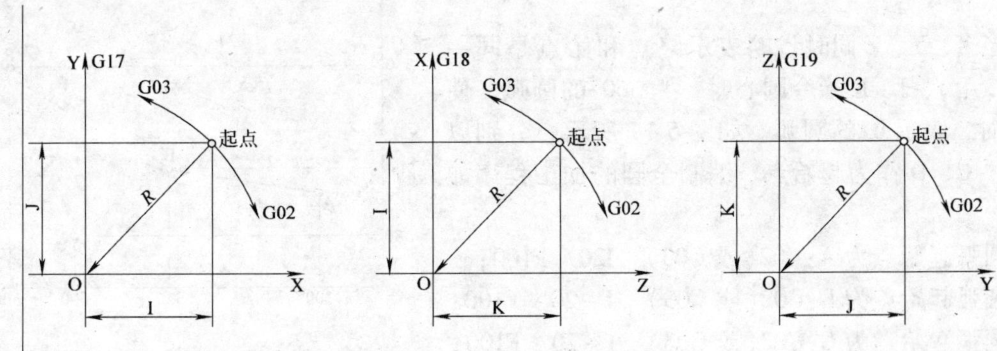

图 5-75　I、J、K 指定圆心

当 I、J、K 为零时可以省略；在同一程序段中，如 I、J、K 与 R 同时出现时，则 R 有效，I、J、K 无效。

编制如图 5-76 所示的圆弧轨迹程序，设 Z 向深 −1.0mm。用圆弧绝对方式编写的程序如下。

N10 G54;	工件坐标系零点为 O_p
N20 M03 S1000;	主轴正转
N30 G90 G00 Z10;	绝对编程，快速移动 Z 为 10mm 处
N40 X0 Y0;	点定位 O_p
N50 G00 X120 Y40;	点定位 O_p - A
N60 G01 Z-1 F100;	直线进给 Z 为 -1mm
N70 G03 X60 Y100 I-60;	圆弧插补 A→B
N80 G02 X40 Y60 I-50;	圆弧插补 B→C
N90 G01 Z3;	Z 向退出
N100 G00 Z10;	Z 向快速退回
N110 X0 Y0;	移至工件坐标原点
N120 M05;	主轴停转
N130 M30;	程序结束

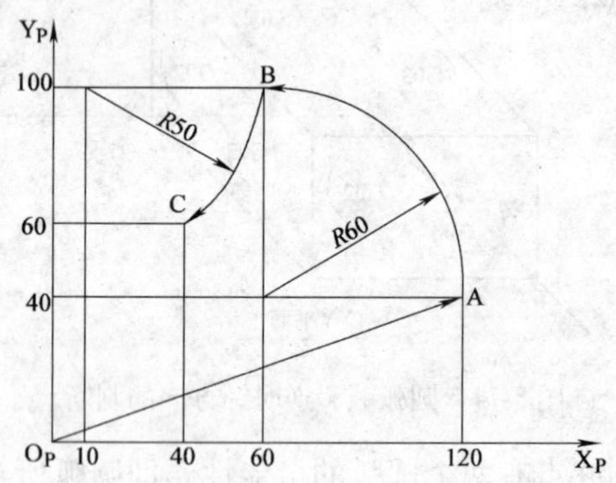

图 5-76　圆弧插补

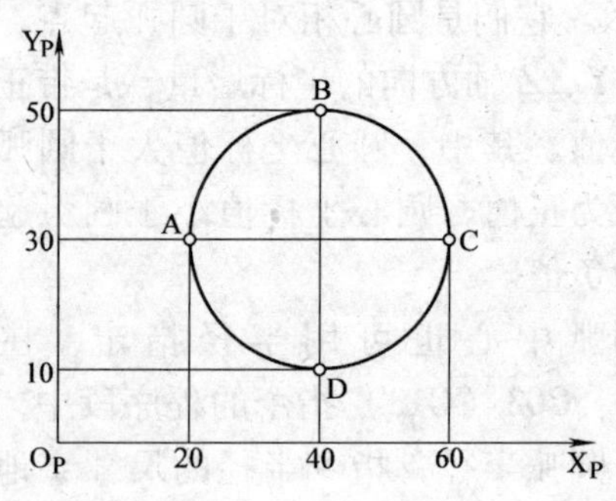

图 5-77　全圆编程举例

当 X、Y、Z 同时省略表示终点和始点是同一位置，用 I、J、K 指令圆心时，为 360°的圆弧。使用 R 时，表示 0°的圆弧。如图 5-77 所示，分别以 A、B、C、D 作为起始点，编制全圆的加工程序如下。

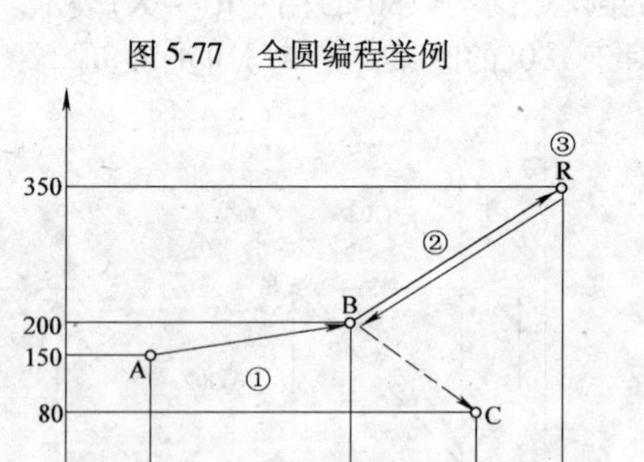

图 7-78　G28 指令应用

圆弧起始点为 A：G02（或 G03）　I20　F100；

圆弧起始点为 B：G02（或 G03）　J-20　F100；

圆弧起始点为 C：G02（或 G03）　I-20　F100；

圆弧起始点为 D：G02（或 G03）　J20　F100；

3. 参考点

（1）返回参考点（G28）　格式：G28　X__　Y__　Z__；

执行 G28 指令，使各轴快速移动到设定的坐标值为 X、Y、Z 中间点位置，返回考点定位。指令轴的中间点坐标值可用绝对值指令或增量值指令。

如图 5-78 所示，用绝对方式编程为：G90 G28 X350 Y200；用增量方式编程为：G91 G28 X250 Y50；

G28 程序段的动作顺序如下。

1）快速从当前位置定位到指令轴的中间点位置（A 点→B 点）。

2）快速从中间点定位到参考点（B 点→R 点）。

3）若机床处于非锁住状态，返回参考点完毕时回零指示灯亮。

这个指令一般在自动换刀时使用。所以使用这个指令时，原则上要取消刀具半径补偿和刀具长度补偿。

（2）参考点返回（G29） 格式：G29 X__ Y__ Z__；

执行 G29 指令，首先使各轴快速移动到 G28 所设定的中间点位置，然后再移动到 G29 所设定的坐标值为 X、Y、Z 的返回点位置上定位。用增量值指令时，其值为对中间点的增量值。

通常 G28 和 G29 指令应配合使用，使机床换刀直接返回到加工点 C，而不必计算中间点 B 与参考点 R 之间的实际距离。

4. 固定循环指令

固定循环通常是用含有 G 功能的一个程序段完成用多个程序段指令才能完成的加工动作，使程序得以简化。

（1）固定循环的动作循环顺序 如图 5-79 所示，固定循环常由以下六个动作顺序组成。

①X 轴、Y 轴定位，起刀点 A→初始点 B。

②快速进给到 R 点。

③孔加工（钻孔或镗孔等）。

④孔底的动作（暂停、主轴停等）。

⑤退回到 R 点。

⑥快速运行到初始点位置。

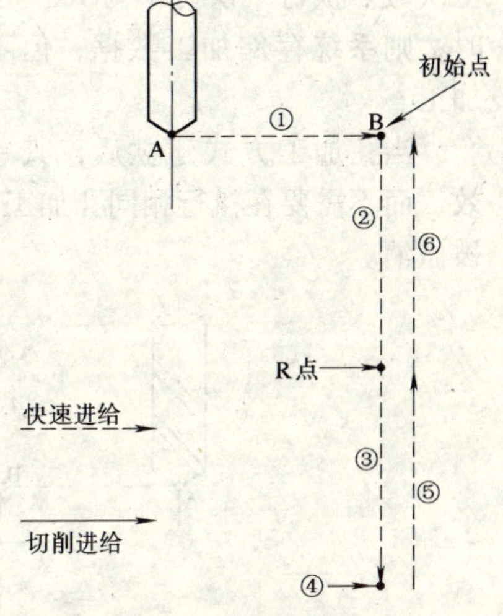

图 5-79 固定循环动作

初始点平面是表示从取消固定循环状态到开始固定循环状态的孔加工轴方向的绝对值坐标位置。

（2）固定循环编程格式

1）编程格式：$\begin{Bmatrix}G90\\G91\end{Bmatrix}$ $\begin{Bmatrix}G99\\G98\end{Bmatrix}$ G__ X__ Y__ Z__ R__ Q__ P__ F__ K__；

2）说明：

G99、G98：返回点平面。在返回动作中，G99 指令返回到 R 点平面，G98 指令返回到初始点平面（见图 5-80）。通常，最初的孔加工用 G99，最后加工用 G98，这样可减少辅助时间。用 G99 状态加工孔时，初始点平面也不变化。

G：孔加工方式。例如，G81 为定点钻孔循环；G83 为深孔钻削循环。

X、Y：孔位置坐标。用绝对值或增量值指定孔的位置，刀具以快速进给方式到达（X，Y）点。

Z：孔加工轴方向切削进给最终位置坐标值。在采用绝对值方式时，Z值为孔底坐标值；采用增量值方式时，Z值规定为R点平面到孔底的增量距离。

R：在绝对方式G90时，为R点平面的绝对坐标；在增量方式G91时，为初始点到R点平面的增量距离，如图5-81所示。

Q：在用于深孔钻削加工G83方式中，被规定为背吃刀量。它始终是一个增量值。

P：规定在孔底的暂停时间，用整数表示，以ms为单位。

F：进给速度，以mm/min为单位。

K：用K值规定固定循环重复加工次数。执行一次可不写K，当K=0时，则系统存储加工数据，但不执行加工。

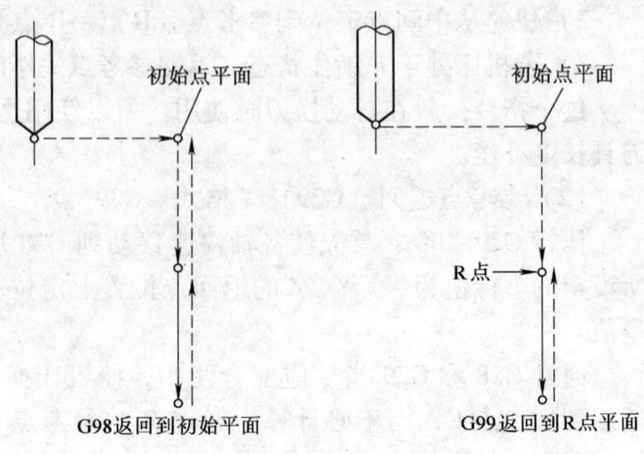

图5-80 初始点平面和R点平面

当孔加工方式建立后，其一直有效，而不需要在执行相同孔加工方式的每一个程序段中指定，直到被新的孔加工方式更新或被撤消。

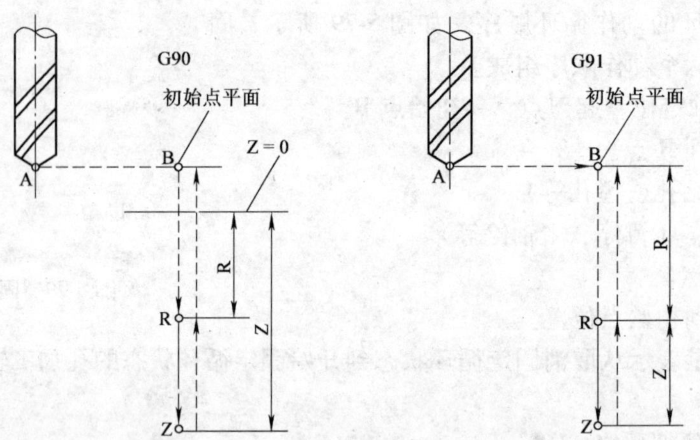

图5-81 Z轴的绝对值指令和增量值指令

上述孔加工数据不一定全部都写，根据需要可省去若干地址和数据。

这里的固定循环指令是模态指令，一旦指令，就一直保持有效，直到用G80取消指令为止。此外，G00、G01、G02、G03，也起取消固定循环指令的作用。

在固定循环方式中，如果指令了刀具长度补偿（G43、G44、G49）则R点在平面定位时进行偏移。

（3）两种孔加工循环的说明

1）定点钻孔循环（G81）。定点钻孔循环是一种常用的钻孔加工方式。用定点钻孔加工指令G81，编程加工图5-82所示零件上的3个直径为ϕ5mm的孔，钻削孔深为8mm。

先设主轴转速为1000r/min，进给速度为1000mm/min，确定起刀点平面为初始点平面，其坐标值 Z = 15mm，定 R 点平面坐标值为 3mm，用绝对方式编写零件加工程序如下。

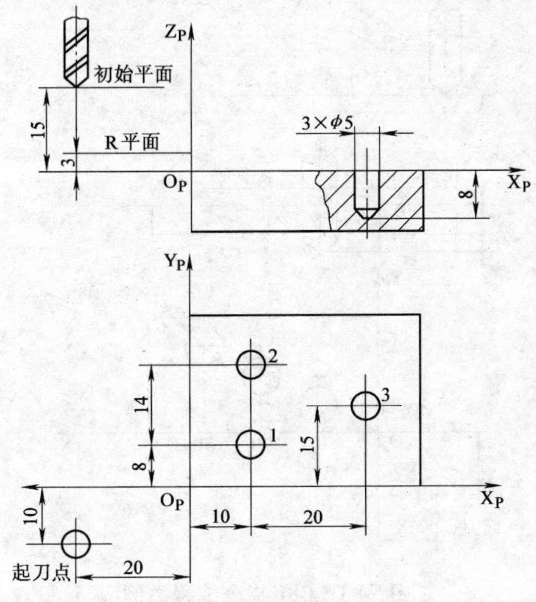

图 5-82 点钻编程举例

N10 G92 X－20 Y10 Z15； 设定工件坐标系
N20 M03 S1000； 主轴正转
N30 G90 G81 G99 X10 Y8 Z－8 R3 F80；钻 1 号孔，返回到 R 平面
N40 Y22； 钻 2 号孔，返回到 R 平面
N50 G98 X30 Y15； 钻 3 号孔，返回到初始平面
N60 G00 X－20 Y－10； 回起刀点
N70 M05； 主轴停
N80 M30； 程序结束

加工如图 5-83 所示零件，三个孔在 X 向等距，在 Y 向也等距离分布。用 G81 指令编程如下。

N10 G92 X－10 Y－10 Z20； 设定工件坐标系
N20 M03 S1000； 主轴正转
N30 G90 G00 X0 Y0； 刀具移至 Q_p 点上方
N40 G91 G81 G99 X10 Y5 Z－11 R17 K3； 刀具加工 3 个孔，每次返回 R 平面
N50 G90 G00 Z20； 返回到初始平面
N60 X－10 Y－10； 回起刀点
N70 M05； 主轴停
N80 M30； 程序结束

2）深孔钻削循环（G83）。深孔钻削循环指令 G83 如图 5-84 所示。其中有一个加工数据 Q，即为每次切削深孔时，须间断进给，有利于断屑、排屑。当钻削深度到 Q 时，退回到 R 点平面，当第二次以后切入时，先快速进给到距刚加工完的位置 d 处，然后变为切削进给。钻削到要求孔深度的最后一次进刀若干个 Q 之后的剩余量，要小于或等于 Q。Q 用增量

值指令必须是正值，即使指令了负值，符号也无效。d 用系统参数设定，不必单独指令。

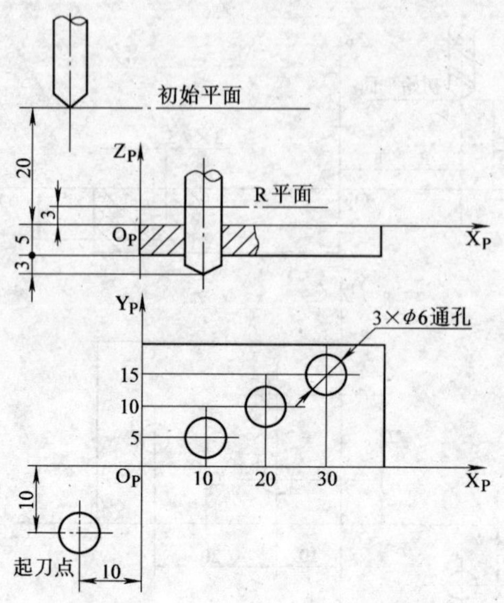

图 5-83 G81 指令编程举例

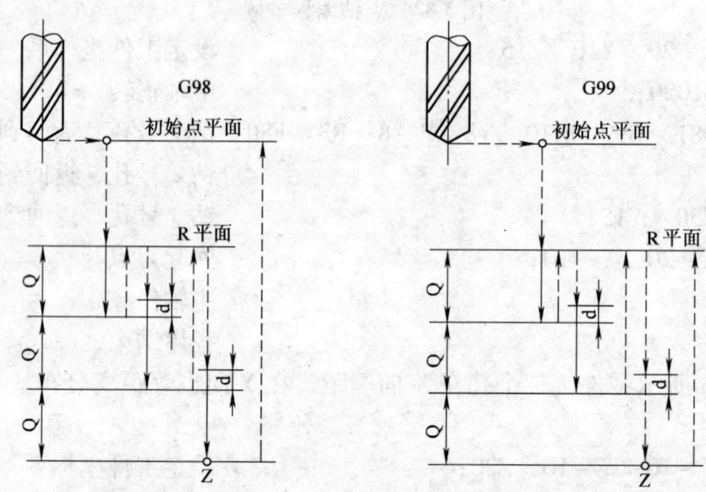

图 5-84 深孔钻削循环

加工如图 5-85 所示零件图，钻削两个 φ5mm 的深孔，用深孔钻削循环指令 G83 编程。

设定 Q = 15mm，R 点的 Z 向绝对坐标值为 2mm，d 由系统参数设定为 2mm，则程序如下。

N10 G54;	设定工件坐标系
N20 M03 S1000;	主轴正转
N30 G90 G83 G99 X10 Y7.5 Z-60 R2 Q15 F80;	钻左边孔，间断钻削，每次返回 R 平面
N40 X25;	钻右边孔，间断钻削，每次返回 R 平面
N50 G00 Z15;	返回初始平面

N60　X0　Y0；　　　　　　　　　　　　　　返回工件原点

N70　M05；　　　　　　　　　　　　　　　主轴停

N80　M03；　　　　　　　　　　　　　　　程序结束

5. 子程序

（1）调用子程序（M98）　格式：M98　P××××　××××；

其中，调用地址P后跟8位数字，前四位为调用次数；后四位为子程序号。例如，M98 P60001表示调用1号子程序6次。当调用次数为1次时，可省略调用次数。次数的前导0可省略。

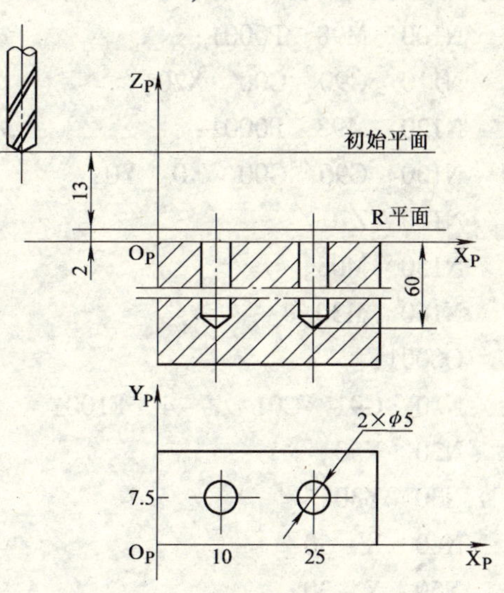

图5-85　G83指令编程举例

（2）子程序的格式（M99）　其格式如下：

O××××；

…；

M99；

其中，O后跟四位数字为子程序号。M99指令表示子程序结束，并返回主程序M98　P__的下一程序段，继续执行主程序。

如图5-86所示零件，加工4个尺寸相同的长方形槽，槽深2mm，槽宽10mm，未注圆角$R5$，铣刀直径ϕ10mm，对其用子程序编程如下。

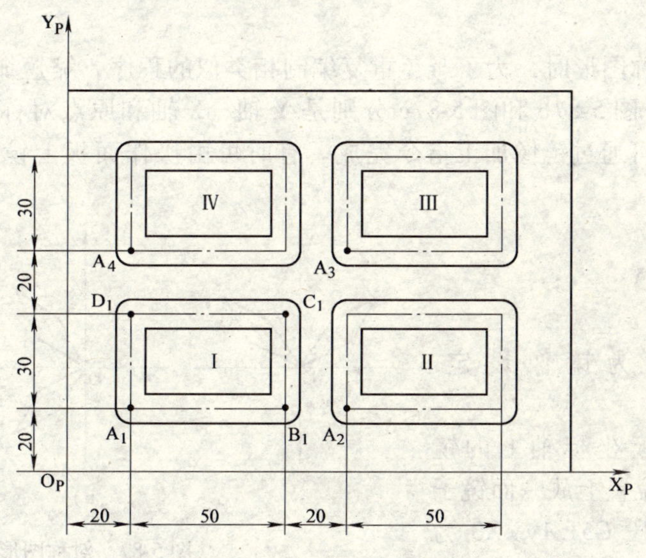

图5-86　子程序编程举例

O1100；　　　　　　　　　　　　　　　　主程序名

N10　G54；　　　　　　　　　　　　　　设定工件坐标系

N20　M03　S1000；

N30　G90　G00　Z10；

N40　G00　X20　Y20；

N50 G00 Z2;	快速移动到 A_1 点上方 2mm 处
N60 M98 P0001;	调用 1 号子程序，完成槽Ⅰ的加工
N70 G90 G00 X90;	快速移动到 A_2 点上方 2mm 处
N80 M98 P0001;	调用 1 号子程序，完成槽Ⅱ的加工
N90 G90 G00 Y70;	快速移动到 A_3 点上方 2mm 处
N100 M98 P0001;	调用 1 号子程序，完成槽Ⅲ的加工
N110 G90 G00 X20;	快速移动到 A_4 点上方 2mm 处
N120 M98 P0001;	调用 1 号子程序，完成槽Ⅳ的加工
N130 G90 G00 X0 Y0;	回到工件原点
N140 Z10;	
N150 M05;	主轴停
N160 M30;	程序结束
O0001;	子程序名
N10 G91 G01 Z-4 F100;	刀具 Z 向攻进 4mm（背吃刀量 2mm）
N20 X50;	$A_1 \rightarrow B_1$
N30 Y30;	$B_1 \rightarrow C_1$
N40 X-50;	$C_1 \rightarrow D_1$
N50 Y-30;	$D_1 \rightarrow A_1$
N60 G00 Z4;	Z 向快退 4mm
N70 M99;	子程序结束

6. 镜像功能

当加工某些对称图形时，为了避免重复编制相类似的程序，缩短加工程序，可采用镜像功能。图 5-87a、图 5-87b 和图 5-87c 分别是 Y 轴、X 轴和原点对称图形，编程轨迹一半为图形，另一半可通过镜像加工指令完成。有时可由操作面板上镜像开关来设定镜像功能。

编程格式：

G51.1 X__ Y__ ;

G50.1 X__ Y__ ;

其中，G51.1 为镜像设定，G50.1 为镜像取消。

X、Y、Z：所示坐标轴上的镜像，如同在坐标轴位置上放一面镜子一样。例如，程序段 G51.1 X0 为程序对于 X 坐标轴的值对称，其对称轴为 X=0 的直线，即 Y 轴。

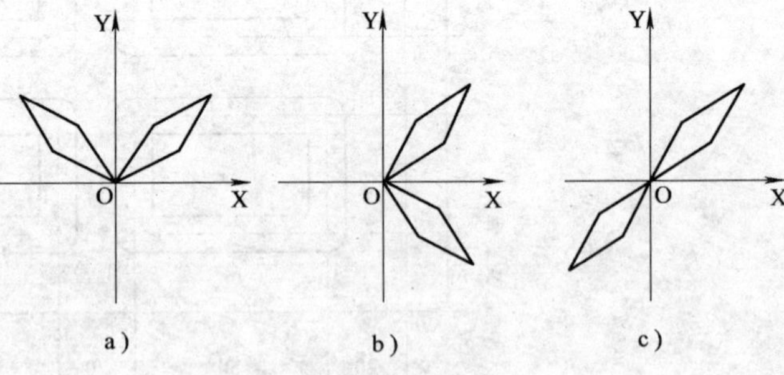

图 5-87 对称图形

a）Y 轴对称 b）X 轴对称 c）原点对称

用镜像功能指令加工如图 5-88 所示对称图形，刀具用 ϕ2mm 的中心钻，背吃刀量 1mm。计算 A、B 两点坐标：A 点：X=30，Y=30-18=12；B 点：X=30-18=12，Y30。程序如下。

```
O1000;                          主程序名
N10  G54;                       设定工件坐标系
N20  M03  S1000;                主轴正转
N30  G90  G00  Z10;
N40  X0  Y0;
N50  Z2;
N60  G01  Z-1  F100;            Z 向切削进给
N70  M98  P6000;                调用子程序
N80  G51.1  X0;                 镜像加工图形Ⅱ
N90  M98  P600;                 调用子程序
N100  G51.1  Y0;                镜像加工图形Ⅲ
N110  M98  P600;                调用子程序
N120  G50.1  X0;                镜像加工只取消 X 轴
N130  M98  P6000;               调用子程序
N140  G50.1  X0;                镜像加工取消 Y 轴
N150  G01  Z3;
N160  G00  Z10;                 Z 向快退
N170  M05;                      主轴停止
N180  M30;                      程度结束
O6000                           子程序名
N10  G01  X30  Y12  F100        OP→A
N20  G03  X12  Y30  R18         A→B
N30  G01  X0  Y0]               B→OP
N40  M99
```

7. 刀具补偿

(1) 刀具长度补偿（G43、G44、G49）

1）长度补偿的目的。刀具长度补偿功能用于在Z轴方向的刀具补偿，它可使刀具在Z轴方向的实际位移量大于或小于编程给定位移量。有了刀具长度补偿功能，当加工中刀具因磨损、重磨、换新刀而使长度发生变化时，可不必修改程序中的坐标值，只要修改存放在寄存器中刀具长度补偿值即可。

其次，若加工一个零件需要用几把刀，且各刀的长度不同，编程时不必考虑刀具长短对坐标值的影响，只要把其中一把刀设为标准刀，对其余各刀相对标准刀设置长度补偿值即可。

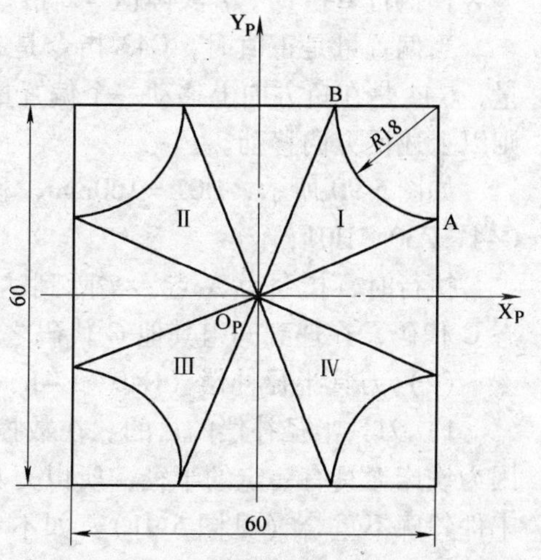

图 5-88　镜像编程举例

2）长度补偿的格式。其格式如下：

G01/G00　G43　Z＿　H＿　;

G01/G00　G44　Z＿　H＿　;

…

…

G01/G00 G49；

说明：

G43：刀具长度正补偿。

G44：刀具长度负补偿。

G49：取消刀具长度补偿。

Z：程序中的指令值。

H：偏置号，后面一般用两位数字表示代号。H 代码中放入刀具的长度补偿值作为偏置量。这个号码与刀具半径补偿共用。

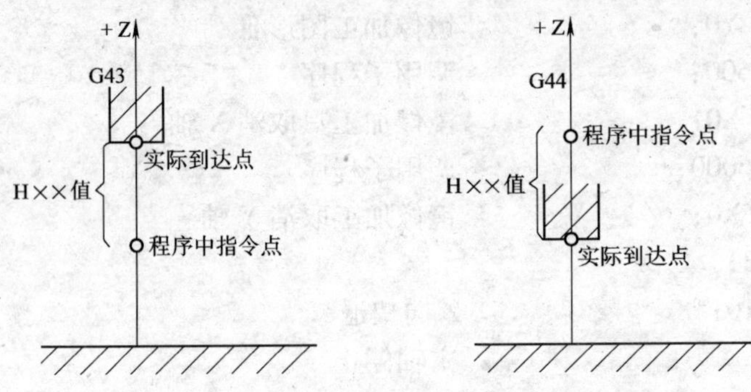

图 5-89 刀具长度补偿

3）长度补偿的作用。无论是采用绝对方式还是增量方式编程，对于存放在 H 中的数值，在 G43 时是加到 Z 轴坐标值中，在 G44 时是从原 Z 轴坐标中减去，从而形成新的 Z 轴坐标。

如图 5-89 所示，执行 G43 时，Z 实际值 = Z 指令值 + H××；执行 G44 时，Z 实际值 = Z 指令值 - H××。

当偏置量是正值时，G43 指令是在正方向移动一个偏置量，G44 是在负方向上移动一个偏置量；当偏置量是负值时，则以上述反方向移动。

如图 5-90 所示，H01 = 160mm，程序段为：G90 G00 G44 Z30 H01；

执行时，指令为 A 点，实际到达 B 点。G43、G44 是模态 G 代码，在遇到同组其他 G 代码之前均有效。

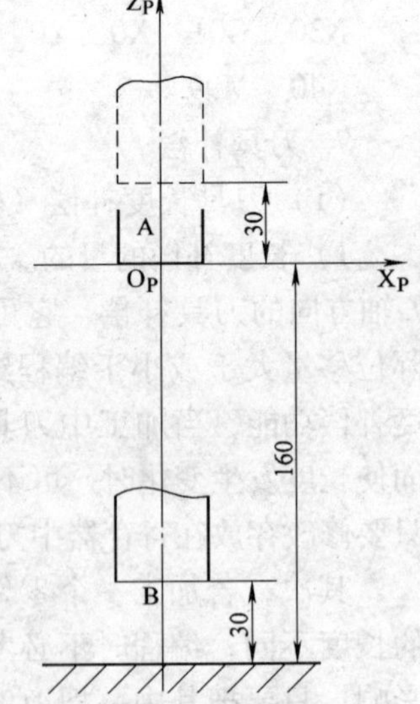

图 5-90 刀具长度补偿编程举例

（2）刀具半径补偿（G40、G41、G42）

1）刀具半径补偿的目的。在数控铣床进行轮廓加工时，因为铣床刀具有一定的半径，所以刀具中心（刀心）轨迹和工件轮廓不重合（见图 5-91）。如不考虑刀具半径，直接按照工件轮廓编程是比较方便的，但加工出的零件尺寸有可能比图样小（外轮廓加工时）或大（内轮廓加工时）。为此必须使刀具沿工件轮廓的法向偏移一个刀具半径，这就是所谓的刀具半径补偿。

如果数控机床不具备刀具半径补偿功能时，编程前需要根据工件轮廓及刀具半径值来计算刀具中心的轨迹，即程序执行的不是工件轮廓轨迹，而是刀具的中心轨迹。计算刀具中心轨迹有时非常复杂。而且当刀具磨损、重新刃磨或更换刀具时，还要根据刀具半径的变化重新计算刀心轨迹，工作量很大。为此，近年来的数控铣床均具备了刀具半径补偿功能。这时只需按工件轮廓轨迹进行编程，然后将刀具半径值储存在数控系统中，当执行程序时，系统会自动计算出刀具中心轨迹，进行刀具半径补偿，从而加工出符合要求的工件形状。当刀具半径发生变化时，也无须更改加工程序，使编程工作大大简化。

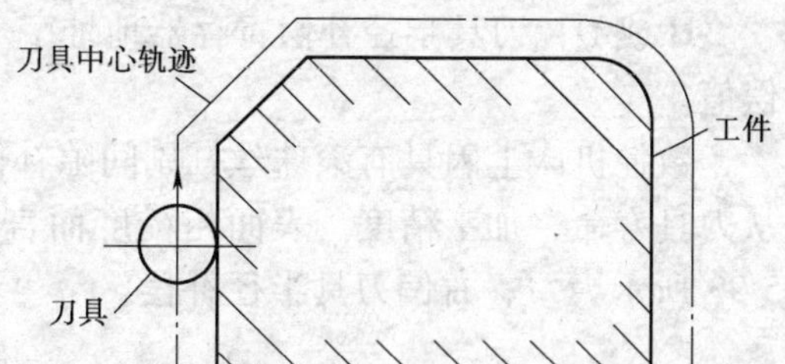

图 5-91 刀具半径补偿

2）半径补偿的格式。其格式如下：

G17 G00 G41 X__ Y __ H__ （或 D） （F__）；或 G17 G01 G42 X __ Y__ H__（或 D） （F__）；

.

.

.

G17 G00 G40 X__ Y__ （F__）；或 G17 G01 G40 X__ Y__ （F__）；

说明：

G41：刀具半径左补偿。它是指沿着刀具运动方向向前看（假设工件不动），刀具位于工件左侧的刀具半径补偿。这时相当于顺铣，如图 5-92a 所示。

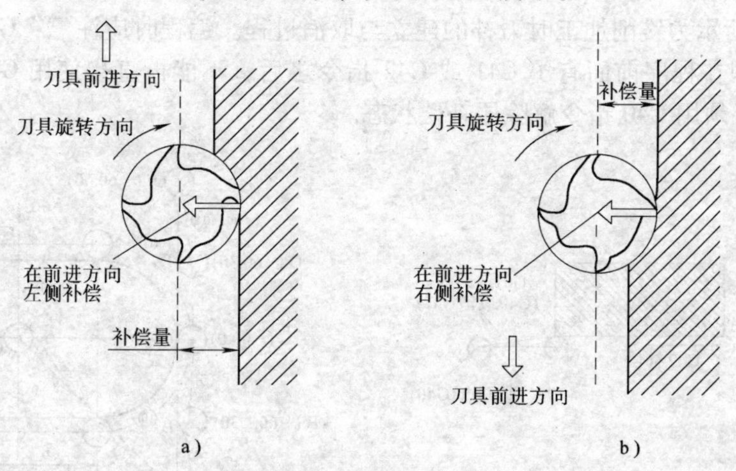

图 5-92 刀具补偿方向

a）左刀补 b）右刀补

G42：刀具半径右补偿。它是沿着刀具运动方向向前看（假设工件不动），刀具位于工件右侧的刀具半径补偿。此时为逆铣，如图 5-92b 所示。

G40：刀具半径补偿取消。使用该指令后，使 G41，G42 指令无效。

G17：XOY 平面内指定。其他 G18、G19 平面形式虽然不同，但原则一样，在此省略。

X、Y：建立与撤消刀具半径补偿直线段的终点坐标值。

H 或 D：刀具半径补偿寄存器地址字。在对应刀具补偿号码的寄存器中存有刀具半径补偿值。

数控机床上因具有滚珠丝杠副间隙补偿的功能，所以在不考虑丝杠间隙影响的前提下，从刀具寿命、加工精度、表面粗糙度而言，一般顺铣效果较好，因而 G41 使用较多。如图 5-93 所示为左、右偏刀具半径补偿。

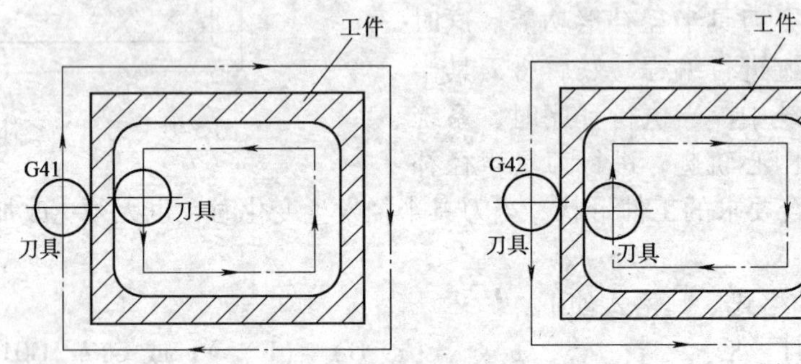

图 5-93 左、右偏刀具半径补偿

3）刀具半径补偿过程。刀具半径补偿过程分为三个部分，即刀具补偿的建立、刀具补偿进行和刀具补偿撤消。

①刀具补偿的建立是刀具中心从与编程轨迹重合过渡到与编程轨迹偏离一个偏置量的过程。

②刀具补偿进行是执行有 G41、G42 指令的程序段后，刀具中心始终与编程轨迹相距一个偏置量。

③刀具补偿撤消是刀具离开工件，刀具中心轨迹要过渡到与编程重合的过程。

如图 5-94 所示为铣削加工时刀补的建立与取消过程。编程时应注意：G41、G42 指令不能重复使用，即在程序前面有了 G41 或 G42 指令之后，不能再直接使用 G41 或 G42 指令。若想使用，则必须用 G40 指令解除原补偿状态。

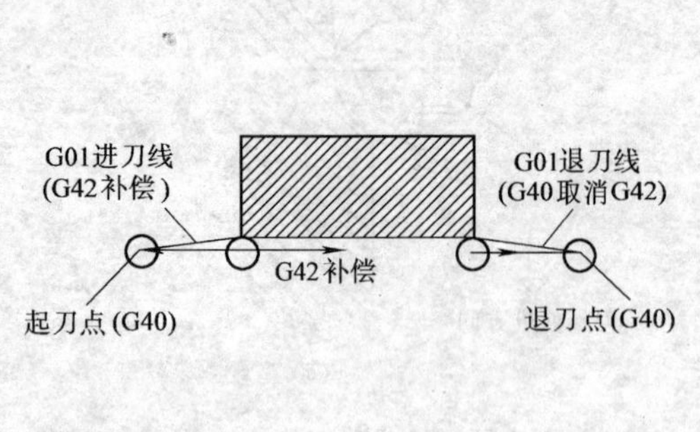

图 5-94 铣削加工时刀补的建立与取消

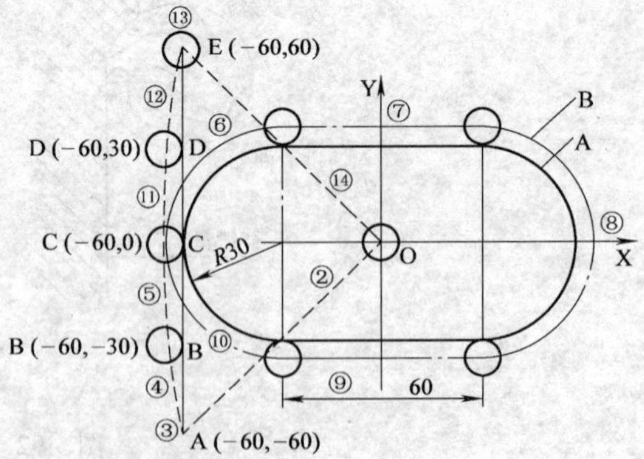

图 5-95 刀具半径补偿应用

利用刀具半径补偿功能，编写如图 5-95 所示零件的加工程序。工件坐标系 Z_0 设置在零件的上表面，X_0、Y_0 设在零件的几何对称中心上。其程序编写如下：

O0033；	程序号
N10　G92　X0　YO　Z20；	建立工件坐标系
N20　G90　G00　X－60　Y－60　S500　M30；	绝对编程，快速定位到下刀点 A，主轴正转
N30　Z－24　M08；	快速在 A 点下刀
N40　G41　G01　X－60　Y－30　D01　F120；	以切削速度进给，建立刀具半径左偏置
N50　Y0；	切削加工至 C 点
N60　G02　X－30　Y30　R30；	加工左侧 *R*30 圆弧
N70　G01　X30　Y30；	加工直线
N80　G02　X－30　Y－30　R30；	加工右侧 *R*30 圆弧
N90　G01　X－30　Y30；	加工直线
N100　G02　X－60　Y0　R30；	加工左侧 *R*30 圆弧
N110　G01　X－60　Y30；	切向退刀
N120　G40　G00　X－60　Y60　M09；	刀具半径补偿取消
N130　Z20；	快速抬刀
N140　X0　Y0；	返回起刀点
N150　M30；	主轴停止，程序结束

五、数控铣床综合编程实例

加工如图 5-96　所示零件，要求对该零件的型腔进行粗、精加工。

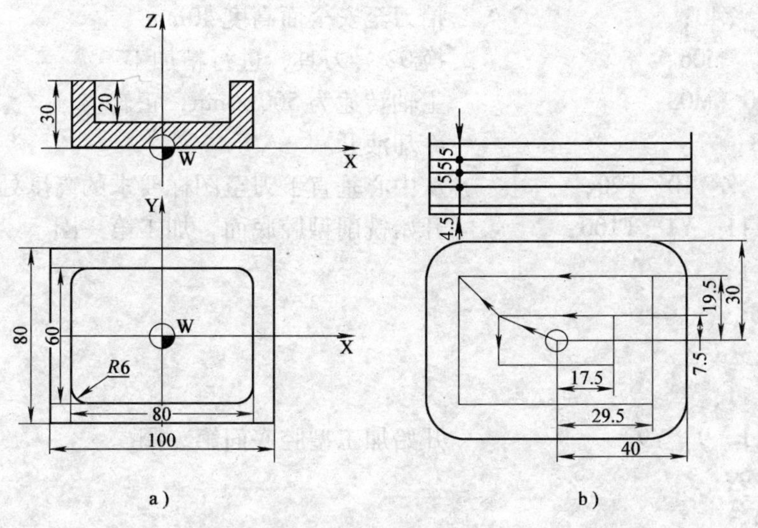

图 5-96　内轮廓型腔的数铣加工

a）内轮廓型腔零件图　b）型腔加工进刀方式与工艺路线

（1）零件图分析　该零件的材料为铝合金，外形及上下平面已加工完毕，本工序铣削内型腔。

(2) 工艺分析

1) 装夹定位的确定：采用平口钳装夹。

2) 加工路线的确定：粗加工分四层切削加工，底面和侧面各留 0.5mm 的精加工余量。粗加工从中心工艺孔垂直进刀，向周边扩展，所以，应在腔槽中心钻好 ϕ20mm 的工艺孔。

3) 加工刀具的确定：粗加工采用 ϕ20mm 的立铣刀，精加工采用 ϕ10mm 的键槽铣刀。

(3) 确定加工坐标原点　根据零件图，可设置程序原点在工件中心的下表面。

(4) 编写加工程序　程序如下。

主程序

```
O0560                              第 10 号程序（铣削型腔主程序）
N10  T01  M06;                     换 01 号刀
N20  G54  G90  G0  X0  Y0;         使用 G54 工件坐标系，绝对值方式编程
N30  Z40.  S275  M03;              刀具运动到安全面高度 40mm 处，起动主轴
N40  M08;                          冷却液开
N50  G1  Z25  F20;                 从工艺孔垂直进刀 5mm，至高度 25mm 处
N60  M98  P0030;                   调用第 30 号子程序，进行第一层粗加工
N70  Z20  F20;                     从工艺孔垂直进刀 5mm，至高度 20mm 处
N80  M98  P0030;                   调用第 30 号子程序，进行第二层粗加工
N90  Z15  F20;                     从工艺孔垂直进刀 5mm，至高度 15mm 处
N100  M98  P0030;                  调用第 30 号子程序，进行第三层粗加工
N110  Z10.5  F20;                  从工艺孔垂直进刀 4.5mm，至高度 10.5mm 处
N120  M98  P0030;                  调用第 30 号子程序，进行第四层粗加工
N130  G0  Z40;                     抬刀至安全面高度 40mm
N140  T02  M06;                    换 02 号刀具，进行精加工
N150  S500  M03;                   主轴转速为 500r/min，正转
N160  M08;                         冷却液开
N170  G1  Z 10  F20;               从中心垂直下刀至图样要求的高度处
N180  X-11  Y1  F100;              开始铣削型腔底面，加工第一圈
N190  Y-1;
N200  X11;
N210  Y1;
N220  X-11;
N230  X-1 9  Y9;                   开始加工型腔底面第二圈
N240  Y-9;
N250  X19;
N260  Y9;
N270  X-19;
N280  X-27  Y 17;                  开始加工型腔底面第三圈
N290  Y-17;
N300  X27;
```

N310　Y17；
N320　X－27；
N330　X－34　Y25；　　开始加工型腔底面第四圈，同时也精铣型腔的周边
N340　G3　X－35　Y24　I0　J－1；没有刀具半径补偿，刀具中心轨迹圆弧 $R1$
N350　G1　Y－24；
N360　G3　X－34　Y－25　I1　J0；
N370　G1　X34；
N380　G3　X35　Y－24　I0　J1；
N390　G1　Y24；
N400　G3　X34　Y25　I－1　J0；
N410　G1　X－35；　　精加工结束
N420　G0　X－30　Y10；　　退刀
N430　G0　Z40；　　抬刀至安全高度
N440　M05；　　主轴停
N450　M30；　　程序结束并返回

子程序

N10　X－17.5　Y7.5　F60；　　第 30 号子程序
N20　Y－7.5；　　进刀至第一圈扩槽的起点（－17.5，7.5）并开始扩槽
N30　X17.5；
N40　Y7.5；
N50　X－1　7.5；　　第一圈扩槽加工结束
N60　X－29.5　Y　19.5；　　进刀至第二圈扩槽的起点（－29.5，19.5）开始扩槽
N70　Y－19.5；
N80　X29.5；
N90　Y1　9.5；
N100　X－29.5；　　第二圈扩槽加工结束
N110　X0　Y0；　　回中心，第一层粗加工结束
N120　M99；　　返回主程序

第十节　加工中心基本指令的编程

加工中心常用指令与铣削加工的编程规则基本相同，但增加了自动换刀的功能指令。所以本节重点介绍和换刀有关的指令。

一、换刀指令

1. 刀具的选择

刀具的选择是指把刀库上指令了刀号的刀具转到换刀的位置，为下次换刀做好准备。这一动作的实现，是通过选刀指令——T 功能指令实现的。T 功能指令用 T× ×表示。由于受

刀库容量的限制，所以编程时应注意 T 后面的数字要与刀库的总容量相对应。例如，刀库容量为 24 把刀，可用 T01～T24 来指令 24 把刀具。

2. 换刀指令（M06）

加工中心具有自动换刀装置。不同的数控系统，其换刀程序是不同的。通常选刀和换刀分开进行，换刀动作必须在主轴停转条件下进行。换刀完毕起动主轴后，方可执行下面程序段的加工动作；选刀动作可与机床的加工动作重合起来，即利用切削时间选刀。常用的换刀程序可采用以下两种编程方法。

方法一：

```
…
…
N060  G28  Z0  T02  M06;
…
```

方法二：

```
…
…
N040  G01  Z…  T02;
…
N080  G28  Z0  M05;
N090  G01  Z…  T03;
```

多数加工中心都必须规定“换刀点”位置，即定距换刀。一般立式加工中心规定换刀点的位置在机床 Z 轴零点。采用方法一换刀时，Z 轴返回参考点的同时刀库进行选刀，然后进行刀具交换，若 Z 轴的回零时间小于选刀时间，则换刀占用的时间较长；方法二采用的是提前选刀，回零后立即换刀，所以这种方法较好。

二、参考点操作指令的编程

参考点是数控机床上的一个特殊位置，通常在这个位置上交换刀具或设定工件坐标系。用于参考点操作的指令包括返回参考点和从参考点返回，如图 5-97 所示。不同的数控系统该功能的指令代码有所不同，下面以 FANUC0i-M 为例，介绍参考点操作指令的编程格式。

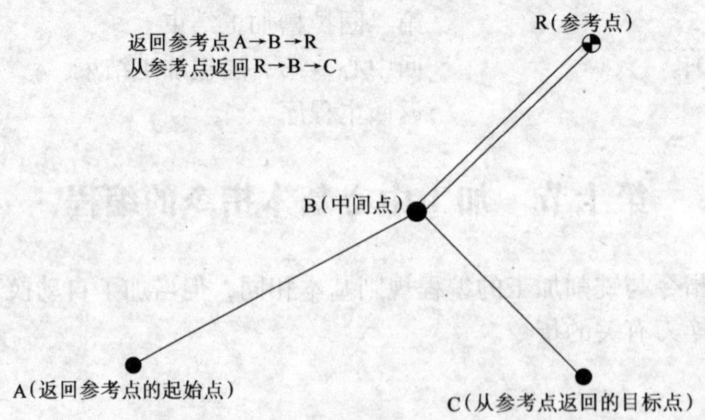

图 5-97　返回参考点和从参考点返回

1. 返回参考点

G28　IP __；返回参考点

G30　P2　IP __；返回第 2 参考点（P2 可省略）

G30　P3　IP __；返回第 3 参考点

G30　P4　IP __；返回第 4 参考点

其中，IP 是指定中间位置的指令（绝对值/增量值指令）。

2. 从参考点返回

G29　IP __；

IP 为指定中间点位置的指令（绝对值/增量值指令）。

3. 返回参考点检查

G27　IP __；

IP 为指定参考点的指令（绝对值/增量值指令）。

4. 说明

（1）返回参考点（G28）　该指令是以各轴的快速定位到中间点或参考点。因此，为安全起见，刀具半径补偿和刀具长度补偿应在执行此指令之前取消。中间点坐标储存在 CNC 中。对其他轴，应使用此指令前的坐标。

举例：N1　G28　X40.0；中间点只沿轴移动

　　　N2　G28　Y60.0；中间点为（X40.0，Y60.0）

（2）G30 指令　在没有绝对位置检测装置的系统中，只有在执行过自动返回参考点 G28 或手动返回参考点之后，方可使用返回第 2、3、4 参考点功能。通常，当刀具自动交换（ATC）位置与第 1 参考点不同时使用 G30 指令。

（3）从参考点返回（G29）　通常，G29 指令紧跟在 G28 或 G30 指令之后。对增量值编程，指令值指定离开中间点的增量值，以各轴的快速移动速度对中间点或参考点定位。

当由 G28 指令刀具经中间点到达参考点之后，工件坐标系改变时，中间点也变为新坐标系。若此时指令了 G29，则刀具经新坐标系的中间点移动到指令位置。对 G30 指令也执行同样的操作。

（4）返回参考点检测（G27）　G27 指令刀具以快速移动速度定位。如果刀具到达参考点，则返回参考点指示灯亮；但是如果刀具到达的位置不是参考点，则显示报警。

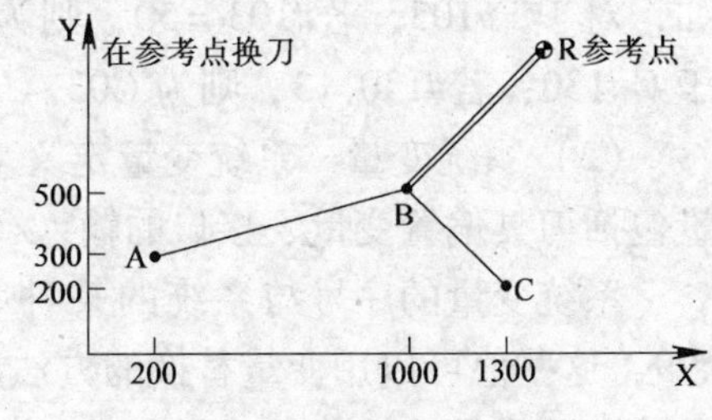

图 5-98　返回参考点和从参考点返回的编程实例

如图 5-98 所示为返回参考点和从参考点返回的编程实例。其程序段如下：

G28　G90　X1000　Y500；从 A 到 B 的移动

T1111；　　　　　　　　D 在参考点换刀

G29　X1300　Y200；　　从 B 到 C 的移动

三、FAMU 数控系统宏指令编程

虽然子程序对编制相同加工操作的程序非常有用，但用户宏程序由于允许使用变量、算术和逻辑运算及条件转移，使得编制相同加工操作的程序更方便、更容易。可将相同加工操作编为通用程序，如型腔加工宏程序和固定加工循环宏程序。使用时，加工程序可用一条简单指令调出用户宏程序，这和调用子程序完全一样。

1. 变量及系统变量

（1）变量　在常规的主程序和子程序内，总是将一个具体的数值赋给一个地址。为了使程序更具有通用性，且更加灵活，在宏程序中设置了变量，即将变量赋给一个地址。

1）变量的表示。变量可以用“#”号和跟随其后的变量序号来表示，即#i（i=1，2，3，…）。例如：#5、#109、#501。

2）变量的类型。变量根据变量号可以分成4种类型，见表5-8。

表5-8　变量的类型

变量号	变量类型	功　能
#0	空变量	该变量总是空，没有值能赋给该变量
#1～#33	局部变量	只能用在宏程序中存储数据。例如，运算结果。当断电时，局部变量被初始化为空。调用宏程序时，自变量对局部变量赋值
#100～#199 #500～#999	公共变量	在不同的宏程序中的意义相同。当断电时，变量#100～#199初始化为空。变量#500～#999的数据保存，即使断电也不丢失
#1000～#1015	系统变量	用于读写CNC运行时各种数据的变化。例如，刀具的当前位置和补偿值

公共变量是在主程序和主程序调用的各用户内公用的变量。也就是说，在一个宏指令中的#i与在另一个宏指令中的#i是相同的。其中，#100～#131公共变量在电源断电后即清零，重新开机时被设置为“O”；　#500～#531公共变量即使断电后，它们的值也保持不变，因此也称为保持性变量。

3）变量值的范围。局部变量和公共变量可以有0值或下面范围中的值：-10^{47}～-10^{-29}或10^{-29}～10^{47}。如果计算结果超出有效范围，则发出P/S报警。

4）变量的引用。将跟随在一个地址后的数值用一个变量来代替，即引入了变量i。例如，对于F#103，若#103=50，则为F50；对于Z-#110，若#110=100，则Z为-100；对于G#130，若#130=3，则为G03。

（2）系统变量　系统变量定义为有固定用途的变量，它的值决定系统的状态。系统变量包括刀具偏置变量、接口的输入/输出信号变量、位置信息变量等。

系统变量的序号与系统的某种状态有严格的对应关系。例如，刀具偏置序号为#01～#99，这些值可以用变量替换的方法加以改变。在序号1～99中，不用作刀具偏置变量的变量可以用作保持性公共变量#500～#531。

接口输入信号#1000～#1015，以及#1032。通过阅读这些系统变量，可以知道各输入口的情况。当变量值为“1”时，说明接点闭合；当变量值为“0”时，表明接点断开。这些变量的数值不能被替换，阅读变量#1032，所有输入信号一次读入。

2. 宏程序调用

宏程序有许多种调用方式，其中包括非模态调用（G65）、模态调用（G66、G67），以及用G代码、T代码和M代码调用宏程序。利用宏程序调用指令G65可以实现丰富的宏功能，包括算术运算、逻辑运算等处理功能。其一般形式为：G65　Hm　P#i　Q#j　R#k；

说明：

m：宏程序功能，数值范围01～99。

#i：运算结果存放处的变量名。

#j：被操作的第一个变量，也可以是一个常数。

#k：被操作的第二个变量，也可以是一个常数。

例如，当程序功能为加法运算时，P#100　Q#101　R#102…的含义为#100 = #101 + #102，P#100　Q－#101　R#102…的含义为#100 = －#101 + #102，P#100　Q#101　R15…的含义为#100 = #101 + 15。

3. 算术与逻辑运算指令

该类指令可以在变量中执行，运算符右边的表达式可包含常量，以及由函数或运算符组成的变量。表达式中的变量#i 和#k 可以用常数赋值左边的变量，也可以用表达式赋值。

（1）算术运算指令（见表5-9）

表5-9　算术运算指令

G码	H码	功　能	定　　义
G65	H01	定义，替换	#i = #j
G65	H02	加	#i = #j + #k
G65	H03	减	#i = #j － #k
G65	H04	乘	#i = #j × #k
G65	H05	除	#i = #j/#k
G65	H21	平方根	$\#i = \sqrt{\#j}$
G65	H22	绝对值	#i = | #j |
G65	H23	求余	#i = #j trunc（#j/#k）#ktrunc；丢弃小于1的分数部分
G65	H24	BCD码→二进制码	#i = BIN（#j）
G65	H25	二进制码→BCD码	#i = BCD（#j）
G65	H26	复合乘/除	#i = (#i × #j)/#k
G65	H27	复合平方根1	$\#i = \sqrt{\#j^2 + \#k^2}$
G65	H28	复合平方根2	$\#i = \sqrt{\#j^2 - \#k^2}$

1）变量的定义和替换：#i = #j

编程格式：G65　H01　P#i　Q#j；

例如　G65　H01　P#101　Q1005；表示#101 = 1005

　　　G65　H01　P#101　Q－#112，表示#101 = －#112

2）加法　#i = #j + #k

编程格式：G65　H02　P#i　Q#j　R#k；

例如，G65　H02　P#101　Q#102　R#103；表示#101 = #102 + #103

3）减法：#i = #j － #k

编程格式：G65　H03　P#i　Q#j　R#k；

例如，G65　H03　P#101　Q#102　R#103；表示#101 = #102 － #103

4）乘法：$\#i=\#j\times\#k$

编程格式：G65　H04　P#i　Q#j　R#k；

例如，G65　H04　P#101　Q#102　R#103；表示$\#101=\#102\times\#103$

5）除法：$\#i=\#j/\#k$

编程格式：G65　H05　P#i　Q#j　R#k；

例如，G65　H05　P#101　Q#102　R#103；表示$\#101=\#102/\#103$

6）平方根：$\#i=\sqrt{\#j}$

编程格式：G65　H21　P#i　Q#j；

例如：G65　H21　P#101　Q#102；表示$\#101=\sqrt{\#102}$

7）绝对值$\#i=|\#j|$

编程格式：G65　H22　P#i　Q#j；

例如，G65　H22　P#101　Q#102；表示$\#10l=|\#102|$

8）复合平方根1：$\#i=\sqrt{\#j^2+\#k^2}$

编程格式：G65　H27　P#i　Q#j　R#k；

例如，G65　H27　P#101　Q#102　R#103；表示$\#101=\sqrt{\#102^2+\#103^2}$

9）复合平方根2：$\#i=\sqrt{\#j^2-\#k^2}$

编程格式：G65　H28　P#i　Q#j　R#k；

例如，G65　H28　P#101　Q#102　R#103；表示$\#101=\sqrt{\#102^2-\#103^2}$

（2）逻辑运算指令（见表5-10）

表5-10　逻辑运算指令

G码	H码	功　能	定　义
G65	H11	逻辑或	#i = #j OR #k
G65	H12	逻辑与	#i = #j AND #k
G65	H13	异或	#i = #jXOR#k

1）逻辑或：#i = #j OR#k

编程格式：G65　H11　P#i　Q#j　R#k；

例如，G65　H11　P#101　Q#102　R#103；表示#101 = #102　OR#103

2）逻辑与：#i = #j AND #k

编程格式：G65　H12　P#i　Q#j　R#k；

例如，G65　H12　P#101　Q#102　R#103；表示#101 = #102 AND #103

（3）三角函数指令（见表5-11）

表5-11　三角函数指令

G码	H码	功　能	定　义
G65	H31	正弦	#i = #j · sin（#k）
G65	H32	余弦	#i = #j · cos（#k）
G65	H33	正切	#i = #j · tan（#k）
G65	H34	反正切	#i = tan − 1（#j/#k）

1）正弦函数：#i = #j · . sin （#k）

编程格式：G65　H31　P#i　Q#j　R#k；单位为°（度）

例如，G65　H31　P#101　Q#102　R#103；表示#101 = #102 × sin （#103）

2）余弦函数：#i = #j · cos （#k）

编程格式：G65　H32　P#i　Q#j　R#k；单位为°（度）

例如，G65　H31　P#101　Q#102　R#103；表示#101 = #102 × cos （#103）

3）正切函数：#i = #j · tan （#k）

编程格式：G65　H33　P#i　Q#j　R#k；单位为°（度）

例如，G65　H31　P#101　Q#102　R#103；表示#101 = #102 × tan （#103）

4）反正切：#i = tan − 1 （#j/#k）

编程格式：G65　H34　P#i　Q#j　R#k；单位为°（度），且 0° ≤ #j ≤ 360°

例如，G65　H34　P#i　Q#j　R#k；表示#101 = tan − 1 （#102/#103）

4. 控制类指令

（1）A 类控制指令　用非模态调用 G65 可以实现转移功能，见表 5-12。

表 5-12　控制类指令

G 码	H 码	功　能	定　义
G65	H80	无条件转移	GOTOn
G65	H81	条件转移 1	IF#j = #k，GOTOn
G65	H82	条件转移 2	IF#j ≠ #k，GOTOn
G65	H83	条件转移 3	IF#j > #k，GOTOn
G65	H84	条件转移 4	IF#j < #k，GOTOn
G65	H85	条件转移 5	IF#j ≥ #k，GOTOn
G65	H86	条件转移 6	IF#j ≤ #k，GOTOn
G65	H99	产生 P/S 报警	P/S 报警号 500 + n 出现

1）无条件转移：GOTO n

编程格式：G65　H80　Pn；（n 为程序段号，以下类同）

例如，G65　H80　P120，表示转移到 N120。

2）条件转移 1　#j EQ#k （ = ）

编程格式：G65　H81　Pn　Q#j　R#k；

例如，G65　H81　P1000　Q#101　R#102；表示若#101 = #102，转移到 N1000 程序段；若#101 ≠ #102，执行下一程序段。

3）条件转移 2：#j　NE #k （ ≠ ）

编程格式：G65　H82　Pn　Q#j　R#k；

例如，G65　H82　P1000　Q#101　R#102；表示若#101 ≠ #102，转移到 N1000 程序段；若#101 = #102，执行下一程序段。

4）条件转移3：#j GT#k（>）

编程格式：G65 H83 Pn Q#j R#k；

例如，G65 H83 P1000 Q#101 R#102；表示若#101>#102，转移到N1000程序段；若#101≤#102，执行下一程序段。

5）条件转移4：#j LT #k（<）

编程格式：G65 H84 Pn Q#j R#k；

例如，G65 H84 P1000 Q#101 R#102；表示若#101<#102，转移到N1000程序段；若#101≥#102，执行下-程序段。

6）条件转移5：#j GE #k（≥）

编程格式：G65 H85 Pn Q#j R#k；

例如，G65 H85 P1000 Q#101 R#102；表示若#101≥#102，转移到N1000程序段；若#101<#102，执行下一程序段。

7）条件转移6：#j LE #k（≤）

编程格式：G65 H86 Pn Q#j R#k；

例如：G65 H86 P1000 Q#101 R#102；表示若#101≤#102，转移到N1000程序段；若#101>#102，执行下一程序段。

（2）B类控制指令　在程序中，使用某些语句可以改变控制的流向。有3种转移和循环操作可供使用，即GOTO语句（无条件转移）、IF语句（条件转移和WHILE语句（循环）。

1）无条件转移指令。其编程格式为：GOTO n；n为顺序号（1~99999）。

例如，GOTO 1；

2）条件转移指令。这种指令有两种格式。

①IF［条件表达式］ GOTO n；这种格式表示：如果指定的条件表达式满足，则转移到标有顺序号n的程序段；如果指定的条件表达式不满足，则执行下一个程序段.

②IF［条件表达式］ THEN：这种格式表示：如果条件表达式满足，则执行预先决定的宏程序语句，且只执行一个宏程序语句。

条件表达式必须包括运算符。运算符插在两个变量中间或变量和常数中间，并且用括号［］封闭。用表达式可以替代变量。

运算符由两个字母组成，用于两个值的比较，以决定它们是相等还是一个值小于或大于另一个值。注意，不能使用不等号。常用的运算符及其含义见表5-13。

表5-13　运算符及其含义

运算符	含义	运算符	含义
EQ	等于（=）	GE	大于或等于（≥）
NE	不等于（≠）	LT	小于（<）
GT	大于（>）	LE	小于或等于（≤）

下面的程序是条件转移指令应用的例子，用来计算数值 1 ~ 10 的总和。

```
O9500;
#1 =0;                                   存储和数变量的初值
#2 =1;                                   被加数变量的初值
N1  IF [#2  GT  10]   GOTO  2;           当被加数大于 10 时转移到 N2
#1 = #1 + #2;                            计算和数
#2 = #2 + #1;                            下一个被加数
GOTO  1;                                 转到 N1
N2  M30;                                 程序结束
```

3）循环语句。其编程格式如下。

```
WHILE [条件表达式]   DO  m;（m =1、2、3）
.
.
.
END  m;
```

“WHILE……END　m”程序的含义为：当条件表达式满足时，程序段 DO　m 至 END　m 重复执行；当条件表达式不满足时，程序转到 ENDm 后执行。如果 WHILE［条件表达式］部分被省略，则程序段 DO　m ~ END　m 之间的部分将一直重复执行。

注意：WHILE　D0　m 和 END　m 必须成对使用；D0 语句允许有 3 层嵌套，但 DO 语句范围不允许交叉，即如下语句是错误的。

```
DO  1;
DO  2;
END  1;
END  2;
```

下面的程序是循环语句应用的例子，用来计算数值 1 ~ 10 的总和。

```
O0001;
#1 =0;
#2 =1;
WHILE [#2  LT  10]   DO  1;
#1 =#1 +#2;
#2 =#2 +1;
END  1;
M30;
```

5. 用户宏程序应用实例

用宏程序和子程序功能，顺序加工圆周等分孔，如图 5-99 所示。设圆心在零点，它在机床上的坐标为（X0，Y0）。在半径为 r 的圆周上均匀地钻几个等分孔，起始角度为 α，孔数为 n。以零件上表面为 Z 向零点。

使用以下保持型变量。

#502：半径 r。

#503：起始角度 α。

#504：孔数 n。当 $n>0$ 时，按逆时针方向加工；当 $n<0$ 时，按顺时针方向加工。

#505：孔底 Z 坐标值。

#506：R 平面 Z 坐标值。

#507：F 进给量。

使用以下变量进行操作运算。

#100：表示第 i 步钻孔的计数器。

#101：计数器的最终值（为 n 的绝对值）。

#102：第 i 个孔的角度位置 θ_i 的值。

#103：第 i 个孔的 X 坐标值。

#104：第 i 个孔的 Y 坐标值。

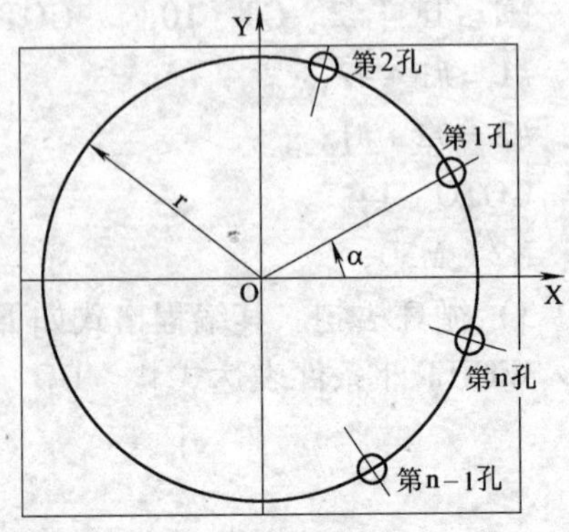

图 5-99　圆周等分孔的计算参数

使用用户宏程序编制的钻孔子程序如下。

```
O9010;
N110  G65  H01  P#100  Q0;                  #100 = 0
N120  G65  H22  P#101  Q#504;               #101 = |#504|
N130  G65  H04  P#102  Q#100  R360;         #102 = #100 × 360°
N140  G65  H05  P#102  Q#102  R#504;        #102 = #102/#504
N150  G65  H02  P#102  Q#503  R#102;        #102 = #503 + #102，当前孔角度位置
                                            θi = α + 360°
N160  G65  H32  P#102  Q#502  R#102;        #103 = #502 × cos（#102）当前孔的 X
                                            坐标
N170  G65  H31  P#104  Q#502  R#102;        #104 = #502 × sin（#102）当前孔的 Y
                                            坐标
N180  G90  G00  X#103  Y#104;               定位到当前孔（返回开始平面）
N190  G00  Z#506;                           快速回到 R 平面
N200  G01  Z#505  F#507;                    加工当前孔
N210  G00  Z#506;                           快速回到 R 平面
N220  G65  H02  P#100  Q#100  R1;           #100 = #100 + 1 孔计数
N230  G65  H84  P－130  Q#100  R#101;       当#100 < #101 时，向上返回到 130 程
                                            序段
N240  M99;                                  子程序结束
```

调用上述子程序的主程序如下。

```
O0010;
N10  G54  G90  G00  X0  Y0  Z20;            进入加工坐标系
N20  M98  P9010;                            调用钻孔子程序，加工圆周等分孔
N30  Z20;                                   抬刀
N40  G00  G90  X0  Y0;                      返回到加工坐标系零点
```

N50　M30;　　　　　　　　　　　　　　　　　　　程序结束

设置 G54：X = -400，Y = -100，Z = -50。变量#500～#507 可在程序中赋值，也可由 MDI 方式设定。

根据以下数据，使用用户宏程序功能加工圆周等分孔，如图 5-100 所示。在半径为 50mm 的圆周上均匀地钻 8 个 $\phi10$ 的等分孔，第一个孔的起始点角度为 30°。设圆心为零点，以零件的上表面为 Z 向零点。

首先在 MDI 方式中，设定以下变量的值。

#502：半径 r 为 50。

#503：起始角度 $\alpha = 30°$。

#504：孔数 n 为 8，

#505：孔底 Z 坐标值为 -20。

#506：R 平面 Z 坐标值为 5。

#507：F 进给量为 50。

加工程序如下。

```
O6100;
N10  G54  G90  G00  X0  Y0  Z20;
N20  M98  P9010;
N30  G00  G90  X0  Y0;
N40  Z20;
N50  M30;
```

设置 G54：X = -400，Y = -100，Z = -50。

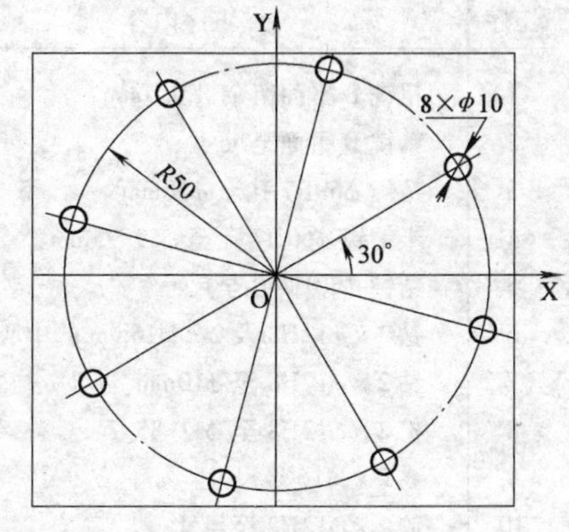

图 5-100　圆周等分孔加工应用实例

四、加工中心综合编程实例

用卧式加工中心加工如图 5-101 所示端盖。

(1) 工艺方案及工艺路线的确定

1) 分析图样和决定安装基准。零件加工尺寸如图 5-101 所示，假定在卧式加工中心上只加工 B 面及各孔，根据图样要求，选择 A 面为定位安装面，用弯板装夹。

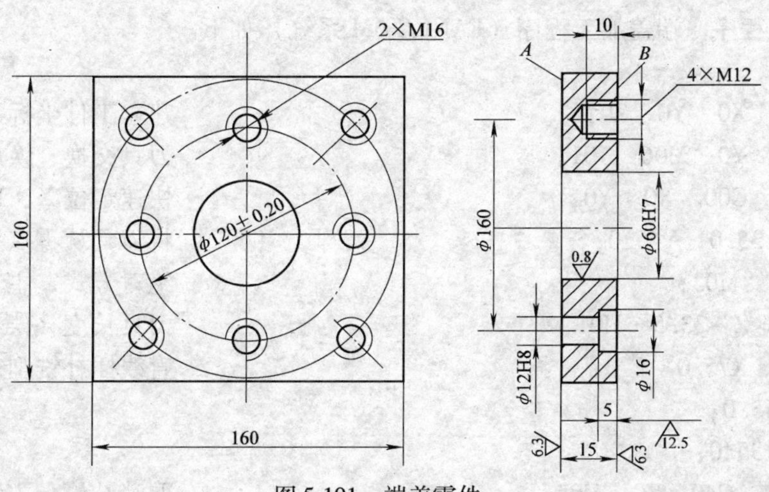

图 5-101　端盖零件

2）加工方法和加工路线的确定。加工时按先面后孔，先粗后精的原则。B 面用铣削加工，分粗铣和精铣；ϕ60H7 孔采用三次镗孔加工，即粗镗、半精镗和精镗；ϕ12H8 孔按钻、扩、铰方式进行；ϕ16mm 孔在 ϕ12H8 孔基础上再增加锪孔工序；螺纹孔采用钻孔后攻螺纹的方法加工；螺纹孔和阶梯孔在钻前都安排打中心孔工序；螺纹孔用钻头倒角。工艺参数见表 5-14。

表 5-14 端盖工艺参数

工序	工序内容	刀具号	刀具规格	F/mm·min^{-1}	a_p/mm
1	粗铣 B 平面留余量 0.5mm	T01	ϕ100 面铣刀	70	3.5
2	精铣 B 平面至尺寸	T13	ϕ100 面铣刀	50	0.5
3	精镗 ϕ60H7 孔至 ϕ58mm	T02	镗刀	60	0.2
4	半精镗 ϕ60H7 孔至 ϕ59.95mm	T03	镗刀	50	0.5
5	精镗 ϕ60H7 孔至尺寸	T04	精镗刀	40	0.2
6	钻 2×ϕ12H8 及 2×M16mm 的中心孔	T05	ϕ3 中心钻	50	—
7	钻 2×ϕ12H8 至 ϕ10mm	T06	ϕ10 钻头	60	—
8	扩 2×ϕ12H8 至 ϕ11.85	T07	ϕ11.85 扩孔钻	40	—
9	锪 2×M16 至尺寸	T08	ϕ16 阶梯铣刀	30	—
10	铰 2×ϕ12H8 至尺寸	T09	ϕ12H8 铰刀	40	—
11	钻 2×M16 底孔至尺寸	T10	ϕ14 钻头	60	—
12	倒 2×M16 底孔端角	T11	ϕ18 钻头	40	—
13	攻 2×M16 螺纹	T12	M16 机用丝锥	200	—

将零件安装在弯板夹具上，使定位面至工作台回转中心距离为 185mm。

3）切削用量的选择。可根据有关手册查出所需的切削用量（略）。

（2）确定工件坐标系

1）选 ϕ60H7 孔为 X、Y 坐标系原点，选距离被加工表面 30mm 处为工件坐标系 Z_0 点，选距离工件表面 5mm 处为 R 点平面。

2）计算刀具轨迹的坐标，本例铣削加工时要计算刀具轨迹坐标。

3）按工艺路线和坐标尺寸编制加工程序。

（3）加工程序　端盖加工程序（FANUC 6M 系统）如下。

```
O0003;
N1  G92  X0  Y0  Z0;              建立工件坐标系
N2  G30  Y0  M06  T01;            刀具交换，换成面铣刀
N3  G90  G00  X0  Y0;             快速定位 X、Y 的零点
N4  X-135.0  Y45.0;               将刀具从零点移出至进刀点
N5  S300  M03;                    绝对方式，主轴起动、正转
N6  G43  Z-33.5  H01;             刀具长度补偿，处于切深处
N7  G01  X75.0  F70;              直线插补铣削加工
N8  Y-45.0;
N9  X-135.0;
N10  G00  G49  Z0  M05;           取消补偿，主轴停止
```

```
N11  G30  Y0  M06  T13;                                  刀具交换，换成精铣刀
N12  G00  X0  Y0;
N13  X-135.0  Y45.0;
N14  G43  Z-34.0  H13.535  M03;
N15  G01  X75.0  F50;
N16  Y-45.0;
N17  X-135.0;
N18  G00  G49  Z0  M05;                                  刀具交换，换成粗镗刀
N19  G30  Y0  M06  T02;
N20  G00  X0  Y0;
N21  G43  Z0  H02  S400  M03;
N22  G98  G81Z-50.0  R-25.0  Q0.2  P200  F40;            固定循环，粗镗φ60H7孔
N23  G00  G49  Z0  M05;
N24  G30  Y0  M06  T03;                                  刀具交换，换半精镗刀
N25  Y0;
N26  G43  Z0  H03  S450  M03;
N27  G98  G81Z-50.0  R-25.0  F50;                        固定循环，半精镗φ60H7孔
N28  G00  G49  Z0  M05;
N29  G30  Y0  M06  T04;                                  刀具交换，换精镗刀
N30  Y0;
N31  G43  Z0  H04  S450  M03;
N32  G98  G76Z-50.0  R-25.0  Q0.2  P200  F40;            精镗φ60H7循环
N33  G00  G49  Z0  M05;
N34  G30  Y0  M06  T05;                                  刀具交换，换中心钻
N35  X0  Y60.0;
N36  G43  Z0  H05  S1000  M03;                           固定循环，钻中心孔
N37  G98  G81  Z-35.0  R-25.0  F50;
N38  X60.0  Y0;
N39  X0  Y-60.0;
N40  G00  G49  Z0  M05;
N41  G30  Y0  M06  T06;                                  刀具交换，换φ10mm钻头
N42  X-60  Y0;
N43  G43  Z0  H06  S600  M03;
N44  G99  G81  Z-60.0  R-25.0  F60;                      钻孔固定循环，镗φ12H8为
                                                         φ10mm
N45  X60.0;
N46  G00  G49  Z0  M05;
N47  G30  Y0  M06  T07;                                  刀具交换，换φ11.85mm扩
                                                         孔钻
```

```
N48  X-60  Y0;
N49  G43  Z0  H07  S300  M03;
N50  G99  G81  Z-60.0  R-25.0  F40;        扩孔固定循环
N51  X60.0;
N52  G49  G00  Z0  M05;
N53  G30  Y0  M06  T08;                     刀具交换，换阶梯孔铣刀
N54  X-60  Y0;
```

第十一节　数控电火花线切割的编程

数控电火花线切割编程方法分手动编程和自动编程。线切割程序格式有 3B、4B、5B、ISO 和 EIA 等，使用最多和是 3B 格式，慢走丝采用 4B 格试，目前也有许多系统直接采用 ISO 代码格式。本节将主要介绍 3B、4B 和 ISO 格式的编程方法。

一、3B 代码编程

3B 代码编程格式是数控电火花线切割机床上最常用的程序格式。在该程序格式中无间隙补偿，但可通过数控装置或自动编程软件自动实现间隙补偿。

1. 3B 代码编程介绍

3B 代码编程的格式为：B　X　B　Y　B　J　G　Z;

说明：B：间隔符，它的作用是将 X、Y、J 数码区分开。

X、Y：增量（相对）坐标值。

J：加工线段计数长度。

G：加工线段计数方向。

Z：加工指令。

例如，B1000　B2000　B2000　GY　L2;

整个程序的最后，应有停机符“MJ”，表示程序结束（加工完毕）。

（1）坐标系与坐标值 X、Y 的确定　平面坐标系是这样规定的：面对机床操作台，工作台平面为坐标系平面。左右方向为 X 轴，且右方向为正；前后方向为 Y 轴，且前方为正。编程时，采用相对坐标系，即坐标系的原点随程序段的不同而变化。

加工直线时，以该直线的起点为坐标系的原点，X、Y 取该直线重点的坐标值；加工圆弧时，以该圆弧的圆心为坐标系原点，X、Y 取该圆弧起点的坐标值，单位为 μm。坐标值的负号不写。

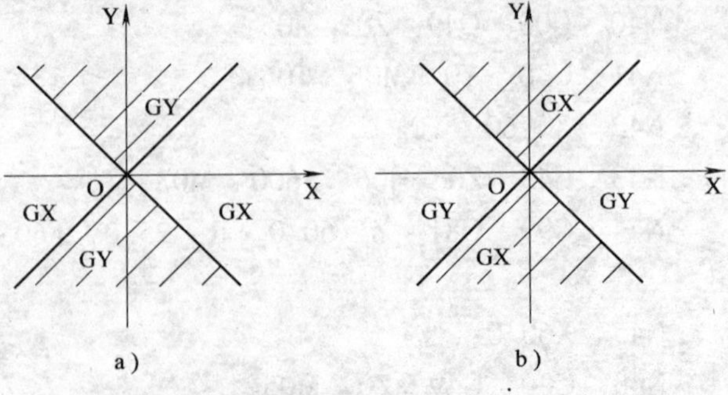

图 5-102　计数方向的确定
a）加工直线时计数方向的确定　b）加工圆弧时计数方向的确定

（2）计数方向 G 的确定　不管是加工直线还是圆弧，计数方向均按终点的位置来确定。加工直线时，终点靠近哪个轴，计数方向就取哪个轴。加工与坐标轴成 45°的线段时，计数方向取 X 轴、Y 轴均可，记作：GX 或 GY，如图 5-102a 所示；加工圆弧时，重点靠近一轴，

则计数方向取另一轴。加工圆弧的重点与坐标轴成45°时，计数方向取 X 轴、Y 轴均可，记作：GX 或 GY，如图 5-102b 所示。

（3）计数长度 J 的确定　计数长度是在计数方向的基础上确定的。计数长度是指被加工的直线或圆弧在计数方向坐标轴上投影的绝对值总合，单位为 μm。

例如，在图 5-103 中，加工直线 OA 时计数方向为 X 轴，计数长度为 OB，数值等于 A 点的 X 坐标值；在图 5-104 中，加工半径为 500μm 的圆弧 MN 时，计数方向为 X 轴，计数长度为 500μm × 3 = 1500μm，即 MN 中三段 90°圆弧在 X 轴上投影的绝对值总合。

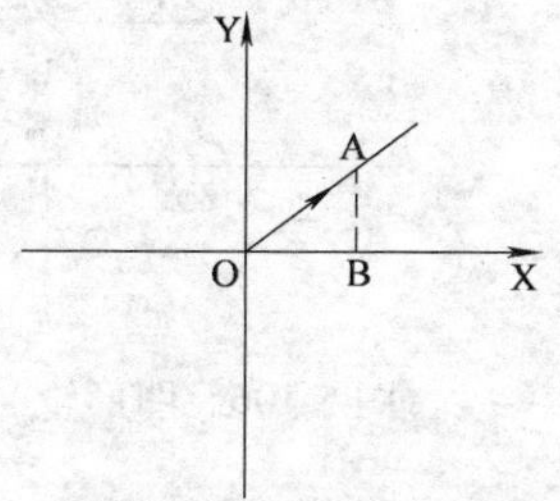

图 5-103　加工直线时计数长度的确定

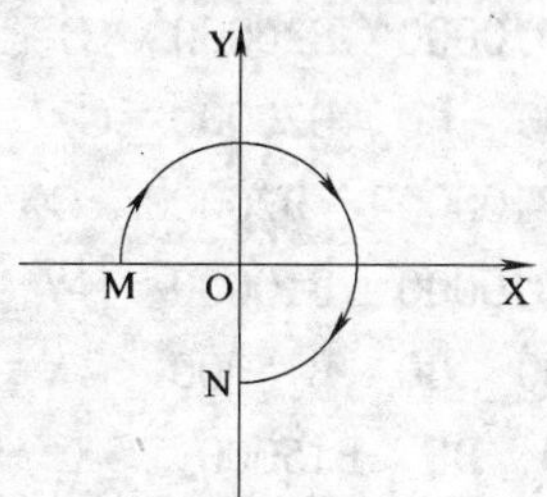

图 5-104　加工圆弧时计数长度的确定

（4）加工指令 Z 的确定　加工直线时有四种加工指令：L1、L2、L3、L4。如图 5-105a 所示，当直线在第 Ⅰ 象限（包括 X 轴而不包括 Y 轴）时，加工指令记作 L1；当处于第 Ⅱ 象限（包括 Y 轴而不包括 X 轴）时，加工指令记作 L2；L3 、L4 依次类推。加工顺时针圆弧时有四种加工指令：SR1、SR2、SR3、SR4。如图 5-105b 所示，当圆弧的起点在第 Ⅰ 象限（包括 Y 轴而不包括 X 轴）时，加工指令记作 SR1；当起点在第 Ⅱ 象限（包括 X 轴不包括 Y 轴）时，加工指令记作 SR2；SR3、SR4 依次类推。加工逆时针圆弧时有四种加工指令：NR1、NR2、NR3、NR4。如图 5-105b 所示，当圆弧的起点在第 Ⅰ 象限（包括 X 轴不包括 Y 轴）时，加工指令记作 NR1；当起点在第 Ⅱ 象限（包括 Y 轴不包括 X 轴）时，加工指令记作 NR2；NR3、NR4 依次类推。

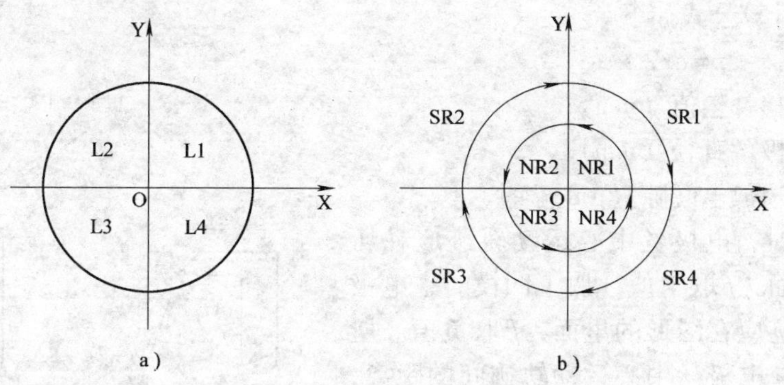

图 5-105　加工指令的确定范围
a）加工直线时的指令范围　b）加工圆弧时的指令范围

2. 编程实例

按 3B 格式编写如图 5-106 所示的图形轮廓的线切割加工程序。

确定加工路线：起点为A，加工路线按顺时针方向进行。然后分别计算各段曲线的坐标值。按3B格式编写程序如下。

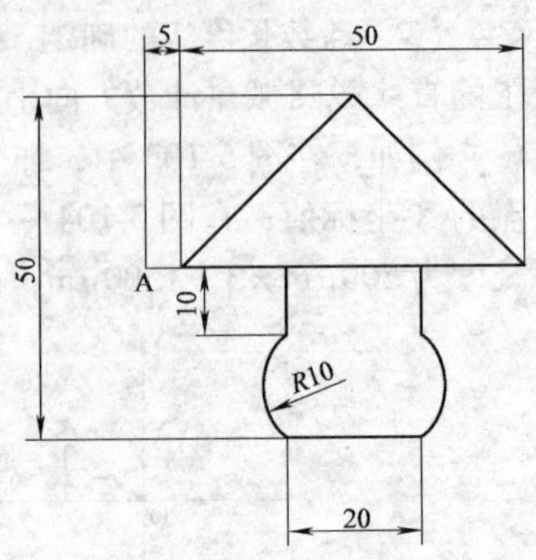

图5-106 图形轮廓编程示例

```
B5000  B0  B5000  GX  L1;
B25000  B20000  B25000  GX  L1;
B25000  B20000  B25000  GX  L4;
B15000  B0  B15000  GX  L3;
B0  B10000  B10000  GY  L4;
B0  B10000  B20000  GX  SR1;
B20000  B0  B20000  GX  L3;
B0  B100000  B20000  GX  L3;
B0  B10000  B10000  GY  L2;
B15000  B0  B15000  GX  L3;
B5000  B0  B15000  GX  L3;
MJ;
```

3. 间隙补偿问题

在实际加工中，数控电火花线切割机床是通过控制电极丝的中心运动轨迹来加工的。在数控机床上，电极丝的中心运动轨迹和图样上工件轮廓之间差别的补偿就叫间隙补偿。

由于加工中程序的执行是以电极丝中心轨迹来计算的，而电极丝的中心轨迹不能与零件的时间轮廓线重合（见图5-107）。要加工出符合图样要求的零件，必须计算出电极丝中心运动轨迹的交点和切点坐标，按电极丝中心运动轨迹（见图5-107中虚线轨迹）编程。电极丝中心运动轨迹与零件轮廓相距一个f值，f值称为间隙补偿值。计算公式如下

$$f = d/2 + s$$

式中 f——偏移补偿值（mm）；

d——电极丝直径（mm）；

s——单边放电间隙（μm）。

加工凸模时，电极丝中心运动轨迹应在所加工图形的外面，f取正值；加工凹模时，电极丝中心运动轨迹应在图形的里面，f取负值。所加工工件图形与电极丝中心运动轨迹间的距离，在圆弧的半径方向和线段垂直方向都等于间隙补偿值f。

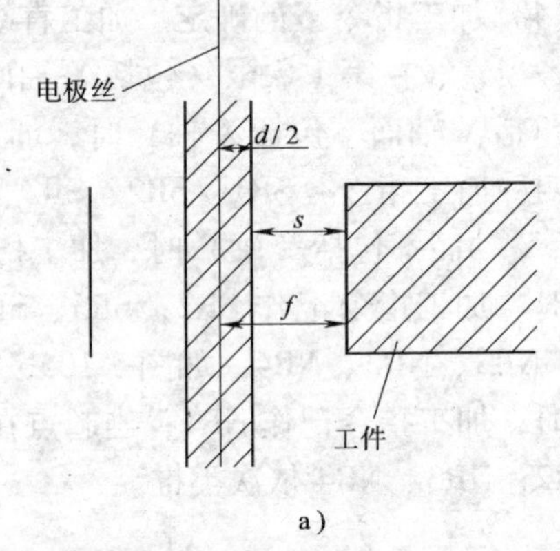

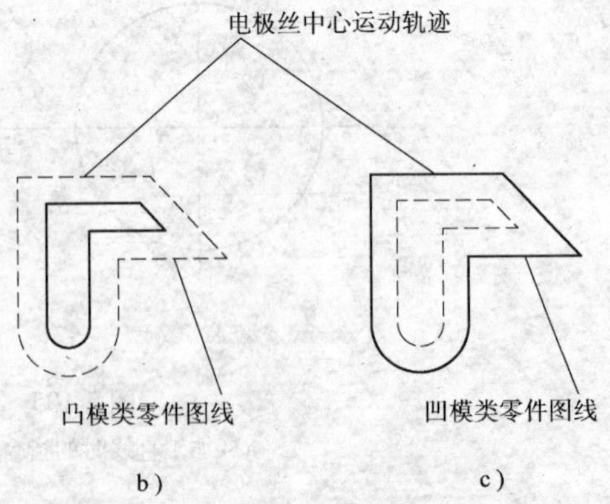

图5-107 电极丝切割运动轨迹与图样的关系
a）电极丝直径与放电间隙 b）加工凸模类零件 c）加工凹模类零件

在加工冲压模或落料模的凸、凹模时，除考虑间隙补偿值f外，还要考虑凸模与凹模的配合间隙。当加工冲孔模具时，配合间隙要在凹

模上扣除；在加工落料模具时，配合间隙要在凸模上扣除。

二、4B 代码编程

1. 4B 代码编程介绍

4B 代码的编程格式为：BX　BY　BJ　BR　G　D　Z；

4B 程序格式是有间隙补偿的程序。与 3B 格式相比，它增加了 R 和 D（或 DD）两项功能。

（1）圆弧半径 R　R 通常为原形尺寸已知的圆弧半径。因 4B 格式不能处理尖角的自动间隙补偿，若加工图形出现尖角时，取圆弧半径 R 大于间隙补偿量 F 的圆弧过度。

（2）曲线形式 D 或 DD　D 表示凸圆弧，DD 表示凹圆弧。加工外表面时，当调整补偿间隙后使圆弧半径增大的称为凸圆弧，用 D 表示；反之，使圆弧半径减少的称为凹圆弧，用 DD 表示。加工内表面时，调整补偿间隙后使圆弧半径增大的称为凹圆弧，用 DD 表示；反之为凸圆弧，用 D 表示。由此可以看出，用 4B 代码编写加工相互配合的凸、凹模的程序是相同的。

（3）间隙补偿量的算法　当加工冲孔模具时（即冲孔要求工件保证孔的尺寸），凸模的尺寸由孔的尺寸确定。因此，凸模间隙补偿量 $f_{凸}=d/2+s$，凹模的间隙补偿量 $f_{凹}=d/2+s-\delta$，δ 表示凸、凹模配合间隙。当加工落料模时（即冲后保证下的工件尺寸），故 $f_{凸}=d/2+s-\delta$，凹模的间隙补偿量 $f_{凹}=d/2+s$。

（4）间隙补偿程序的引入、引出程序段　利用间隙补偿功能，可以用特殊的编程方式来编制不加过渡圆弧的引入、引出程序段。若图形的第一道加工程序加工的是斜线，则引入程序段指定的引入段必须与该斜线垂直；若是圆弧，则引入程序段指定的引入线段应沿圆弧的径向进行（见图 5-108 的引入线段 O_1A）。数控装置将引入、引出程序段的计数长度 J 修改为 $J-f$，这样就能方便地实现引入、引出程序段沿规定方向增加或减少 f 进行自动补偿。编程时，在引入、引出程序段中可以不考虑偏移（间隙补偿量 F）。

2. 编程举例

图 5-108 所示为凸模设计图，图中的所有尺寸都为名义尺寸。现要求凹模按图样配作，保证双边配合间隙 Z＝0.04mm，试编制凸模和凹模的电火花线切割加工程序（电极丝为直径为 0.12mm 的钼丝，单边放电间隙为 0.01mm）。

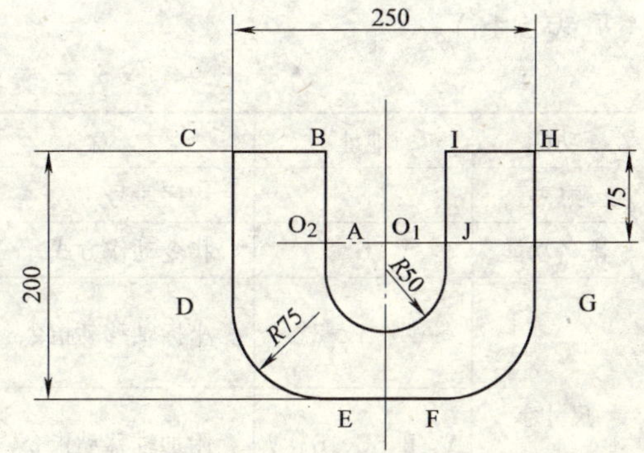

图 5-108　凸模的平均尺寸

（1）编制凸模加工程序　建立坐标系并计算出尺寸后，选取穿丝孔为 O_1 点，加工顺序为：$O_1\rightarrow A\rightarrow B\rightarrow C\rightarrow D\rightarrow E\rightarrow F\rightarrow H\rightarrow I\rightarrow J\rightarrow O_1$

确定间隙补偿量为 $f_{凸}$＝（0.12mm/2＋0.01mm）＝0.07mm，加工前将间隙补偿量输入数控装置。图形上 B、C、H、I 各点除需要加过渡圆弧，其半径应大于间隙补偿量（取 $r=0.10$mm）。凸模加工程序单见表 5-15。

表 5-15　凸模加工程序单

序号	B	X	Y	B	J	B	R	G	D（DD）	Z	备注
1	B			B	10000	B	1	GX		L3	入程序段
2	B			B	14900	B		GY		L2	

（续）

序号	B	X	Y	B	J	B	R	G	D（DD）	Z	备注
3	B	100		B	100	B	100	GX	D	NR1	过渡圆弧
4	B			B	14800	B		GX		L3	
5	B		100	B	100	B	100	GY	D	NR2	过渡圆弧
6	B			B	24900	B		GY		L4	
7	B	15000		B	15000	B	15000	GX	D	NR3	
8	B			B	20000	B		GX		L1	
9	B		15000	B	15000	B	15000	GY	D	NR4	
10	B			B	24900	B		GY		L2	
11	B	100		B	100	B	100	GX	D	NR1	过渡圆弧
12	B			B	14800	B		GX		L3	
13	B		100	B	100	B	100	GY	D	NR2	过渡圆弧
14	B			B	14900	B		GY		L4	
15	B	10000		B	20000	B	10000	GY	DD	SR4	
16	B			B	10000	B		GX		L1	出程序段

（2）编制凹模加工程序　因4B程序格式有间隙补偿，所以凹模加工程序只需修改引入、引出程序段（引入点选在 O_2 点），其他程序段与凸模加工程序相同。加工凹模时的间隙补偿量为 $f_{凹}=(0.12\text{mm}/2+0.01\text{mm}-0.04\text{mm}/2)=0.05\text{mm}$。

三、ISO代码数控程序编制

在我国的电火花线切割加工的编程中，目前广泛使用的是3B、4B程序格式。为了便于加强交流，按照国际统一规范——ISO代码进行自动编程是今后数控加工的必然趋势。

1. 程序段格式

程序段是由若干个程序字组成的，其格式为：N__　G__　X__　Y__；

字是组成程序段的基本单位，一般都是由一个英文字母加若干位10进制数字组成的。例如，X8000，其中，这个英文字母成为地址字符。不同的地址字符表示的功能也不一样（见表5-16）。

表5-16　地址字符

功能	地址	意义	功能	地址	意义
顺序号	N	程序段号	锥度参数字	W、H、S	锥度参数指令
准备功能	G	指令动作方式	进给速度	F	进给速度指令
尺寸字	X、Y、Z	坐标轴移动指令	刀具速度	T	刀具编号指令（切削加工）
	A、B、C、D、V	附加轴移动指令	辅助刀具	M	机床开/关及程序调用指令
	I、J、K	圆弧中心坐标	补偿字	D	间隙及电极丝补偿指令

（1）顺序号　它位于程序段之首，表示程序的序号，后续数字2～4位。例如，N03、N0010。

（2）准备功能G　准备功能G（以下简称G功能）是建立机床或控制系统工作方式的一种指令，其后续有两位正整数，即G00～G99。

（3）尺寸字　尺寸字在程序段中主要是用来指定电极丝运动到达的坐标位置。电火花线切割加工常用的尺寸字有 X、Y、Z、V、A、I、J 等。尺寸字的后续数字在要求代数符号时应加正负号，单位为 μm。

（4）辅助功能 M　辅助功能由 M 功能指令及后续的两位数字组成，即 M00 ~ M99，用来指令机床辅助装置的接通或断开。

2. 程序格式

一个完整的加工程序是由程序名、程序的主体（若干程序段）、程序结束指令组成，如：

P10；

N01　G92　X0　Y0；

N02　G01　X5000　Y5000；

N03　G01　X2500　Y5000；

N04　G01　2500　Y2500；

N05　G01　X0　Y0；

N06　M02；

（1）程序名　程序名由文件名和扩展名组成。程序的文件名可以用字母和数字表示，最多可用 8 个字符，如 P10，但文件名不能重复。扩展名最多用 3 个字表示，如 P10. CUT。

（2）程序的主体　程序的主体由若干程序段组成，如上面加工程序中 N01 ~ N05 段。在程序的主体中又分为主程序和子程序。将一段重复出现的、单独组成的程序称为子程序。子程序取出命名后单独储存，即可重复调用。子程序常应用在某个工件上有几个相同型面的加工中。调用子程序所用的程序称为主程序。

（3）程序结束指令 M02　M02 指令安排在程序的最后，单列一段。当数控系统执行到 M02 程序段时，就会自动停止进给并使数控系统复位。

3. ISO 代码及其编程

数控电火花线切割机床常用的 ISO 代码见表 5-17。

表 5-17　数控电火花切割机床常用 ISO 代码

代码	功能	代码	功能	代码	功能
G00	快速定位	G40	取消间隙补偿	G82	半程移动
G01	直线插补	G41	左偏间隙补偿	G84	微弱放电找正
G02	顺圆插补	G42	右偏间隙补偿	G90	绝对尺寸
G03	逆圆插补	G50	取消锥度	G91	增量尺寸
G05	X 轴镜像	G51	锥度左偏	G92	定起点
G06	Y 轴镜像	G52	锥度右偏	M00	程序暂停
G07	X、Y 轴交换	G54	加工坐标系 1	M01	程序结束
G08	X 轴镜像，Y 轴镜像	G55	加工坐标系 2	M05	接触感知解除
G09	X 轴镜像，X、Y 轴交换	G56	加工坐标系 3	M96	主程序调用文件程序
G10	Y 轴镜像，X、Y 轴交换	G57	加工坐标系 4	M97	主程序调用文件结束
G11	Y 轴镜像，X 轴镜像，X、Y 轴交换	G58	加工坐标系 5	W	下导轮到工作台面高度
		G59	加工坐标系 6	H	工件厚度
G12	取消镜像	G80	接触感知	S	工作台面到上导轮高度

（1）快速定位指令（G00） 在机床不加工的情况下，G00 指令能够使指定的某轴以最快速度移动到指定位置。其程序段格式为 G00 X__ Y__；

例如，图 5-109 中快速定位到线段终点的程序格式为 G00 X60000 Y80000；

注意：如果程序段中有了 G01 或 G02 指令，则 G00 指令无效。

（2）直线插补指令（G01） 该指令可使机床在各个坐标平面内加工任意斜率的直线轮廓和用直线段逼近的曲线轮廓，其程序段格式为 G01 X__ Y__；

例如，图 5-110 中直线插补的程序段格式为

G92 X20000 Y20000；

G01 X80000 Y60000；

目前，可加工锥度的数控电火花切割机床具有 X、Y 坐标轴及 U、V 附加轴工作台，其程序段格式为：G01 X__ Y__ U__ V__；

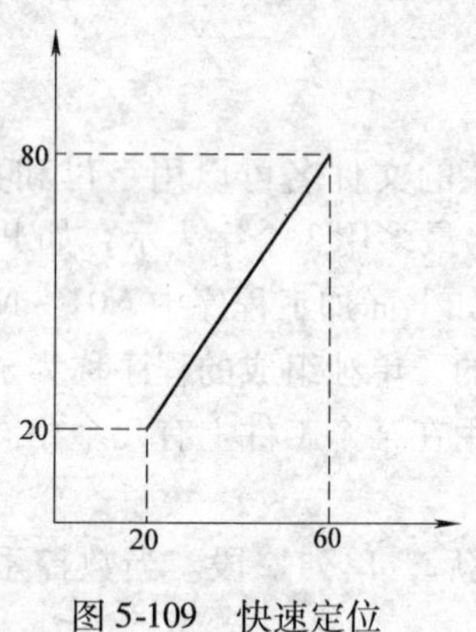

图 5-109 快速定位

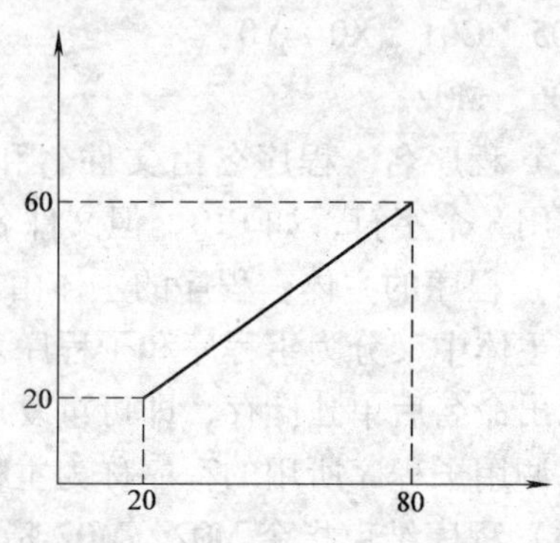

图 5-110 直线插补

（3）圆弧插补指令（G02/G03） G02 为顺时针圆弧插补指令，G03 为逆时针圆弧插补指令。用圆弧插补指令编写的程序段格式为

G02 X__ Y__ I__ J__；

G03 X__ Y__ I__ J__；

程序段中：X、Y 分别表示圆弧终点坐标；I、J 分别表示圆心相对圆弧起点在 X、Y 方向的增量尺寸。

例如，图 5-111 中圆弧插补的程序段为

G92 X10000 Y10000； 起切点 A

G02 X30000 Y30000 I20000 J0； AB 段圆弧

（4）绝对尺寸指令（G90、G91、G92） 表示该程序中的编程尺寸是按绝对尺寸给定的，即移动指令终点坐标值 X、Y 都是以工件坐标系（程序的零点）为基准来计算的。

G91 为增量尺寸指令。该指令表示程序段中的编程尺寸是按增量尺寸给定的，即坐标值均以前一个坐标位置作为起点来计算下一点的位置值。上述的 3B、4B 程序格式均按此方法计算坐标点。

G92 为定点坐标指令。G92 指令中的坐标值为加工程序的起点的坐标值（见图 5-112 中的 A 点），其程序段格式为：G92 X__ Y__；

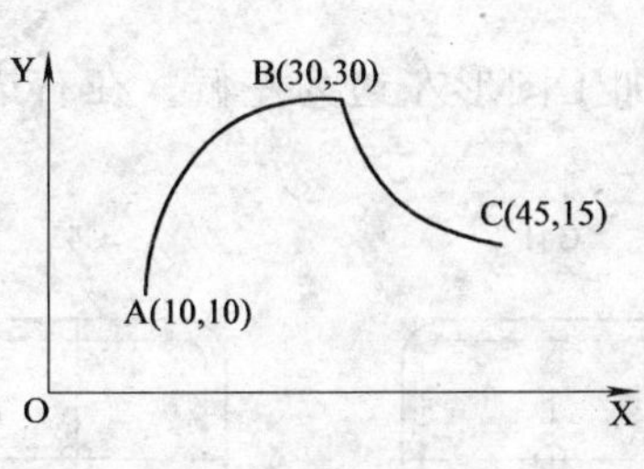

图 5-111　圆弧插补

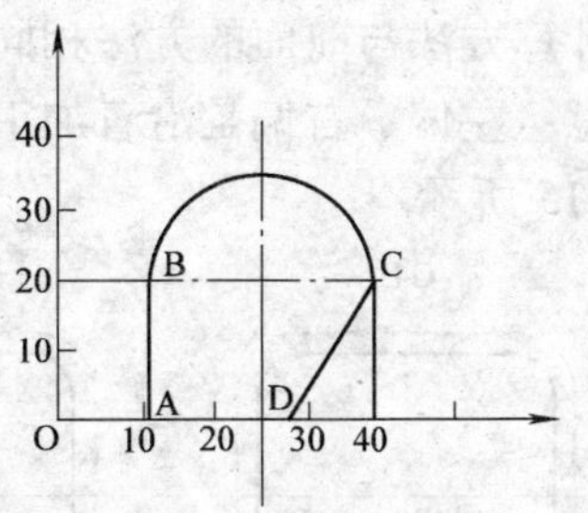

图 5-112　G90、G91、G92 指令运用

例如，加工图 5-112 中的零件，按图样尺寸用 G90 指令编程为

编程

A1；	程序名
N02　G92　X0　Y0；	确定加工程序起点 O 点
N02　G01　X10000　Y0；	O→A
N03　G01　X10000　Y20000；	A→B
N04　G02　X40000　Y20000；	B→C
N05　G01　X30000　Y0；	C→D
N06　G01　X0　Y0；	D→O
N07　M02；	程序结束

（5）镜像及交换指令（G05、G06、G07、G08、G10、G11、G12）　G05 为 X 轴镜像，函数关系式：X = -X；G06 为 Y 轴镜像，函数关系式：Y = -Y。

在图 5-113 中，直线 OA 对 X 轴镜像为 OA″，对 Y 轴镜像为 OA′。在加工模具零件时，常遇到所加工零件的图形是对称的（如多孔凹模）。例如，编制图 5-114 中的 ABC 和 A′B′C′的加工程序时，可以先编制其中一个，然后通过镜像交换指令即可对另一个进行加工。

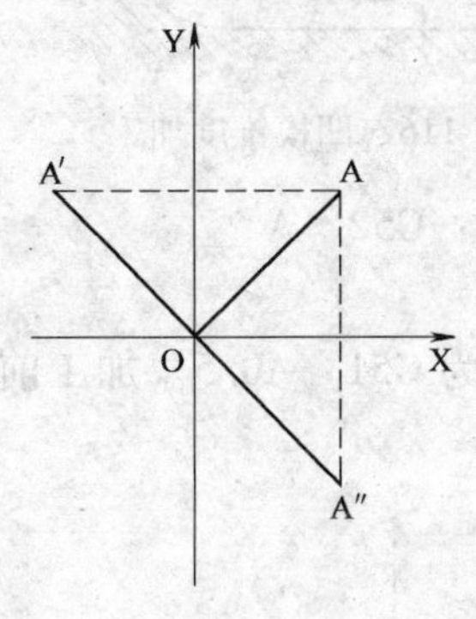

图 5-113　X 轴、Y 轴镜像

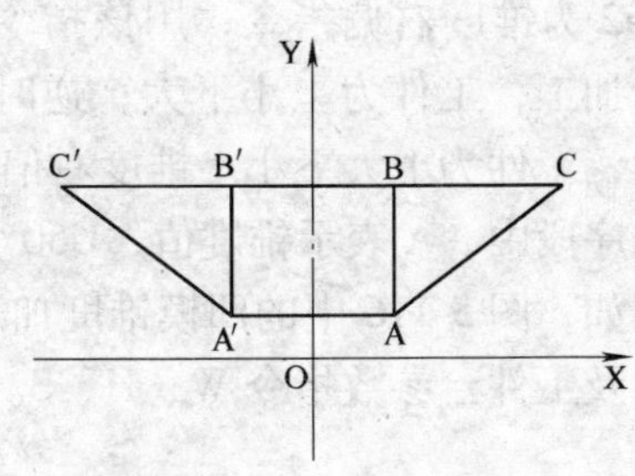

图 5-114　G05 指令应用

G12 为消除镜像指令。凡有镜像交换指令的程序，都需要用 G12 作为该程序的消除指令。其他镜像及其交换指令功能见表 5-16。

（6）间隙补偿指令（G40、G41、G42）　G41 为左偏补偿指令，其程序段格式为：G41　D __；G42 为右偏补偿指令，其程序段格式为：G42　D __；程序段中的 D 表示间隙补偿量，其计算方法与前面的方法相同。

注意：左偏、右偏是沿着加工方向看，电极丝在加工图形左边为左偏，在右边为右偏，如图 5-115 所示。

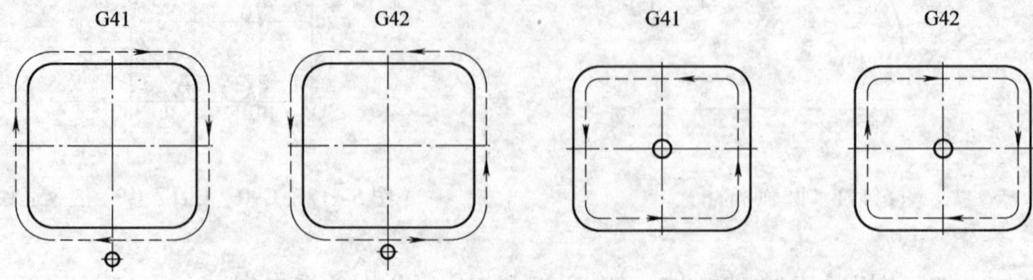

图 5-115 间隙补偿指令

（7）锥度加工指令（G50、G51、G52） 在目前的一些数控电火花线切割机床上，锥度加工都是通过装在上导轮部位的 U、V 附加轴工作台实现的。加工时，控制系统驱动 U、V 附加轴工作台，使上导轮相对于 X、Y 坐标轴工作台移动，以获得所要求的锥度。用此方法可以解决凹模的漏料问题。

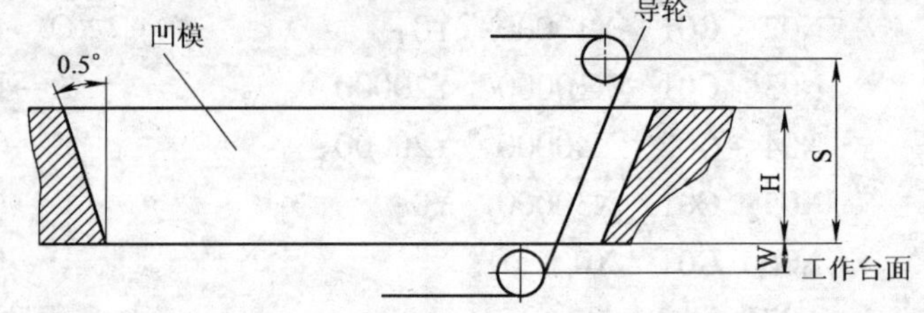

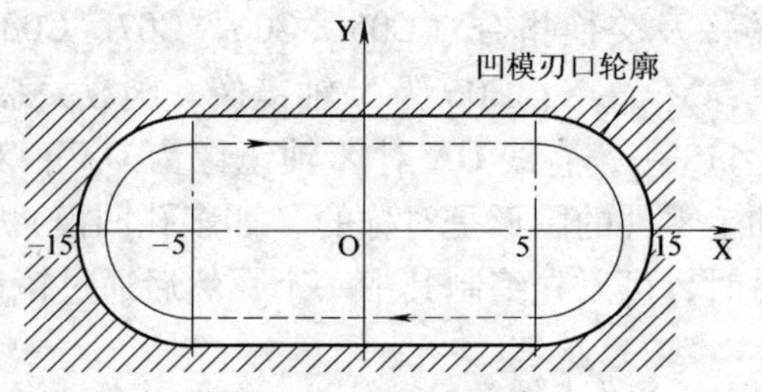

图 5-116 凹模锥度加工

G51 为锥度左偏指令，即沿走丝方向看，电极丝向左偏离。顺时针加工，锥度左偏加工的工件为上大下小；逆时针加工，左偏时工件上小下大。锥度左偏指令的程序段格式为：G51 A __；

G52 为锥度右偏指令，用该指令顺时针加工，工件为上小下大；逆时针加工，工件为上大下小。锥度右偏指令的程序段格式为：G52 A __；

程序段中，A 表示锥度值，G50 为取消锥度指令。

例如，图 5-116 中的凹模锥度加工指令的程序段格式为 G51 A0. 5。加工前，还需要输入工件及工件台参数指令 W、H、S。

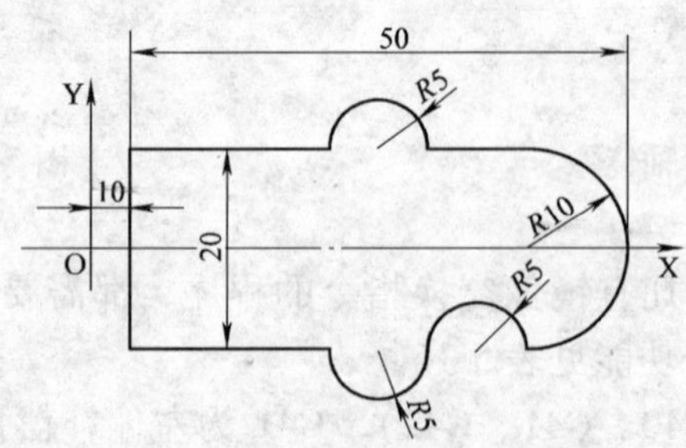

图 5-117 凸模加工

（8）编程举例　编写如图 5-117 所示的凸模加工程序。切入长度为 10mm，间隙补偿量 $f=0.1$mm。其程序段如下。

%　CIRCLE　AND　LINE	注释，圆和线
G92　X0　Y0；	起点坐标（0，0）
G91；	增量坐标
G41　D100；	左侧补偿，$f=0.1$mm
G01　X10000；	线，切入长度 10mm
Y10000；	线，Y 正向走 10mm
X10000；	线，X 正向走 10mm
G02　X10000　Y0　I5000　J0；	顺圆，终点对起点坐标为（10，0），圆心对起点坐标为（5，0）
G01　X10000　Y0；	线，X 正向走 10mm
G02　X0　Y－20000　I0　J－10000；	顺圆，终点对起点坐标为（0，－20），圆心对起点坐标为（0，－10）
G03　X－10000　Y0　I－5000　J0；	逆圆，终点对起点坐标为（－10，0）圆心对起点坐标（－5，0）
G02　X－10000　Y0　I－5000　J0；	顺圆，终点对起点坐标为（－10，0），圆心对起点坐标（－5，0）
G01　X－10000　Y0；	线，X 负向走 10mm
Y10000；	线，Y 正向走 10mm
G40；	消除补偿
G01X－10000；	线，X 负向走 10mm，回起始点
G02；	加工结束

四、数控电火花线切割综合编程实例

编制如图 5-118 所示凸模的线切割加工程序。已知电极丝直径为 0.1mm，单边放电间隙为 0.01mm。图中双点画线为坯料外轮廓。

1. 工艺处理及计算

（1）工件装夹　采用两端支承方式装夹工件，如图 5-119 所示。

（2）选择穿丝孔及电极丝切入的位置　切割型孔时，在型孔中心处钻中心孔；切割外轮廓，电极丝由坯件外部切入。

（3）确定切割线路　切割线路如图 5-119 所示，箭头所示为切割线路。先切割型孔，后切割外轮廓。

（4）计算平均尺寸　如图 5-120 所示。

（5）确定计算坐标系　为简单起见，直接选型孔的圆心作为坐标系原点建立坐标系。

（6）确定补偿间隙　$f=r+\delta=0.1\text{mm}/2+0.01\text{mm}=0.06\text{mm}$

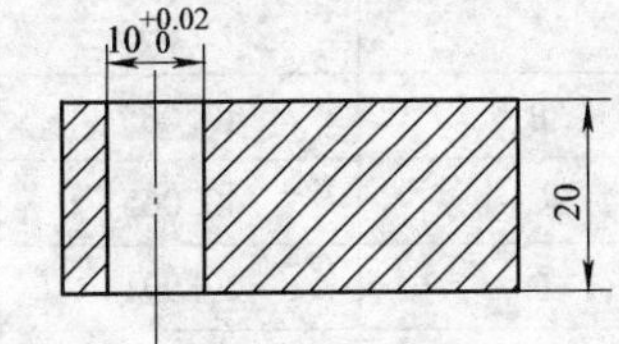

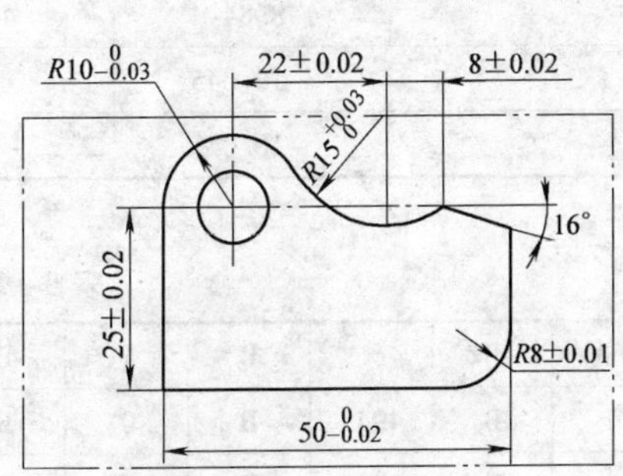

图 5-118　凸模零件

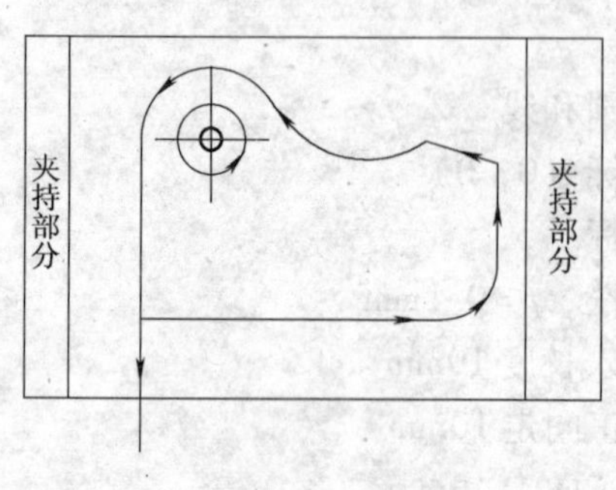

图 5-119　装夹方式及切割路线

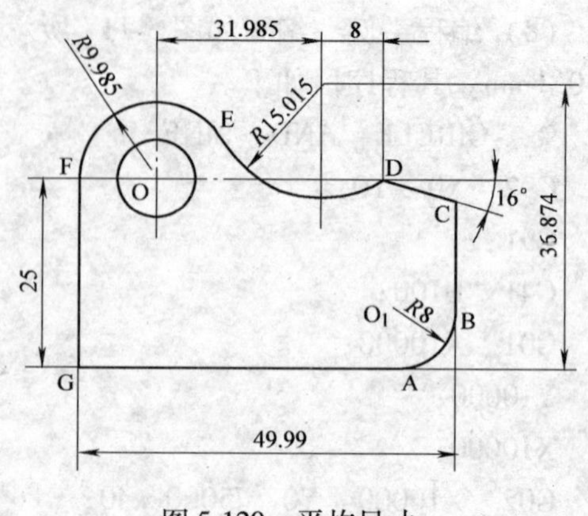

图 5-120　平均尺寸

2. 编制加工程序

（1）3B 格式编程　计算电极丝中心轨迹。3B 格式须按电极丝中心轨迹编程。电极丝中心轨迹如图 5-121 所示双点画线，相距工件平均尺寸偏移一垂直距离，即为 $f=0.06$mm。

计算交点坐标。将电极丝中心轨迹划分为单一的直线或圆弧，可通过几何计算或 CAD 查询得到各点坐标。各点的坐标见表 5-18。

切割型孔时电极丝中心至圆心 O 的距离（半径）为：$R=10.01\text{mm}/2-0.06\text{mm}=4.945\text{mm}$

编写程序单。切割凸模时，先切割型孔，然后按从 G 点下面距其 10mm 的点切入→G→A→B→C→D→E→F→G→G 点下面距其 10mm 的点切出的顺序切割。采用相对坐标编程，其线切割程序见表 5-19。

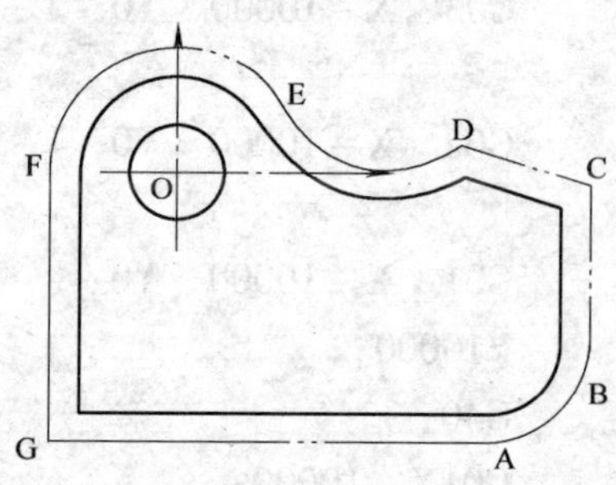

图 5-121　电极丝中心轨迹

表 5-18　凸模电极丝轨迹各线段交点及圆心坐标（3B 格式）

交点	X	Y	圆心	X	Y
A	32.005	−25.06	O	0	0
B	40.065	−17	O_1	32.005	−17
C	40.065	−3.656	O_2	22	11.874
D	29.991	−0.767			
E	8.84	4.771			
F	−10.045	0			
G	−10.045	−25.06			

表 5-19　凸模线切割程序（3B 格式）

序号	B	X	B	Y	B	J	G	Z	说　明
1	B	4945	B	0	B	4945	GX	L1	穿丝孔切入，O→电极丝中心
2	B	4945	B		B	19780	GY	NR1	加工型孔圆弧
3	B	4945	B	0	B	4945	GX	L3	切出，电极丝中心→O

（续）

序号	B	X	B	Y	B	J	G	Z	说　明
4									拆卸钼丝
5	B	10045	B	35060	B	35060	GY	L3	空走，O→G 点下面距其 10mm 的点
6									重新装钼丝
7	B	0	B	10000	B	10000	GY	L2	从 G 点下面距其 10mm 的点切入
8	B	42050	B	0	B	42050	GX	L1	加工 G→A
9	B	0	B	800	B	8000	GY	NR4	加工 A→B
10	B	0	B	13344	B	13344	GY	L2	加工 B→C
11	B	10074	B	2889	B	10074	GX	L2	加工 C→D
12	B	7991	B	12641	B	10166	GY	SR4	加工 D→E
13	B	8840	B	4771	B	15319	GY	NR1	加工 E→F
14	B	0	B	25060	B	25060	GY	L4	加工 F→G
15	B	0	B	10000	B	10000	GY	L4	G→G 点下面距其 10mm 的点→切出

（2）4B 格式编程　用4B 格式直接按工件轮廓编程，即按平均尺寸编程，各点坐标见表5-20。编写程序时，采用查对坐标，在 G、C、D 尖角处，取圆弧半径 $R=0.1\text{mm}$ 过渡（切点及圆弧在坐标轴的投影长度可由 CAD 查询），其线切割程序见表 5-21。

表 5-20　凸模电极丝轨迹各线段交点及圆心坐标（4B 格式）

交点	X	Y	圆心	X	Y
A	31.99	−25	O	0	0
B	40.005	−17	O_1	30.995	−17
C	40.005	−3.701	O_2	22	11.874
D	30	−0.832			
E	8.787	4.473			
F	−0.985	0			
G	−0.985	−25			

表 5-21　凸模线切割程序（4B 格式）

序号	B	X	B	Y	B	J	B	R	G	D	Z	说　明
1	B		B		B	505	B		GX		L1	穿丝孔切入，O→电极丝中心
2	B	5005	B		B	20020	B	5005	GY	D	NR1	加工型孔圆弧
3	B		B		B	5005	B		GX		L3	切出，电极丝中心→O
4												拆卸钼丝
5	B	9985	B	35000	B	35000			GY		L3	空走，O→G 点下面距其 10mm 的点
6												重新装钼丝
7	B		B		B	10000			GY		L2	从 G 点下面距其 100mm 的点→切入
8	B		B		B	41980	B		GX		L1	加工 G→A

（续）

序号	B	X	B	Y	B	J	B	R	G	D	Z	说 明
9	B		B	800	B	8000	B	8000	GY	D	NR4	加工 A→B
10	B		B		B	13224	B		GY		L2	加工 B→C
11	B	100	B		B	72	B	100	GX	D	NR1	半径为 0.1mm 的圆弧过渡
12	B	9890	B	2836	B	9890	B		GX		L2	加工 C→D
13	B	28	B	96	B	81	B	100	GX	D	NR1	半径为 0.1mm 的圆弧过渡
14	B	7962	B	12730	B	10083	B	15015	GY	DD	SR4	加工 D→E
15	B	8787	B	4743	B	15227	B	9985	GY	D	NR1	加工 E→F
16	B		B		B	25000	B		GY		L4	加工 F→G
17	B		B		B	10000	B		GY		L4	G→G 点下面距其 10mm 的点切出

（3）ISO 代码编程　按图 5-120 所示平均尺寸编程，其线切割程序见表 5-22。

表 5-22　凸模线切割程序（ISO 格式）

程序段	说明	程序段	说明
AM	文件名	G01　X－9985　Y－25000	走到 G 点
G92　X0　Y0	绝对坐标编程	G01　X31995　Y0	加工 G→A
G41　D60	左偏间隙补偿，D 偏移量为 0.06mm	G03　X40005　Y－17　I0　J8000	加工 A→B
G01　X5005　Y0	穿丝孔切入，O→电极丝中心	G01　X40005　Y－3701	加工 B→C
G03　X5005　Y0　I－5005　J0	加工型孔圆弧	G01　X30000　Y832	加工 C→D
G40	取消间隙补偿	G02　X8787　Y4843　I8000　J12706	加工 D→E
G01　X0　Y0	回坐标原点	G03　X－9985　Y0　I－878　J－4743	加工 E→F
M00	程序暂停，拆卸钼丝	G01　X－9985　Y－35000	加工 F→G
G00　X－9985　Y－35000	空走，O→G 点下面距其 10mm 的点	G01　X－9985　Y－35000	从 G 下方切出
M00	程序暂停，重新装钼丝	G40	取消间隙补偿
G41　D60	左偏间隙补偿，D 偏移量为 0.06mm	M02	程序结束

在采用电火花切割加工时，要注意其工艺规律，采用恰当的装夹方式、切入点、行走路径、行走方向、行走速度、高频电压、脉冲宽度和脉冲间隙，以达到所要求的尺寸精度和表面质量，尽可能地提高加工效率。

第十二节　自动编程简介

自动编程是利用计算机专用软件编制数控加工程序的过程。随着计算机技术的发展，计算机辅助设计与制造（CAD/CAM）技术逐渐走向成熟。目前，以 CAD/CAM 一体化集成形式的软件已成为数控加工自动编程系统的主流。这些软件可以采用图形交互方式，进行零件几何建模（绘图、编辑和修改），对机床与刀具参数进行定义和选择，确定刀具相对于零件的运动方式、切削加工参数，自动生成刀具路径和程序代码，最后经过后置处理，按照所使用机床规定的文件格式生成加工程序。通过串行通信的方式，将加工程序传送到数控机床的数控单元，实现对零件的数控加工。

1. CAD/CAM 集成数控编程系统的基本原理

（1）CAD/CAM 系统的组成　一个集成化的 CAD/CAM 数控编程系统，一般由几何造型、刀具路径生成、刀具路径编辑、刀具路径验证、后置处理、图形显示、几何模型内核、运行控制和用户界面等部分组成，它们的层次结构如图 5-122 所示。

1）在 CAD/CAM 集成数控编程系统中，几何模型内核是整个系统的核心。在几何造型模块中，常用的几何模型包括表面模型（Surface Model）、实体模型（Solid Model）和加工特征单元模型（Machining Feature Cell Model）。在集成化的 CAD/CAM 系统中，应用最为广泛的几何模型表示方法是边界表示（B-Rep：Boundary Representation）和结构化实体几何（CSG：Constructive Solid Geometry）。在现代 CAD/CAM 系统中，最常用的几何模型内核主要有两种，分别为 Parasolid 和 ACIS。

2）多轴刀具路径生成模块直接采用几何模型中加工特征单元的边界表示模式，根据所选用的刀具及加工方式进行刀位计算，生成数控加工刀具路径。

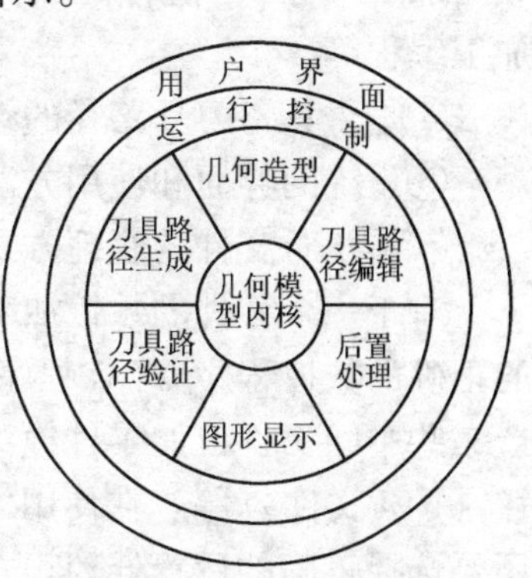

图 5-122　CAD/CAM 集成数控编程系统组成

3）刀具路径编辑是根据加工单元的约束条件对刀具路径进行裁剪、编辑和修改。

4）刀具路径验证一方面检验刀具路径是否正确，另一方面检验刀具是否与加工单元的约束面发生干涉和碰撞。

5）后置处理模块根据生成的刀具路径，转化为数控系统能够识别的加工代码（加工程序）。

6）图形显示贯穿整个设计与加工编程过程的始终。

7）用户界面提供给用户一个良好的交互操作环境。

8）运行控制模块是支持用户界面所有的输入输出方式到各功能模块之间的接口。

（2）CAD/CAM 系统的基本功能要求　一个典型的 CAD/CAM 集成系统，总的来说应具备以下几大功能模块。

1）造型设计包括二维设计、曲面设计、实体和特征设计、曲线、曲面以及实体的编辑（过渡、拼接、裁剪、转换和投影等）、NC 加工特征单元的定义和图素分析等。

2）数控加工编程包括多坐标加工刀具路径生成、刀具路径编辑、刀具路径验证和后置处理等。

3）在三维几何造型设计的基础上，能够自动生成二维工程图，并具有标注尺寸的功能。但对于单一功能的数控编程系统，二维工程图功能不一定非有不可。

2. CAD/CAM 集成数控编程系统的应用

在使用一个 CAD/CAM 集成数控编程系统进行零件数控加工编程之前，应对该系统的功能及使用方法有一个比较全面的了解。

对于 CAD/CAM 集成数控编程系统，首先应了解其总体功能框架，包括造型设计、二维工程绘图、装配、模具设计、制造等功能模块，以及每一个功能模块所包含的内容。特别应关注造型设计中的草图设计、曲面设计、实体造型以及特征造型的功能，因为这些是数控加工编程的基础。

一个系统的数控编程能力主要体现在以下几方面。

①适用范围。例如，车削、铣削、线切割（EDM）、雕刻等。

②可编程的坐标数。包括点位、二坐标、三坐标、四坐标以及五坐标。

③可编程的对象。包括多坐标点位加工编程，表面区域加工编程（是否具备多曲面区域的加工编程），轮廓加工编程，曲面交线及过渡区域加工编程，型腔加工编程，曲面通道加工编程等。

④是否具备刀具路径的编辑功能和刀具路径验证（仿真）的功能。

⑤系统的界面和使用方法。

⑥系统对文件的管理方式。

对于一个零件的数控加工编程，最终要得到的是能在指定的数控机床上完成该零件加工的正确的数控程序（NC 程序），该程序是以文件形式存在的。在实际编程时，往往还要构造一些中间文件，如零件模型、几何元素（曲线、曲面）的数据文件、刀具文件、刀具路径（NCI 文件）等。在使用之前应该熟悉系统对这些文件的管理方式以及它们之间的关系。还要选择正确的后置处理程式。下面简要叙述自动编程的主要步骤。

（1）分析加工零件　当拿到待加工零件的零件图样或工艺图样（特别是复杂曲面零件和模具图样）时，首先应对零件图样进行仔细的分析，其内容包括以下几点。

①分析待加工表面。一般来说，在一次加工中，只需对加工零件的部分表面进行加工。这一步骤的内容是：确定待加工表面及其约束面，并对其几何定义进行分析，必要的时候需对原始数据进行一定的预处理（如对不对称公差的尺寸求平均值），要求所有几何元素的定义具有唯一性。

②确定加工方法。根据零件毛坯形状和待加工表面及其约束面的几何形态，以及现有机床设备条件，确定零件的加工方法及所需的机床设备和工夹量具。

③确定程序原点及工件坐标系。一般根据零件基准面（或孔）的位置和待加工表面及其约束面的几何形态，在零件毛坯上选择一个合适的程序原点及编程坐标系（工件坐标系）。

（2）对待加工表面及其约束面进行几何造型　这是数控加工编程的第一步。对于 CAD/CAM 集成数控编程系统来说，一般可根据几何元素的定义方式，在前面零件分析的基础上，对加工表面及其约束面进行几何造型。对使用 CAD 软件绘制的二维工程图，要作适当的转换、删除、添补和修改等工作，绘制出待加工的曲线、曲面以及实体。

（3）确定工艺步骤并选择合适的刀具　一般来说，可根据加工方法和加工表面及其约束面的几何形态选择合适的刀具类型及刀具尺寸。但对于某些复杂曲面零件，则需要对加工表面及其约束面的几何形态进行数值计算，根据计算结果才能确定刀具类型和刀具尺寸。这是因为，对于一些复杂曲面零件的加工，希望所选择的刀具加工效率高，同时又希望所选择的刀具符合加工表面的要求，且与非加工表面不发生干涉或碰撞。但在某些情况下，加工表面及其约束面的几何形态数值计算很困难，只能根据经验和直觉选择刀具。这时，便不能保证所选择的刀具是合适的，所以在刀具路径生成之后，需要进行刀具路径验证。

（4）刀具路径生成及刀具路径编辑 对于 CAD/CAM 集成数控编程系统来说，一般可在所定义加工表面及其约束面（或加工单元）上确定其外法矢方向，并选择一种进给方式，根据所选择的刀具（或定义的刀具）和加工参数，系统将自动生成所需的刀具路径。所要求的加工参数包括：安全高度、主轴转速、进给速度、线性逼近误差、刀具路径间的残留高度、背吃刀量、加工余量、进刀/退刀方式等。当然，对于某一加工方式来说，可能只要求其中的部分加工参数。一般来说，数控编程系统对所要求的加工参数都有一个默认值。

刀具路径生成以后，如果系统具备刀具路径显示及交互编辑功能，则可以将刀具路径显示出来。如果有不合适的地方，可以在人工交互方式下对刀具路径进行适当的编辑与修改。刀具路径计算的结果存放在刀位源文件中。

（5）刀具路径验证 如果系统具有刀具路径验证功能，可以对可能过切、干涉与碰撞的刀位点，采用系统提供的刀具路径验证手段进行检验。一般有刀具路径模拟和实体切削验证两种检验方式。

（6）后置处理 根据数控机床所选用的数控系统，选择、运行相应的后处理程序，将刀位源文件转换成 G 代码格式的数控加工程序。值得说明的是，自动编程软件最后生成的加工程序，有些程序段是供用户选用的，要根据数控系统、数控机床使用说明书规定的代码格式以及当前数控装置内存文件情况作相应的修改和调整。

在零件加工之前，根据以上的工艺分析和刀具选择，制定一个加工用的工艺卡片和刀具卡片，包括所使用的数控机床和数控系统型号、刀具数量、刀具规格、材料、加工步骤、切削用量、主轴转速、进给速度和对刀位置等内容，便于操作者正确加工。

3. 常用的 CAD/CAM 集成数控编程系统简介

（1）CAXA 制造工程师 CAXA 制造工程师是由我国北京北航海尔软件有限公司研制开发的全中文、面向数控铣床和加工中心的三维 CAD/CAM 软件。它基于微机平台，采用原创 Windows 菜单和交互方式，全中文界面，便于轻松地学习和操作。它全面支持图标菜单、工具条、快捷键。用户还可以自由创建符合自己习惯的操作环境。它既具有线框造型、曲面造型和实体造型的设计功能，又具有生成二至五轴的加工代码的数控加工功能，还可用于加工具有复杂三维曲面的零件。其特点是易学易用、价格较低，已在国内众多企业和研究院所得到应用。

（2）UG Ⅱ CAD/CAM 系统 UG Ⅱ 由美国 UGS（Unigraphics Solutions）公司开发经销，不仅具有复杂造型和数控加工的功能，还具有管理复杂产品装配，进行多种设计方案的对比分析和优化等功能。该软件具有较好的二次开发环境和数据交换能力，其庞大的模块群为企业提供了从产品设计、产品分析、加工装配、检验，到过程管理、虚拟运作等全系列的技术支持。由于软件运行对计算机的硬件配置有很高要求，其早期版本只能在小型机和工作站上使用。但随着微机配置的不断升级，现已开始在微机上使用。目前，该软件在国际 CAD/CAM/CAE 市场上占有较大的份额。UG Ⅱ CAD/CAM 系统具有丰富的数控加工编程能力，是目前市场上数控加工编程能力最强的 CAD/CAM 集成系统之一。其主要功能包括：车削加工编程，型芯和型腔铣削加工编程，固定轴铣削加工编程，清根切削加工编程，可变轴铣削加工编程，顺序铣削加工编程，线切割加工编程，刀具路径编辑，刀具路径干涉处理，刀具路径验证、切削加工过程仿真与机床仿真，通用后置处理。

（3）Pro/Engineer Pro/Engineer 是美国 PTC 公司研制和开发的软件，开创了三维 CAD/

CAM 参数化的先河。该软件具有基于特征、全参数、全相关和单一数据库的特点，可用于设计和加工复杂的零件。另外，它还具有零件装配、机构仿真、有限元分析、逆向工程、同步工程等功能。该软件也具有较好的二次开发环境和数据交换能力。

(4) CATIA　CATIA 是最早实现曲面造型的软件，它开创了三维设计的新时代。它的出现，首次实现了计算机完整描述产品零件的主要信息，使 CAM 技术的开发有了现实的基础。目前，CATIA 系统已发展成从产品设计、产品分析、加工、装配和检验，到过程管理、虚拟运作等众多功能的大型 CAD/CAM/CAE 软件。

CATIA（NC MILL）系统具有菜单接口和刀具路径验证能力。其主要编程功能除了常用的多坐标点位加工编程、表面区域加工编程、轮廓加工编程、型腔加工编程外，还有以下特点。

1）在型腔加工编程功能上，采用扫描原理对带岛屿的型腔进行行切法编程；对不带岛屿的任意边界型腔（即不限于凸边界）进行环切法编程。

2）在雕塑曲面区域加工编程功能上，可以连续对多个零件面编程，并增加了截平面法生成刀具路径的功能。

(5) Master CAM　Master CAM 是由美国 CNC Software 公司推出的基于 PC 平台上的 CAD/CAM 软件。它具有很强的加工功能，尤其在对复杂曲面自动生成加工代码方面具有独到的优势。由于 Master CAM 主要针对数控加工，零件的设计造型功能不强，但它对硬件的要求不高，且操作灵活、易学易用、价格较低，受到中小企业的欢迎。因此，该软件被认为是一个图形交互式 CAM 数控编程系统。

Master CAM6.0 以上版本的数控加工编程能力较强，其功能有：点位加工编程，二维轮廓及型腔加工编程，三维曲线及曲面加工编程，参数线法、截平面法、投影法加工编程，刀具路径编辑及刀具路径干涉处理功能，多曲面组合（包括曲面交线及曲面间过渡区域）编程，刀具路径验证与切削加工过程仿真，以及通用后置处理功能。另外，整个系统的不同模块之间采用文件传输数据，具有 IGES 标准接口。

(6) CIMATRON　CIMATRON 是以色列 Cimatron 公司提供的 CAD/CAM/CAE 软件，是较早在微机平台上实现三维 CAD/CAM 的全功能系统。它具有三维造型、生成工程图、数控加工等功能，具有各种通用和专用的数据接口及产品数据管理（PDM）等功能。该软件较早在我国得到全面汉化，已积累了一定的应用经验。

复习思考题

1. 数控编程的主要步骤和内容是什么？
2. 数控车床的主要加工对象是什么？
3. 数控机床的运动方向和坐标系是如何定义的？数控车床的 Z 轴是怎样定义的？
4. 数控系统常用的功能指令代码有哪些？各指令的作用是什么？
5. 分别用绝对坐标和增量坐标写出图 5-123 中各点的基点坐标。
6. 计算精车图 5-124 所示手柄零件时，所需各基点的坐标值。
7. 试分析图 5-125 所示零件的数控车削加工工艺过程。其材料为 45 钢，小批量生产。具体要求如下。

1）零件工艺分析（包括尺寸正确性、轮廓描述完整性及结构工艺性）。

2）确定装夹方案。

3）确定加工顺序及进给路线。

4）选择刀具与切削用量。

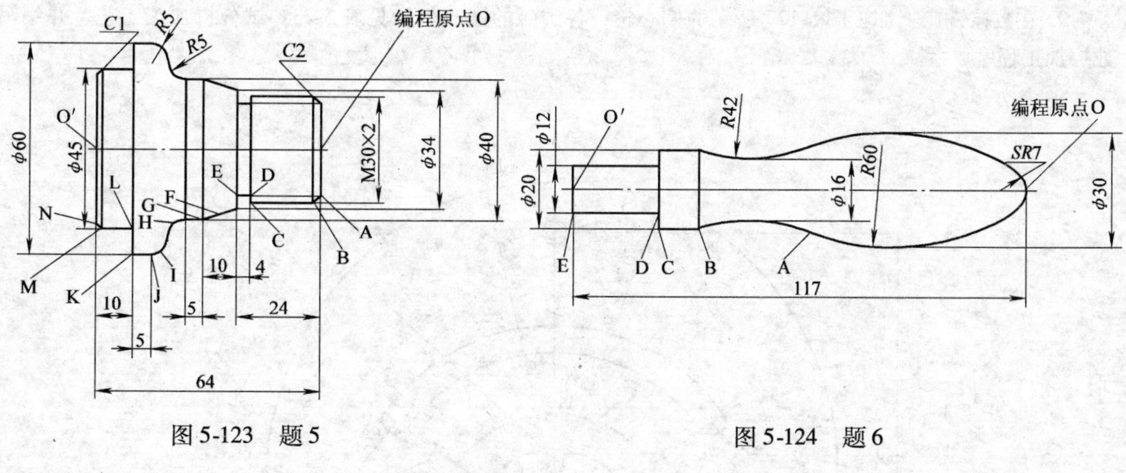

图 5-123　题 5　　　　图 5-124　题 6

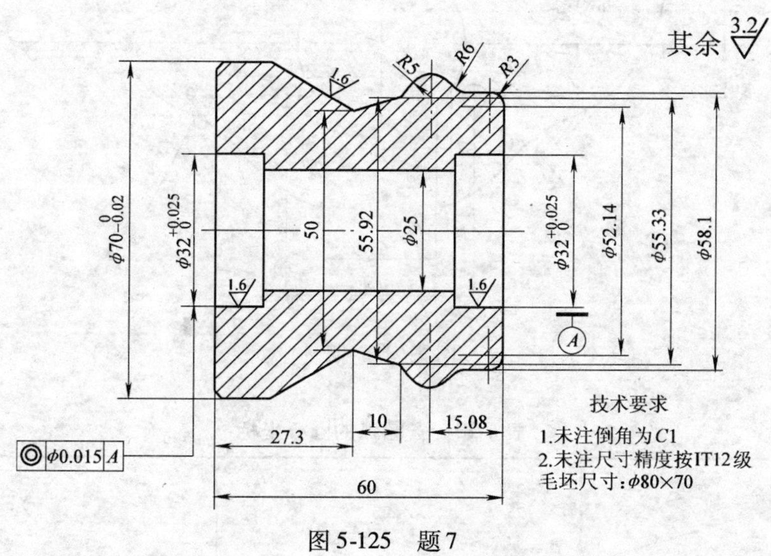

图 5-125　题 7

8. 需加工图 5-126 所示零件，其材料为铝棒。试分析零件的数控车削加工工艺过程，并编写粗、精车加工的程序。

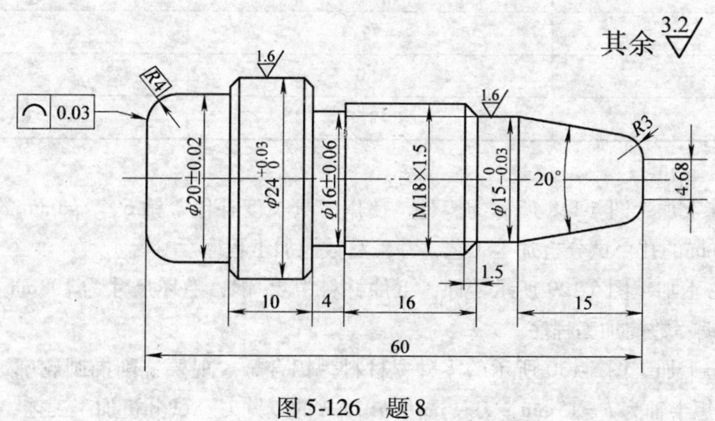

图 5-126　题 8

9. 在数控铣床上加工图 5-127 所示的偏心轮，各圆弧的圆心坐标见表 5-23。试分析加工工艺，并编写数控加工程序。

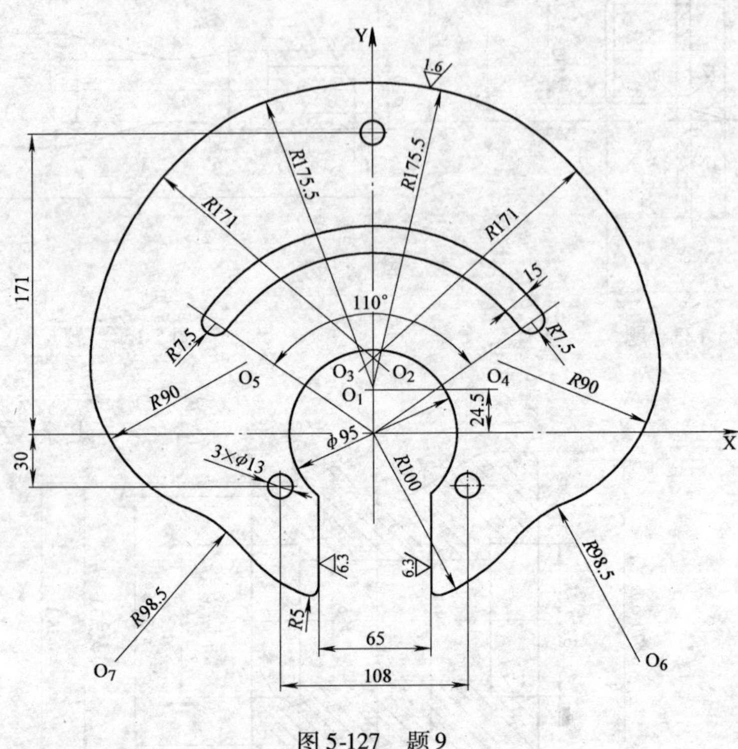

图 5-127　题 9

表 5-23　各圆弧的圆心坐标

坐标 / 圆心	X/mm	Y/mm
O_1	0	24. 5
O_2	9	34. 5
O_3	-9	34. 5
O_4	72. 5	41
O_5	-72. 5	41
O_6	150	-130
O_7	-150	-130

10. 在数控铣床上加工图 5-128 所示的零件，使用刀具长度补偿，钻 6 个 ϕ6mm 的孔，钻 4 个 ϕ10mm 的孔，镗 4 个 ϕ40mm 的孔。试分析加工工艺，并编写数控加工程序。

11. 在加工中心上加工图 5-129 所示零件，工件材料为 45 钢，毛坯尺寸为 108mm × 54mm × 13mm。试分析加工工艺，并编写数控加工程序。

12. 在加工中心上加工图 5-130 所示的零件，材料为铝合金。现要铣削椭圆轮廓，高度为 3mm，椭圆长半轴 $a=25$mm，短半轴为 $b=15$mm，刀具选用 ϕ10mm 的立铣刀。试分析加工工艺，并用宏程序编程。

13. 简述自动编程的工作过程。

14. 自动编程是否可以完全代替手工编程？

15. 简述 CAD/CAM 系统的基本功能。

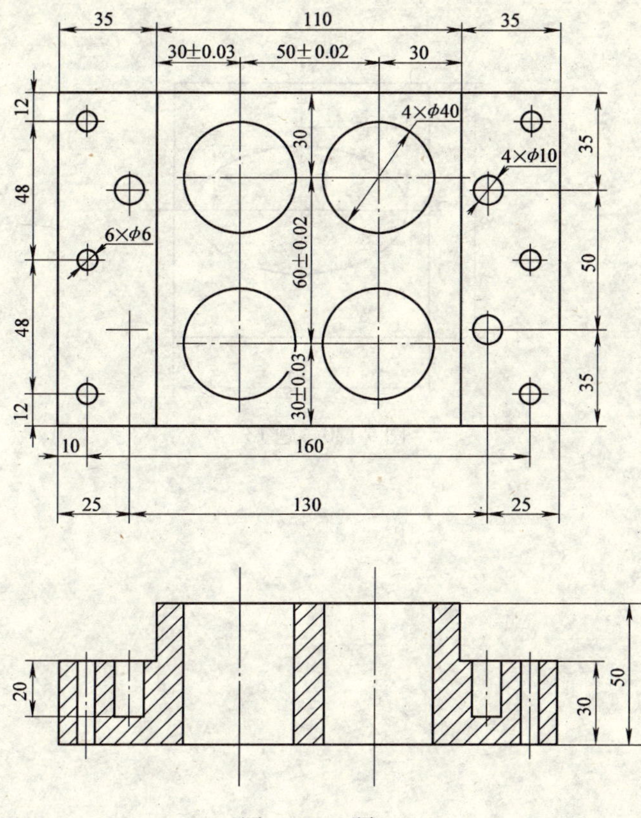

图 5-128　题 10

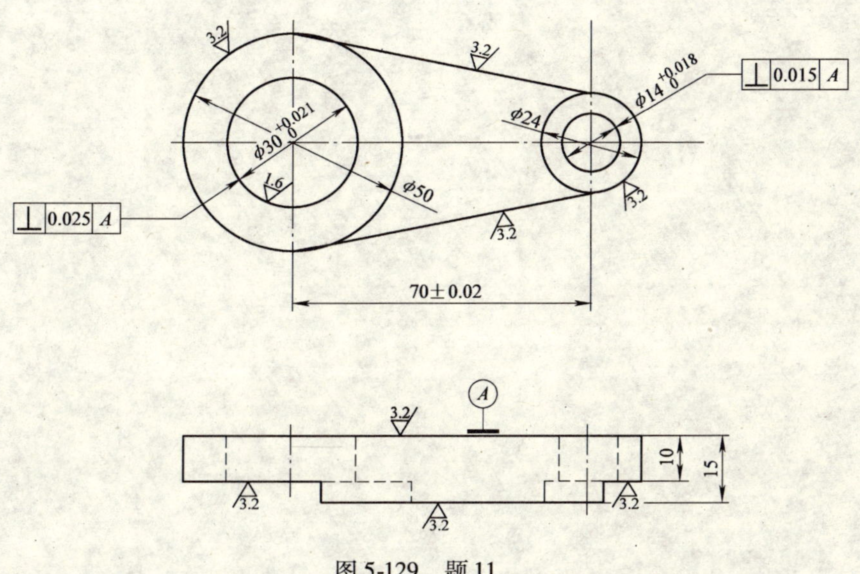

图 5-129　题 11

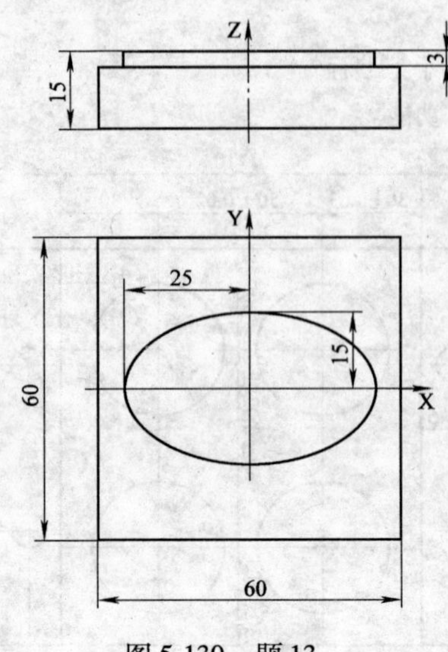

图 5-130　题 13

第六章　数控机床的操作与加工技术

本章应知

1. 数控机床的加工原理（了解）
2. 数控机床的加工工艺（了解）

本章应会

1. 遵守数控机床的安全文明操作规程，对数控机床进行独立操作（重点要求）
2. 掌握在数控机床上进行零件加工时，尺寸精度的控制方法（重点要求）
3. 了解数控机床的一般调整

第一节　数控车床的操作与加工技术

GSK980T 是广州数控设备厂开发的控制微步步进电动机及全数字交流伺服的经济型车床数控系统。其控制线路集成度极高，采用高速微处理器，超大规模可编程门阵列集成电路芯片，四层印制电路板，液晶画面全中文显示，在控制面板上将 CNC 操作面板与机车操作面板集成为一体，有极高的可靠性和操作性。系统的控制精度为 0. 001mm，能胜任各种高精度切削。在全国，特别是华南地区广泛应用。

一、GSK980T 的 LCD/MDI 面板

GSK980T 的 LCD/MDI 面板如图 6-1 所示，采用液晶画面全中文显示，轻触式按键。

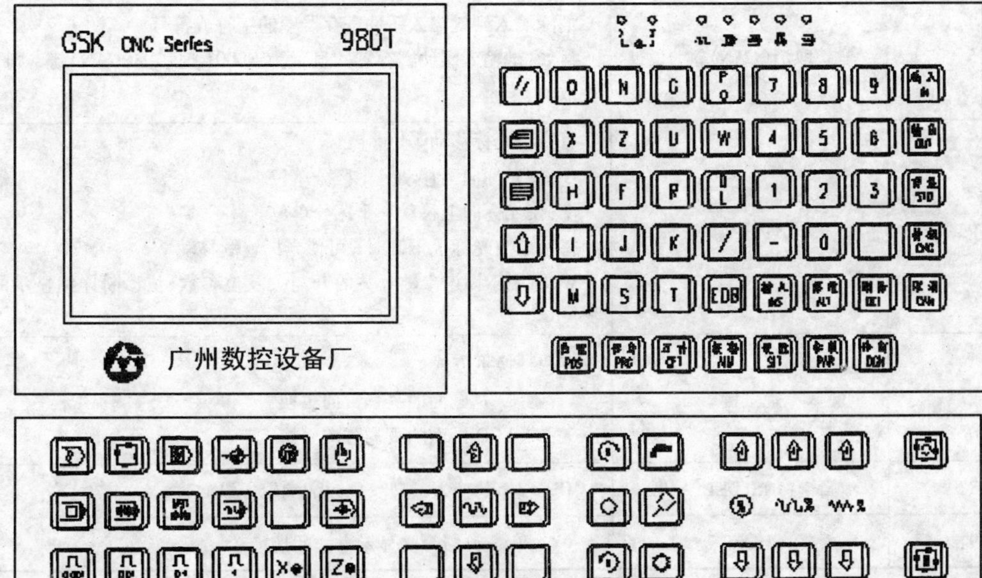

图 6-1　GSK980T 的 LCD/MDI 面板

1. 显示页面键

显示页面键是用于选择各种显示画面的。GSK980T 共有七种显示画面，即位置、程序、刀补、报警、设置、参数、诊断。对其解释如下。

［位置］：按下该键，CRT 显示现在位置。共有四页：［相对］、［绝对］、［总和］、［位置/程序］，通过翻页键转换。

［程序］：程序的显示、编辑等。共有三页：［MDI/模］、［程序］、［目录/存储量］。

［刀补］：显示设定补偿量和宏变量。共有两页：［偏置］、［宏变量］。

［报警］：显示报警信息。

［设置］：显示、设置各种参数、参数开关及程序开关。

［参数］：显示设定参数。

［诊断］：显示各种诊断数据。

2. 数控系统编辑键

数控系统编辑键名称及功能说明见表 6-1。

表 6-1 数控系统编辑键名称及功能

序号	名 称	用 途
1	复位(//)键	解除报警,CNC 复位
2	输出(OUT)键	从 RS-232 接口输出文件的启动
3	地址/数字键	输入字母、数字等字符
4	输入(IN)键	用于输入参数、补偿量等数据 从 RS-232 接口输入文件的启动 MDI 方式下程序段指令的输入
5	取消(CAN)键	消除输入到键输入缓冲寄存器中的字符或符号 例如,键输入缓冲寄存器的显示为 N0001 时，按(CAN)键，则 N0001 被取消
6	光标移动键	有四种光标移动 ↓:使光标向下移动一个区分单位 ↑:使光标向上移动一个区分单位 持续地按光标上下键时，可使光标连续移动 W、L:用于设定参数开关的开与关及位参数、位诊断详细显示的位选择
7	翻页键	有两种换页方式 ↓：使 LCD 画面的页顺方向更换 ↑：使 LCD 画面的页逆方向更换
8	编辑键(INS、DEL、ALT)	用于程序的插入、删除、修改的编辑操纵
9	CHG 键	位参数、位诊断含义显示方式的切换

3. 机床操作面板

机床操作面板各按钮的说明见表 6-2。

表 6-2　机床操作面板各按钮的说明

名　称	用　途
循环起动按钮	自动运行的起动。在自动运行中，自动运行的指示灯亮
进给保持按钮	自动运行中刀具减速停止
方式选择开关	选择操作方式
快速进给开关	手动快速进给
手动轴向运动按钮	手动连续进给，单步进给，轴方向运动
返回程序起点	返回程序起点。当开关为 ON 时，为回程序零点方式
快速进给倍率	选择快速进给倍率
单步/手轮移动量	选择单步一次的移动量(单步方式)；手轮进给时，选择一刻度对应的移动量(手轮方式)
急停	机床紧急停止(用户外接)
机床锁住	锁住机床
进给速度倍率	在自动运行中，对进给速率进行倍率
手动连续进给速度	选择手动连续进给的速度
手摇轴选择	选择与手摇脉冲发生器相对应的移动轴
主轴起动	手动主轴正转、反转，点动起动、停止
主轴倍率	主轴倍率选择(含主轴模拟输出时)
切削液起动	切削液起动(详见机床厂发行的说明书)
润滑液起动	润滑液起动(详见机床厂发行的说明书)
手动换刀	手动换刀(详见机床厂发行的说明书)

二、编辑方式

按编辑方式选择键（见图 6-2），进入编辑方式。

1. 程序存储、编辑操作前的准备

(1) 操作前的准备

1) 把程序保护开关置于 ON 上。

2) 操作方式设定为编辑方式。

3) 按［程序］键后，显示程序后方可编辑程序。

图 6-2　编辑方式选择键

(2) 当用 RS-232 进行传递数据时应作如下准备

1) 连接好 GSK980T 与 PC 机。

2) 设定好与 RS-232 有关的设定。

3) 把程序保护开关置于 ON 上。

4) 操作方式设定为 EDIT 方式（即编辑方式）。

5) 按［程序］键后，显示程序。

2. 把程序存入存储器中

(1) 用键盘键入　选择编辑方式；按［程序］键；用键输入地址 O；用键输入程序号；按 EOB 键。

通过这个操作，存入程序号，之后把程序中的每个字用键输入，然后按 INSRT 键便将键入程序存储起来。

(2) 用 PC 机输入　选择编辑方式；按［程序］键，显示程序画面；用键输入地址 O；用键输入程序号；启动 PC 机使之输出状态；按 IN 键。

通过这个操作，程序即传入存储器，在传输过程中，画面状态行闪烁“输入”。

3. 程序号检索

当存储器存入多个程序时，按［程序］键，显示指针指向的一个程序，即使断电，该程序指针也不会丢失。可以通过检索的方法调出需要的程序（改变指针），而对其进行编辑或执行的操作称为程序检索。

(1) 检索方法　选择编辑或自动方式；按［程序］键，显示程序画面；按地址 O 键；键入要检索的程序号；按↓键。

检索结束时，在 LCD 画面显示检索出的程序并在画面的右上部显示已检索的程序号。

(2) 扫描法　选择编辑或自动方式；按［程序］键；按地址 O 键；按↓键。

当编辑方式时，应反复按地址 O 键。按↓键可逐个显示存入的程序。

4. 程序的删除

删除存储器中的程序：选择编辑方式；按［程序］键，显示程序画面；按地址 O 键；用键输入程序号；按 DEL 键，则对应键入程序号的存储器中程序被删除。

5. 删除全部程序

删除存储器中的全部程序：选择编辑方式；按［程序］键，显示程序画面；按地址 O 键；输入 -9999 并按 DEL 键。

6. 程序的输出

把存储器中的程序输出给 PC 机：连接好 GSK980T 与 PC 机；设定输出代码（ISO）；把方式选择开关置于编辑方式；按［程序］键，显示程序画面；使 PC 机处于输入等待状态；按地址 O 键；用键输入程序号；按 OUT 键，把输入号码的程序输出给 PC 机。

注：按 RESET 键，可中途停止输出。

7. 全部程序的输出

把存储器中存储的全部程序输出至编程器：连接好 GSK980T 与 PC 机；设定输出代码（ISO）；把方式选择开关置于编辑方式；按［程序］键，显示程序画面；按地址 O 键；输入 -9999 并按 OUT 键。

8. 顺序号检索

顺序号检索通常是检索程序内的某一顺序号，一般用于从这个顺序号开始执行或者编辑。由于检索而被跳过的程序段对 CNC 的状态无影响。也就是说，被跳过的程序段中的坐标值、M、S、T 代码、G 代码等对 CNC 的坐标值、模态值不产生影响。因此，按照顺序号检索指令，开始或者再次开始执行的程序段，要设定必要的 M、S、T 代码及坐标系等。进行顺序号检索的程序段一般是在工序的相接处。如果必须检索工序中某一程序段并以其开始执行时，需要查清此时的机床状态、CNC 状态。需要与其对应的 M、S、T 代码和坐标系的设定等，可用录入方式输入进去，执行进行设定。

检索存储器中存入程序顺序号的步骤：把方式选择开关置于自动或编辑上；按［程序］键，显示程序画面；选择要检索顺序号的所在程序；按地址 N 键；用键输入要检索的顺序号；按光标↓键；检索结束时，在LCD画面的右上部显示出已检索的顺序号。

注：在顺序号检索中，不执行M98××××（调用的子程序）。因此，在自动方式检索时，如果要检索现在选出程序中所调用的子程序内的某个顺序号，就会出现报警P/S（№060）。

9. 字的插入、修改、删除

存入存储器中程序的内容，可以改变。

把方式选择开关置于编辑方式；按［程序］键，显示程序画面；选择要编辑的程序；检索要编辑的字；进行字的修改、插入、删除等编辑操作。

（1）字的检索　用扫描的方法一个字一个字地扫描。

1）按光标↓时

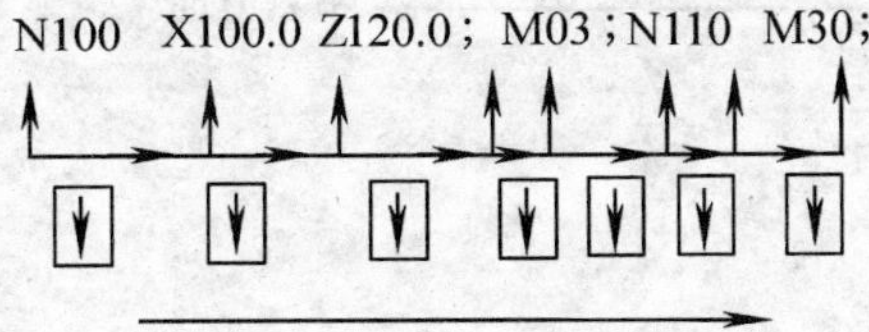

此时，在画面上，光标一个字一个字地顺方向移动。也就是说，在被选择字的地址下面，显示出光标。

2）按光标↑键时

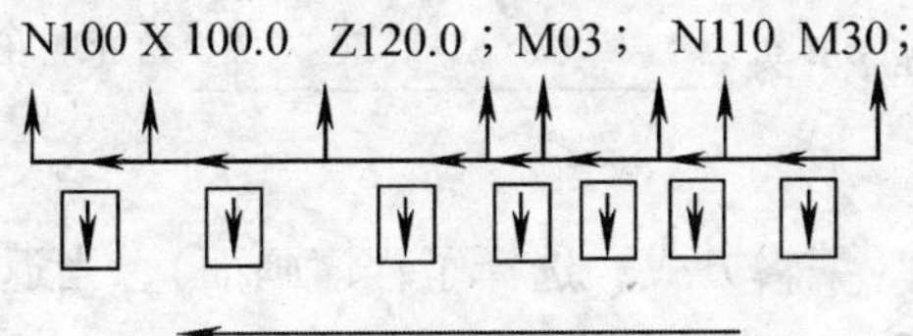

此时，在画面上，光标一个字一个字地反方向移动。也就是说，在被选择字的地址下面，显示出光标。

3）如果持续按光标↓键或者光标↑键，则会连续自动快速移动光标。

4）按下翻页键，画面翻页，光标移至下页开头的字。

5）按上翻页键，画面翻到前一页，光标移至开头的字。

6）持续按下翻页或上翻页键，则自动快速连续翻页。

（2）检索字的方法　从光标现在位置开始，顺方向或反方向检索指定的字。

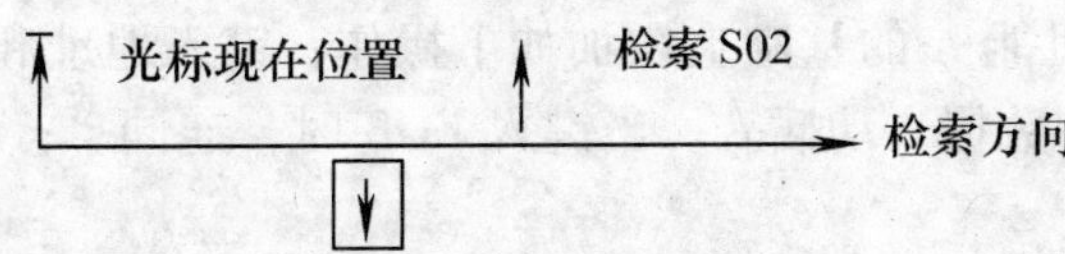

1）用键输入地址S。

2）用键输入“0”、“2”。

注：如果只用键输入 S1，就不能检索 S02；检索 S01 时，如果只是 S1 就不能检索，此时必须输入 S01。

3）按光标↓键，开始检索。

如果检索完成了，光标显示在 S02 的下面。如果不是按光标↓键，而是按光标↑键，则向反方向检索。

（3）用地址检索的方法。从现在位置开始，顺方向检索指定的地址。

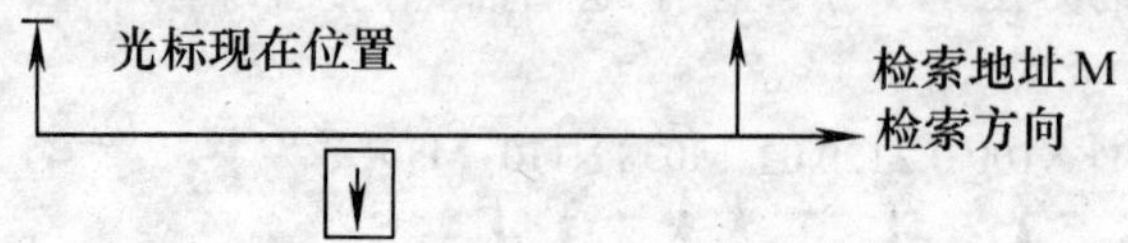

1）按地址 M 键。

2）按光标↓键。

检索完成后，光标显示在 M 的下面。如果不是按光标↓键，而是按光标↑键，则反方向检索。

（4）返回到程序开头的方法

O0200 ； N100 X100.0 Z120.0；S02；N110 M30；

检索方向 程序开头 光标现在位置

方法 1：按复位［//］键（编辑方式，选择了程序画面），当返回到开头后，在 LCD 画面上，从头开始显示程序的内容。

方法 2：检索程序号。

方法 3：置于自动方式或编辑方式；按［程序］键，显示程序画面；按地址 O 键；按光标↑键。

（5）字的插入

1）检索或扫描到要插入的前一个字。

2）用键输入要插入的地址，本例中要插入 T（图 6-3a 为插入 T15 前的画面）。

3）用键输入 15。

4）按 INS 键（图 6-3b 为插入 T15 后的画面）。

编辑插入机能 A/B：编辑程序时，当选择插入机能 A 时，程序插入编辑的操作为上述的操作；当选择机能 B 时，在机能 A 的基础上增加如下操作：键入地址和数据后，键入其他地址键时，前面键入的地址和数据自动插入。当键入 EOB 时，连同“；（或＊）”一同自动插入。

例如，键入 X100，当键入其他地址键时，X100 自动插入。键入 EOB ，X100；自动插入。

由参数№005. BIT3：EDTB 选择编辑机能 A/B。

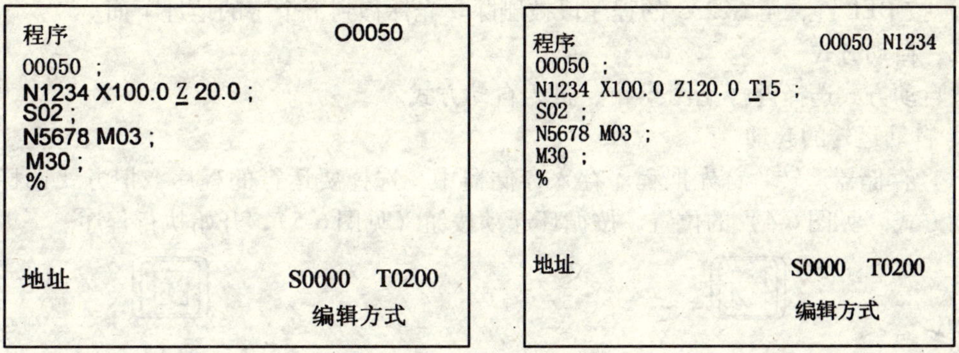

```
程序                    O0050
00050 ;
N1234 X100.0 Z 20.0 ;
S02 ;
N5678 M03 ;
M30 ;
%

地址            S0000   T0200
                  编辑方式
```

a）

```
程序              00050 N1234
00050 ;
N1234 X100.0 Z120.0 T15 ;
S02 ;
N5678 M03 ;
M30 ;
%

地址            S0000   T0200
                  编辑方式
```

b）

图 6-3 字的插入

a）插入 T15 前的画面 b）插入 T15 后的画面

（6）字的变更

N100 X100.0 Z120.0 T15；S02；N110 M30；

↑ 光标现在位置

要变更为 M03 时

1）检索或扫描到要变更的字。

2）输入要变更的地址，本例中输入 M。

3）用键输入数据。

4）按 ALT 键，则新键入的字代替了当前光标所指的字。

如输入 M03，按 ALT 键时为

N100 X100.0 Z120.0 M03；S02；N110 M30；

↑ 光标现在位置

变更后的内容

（7）字的删除

N100 X100.0 Z120.0 M03；S02；N110 M30；

↑ 光标现在位置

要删除 Z120.0

1）检索或扫描到要删除的字。

2）按 DEL 键，则当前光标所指的字被删除。

N100 X100.0 M03；S02；N110 M30；

↑ 光标现在位置

删除后

（8）多个程序段的删除 从现在显示的字开始，删除到指定顺序号的程序段。

N100 X100.0 M03 ; S02 ; …… N2233 S02 ; N 2300 M30 ;

光标现在位置

要把此区域删除

1）按地址 N 键。

2）用键输入顺序号 2233。

3）按 DEL 键，至 N2233 的程序段被删除。光标移到下个字的地址下面。

三、自动方式

按自动方式选择键（见图 6-4），进入自动方式。

1. 自动运转的起动

（1）存储器运转　首先把程序存入存储器中，选择要运行的程序，把方式选择开关置于自动方式（见图 6-4）的位置，按循环起动按钮（见图 6-5），开始执行程序。

图 6-4　自动方式选择键

图 6-5　循环起动按钮

（2）自动运转的执行　启动自动运转后，程序执行如下。

1）从指定的程序中，读取一个程序段指令。

2）译码已读取的程序段指令，并变成可执行的数据。

3）开始执行此程序段。

4）读取下个程序段指令。

5）译码下个程序段指令，变成可执行的数据。该过程也称缓冲。

6）前一个程序段执行结束后，由于有缓冲寄存器，可以立即开始下个程序段的执行；光标移至即将执行的程序段。

以后便重复 4）、5）、6），执行自动运转，直至程序结束。

2. 自动运转的停止

使自动运转停止的方法有两种，一是用程序事先在要停止的地方输入停止命令，二是按操作面板上的按钮使它停止。

（1）程序停（M00）　含有 M00 的程序段执行后，停止自动运转。与单程序段停止相同，模态信息全部被保存起来。用 CNC 起动（按循环起动按钮），能再次开始自动运转。

（2）程序结束（M30）　表示主程序结束；停止自动运转，变成复位状态；返回到程序的起点。

（3）进给保持　在自动运转中，按操作面板上的进给保持键（见图 6-6）可以使自动运转暂时停止。

按进给保持键后，机床呈下列状态。

1）机床在移动时，进给减速停止。

2）在执行暂停中，休止暂停。

3）执行 M、S、T 的动作后，停止。

按自动循环起动键（见图 6-5）后，程序继续执行。

（4）复位　用 LCD/MDI 上的复位键（见图 6-7），使自动运转结束，变成复位状态。在运动中如果进行复位，则机械减速后停止。

图 6-6　进给保持键

图 6-7　复位键

3. 试运转

（1）全轴机床锁住（见图6-8）　机床锁住开关为ON时，机床不移动，但位置坐标的显示和机床运动时一样，并且M、S、T都能执行。此功能用于程序校验。

按一次此键，同带自锁的按钮，进行“开→关→开”切换。当为“开”时指示灯亮，为“关”时指示灯灭。

（2）辅助功能锁住（见图6-9）　如果机床操作面板上的辅助功能锁住开关置于ON位置，则M、S、T代码指令不执行。该功能与机床锁住功能一起用于程序校验。

图6-8　全轴机床锁住 　　　图6-9　辅助功能锁住

（3）速度倍率修调

1）进给速度倍率。进给速度倍率键如图6-10所示。用进给速度倍率开关，可以对由程序指定的进给速度进行倍率修调。该功能具有0~150%的倍率。

2）快速进给倍率。快速进给倍率键如图6-11所示。快速倍率有F_0、25%、50%、100%四挡。可对下面的快速进给速度进行100%、50%、25%的倍率选择，或者为F_0的值上修调。

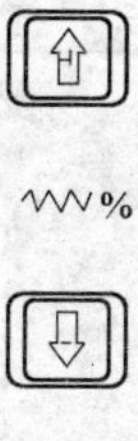

图6-10　进给速度倍率键 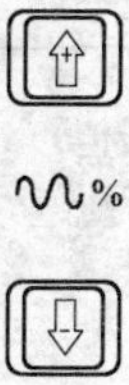　　　图6-11　快速进给倍率键

① G00快速进给。

②固定循环中的快速进给。

③ G28时的快速进给。

④手动快速进给。

⑤手动返回参考点的快速进给。当快速进给速度为6m/min时，如果倍率为50%，则速度为3m/min。

图6-12　空运转键

4. 空运转

空运转键如图6-12所示。当空运转开关为ON时，不管程序中如何指定进给速度，按以下面（表6-3进给速度对照表）中的速度运动。

表6-3　进给速度对照表

项　目	程序指令	
	快速进给	切削进给
手动快速进给按钮ON(开)	快速进给	JOG进给最高速度
手动快速进给按钮OFF(关)	JOG进给速度或快速进给(见注)	JOG进给速度

注：用参数设定（RDRN，№.004），也可以快速进给。

5. 进给保持后或者停止后的再启动

在进给保持开关为ON状态时（自动方式或者录入方式），按循环起动按钮，自动循环开始继续运转。

6. 单程序段

单程序段键如图6-13所示。当单程序段开关置于ON时，单程序段灯亮，执行程序的一个程序段后，停止；如果再按循环起动按钮，则执行完下个程序段后，停止。

图6-13 单程序段键

四、录入方式

按录入方式选择键（见图6-14），进入录入方式。

图6-14 录入方式选择键

1. MDI运转

从LCD/MDI面板上输入一个程序段的指令，并可以执行该程序段。

例如，X20.5 Z100.5；

1）方式选择开关置于MDI的位置（录入方式），按［程序］键、［翻页］键后，选择在左上方显示有“程序段值”的画面（见图6-15a）。

2）输入X20.5，按IN键，则X20.5输入后被显示出来。若在按IN键以前发现输入错误，可按CAN键，然后再次输入X和正确的数值。如果按IN键后发现错误，应再次输入正确的数值，输入Z100.5，按IN键，则Z100.5被输入并显示出来（见图6-15b）。

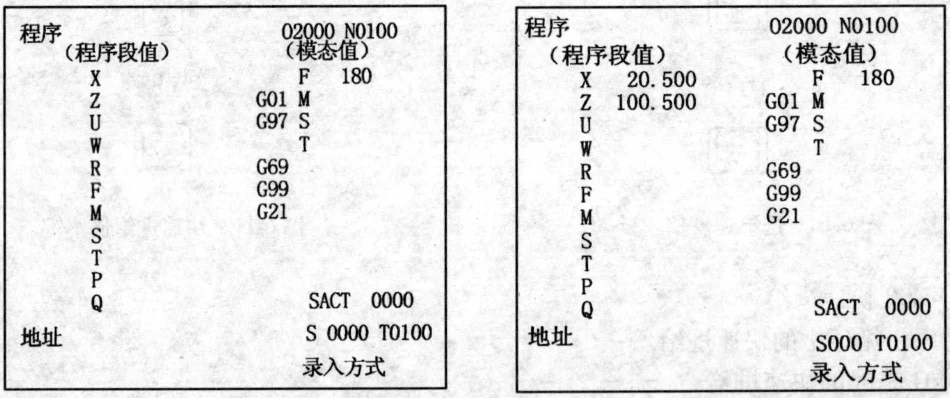

```
程序                      O2000 N0100
 （程序段值）             （模态值）
    X                      F   180
    Z                 G01  M
    U                 G97  S
    W                      T
    R                 G69
    F                 G99
    M                 G21
    S
    T
    P
    Q                      SACT  0000
地址                       S 0000 T0100
                           录入方式
```

a）

```
程序                       O2000 N0100
 （程序段值）               （模态值）
    X   20.500               F   180
    Z  100.500          G01  M
    U                   G97  S
    W                        T
    R                   G69
    F                   G99
    M                   G21
    S
    T
    P
    Q                        SACT  0000
地址                         S000 T0100
                             录入方式
```

b）

图6-15 MDI界面

3）按循环启动键。按循环起动键前，取消部分操作内容。为了要取消Z100.5，其方法是依次按Z、CAN、IN键，再按循环起动按钮。

2. 设置参数设定和显示（［设置］键）

1）选择录入方式（MDI）。

2）按［设置］键，显示设置参数。

3）按翻页键，显示出设置参数开关及程序开关页（见图6-16a）。

4）按光标键，使它移到要变更的项目上。

5）按以下说明，输入1或0。

①奇偶校验（TVON）未用。

② ISO 代码（ISO）。当把存储器中的数据输入输出时，选用的代码为：1：ISO 码，0：EIA 码。

注：用 980T 通用编程器时，设定为 ISO 码。

③英制编程。设定程序的输入单位是 in 还是 mm，即 1：in，0：mm。

④自动序号。

0：在编辑方式下用键盘输入程序时，顺序号不能自动插入。

1：在编辑方式下用键盘输入程序时，顺序号自动插入。

各程序段间顺序号的增量值，可事先用参数 P042 设置。

6）按 IN 键，各设置参数被设定并显示出来。

3. 参数开关及程序开关状态设置

1）按［设置］键。

2）按翻页键，显示参数开关及程序开关状态画面（见图 6-16b）。

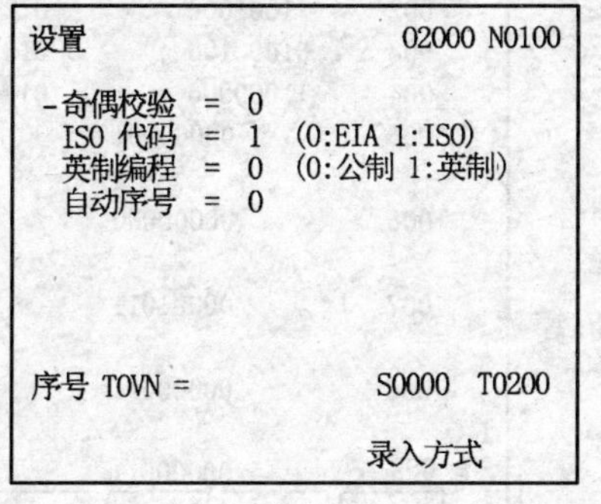

a）

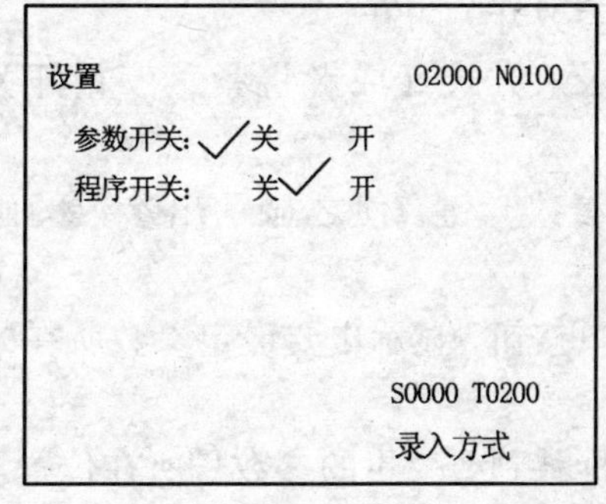

b）

图 6-16　设置参数开关及程序开关页

3）按 W、D/L 键可使参数及程序开关处于关、开的状态。参数处于开状态时，CNC 显示 P/S100 号报警，此时方可输入参数。输入完毕后，使参数开关处于关的状态，按复位键后可清除 100 号报警。

4. 用户宏变量的显示及设定

公用变量（#200～#231）的值可以显示在 LCD 上（见图 6-17）。如果宏变量的值超过 9999999，则显示为“*******”

偏置

序号	数据	序号	数据
-200	10.000	208	10.000
201	-1.000	209	-1.000
202	0.000	210	0.000
203	0.000	211	0.000
204	0.000	212	0.000
205	0.000	213	0.000
206	0.000	214	0.000
207	0.000	215	0.000

现在位置（相对坐标）

U　0.000　W　0.000

地址

录入方式

图 6-17　公用变量值

（1）显示

1）按［刀补］键。

2）按翻页按钮，显示宏变量页。

（2）设定

1）选择显示要设定的变量号所在的页。

2）把光标移到要设定的变量号的位置。

3）按地址键（X、Z 或 U、W，相同意义）

后，用数据输入键输入数值。

4）按 INPUT 键，输入变量值。

5. 参数的显示及设定

CNC 和机床连接时，通过参数设定，使驱动器特性、机床规格、功能等最大限度地发挥出来。其内容随机床不同而不同，所以请参照机床厂家编制的参数表。

（1）参数的显示

1）按［参数］键。

2）按翻页按钮，选择页。

在参数显示画面（见图 6-18）中，LCD 的下部有一参数详细内容显示行，显示当前光标所在参数的详细内容。

（2）参数的设定　参数可以从面板上设定或由 PC 机输入。

1）从键盘面板上设定

① 设定参数开关为开。

② 选择录入方式（或者将紧急停止开关按下）。

③ 按［参数］键，使之显示出参数的画面。

④ 按翻页按钮，显示出要设定参数所在的页。

⑤ 把光标移到要变更的参数号所在位置。

方法 1：按光标↓或↑键，若持续按，光标顺次移动。可自动使光标移到下/上一页。

方法 2：按 P 键→参数号→IN 键（第 4 步可省略）。

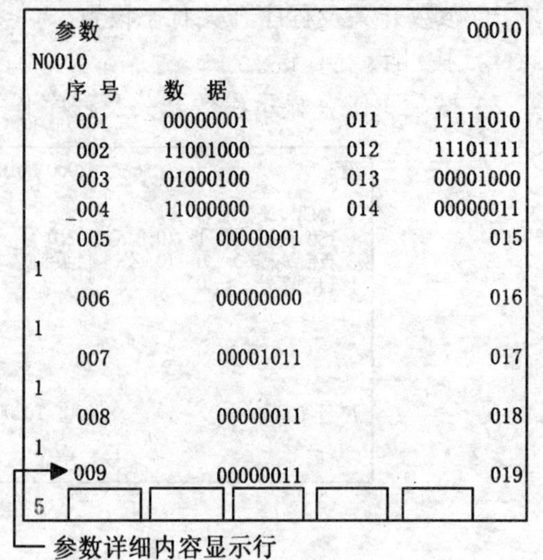

图 6-18　参数显示画面

⑥ 用数据键输入参数值。

⑦ 按 IN 键，参数值被输入并显示出来。

⑧ 所有的参数设定及确认结束后，选择设置画面，把参数开关设定到关的状态。

⑨ 要解除报警状态，按复位按钮。但是发生 000 号报警时，需将电源进行 OFF/ON 操作。

2）从 PC 机输入参数（当具备输入/输出接口选择功能时才有效）。

① 文件开头为 %、LF。

② 参数号和参数值的格式为：N_　P_　LF（N 为参数号，P 为参数值）。本项根据需要可以重复，P 后面的参数数据中的前导零可以省略。

③ 在最后，文件以 LF、% 为结束符，读到此代码后，数据输入结束。在文件上没有的参数号，当读入参数后，其值不变化。

按上述格式作成的参数，可按下面的步骤输入。

① 设定参数开关为 ON。

② 选择编辑 EDIT 方式。

③ 选择参数画面，并使编程器处于输出等待状态。

④ 按 INPUT 键，输入参数。在参数输入过程中，状态显示行闪烁显示“输入”。

⑤ 设定参数开关为 OFF。

⑥ 按 RESET 键。

如果发生 000 号报警，请将电源开关进行 ON/OFF 操作。另外，还要注意以下几点。

①当检测到由于输入 N、P 以外的地址和 N、P 的值不正确引发的报警时，系统自动停止输入。

②中途要停止输入参数时，可按复位键。

③在部分参数设定后，必须断电时才有效（发生 000 号报警时）。

④与 RS-232 接口有关的参数，在输入之前，需要由面板 MDI 设定。

6. 诊断的显示与辅助机能参数的设定

CNC 和机床间的 DI/DO 信号的状态，CNC 和 PC 间传送的信号状态，PC 内部数据及 CNC 内部状态等都可以通过诊断显示出来。同时，也可通过相应的设定，直接向机床侧输出，还可以对辅助机能的各参数进行设定。每个诊断号对应的意义及设定方法请参照维修说明书。

（1）诊断的显示

1）按［诊断］键。

2）按翻页按钮，选择需要的页。

在诊断显示画面（见图 6-19）中，LCD 的下部有诊断详细内容显示行，显示当前光标所在诊断号的详细内容。

（2）辅助机能参数的设定　辅助机能参数可以从面板键盘上设定。

1）选择录入方式，打开程序保护开关。

2）按［诊断］键，使之显示出诊断的画面。

3）按翻页按钮，显示出要设定辅助机能参数诊断号所在的页。

4）把光标移到要变更的诊断号所在位置。

方法 1：按光标↓或↑键，若持续按，光标顺次移动。可自动使光标移到下/上一页；

方法 2：按 P 键→诊断号→IN 键。

5）用数据键输入辅助机能参数值。

6）按 IN 键，辅助机能参数值被输入后显示出来。

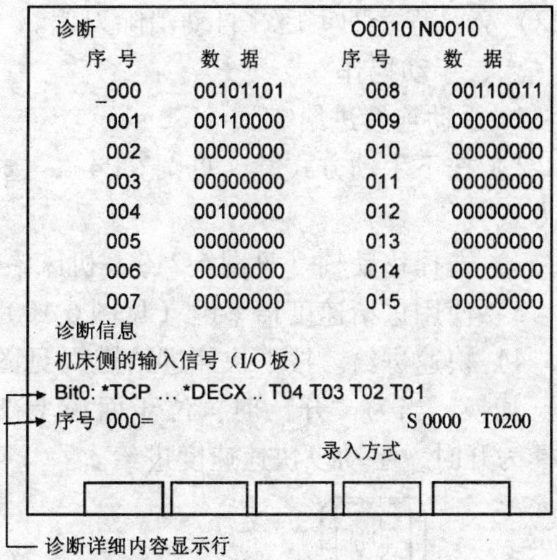

诊断　　O0010 N0010

序号	数据	序号	数据
_000	00101101	008	00110011
001	00110000	009	00000000
002	00000000	010	00000000
003	00000000	011	00000000
004	00100000	012	00000000
005	00000000	013	00000000
006	00000000	014	00000000
007	00000000	015	00000000

诊断信息
机床侧的输入信号（I/O 板）
Bit0: *TCP … *DECX .. T04 T03 T02 T01
序号 000=　　S 0000　T0200
录入方式
诊断详细内容显示行

图 6-19　诊断显示画面

五、回零

1. 返回参考点

1）按参考点方式键，选择机械回零操作方式（见图 6-20），这时液晶屏幕右下角显示［机械回零］。

2）按下手动轴向运动开关（见图 6-21），一直到达参考点后方可松开。机床向选择的轴向运动。

图 6-20 参考点方式键 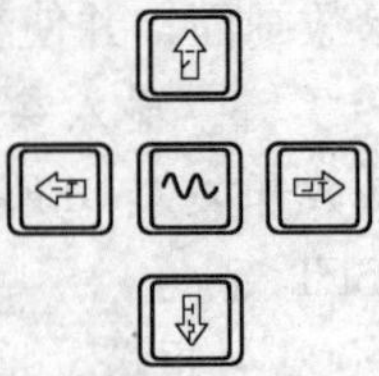　　图 6-21 手动轴向运动开关

在减速点以前，机床快速移动，碰到减速开关后，以 FL（参数 032 号）的速度移动到参考点。在快速进给期间，快速进给倍率有效，FL 速度由参数（选择回零方式 B 时）设定。

3）返回参考点后，返回参考点指示灯（见图 6-22）亮。

2. 返回程序起点

1）按下返回程序起点键（见图 6-23），选择返回程序起点方式，这时液晶屏幕右下角显示［程序回零］。

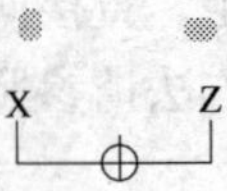

图 6-22 返回参考点指示灯　　图 6-23 返回程序起点键

2）选择移动轴（见图 6-21）。机床沿着程序起点方向移动。回到程序起点时，坐标轴停止移动，有位置显示的地址［X］、［Z］、［U］、［W］闪烁。返回程序起点指示灯（见图 6-22）亮。程序回零后，自动消除刀偏。

六、手动操作

1. 手动连续进给

1）按下手动方式键（见图 6-24），选择手动操作方式，这时液晶屏幕右下角显示［手动方式］。

2）选择移动轴（见图 6-21），机床沿着选择轴方向移动。

3）使用进给速度倍率键（见图 6-10），选择 JOG 进给速度。

4）快速进给。按下快速进给键（见图 6-25）时，同带自锁的按钮，进行“开→关→开…”切换。当为“开”时，位于面板上部指示灯亮（见图 6-26），为“关”时指示灯灭。选择为开时，手动以快速速度进给。

图 6-24 手动方式键

图 6-25 快速进给键

图 6-26 指示灯

注意：

①快速进给时的速度、时间常数、加减速方式与用程序指令的快速进给（G00 定位）时相同。

②在接通电源或解除急停后，如没有返回参考点，当快速进给开关为 ON（开）时，手动进给速度为 JOG 进给速度或快速进给，由参数（№012 ISOT）选择。

2. 单步进给

1）没有选择手轮机能时，按下单步方式键（见图 6-27），选择单步操作方式，这时液晶屏幕右下角显示［单步方式］。

2）选择移动量。按下增量选择键（见图 6-28），选择移动增量，相应的选择在液晶屏幕左下角显示，步进进给量见表 6-4。但是此功能在没有选择手摇脉冲发生器时有效。

图 6-27　单步（手轮）方式键

图 6-28　增量选择键

表 6-4　步进进给量

输入单位制	0. 001	0. 01	0. 1	1
米制输入/mm	0. 001	0. 01	0. 1	1

3）选择移动轴。按一次轴选择键（见图 6-21），则在此轴方向上移动移动量开关选择的进给量，当为 OFF 后再次为 ON 时，再移动一次。

3. 手轮进给（选择机能）

转动手摇脉冲发生器，可以使机床微量进给。

1）按下手轮方式键（见图 6-27），选择手轮操作方式，这时液晶屏幕右下角显示［手轮方式］。

2）选择手轮运动轴（见图 6-29）。在手轮方式下，按下相应的键，则选择其轴，所选手轮轴的地址［U］或［W］闪烁。

注意：在手轮方式下，按键有效，所选手轮轴的地址［U］或［W］闪烁。

3）转动手轮（见图 6-30）。

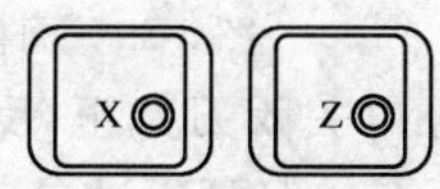

图 6-29　手轮运动轴

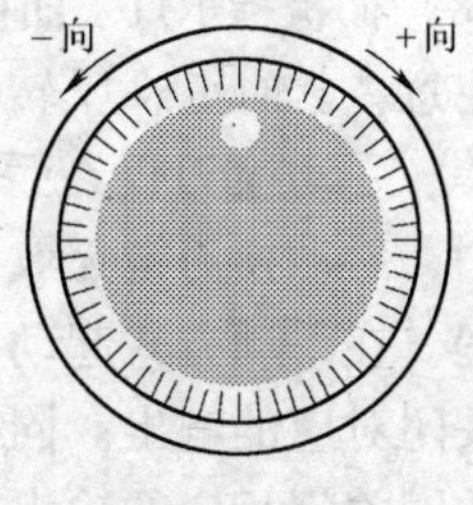

图 6-30　手轮

4）选择移动量。按下增量选择键（见图 6-28），选择移动增量，相应在屏幕左下角显示移动增量（见表 6-5）。

表 6-5　移 动 增 量

	每一刻度的移动量		
输入单位制	0. 001	0. 01	0. 1
公制输入/mm	0. 001	0. 01	0. 1

4. 手动辅助机能操作（见图 6-31）

图 6-31 手动辅助机能键

(1) 手动换刀 手动/手轮/单步方式下，按下此键，刀架旋转换下一把刀。具体应参照机床厂家的说明书。

(2) 切削液开关 手动/手轮/单步方式下，按下此键，同带自锁的按钮，进行“开→关→开…”切换。

(3) 润滑开关 手动/手轮/单步方式下，按下此键，同带自锁的按钮，进行“开→关→开…”切换。

(4) 主轴正转 手动/手轮/单步方式下，按下此键，主轴正向转动起动。

(5) 主轴反转 手动/手轮/单步方式下，按下此键，主轴反向转动起动。

(6) 主轴停止 手动/手轮/单步方式下，按下此键，主轴停止转动。无论是在何种方式下，只要主轴停止，键指示灯则亮，否则指示灯灭。

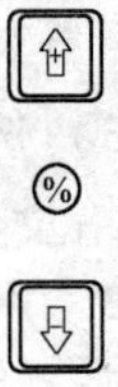

%

图 6-32 主轴倍率

(7) 主轴倍率（见图 6-32）增加与减少（选择主轴模拟机能时）

1) 增加：按一次增加键，主轴倍率从当前倍率以下面的顺序增加一挡：50%→60%→70%→80%→90%→100%→110%→120%→120%…

2) 减少：按一次减少键，主轴倍率从当前倍率以下面的顺序递减一挡：120%→110%→100%→90%→80%→70%→60%→50%→50%…

(8) 面板指示灯 面板指示灯如图 6-33 所示。

MST

快速灯 单段灯 机床锁 辅助锁 空运行

图 6-33 面板指示灯

注意：主轴正、反转，以及切削液开关、润滑开关、手动换刀仅在手动方式下起作用。换刀过程中，手动换刀键无效，按复位键（RESET）或急停可关闭刀架正/反转输出，并停止换刀过程。在手动方式起动后，改变方式时，输出保持不变。但可通过自动方式执行相应的 M 代码关闭对应的输出。同样，在自动方式执行相应的 M 代码输出后，也可在手动方式下按相应的键关闭相应的输出。在主轴正/反转时，未执行 M05 而直接执行 M04/M03 时，M04/M03 无效，主轴继续正/反转，但显示会出现报警 06：M03、M04 码指定错。复位时，对 M08、M32、M03、M04 输出点是否有影响取决于参数（P009 RSJG）。

七、安全操作

1. 急停（EMERGENCY STOP）

按下急停按钮，使机床移动立即停止，并且所有的输出（如主轴的转动、切削液等）全部关闭。这一状态在按下旋转按钮后解除，但所有的输出都需重新起动。

2. 超程

如果刀具进入了由参数规定的禁止区域（存储行程极限），则显示超程报警，刀具减速后停止。此时，按复位按钮解除报警。按下超程解除按钮，用手动方式把刀具向安全方向移动。

八、加工技术与练习

1. 试切对刀

1）手动或手轮方式。按换刀键换1号基准刀，显示屏右下角显示T01 00。如刀补号不是00，则在录入方式下选程序后，按翻页键到MDI界面，按T0100→输入→循环起动，换1号基准刀。

2）手动或手轮方式。按主轴正转键使主轴正转。如主轴不转，则在录入方式下选程序后，按翻页键到MDI界面，按S2（变频主轴为S200-800）→输入→循环起动。

3）手动或手轮方式。移动刀具试切工件外圆，然后Z向退离工件（见图6-34a）。按主轴停键使主轴停止，在录入方式下选程序后，按翻页键到MDI界面，按G50→输入→X数值（测量所得）→输入→循环起动。

4）手动或手轮方式。按主轴正转键使主轴正转，移动刀具车平工件端面，然后X向退离工件（见图6-34b）。按主轴停键使主轴停止，在录入方式下选程序后，按翻页键到MDI界面，按G50→输入→Z数值（如编程原点在右端面上，则数值为0，要是端面还留有余量，则数值为余量值）→输入→循环起动。

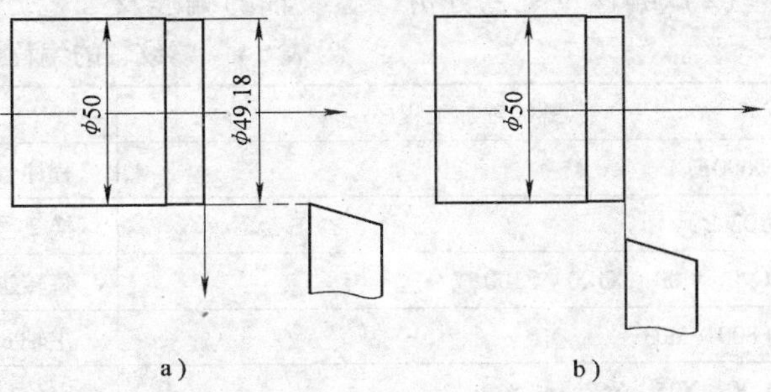

图6-34　试切对刀

5）手动或手轮方式。按换刀键换2号刀，显示屏右下角显示T0200。按主轴正转键使主轴正转，移动刀具试切工件外圆，然后Z向退离工件。按主轴停键停止主轴，按刀补键进入刀补界面，按翻页键到序号为100页面，按向上或向下键，使光标移动到序号102，按X数值（测量所得）→输入，则对好2号刀X向的刀补。

6）手动或手轮方式。按主轴正转键使主轴正转，移动刀具使刀尖轻碰端面，然后X向退离工件。按主轴停键使主轴停止，按Z数值（如编程原点在右端面上，则数值为0，要是端面还留有余量，则数值为余量值）→输入，则对好2号刀Z向的刀补。

7）重复5)、6）步骤，依次对好3号和4号刀具的刀补。

注意：

①在输入刀补数值时，如果数值为整数，则要加小数点后才输入，为0不用加。

②对切断刀时，若对刀点是右刀尖，则Z向刀补数值要加刀宽。

2. 加工技术实列

加工如图6-35所示的螺纹轴，毛坯为ϕ25mm×100mm，材料45钢，通过编程来讲解工艺安排。

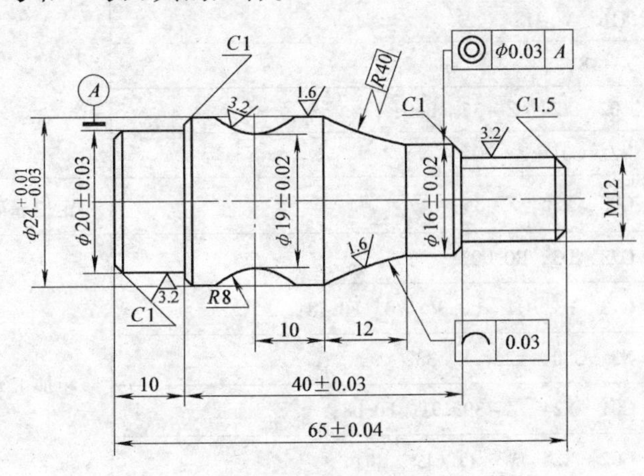

图6-35　螺纹轴

数控车床加工的工艺安排、加工思路、各项辅助动作都应贯彻到程序当中，以加工图 6-35 零件为例进行分析和说明。

（1）刀具安排　如图 6-36 所示，T1 为 90°精车刀、T2 为 90°粗车刀、T3 为 60°螺纹刀、T4 为 3mm 切刀，对刀点为右刀尖。

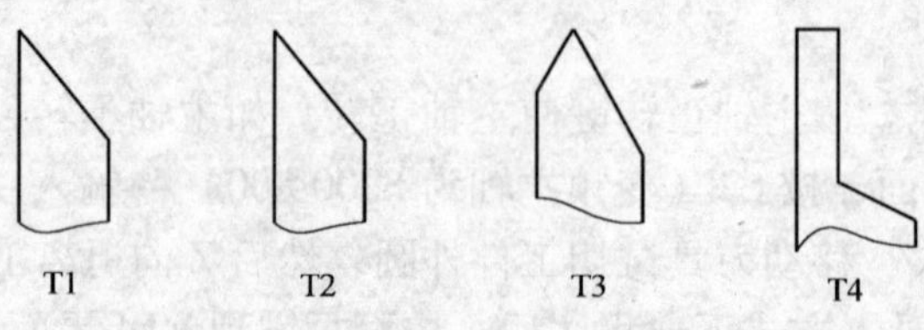

图 6-36　刀位点

（2）编程及工艺分析　螺纹轴的编程及工艺分析见表 6-6。

表 6-6　螺纹轴的编程及工艺分析

螺纹轴加工程序	工艺分析及加工说明
O0001；	程序号
T0202；	换 2 号粗车刀
G99　G00　X100　Z100；	每转进给，到加工起点
S800　M03；	主轴 800r/min，正转
G00　X25　Z67　M08；	定位靠近工件，切削液开
G71　U1　R1；	粗加工 M12mm、ϕ16mm 外圆及 R40mm 圆弧表面，留精加工余量 0.3mm
G71　P1　Q2　U0.3　W0　F0.18；	
N1　G00　X0；	
G01　Z0　F0.08；	
X10；	
X12　Z－1；	
Z－10；	
X14；	
X16　W－1；	
Z－18；	
G02　X24　Z－35　R40；	
N2　G01　Z－70；	
G00　X30　Z－35；	定位靠近工件
G73　U3　R0.003；	粗加工 R8mm 圆弧表面，留精加工余量 0.3mm
G73　P3　Q4　U0.3　W0　F0.18；	
N3　G00　X26　Z－38；	
G01　X24　Z－39.191　F0.08；	
G02　X24　W－11.619　R8；	
N4　G01　X26　W－1；	

（续）

螺纹轴加工程序	工艺分析及加工说明
G00 X100 Z100 M05；	返回换刀点，主轴停
T0404；	换 4 号切刀
S600 M03；	主轴 600r/min，正转
G00 X26 Z-66；	定位靠近工件
G01 X17 F0.036；	切槽
G00 X26；	
G72 W2 R1；	用 4 号切刀粗加工 ϕ20mm 外圆表面，留精加工余量 0.2mm
G72 P5 Q6 U0.2 W0 F0.036；	
N5 G00 Z-53；	
G01 X22 Z-55 F0.03；	
X20；	
Z-64；	
N6 X18 Z-65；	
G00 X100 Z100 M05	返回换刀点，主轴停
M00	程序暂停
T0101	换 1 号精车刀
S1300 M03	主轴 1300r/min，正转
G00 X25 Z2	定位靠近工件
G70 P1 Q2	精加工 M12mm、ϕ16mm、ϕ24mm 外圆及 R40mm、R8mm 圆弧表面
G00 X30 Z-35	
G70 P3 Q4	
G00 X100 Z100 M05	返回换刀点，主轴停
T0100	取消刀补
M00	程序暂停
T0303	换 3 号螺纹车刀
S100 M03	主轴 100r/min，正转
G00 X30 Z5	定位靠近工件
G76 P010260 Q15 R0.015	粗精加工 M12mm 螺纹
G76 X10.05 Z-8 P975 Q280 F1.75	
G00 X100 Z100 M05	返回换刀点，主轴停
T0300	取消刀补
M00	程序暂停
T0404	换 4 号切刀
S800 M03	主轴 800r/min，正转
G00 X26 Z-66	定位靠近工件
G70 P5 Q6	精加工 ϕ20mm 外圆表面
G00 X100 Z100 M05	返回换刀点，主轴停
T0400	取消刀补
M00	程序暂停

（续）

螺纹轴加工程序	工艺分析及加工说明
T0404	换4号切刀
S600 M03	主轴800r/min,正转
G00 X30 Z-65	定位靠近工件
X22	
G01 X0 F0.036	切断工件
G00 X100	返回换刀点,主轴停
Z100 M05	
T0400	取消刀补
M30	程序结束

程序的编制段中采用多个M00暂停指令，这样可进行零件的检测和修正。可同时对各个刀所控制的各项尺寸进行修正。

（3）零件的尺寸控制调整方法及误差分析

1）在一次性的调整、控制多刀加工的零件尺寸时，可结合改变参考点、修改刀补、修改坐标参数值这几种方法一起进行。

2）由于对刀误差、机床误差、间隙误差等原因，各把刀所控制的尺寸误差多少有点区别。一般先以基准刀所控制的尺寸对刀具起始点进行调整，再根据所调整误差值大小来计算、调整刀补值。只有在同一把刀控制的尺寸误差不一样时，才修改坐标参数值。

3）现以图6-35中的尺寸为例进行说明。在第一次预留余量加工后，检测各主要尺寸假设分别为：ϕ24.28mm、ϕ16.29mm、ϕ19.39mm、ϕ20.2mm、螺纹中径ϕ11.21mm（实际为ϕ10.86mm）、长度为54.12。

首先选择90°基准刀所控制的ϕ24.28mm、ϕ16.29mm进行调整。将参考点向负X向移动0.29mm，这样在加工后可保证ϕ24mm和ϕ16mm的尺寸要求。其次分析改变基准点后螺纹刀和切断刀所控制尺寸的情况。60°螺纹刀控制ϕ19.39mm和螺纹中径ϕ11.21mm，减去0.29mm后，ϕ19mm还大了0.1mm，螺纹中径ϕ10.86mm大0.06mm（实际中径还可小0.1mm）；切断刀所控制的尺寸ϕ20.20mm，减去0.29mm后，尺寸小了0.09mm，长度大了0.12mm。这样，可通过修改刀补值来修正误差值。例如，T0303刀补值现为T3：X5.12mm、Z0.32mm，减0.1mm改为T33：X5.02mm、Z0.32mm；T0404刀补值现为T4：X-3.12mm、Z4.18mm，X向加0.09mm，Z向加0.12mm，则改为T4：X-3.03mm、Z4.3mm。

这样，分别通过修改参考点向负X移动0.29mm，修改T3、T4刀补值后，将各部分误差值平均。再调用精车程序精加工一次，即可获得精确的尺寸精度。这样可大大节省单件加工时间，检验合格后调用N530将工件切断。

修正后的各部分尺寸合格后，说明刀具、机床等误差已清除，可连续进行成批加工。但在实际加工中，还要注意刀具磨损情况所造成的尺寸误差，并及时进行调整。

（4）尺寸控制调整操作注意事项

1）进行尺寸控制调整时，要细心地按各刀具所控制的尺寸逐个进行计算、调整，以免混乱、出错，最好将所测尺寸数值用笔和纸记录下来。

2）要注意刀补值调整的方向，小了加上去，大了减掉。还要注意正、负号。

（5）尺寸控制操作注意事项

1）在设置刀具起点时，要预留一定余量（轴为 + X、孔为 - X），以保证在第二次修正、精车时有精车余量。且余量大小基本以第一次精车时相同，以防止切削余量不同而产生尺寸变化。

2）设置余量的方法。先设置好刀具起点后，再设置一个向 + X 向移动的余量距离，避免弄反。

第二节　数控铣床、加工中心的操作与加工技术

一、机床的基本操作

机床的操作是数控铣床、加工中心加工操作最基本的环节，操作者必须对所操作机床的技术指标、性能指标、维护与保养有充分了解，方可进行操作。数控铣床与加工中心在操作上是一样的，只是加工中心多了刀库部分与自动换刀功能。下面介绍 BAI JING Fanuc 0i -M 系统（见图 6-37）的基本操作方法。

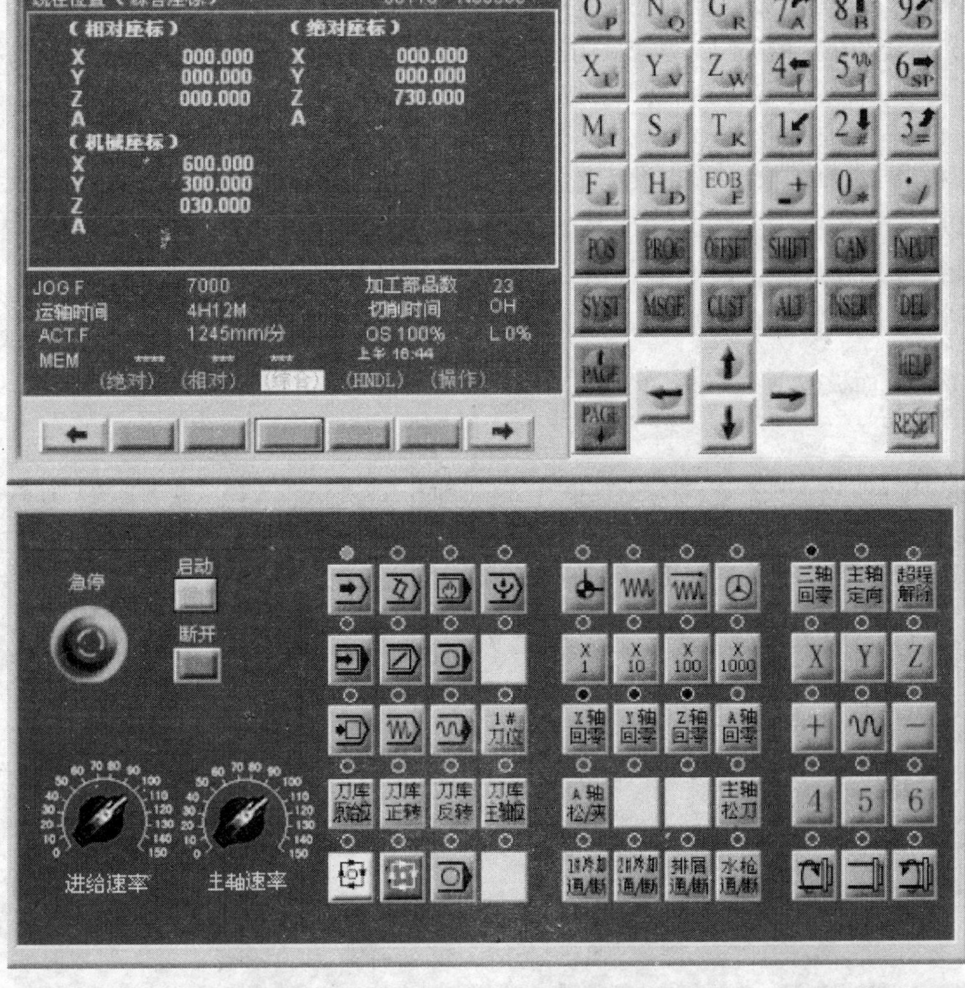

图 6-37　BAI JING Fanuc 0i -M 系统的操控面板

1. 系统的启动与关闭

(1) 系统的启动

1) 在机床电源接通之前，检查电源柜内的空气开关是否全部接通。将电源框门关好后，方能打开机床主电源开关。

2) 在操作面板上按“启动”按钮，约20s后数控系统的电源接通，此时CRT屏幕上将显示如图6-38所示的报警信息。

```
1000    PLEASE  AXIS  RETURN  HOME
1001    PLEASE  DRUM  RETURN  HOME
1002    AIR  PRESS  FAILURE
```

图6-38 报警信息

按下面板上的键，然后依次按下三键，再通过按下机床面板上的键，使刀盘上的1#刀位依次转动，最终转到刀库上的换刀位所对位置上，再按下键，使刀库回零。此时，CRT屏幕上不再呈示报警状态，即可开始工作。

(2) 系统与机床的关闭　系统关闭一般情况下要求完成以下操作后进行。

1) 自动工作循环结束，自动循环按钮的指示灯熄灭。

2) 机床移动部件停止运动。

3) 机床与外部的输入/输出设备要停止运作且切断电源后。

当以上操作完成后，按操作面板上的“断开”按钮断开数控系统的电源，最后切断电源柜上的机床电源开关。

注意：若碰到紧急情况则应立即按下面板上的“急停”按钮。

(3) MDI面板（见图6-39）的操作

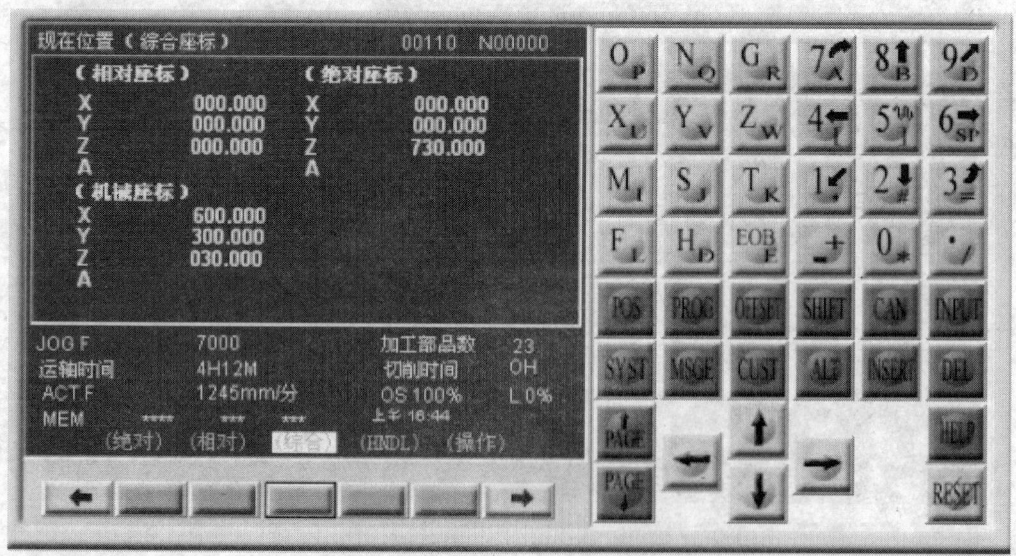

图6-39 MDI面板示意图

1）MDI 面板各键的位置，如图 6-40 所示。

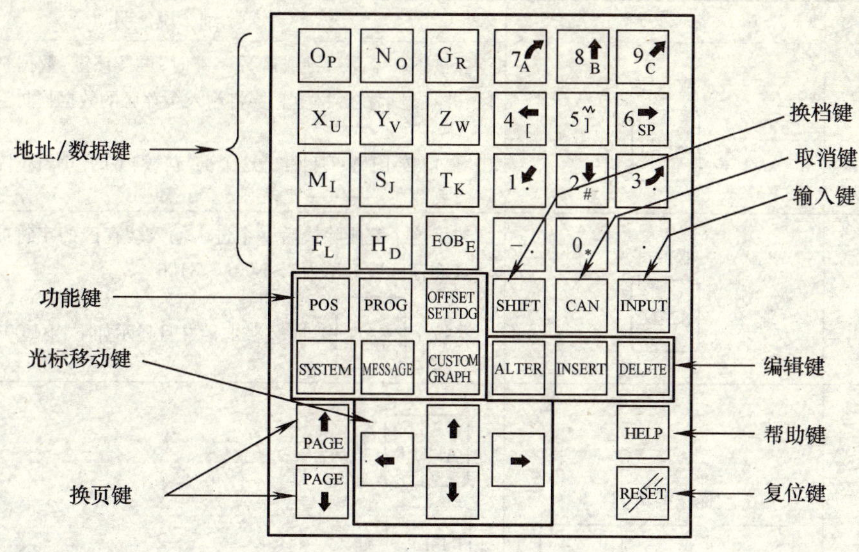

图 6-40　MDI 面板各键的位置

2）MDI 面板各键的详细说明，见表 6-7。

表 6-7　MDI 面板各键的详细说明

编号	名　称	详　细　说　明
1	复位键 RESET	按下这些键可以使 CNC 复位或者取消报警等
2	帮助键 HELP	当对 MDI 键的操作不明白时，按下这个键可以获得帮助（帮助功能）
3	软键	根据不同的画面，软键有不同的功能。软件功能显示在屏幕的底端
4	地址和数字键 N_O $4_[$	按下这些键可以输入字母、数字或者其他字符
5	换挡键 SHIFT	在该键盘上，有些键具有两个功能。按下[Shift]键可以在这两个功能之间进行切换。当一个键右下脚的字母可被输入时，就会在屏幕上显示一个特殊的字符 $\hat{E}$

（续）

编号	名　称	详 细 说 明
6	输入键 INPUT	当按下一个字母键或者数字键时，再按该键，数据被输入到缓存区，并且显示在屏幕上。要将输入缓存区的数据拷贝到偏置寄存器中等，请按下 INPUT 键。这个键与软键上的[INPUT]键是等效的
7	取消键 CAN	按下这个键删除最后一个进入输入缓存区的字符或符号。当键输入缓存区后显示为：>N001　X100　Z_ 当按下 CAN 键时，Z 被取消并且显示如下：>N001　X100_
8	程序编辑键 DELETE　INSERT　ALTER	ALTER：替换 INSERT：插入 DELETE：删除
9	功能键 PROG　POS	按下这些键，切换不同功能的显示屏幕
10	光标移动键 ↑ ←　→ ↓	→：这个键用于将光标向右或者向前移动。光标以小的单位向前移动 ←：这个键用于将光标向左或者往回移动。光标以小的单位往回移动 ↓：这个键用于将光标向下或者向前移动。光标以大的单位向前移动 ↑：这个键用于将光标向上或者往回移动。光标以大的单位往回移动
11	换页键 ↑PAGE PAGE↓	PAGE↓：该键用于将屏幕显示的页面向前翻页 ↑PAGE：该键用于将屏幕显示的页面往回翻页

3）功能键和软键操作。功能键是用来选择将要显示的屏幕（功能）的（当一个软键）章节选择软键。在功能键之后立即按下选择软键，就可以选择与所选功能相关的屏幕（分部屏），如图 6-41 所示。

①按下 MDI 面板上的功能键，属于所选功能章节的软键就显示出来。

②按下其中一个章节选择键，则所选章节的屏幕就显示出来。如果有关一个目标章节的屏幕没有显示出来，可按下菜单继续键；下一菜单键在有些情况下可以选择一章中的附加章节。

③当目标章节屏幕显示后，按下操作选择键，以显示要进行操作的数据。

④为了重新显示章节选择软键，应按下菜单。

4）返回键。上面解释了通常的屏幕显示过程。然而，在实际的显示过程中，每一屏幕有可能不一样。

①功能键的操作。功能键用来选择将要显示的屏幕的种类。在 MDI 面板的功能键见表 6-8。

②软键操作。要显示一个更详细的屏幕，应在按下功能键后按软键。软键也用于实际操作本节的各图，并说明按下一个功能键后软键显示屏幕的变化情况。软键与相应含义见表 6-9。

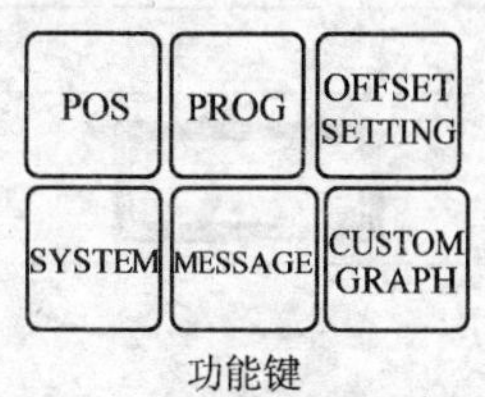

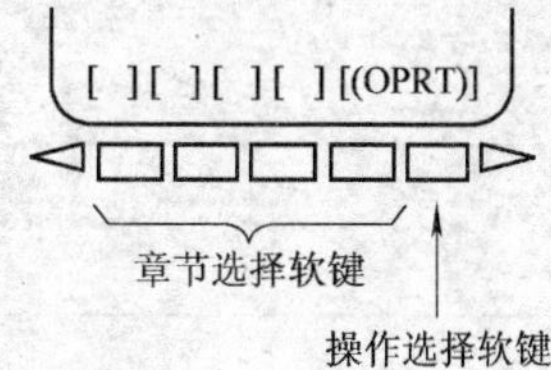

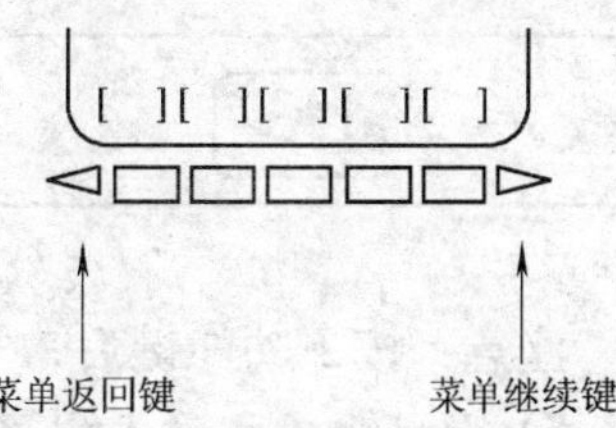

图 6-41　功能键和软键操作

表 6-8　功能键与相应作用

符　号	作　用
POS	按下该键，显示位置屏幕
PROG	按下该键，显示程序屏幕
OFFSET SETTING	按下该键，显示偏置设置 SETTING 屏幕
SYSTEM	按下该键，显示系统屏幕
MESSAGE	按下该键，显示信息屏幕
CUSTOM GRAPH	按下该键，显示宏程序屏幕和图形显示屏幕

表 6-9 软键与相应含义

符　号	含　义
	显示的屏幕
	表示通过按下功能键而显示的屏幕(*1)
[　]	表示一个软键(*2)
(　)	表示由 MDI 面板进行输入
[__]	表示一个显示为绿色的软键
	表示菜单继续键(最右边的软键)(*3)

注意：按下功能键后，常用屏幕之间的切换；根据配置的不同，有些功能键并不显示。

5）键盘输入和输入缓存区，如图 6-42 所示。当按下一个地址或数字键时，与该键相应的字符就立即被送入输入缓存区。输入缓存区的内容显示在 CRT 的底部。为了标明这是键盘输入的数据，在该字符前面会立即显示一个符号，在输入数据的末尾显示一个符号“_”，标明下一个输入字符的位置。

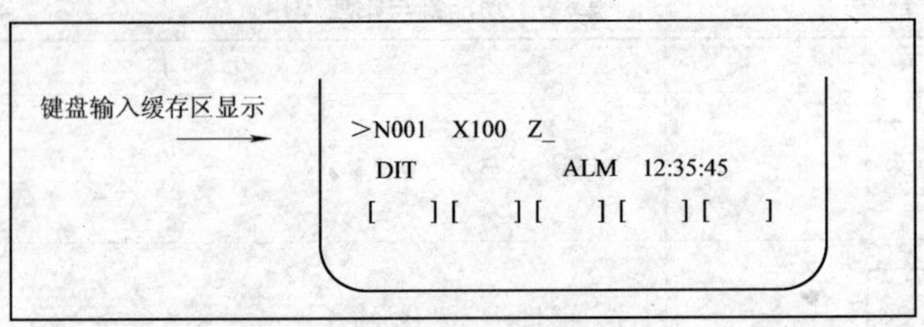

图 6-42 键盘输入缓存区显示

为了输入同一个键上的下面的字符，首先应按下“SHIFT”键，然后按下该键就可以了。

当按下“SHIFT”键时，标明下一个输入字符位置的符号“_”变为“~”，现在就可以输入小写字符换挡状态。

当在换挡状态的字符输入以后换挡状态就取消了。另外，当在换挡状态中按下了“SHIFT”键，换挡状态也会取消。

键盘输入缓存区中一次最多可以输入 32 个字符，按下“CAN”键可取消缓存区最后输入的字符或者符号。

例如，当输入缓存区显示 > N001 X100 Z _ 时，按下“CAN” 键，则 Z 被取消并显示

6）报警信息。当 MDI 面板输入一个字符或数字后，按下“INPUT” 键或者一个软键就会执行数据检查。当输入错误或者执行了错误的操作时，在状态显示行上就会出现闪烁的报警信息，如图 6-43 所示。报警信息所对应的含义见表 6-10。

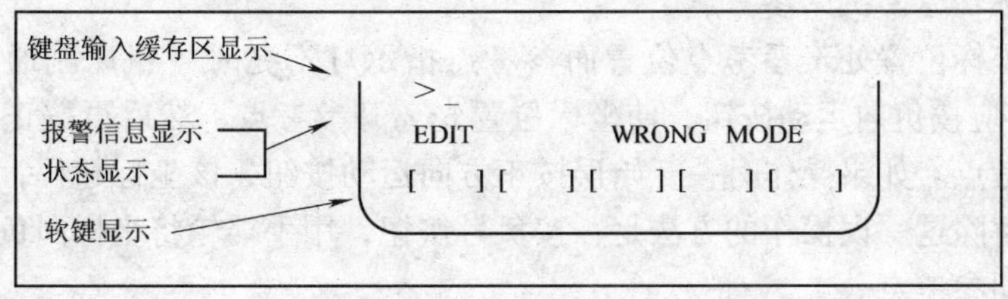

图 6-43　报警信息显示

表 6-10　报 警 信 息

报警信息	内　容
格式错误	格式不正确
写保护	因为数据保护键或者参数被设为写禁止，使得键盘输入无效
数据超出范围	输入值超出了容许范围
位数太多	输入值超出了容许的数据位数
错误的方式	在 MDI 以外的任何方式都不能容许参数的输入
编辑禁止	在当前的 CNC 状态下，不容许进行编辑

（4）机床的手动操作　在机床操作过程中，很多时候需要手动控制机床。例如，返回参考点、设定坐标系、测量刀长、拆装工件时等。虽然在达到相同目的情况下很多时候采用自动运行的方式也可以，但相比之下显得非常麻烦。

1）手动操作的工作方式。手动操作机床的可进行方式有：

2）手动返回机床参考点。当机床处于以下状况时需进行返回参考点操作。

①开始工作之前机床电源接通。

②机床停电后再次接通数控系统的电源。

③机床在急停信号或超程报警信号解除之后恢复工作时。

返回参考点时，最好各坐标轴逐一操纵。坐标轴运动时的进给速度为快移速度。返回参考点的操作步骤如下。

①选择返回参考点（回零）方式：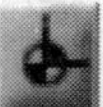

②用坐标轴选择开关选择所需移动的坐标轴。

③用快速倍率开关设定返回参考点的进给速度。

④当坐标位置远离参考点位置时，压下坐标轴，然后放开正向运动按钮，坐标运动自动保持到返回参考点，直到参考点指示灯亮时才停止。在参考点附近有一个参考点减速开关，当运动部件压下减速开关时会自动减速移动。在上面的操作中，如果误操作，按下了坐标轴负向运动按钮，则坐标轴沿负方向运动约 40mm 后会自动停止。此时，应改按正向运动按钮，方能使坐标轴返回机床参考点。

当机床的坐标位置处于参考点位置而参考点指示灯不亮时（机床刚通电，或工作中按了急停按钮），应按负向运动按钮，使坐标位置先离开参考点，然后再按正向运动按钮，则坐标轴返回参考点。如果操作时一开始误按正方向运动按钮，该坐标超程，“ALARM” 报警灯亮而不闪。解除这一误操作的方法是：按负号按钮，用手摇轮将坐标向负方向移动离开超程位置，再返回参考点。

在进行手动返回参考点操作时，操作者要注意观察对应坐标轴的参考点指示灯：当手动返回参考点时，指示灯亮；当机床电源刚刚接通时，坐标位置恰好在参考点位置，但是指示灯并不亮，这时需按前面讲过的操作方法，手动返回机床参考点；当参考点指示灯亮时，如果坐标移动离开了参考点或按了复位按钮，则指示灯灭。

3）手动连续进给及快速移动。用手动操作方式使 X、Y、Z 任一坐标轴连续进给或快速移动，操作步骤如下。

①选择手动连续进给方式：

②用坐标轴选择开关选择准备操作的坐标轴（X、Y、Z 三个坐标轴之一）。

③用手动进给速度开关选择合适的进给速度。

④根据坐标轴运动的方向，按正方向或负方向按钮，运动部件便在相应的坐标方向上连续运动。当放开按钮时，坐标轴运动停止。

快速移动一般视为手动连续进给的一种，当开关处于移动位置时，各坐标便可实现快速移动。

4）手轮进给（见图 6-44）。转动手摇轮，可以使 X、Y、Z 任一坐标轴运动，操作时可按下述步骤进行。

①选择手轮方式：

②选择所需的进给的坐标轴。

③设定进给倍率，共有三挡：0.001mm、0.01mm、0.1mm。

④转动手摇轮。顺时针转为坐标轴正向，逆时针转为坐标轴负向。

图 6-44 手轮示意图

5）增量进给。增量进给也叫单步进给，即每按一次正向或负向按钮时，相应的坐标轴就沿正方向或负方向移动一步。操作步骤如下。

①选择单步进给方式：（STEP）。

②选择增量进给的移动量。

③将手轮的增量变换开关至于增量位置。

④转动手动进给速度开关选择增量进给的速度。

⑤按正向或负向按钮，每按一次坐标在相应的方向上按照所选定的移动量移动一步。

（5）自动运行操作（用编程程序运行 CNC 机床称为自动运行）

1）自动运行的工作方式有：

2）自动运行操作前的注意事项。

①执行前检查工件、刀具是否装好，以及刀具的长度补偿与工件坐标系是否正确。

②将切削进给的倍率旋钮（见图 6-45）与快速定位的倍率按键 X1 X10 X100 X1000 调到较慢位置；同时通过“PROG” PROG 键将 CRT 屏幕的显示状态调到可看到移动余量状态。在按下键后，通过对比刀具与工件的距离与屏幕上所显示的剩余余量的一致性来判断是否会出现错误。

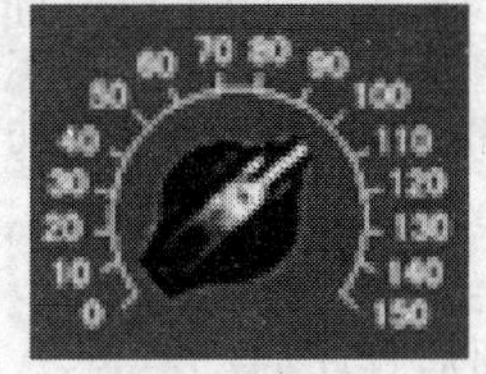

图 6-45　切削进给的倍率旋钮

3）自动运行的几种类型。自动运行是在三种工作方式下选择所需加工的程序，然后按下机床操作面板上的“循环起动”按钮。若要暂时停止运行，则应先按机床操作面板上的“进给暂停”按钮，再按下“循环起动” RESET 按钮，此时自动运行重新进行。

①存储器运行（执行存储在 CNC 存储器中的程序的运行）。存储器运行的步骤如下：

●按下存储器方式选择键。

●从存储的程序中选择一个程序。其步骤为：按下“PROG” PROG 键以显示程序屏幕，再按下键“O”地址，然后使用数字键输入程序号“O××××”，最后按下“检索”软键，显示将运行的程序。

●按下操作面板上的“循环起动”按钮启动自动运行，并且循环起动指示灯闪亮。当自动运行结束时，指示灯熄灭。

●要在中途停止或者取消存储器运行，应按以下步骤进行。

首先，停止存储器运行。

按下机床操作面板上的“进给暂停”按钮，进给暂停指示灯 LED 亮，并且循环起动指示灯熄灭。这时，机床响应应为：a）当机床移动时，进给减速直到停止；b）当程序在停刀状态时，停刀状态中止；c）当执行 M、S 或 T 时，执行完毕后运行停止。

当进给暂停指示灯亮时，按下机床操作面板上的循环起动按钮会重新起动机床的自动运行。

其次，终止存储器运行。

按下 MDI 面板上的“RESET”键，自动运行被终止并进入复位状态。当在机床移动过程中执行复位操作时，机床会减速直到停止。

②MDI 运行。即执行由 MDI 面板输入的程序运行。在 MDI 方式中，通过 MDI 面板可以编制最多 10 行的程序并被执行，其程序格式和通常程序一样。MDI 运行适用于简单的测试操作，其运行的步骤如下。

● 按下 MDI 方式开关。

● 按下 MDI 操作面板上的“PROG”功能键选择程序屏幕。此时，将自动加程序号“O0000”。再用手动输入需运行的程序。

● 将光标移动到程序头（也可从中间启动执行），按下操作面板上的“循环起动”按钮后程序启动运行。

● 停止或结束。MDI 操作的停止或结束与上述存储器运行方式的操作一样。

③DNC 运行。从输入输出设备读入程序使系统运行，其操作步骤如下：

● 选择将要执行的程序文件并作好传输的准备。

● 按下机床操作面板上的 DNC 加工按钮，然后按下循环起动按钮，机床开始运行。

● 停止或结束。DNC 操作的停止或结束与上述存储器运行方式的操作一样。在 DNC 运行时，当前正在执行的程序被显示在程序检查屏幕，屏幕上显示的程序段的数量取决于正在执行的程序，其所有的注释也一起显示。

2. 机床的急停

机床在手动或自动运行中，一旦发现异常情况，必须立即停止机床的运动。如果机床在运行时按下急停按钮，排除故障后要恢复机床的工作，必须进行手动返回机床参考点的操作；如果在刀库转动中按了急停按钮，也必须进行手动返回刀库参考点的操作；如果在换刀动作中按了急停按钮，则必须用 MDI 工作方式把换刀机构调整好。

3. 刀具的安装与刀库的操作

（1）刀具的安装　刀具的安装分为刀具安装到刀库上和刀具安装到主轴上，其操作如下。

1）刀具安装到刀库上。在手动连续进给状态下，点键将刀库摆到换刀位置，通过键将刀盘旋转到对应刀具号的位置，手动将刀装到刀位上。安装完毕后，点键将刀库摆回初始位置。安装时需注意：刀具上的定位槽要对准刀位上的定位键。

2）刀具安装到主轴上。在手动连续进给 WW 状态下，手持刀具将其放置在主轴锥孔下面，点 主轴松刀 键不放，将刀推到主轴锥套内放开 主轴松刀 键便可。注意：主轴上的键要完全置于刀柄上的定位槽内。

拆刀时先用手托住刀具，点 主轴松刀 键后刀具便脱落。

（2）刀库的操作

1）刀库的手动操作。刀库的手动操作有刀盘的旋转、刀库的初始位置与换刀位置的操作，操作方法与上述“刀具装到刀库上”一样。

2）刀库的自动运行操作（自动换刀装置的操作）。刀库的自动运行是指在三种状态下，通过执行程序中换刀或还刀指令完成换刀、还刀动作。操作方法与机床的自动运行相同。

该项操作一定要确定刀具的安装位置是否正确，主轴上安装刀具是通过自动运行完成的，否则会造成安全事故。

3）刀库的返回参考点操作。刀库返回参考点即刀库上的1#刀套定位在换刀位置上。在以下三种情况下，需进行刀库的返回参考点操作。

①在向刀号存储器输入刀号之前，应使刀库返回参考点。

②在调整刀库时，如果刀套不在定位位置上，应使刀库返回参考点。

③在机床通电之后或是在机床和刀库调整结束，以及自动运行之前，应使刀库返回参考点。

刀库返回参考点的操作方法为：在开机后按下 WW 键，通过 刀库正转 刀库反转 将刀架上的1#刀位转到刀库上的换刀位置，再按下 1#刀位 键。

二、加工技术

数控铣床、加工中心的加工过程大致如图6-46所示。

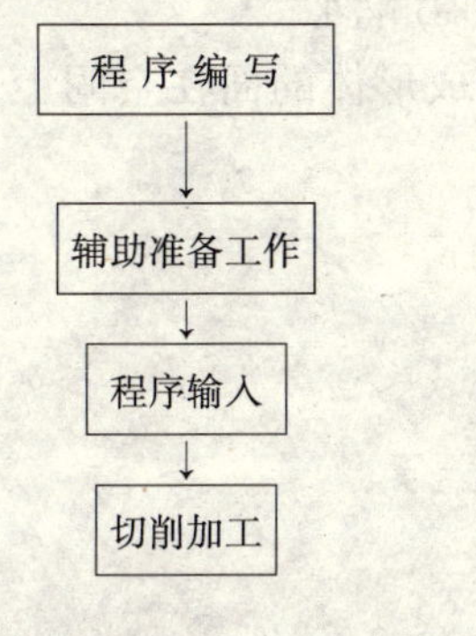

图6-46　数控铣床、加工中心的加工流程

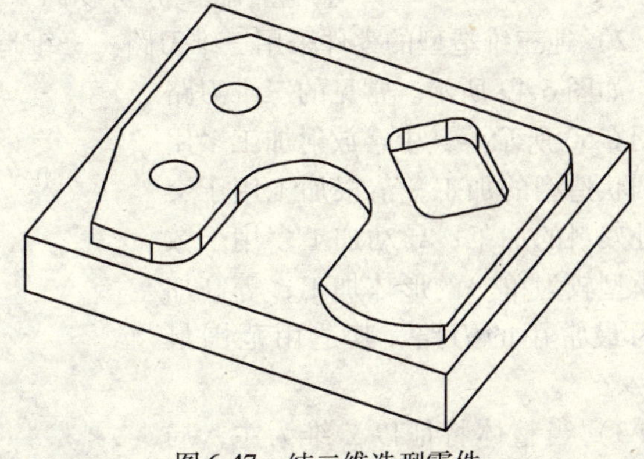

图6-47　纯二维造型零件

1. 程序编写

程序编写是根据所需加工的零件写出其加工程序，有纯人工编写和利用 CAD/CAM 软件进行编写。相比之下，用 CAD/CAM 软件进行编写有着无法比拟的优势，因此目前基本上都采用此方法。下面介绍用 CAD/CAM 软件编程的一些基本原则。

（1）刀具路径的选择原则　刀具路径种类及数目繁多，某一具体零件可以有几种不同的加工方案，使用时应根据零件的形状与大小、刀具的种类、加工的效率、最终的效果灵活应用。常见刀路使用法及典型造型刀路选用的一般原则如下。

1）纯二维造型的零件（见图 6-47）采用二维刀路。二维造型是指构成形体的面在空间上全是二维平面（孔除外）。常见的二维刀路如图 6-48 所示。

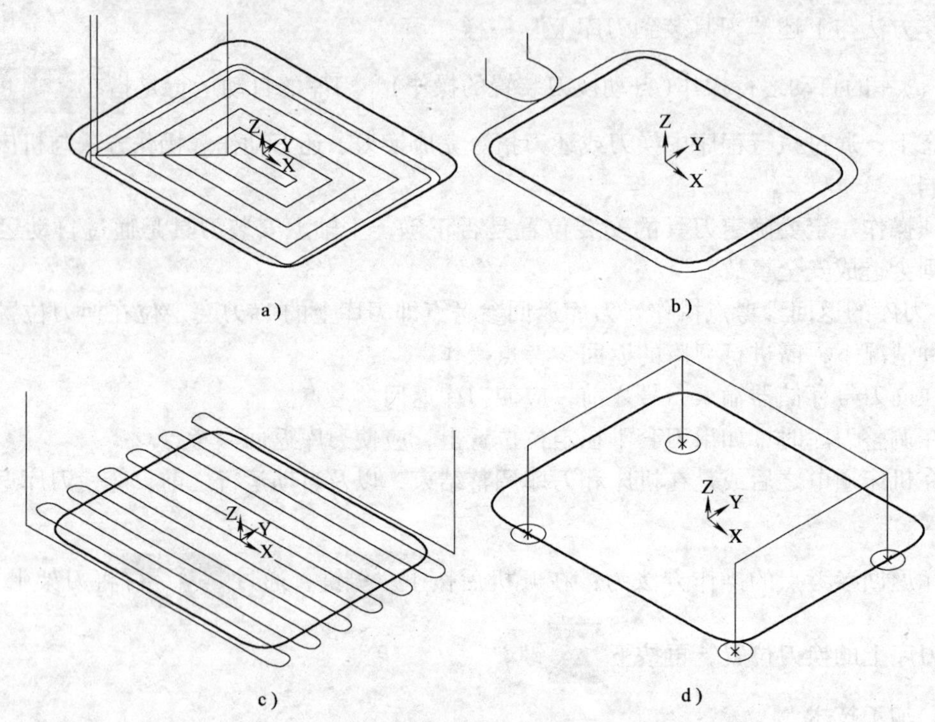

图 6-48　常见的二维刀路
a）挖槽加工　b）外形加工　c）平面加工　d）铅孔

2）纯三维造型的零件采用三维刀路。三维造型是指构成形体的面在空间上全是三维平面，如图 6-49 所示。常见的三维刀路如图 6-50 所示。其中，放射加工多用于圆状造型的加工；清根加工用于交界处残料的加工；导动加工多用于数学模型较为单一的形体加工；等高加工为最常用的刀路，其适用范围最广。

3）当整体特征以二维为主，局部有三维特征造型（见图 6-51）时，可曲面处采用三维刀路，其余采用二维刀路，如图 6-52 所示。

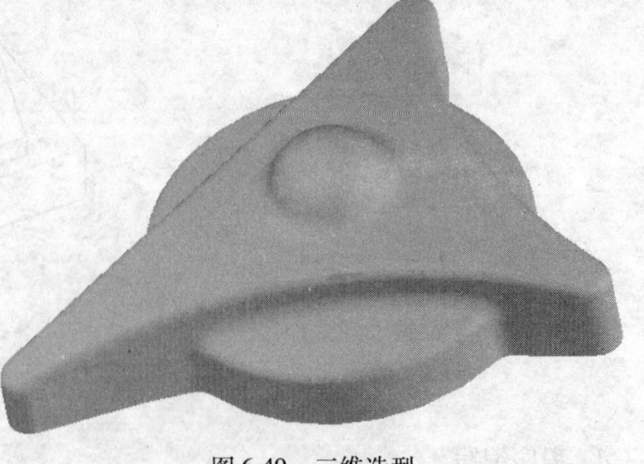

图 6-49　三维造型

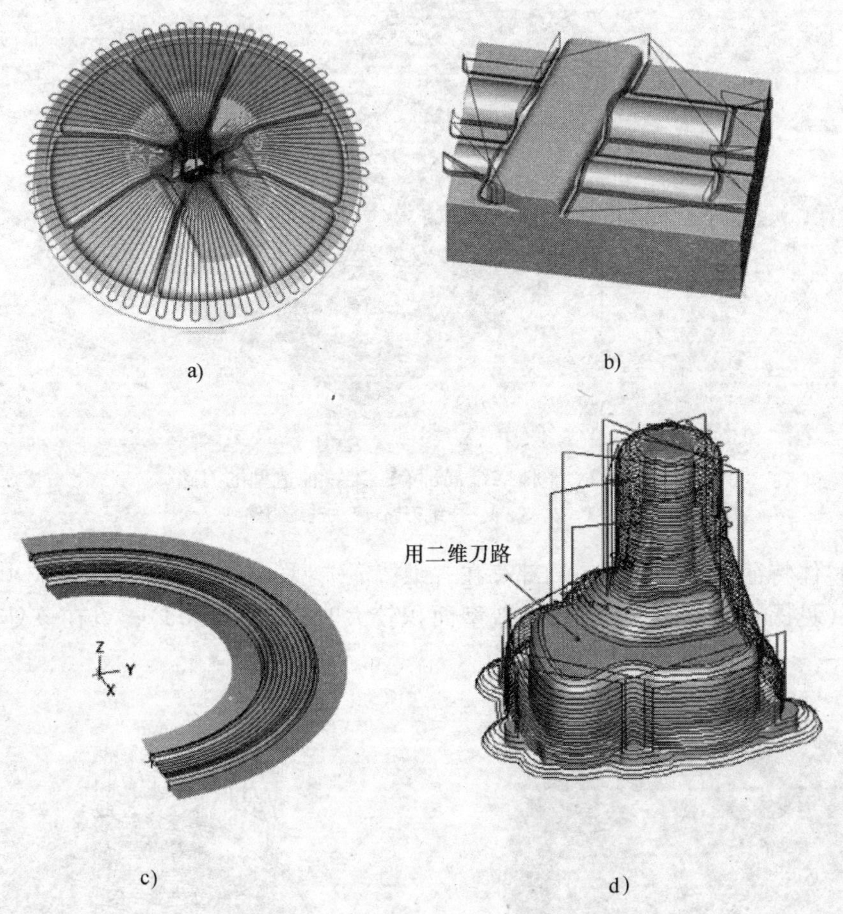

图 6-50　常见的三维刀路

a）放射加工　b）清根加工　c）导动加工　d）等高加工

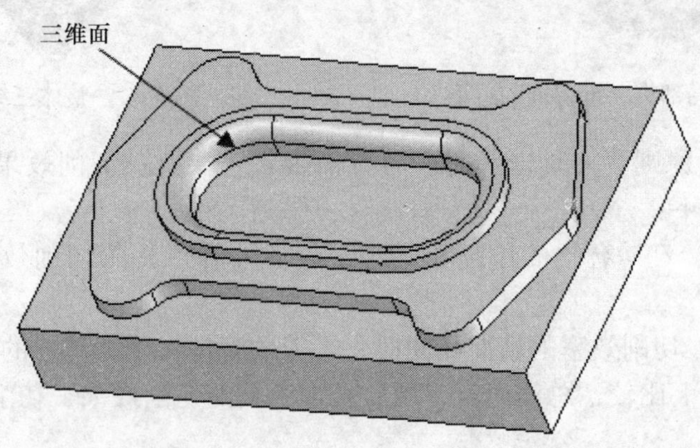

图 6-51　整体二维局部有三维特征的造型

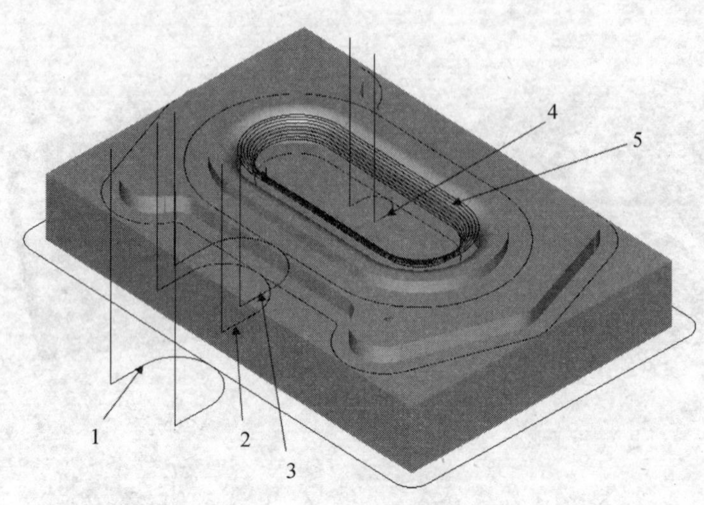

图 6-52 整体二维局部有三维特征造型的刀路

1、2、3、4—二维刀路 5—三维刀路

4）当整体特征以三维为主，局部存在二维特征造型（见图 6-53）且面积较小时，可采用纯三维刀路（见图 6-54）。若二维特征造型面积较大时（见图 6-50d），可在该处采用二维刀路。

图 6-53 整体三维局部有二维特征的造型

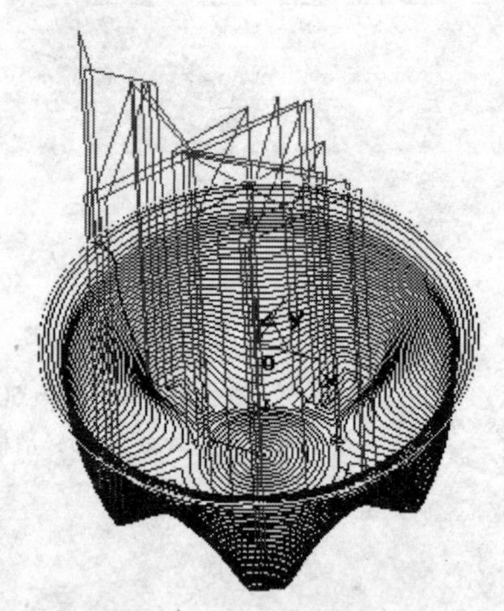

图 6-54 整体三维刀路

（2）刀具的选择原则 刀具选择时所考虑的因素主要有：切削效果、切削效率、刀具磨损，它们的关系如下：

1）在切削效果、刀具磨损的情况相同时，直径大的刀具的切削效率大于直径小的刀具。

2）在切削效果、切削效率的情况相同时，平刀的磨损大于圆鼻刀的磨损。

若从刀具的材料上比较，总体而言，硬质合金刀具的切削效果、切削效率和刀具磨损的情况都优于高速刚。

（3）加工步骤的一般原则 在制定加工步骤时，一般遵循的原则为：先粗后精、先外后内、先上后下、先平面后曲面。

但是，当需在平面上加工孔时，则应先平面后孔；当需在曲面上加工孔时，则应先孔后曲面。

（4）切削用量的确定　切削用量包括切削速度、背吃刀量、进给量，在加工的过程中由于受到工件形状、装夹刚度、冷却条件、被加工材料材质、机床性能等诸多因素的影响很难定出一个标准。在实际操作过程中，应根据机床说明书、刀具切削参数手册与经验而定。一般原则是：粗加工时，以提高生产率为主，但也应考虑经济性和加工成本；半精加工和精加工时，应在保证加工质量的前提下，兼顾切削效率、经济性和加工成本。

目前，一些完善的自动编程系统中有超程校验功能时，一旦检测出超程误差超过允许值，便可设置适当的“减速”或“暂停”程序段予以控制。

在实际加工应用中，由于机床上一般均有“速度倍率”与“主轴转速倍率”两个旋钮，可以通过手工操作及时在线控制进给量与主轴转速。

（5）后置处理工艺清单

1）后置处理的内容包括生成加工程序（即 NC 程序），例如

```
N10   G90   G54   G00   Z60.000
N12   S2000   M03
N14   X22.942   Y201.957   Z60.000
N16   Z50.000
N18   Z5.000
N20   G01   Z-5.000   F10
………
```

生成后要与所使用的机床匹配，反之可通过后置处理程式更改。

2）生成加工工艺清单。加工工艺清单主要的作用是指导生产加工，其主要内容见表6-11。

表6-11　加工工艺清单

图号	工件名称	编程人员		编程时间		文件存档位置及档名		
1								
顺序号	程序名	刀具				加工余量	理论加工时间	备注
		类型	直径	刀角半径	装刀长度			
1	GMI1. NC	中心钻	$\phi3.0$	—	20mm	—	1′	定位
2	GMI2. NC	钻头	$\phi5.7$	—	65mm	—	5′	钻底孔
3	GMI3. NC	钻头	$\phi6.0$	—	65mm	—	4′	扩孔
4	GMI4. NC	钻头	$\phi10$	—	30mm	—	3′	斜孔开粗
5	GMI5. NC	圆刀	$\phi16$	R1.0	25mm	0.2mm	11′	型位开粗
6	GMI6. NC	圆刀	$\phi16$	R1.0	25mm	0	21′	精加工
7	GMI7. NC	平刀	$\phi6.0$	0	25mm	0	15′	精加工
8								
9								
10								

2. 辅助准备工作

辅助准备工作指在完成编程之后的一些工作，包括工件的安装、刀具的安装、刀具长度补偿的设定、坐标系的设置。

（1）工件的安装　工件的安装与找正的具体操作方法与其他的机械加工无异，这里不做论述。以下有几点注意事项。

1）工件装好后要有足够的锁紧力。

2）工件装好后应有足够的加工位置。

3）工件装好后侧基准面与机床的导轨保持平行，上下基准面保持与机床工作台平行。

4）装夹时方向应与编程时所设定的一致，如图 6-55 所示。

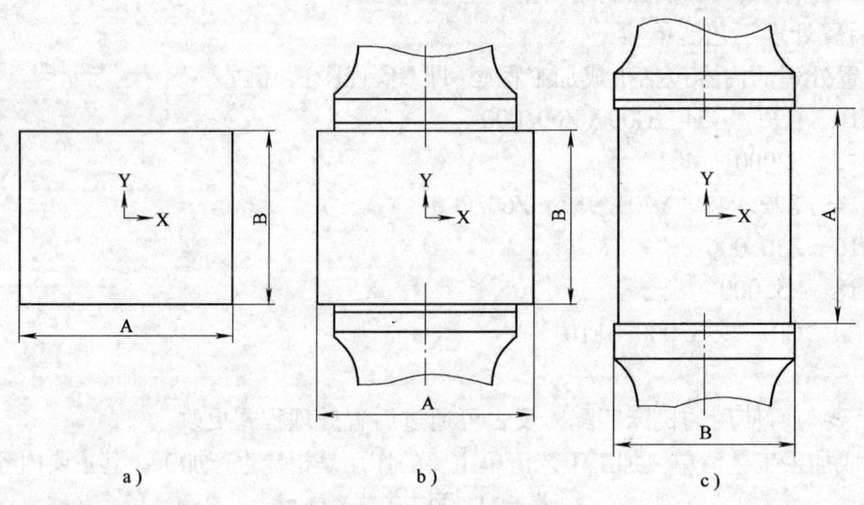

图 6-55　编程方向与装夹方向

a）编程时的方向设定　b）正确的装夹方向　c）错误的装夹方向

（2）刀具的安装与长度补偿的设定

1）刀具的安装。刀具的安装包括将刀具装在刀套上和将刀套装在主轴上两个过程。安装时，要将各装配件配合面擦干净，刀具在能满足切削加工的前提下伸出的部分应尽量短。并且，在将刀套装到机床的刀库上(指加工中心)时，要对应编程时所设定的刀号位置，同时刀套上的定位槽要对准刀库上的键槽。

2）刀具长度补偿的设定。刀具长度补偿的设定包括刀具长度的测量与将测量结果输入到机床的储存器上。刀具长度测量的方法与途径较多，在高档的机床上可自动测出，在一般的机床上可通过手动测量，其原理如图 6-56 所示。另外，也可通过光学数显对刀仪(见图 6-57)来测量。

3）补偿值的输入。在测量出刀具的结果后，按“OFFSET” OFFSET 键，屏幕显示如图 6-58 所示。将结果输到屏幕上对应的“形状(H)”与“编号”栏，图 6-58 中所示的是长度为

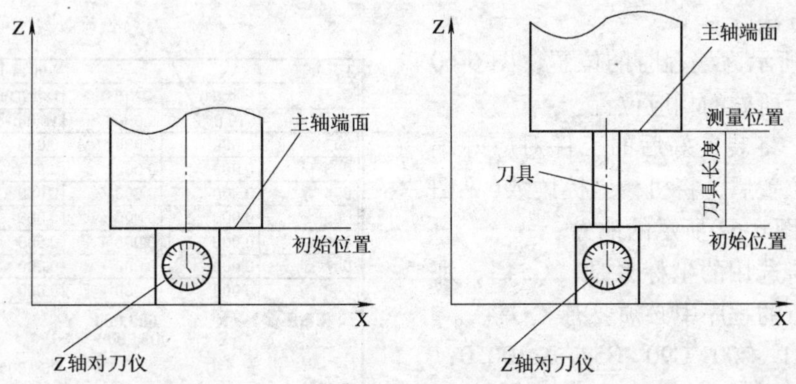

图 6-56　刀具长度的测量

“50”、刀号为“1”的补偿值。

（3）坐标系的设定　坐标系的设定是一个非常重要的环节，它的错误将可能直接造成安全事故。

1）数控机床的坐标系统。

①机械坐标系。用机床原点设置的坐标系称为原点坐标系。机床坐标系一般不作为编程使用，而常用来确定工件坐标系，即作为建立工件坐标系的参考点。

②工件坐标系。编程时，一般选择工件或夹具上某一点作为程序的原点，这一点就是编程零点，也称“程序原点”。以编程零点为原点且平行于机床各移动坐标轴 X、Y、Z 建立一个新的坐标系，就叫工件坐标系。

在数控铣床、加工中心 CRT 坐标系页面上，一般可显示相对坐标、绝对坐标（也就是工件坐标）和机床坐标。在应用中，比较关键的是机床坐标和工件坐标。

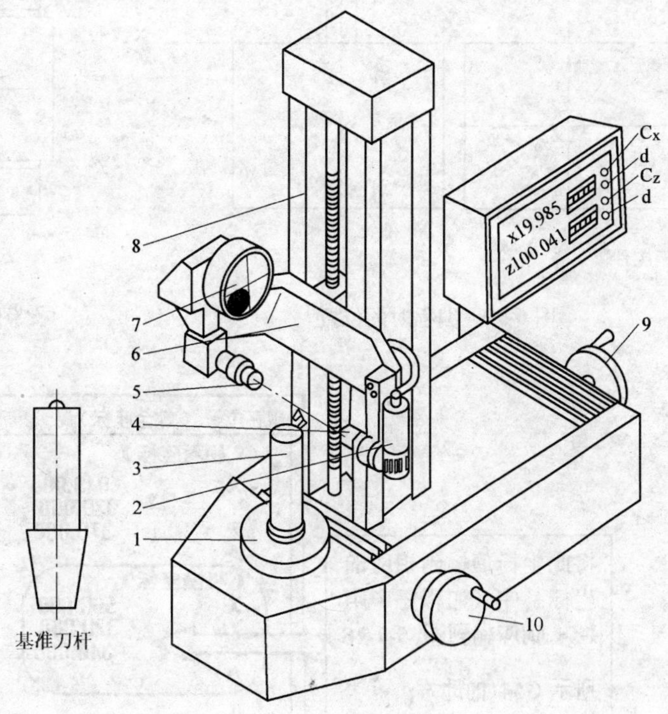

图 6-57　光学数显对刀仪

1—转盘　2—光源　3—被测刀具　4、5—透镜　6—测量架　7—投影屏幕　8—左、右移动立柱　9、10—手轮

2）工件坐标系的建立。工件坐标系建立的实质是将装夹在机床上的工件按编程时设定的位置对应到机床上，然后把该点的机械坐标值输到机床存储器上。

建立的方法有“G92”与“G54-G59”两种。其中，“G54-G59”用起来方便易懂，下面介绍其操作方法。

图 6-59 所示为编程时的位置，图 6-60 所示为装夹后所处的相应位置。

操作时，将装夹好后的工件对应好编程时设定的位置后，将机械坐标读数（见图 6-61）写到如图 6-62 所示的地方。

注意：若选用的坐标系是“G54”，那么在所要执行的程序中必须要有“G54”。

例如，N1 G00 G90 G54 X-100.0；

N2 Z0；

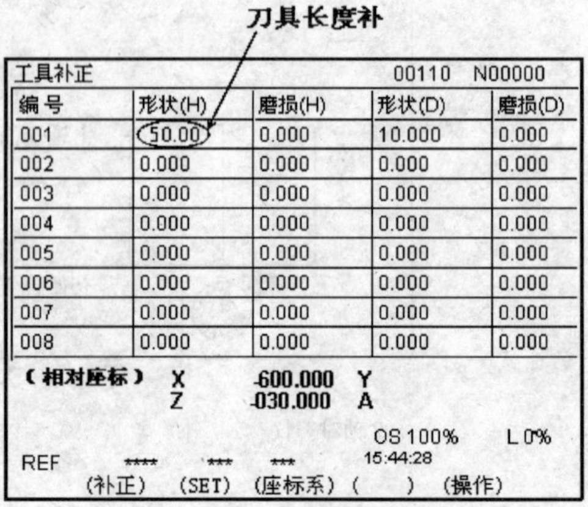

刀具长度补

工具补正 00110 N00000

编 号	形状(H)	磨损(H)	形状(D)	磨损(D)
001	50.00	0.000	10.000	0.000
002	0.000	0.000	0.000	0.000
003	0.000	0.000	0.000	0.000
004	0.000	0.000	0.000	0.000
005	0.000	0.000	0.000	0.000
006	0.000	0.000	0.000	0.000
007	0.000	0.000	0.000	0.000
008	0.000	0.000	0.000	0.000

（相对座标） X -600.000 Y
Z -030.000 A

OS 100% L 0%
REF **** *** *** 15:44:28
（补正） （SET） （座标系） （ ） （操作）

图 6-58 刀具补偿地址

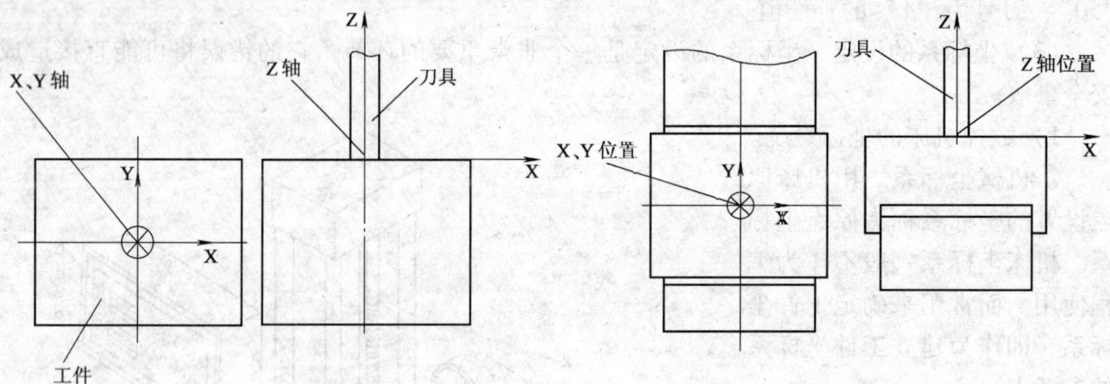

图 6-59 编程时的位置

图 6-60 装夹后的对应位置

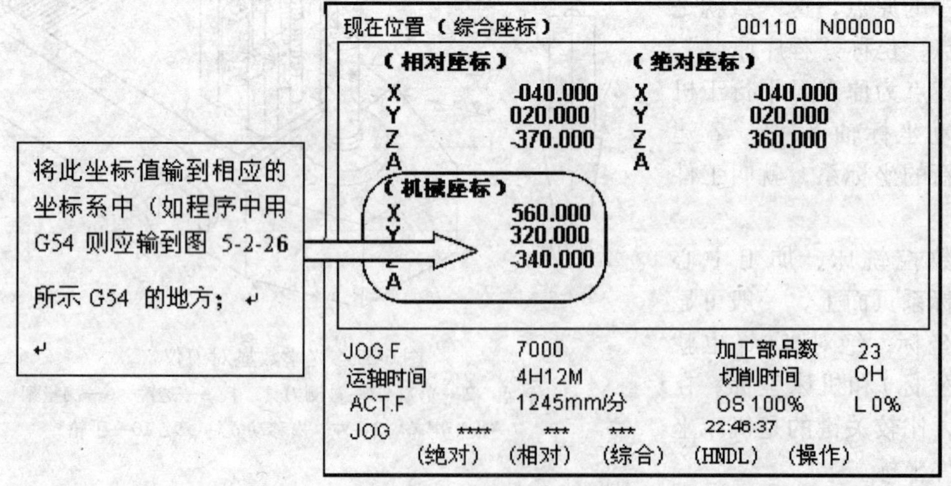

图 6-61 机械坐标读数

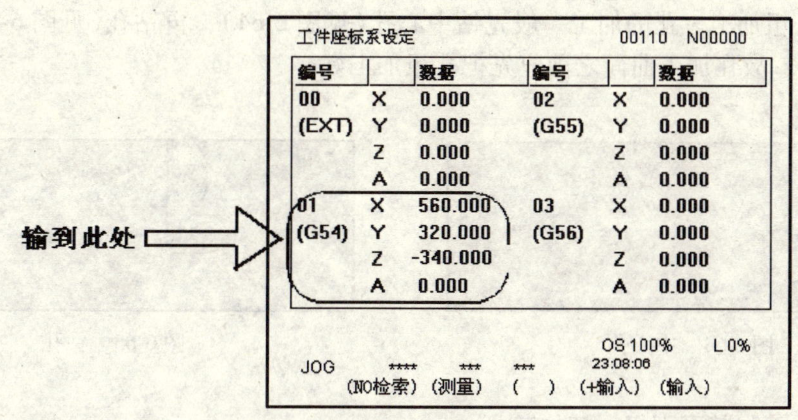

图 6-62　坐标系输入

三、程序输入

这里所指的程序输入是指将借助 CAD/CAM 软件编好的程序输送到机床上。操作时将界面调到传输的状态，在计算机上通过专门的传输软件将所需传送的程序打开、点击、传送便可。

四、切削加工

切削加工的操作与上述的自动运行操作一致，这里不再论述。

五、加工实例

组合件如图 6-63 所示。该零件尺寸小，有二维平面、三维曲面和锥孔，各特征在整个形体中所占的比例均衡。按照上述的加工步骤与刀路选用的一般原则，其加工步骤与加工步骤刀路选用制定如下。

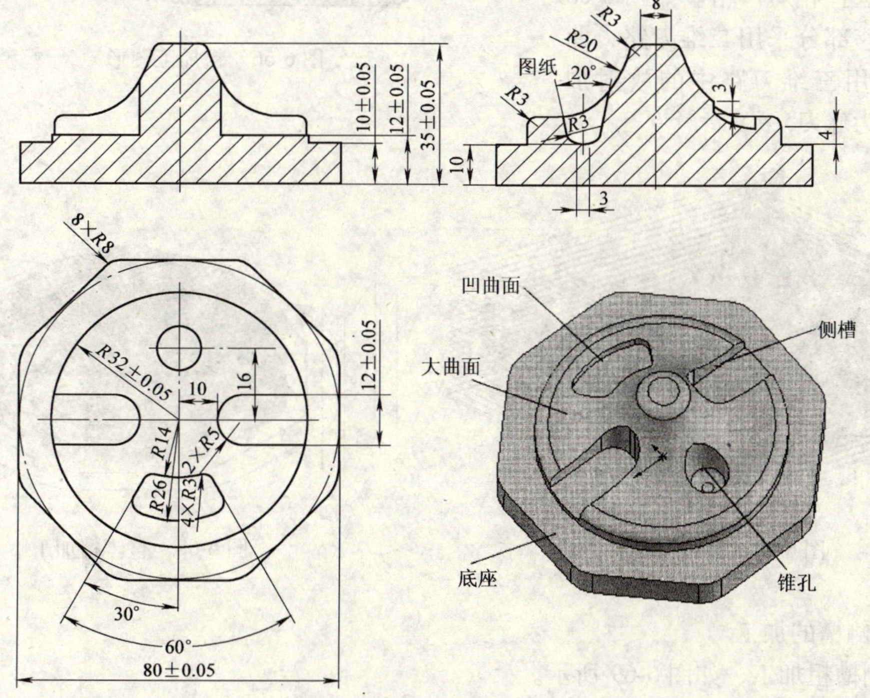

图 6-63　组合件

（1）锥孔粗加工　孔的加工一般先钻中心孔（见图6-64），再钻孔（见图6-65）。由于此锥孔在曲面上，故在加工曲面之前应先把孔粗加工好。

图6-64　中心孔

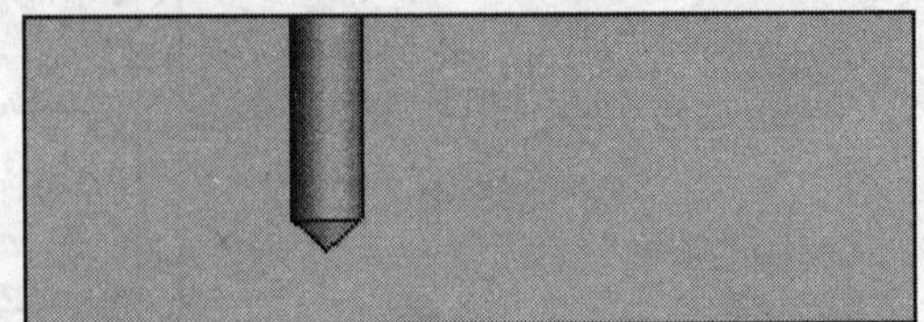

图6-65　钻孔

（2）大曲面与其平面粗、精加工

①粗加工。由于该零件的尺寸较小，各种造型所占的比例较多，如果全部打开一起进行粗加工，则加工时的流畅性、加工效果以及刀具的使用寿命必将受到影响。因此，将底座与大曲面外的特征关闭后得到如图6-66所示的形体后，才可进行编程。

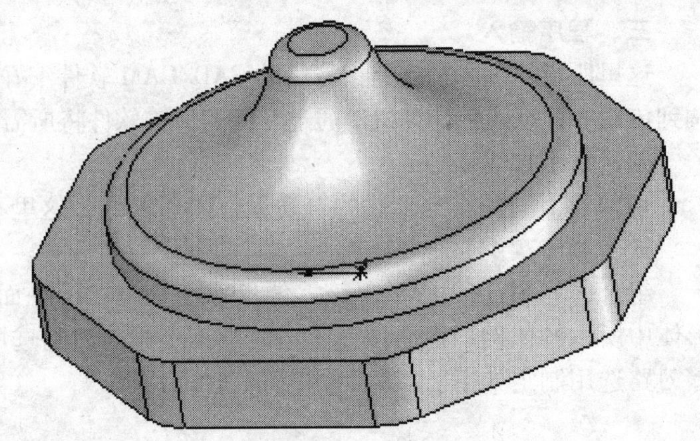

图6-66　粗加工图形

由于图6-66中二维特征与三维特征几乎相当，因此刀路可选曲面加工中挖槽加工，如图6-67所示。

②精加工。精加工对刀具路径以及刀具选择相对严格。如图6-68所示，底座部分采用二维刀路，曲面部分采用三维刀路中的放射加工，刀具为球刀。

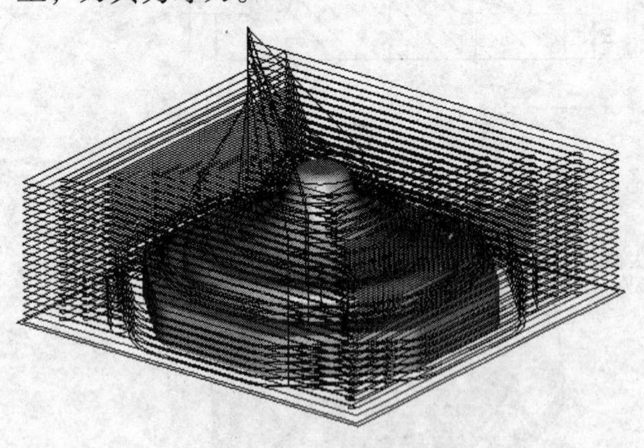

图6-67　粗加工刀路

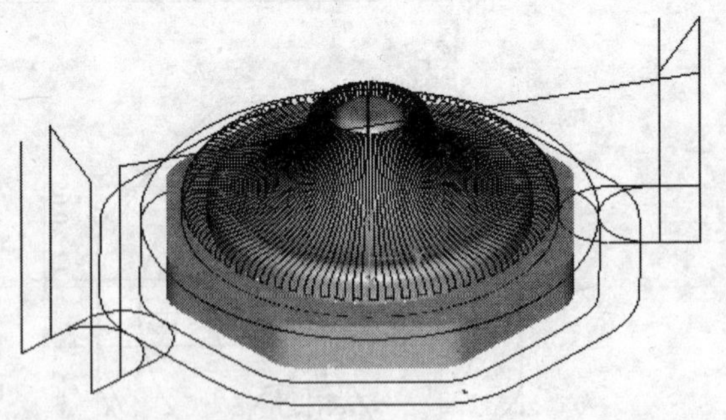

图6-68　整体精加工

（3）侧槽的加工

1）侧槽粗加工，如图6-69所示。

2）侧槽精加工，如图6-70所示。

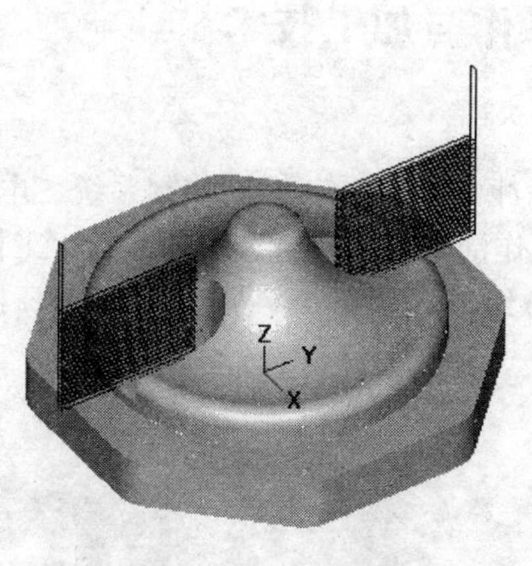

图 6-69　侧槽粗加工

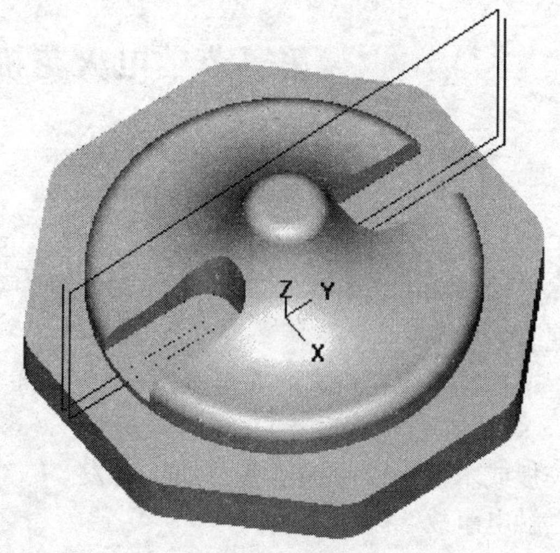

图 6-70　侧槽精加工

（4）锥孔精加工　如图 6-71 所示。

（5）凹曲面粗、精加工　该部分的尺寸小，所能选用的刀具相对较小，在设定相关的参数时尽可能合理。

1）粗加工，如图 6-72 所示。

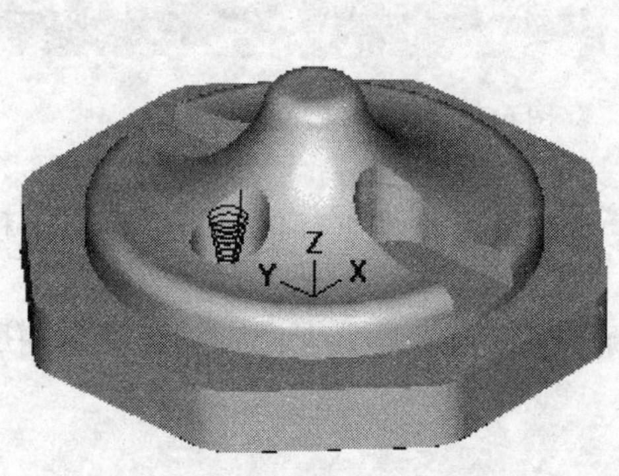

图 6-71　锥孔精加工

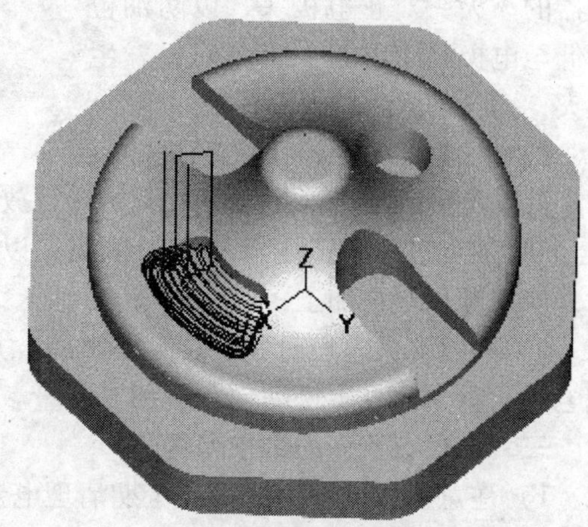

图 6-72　凹曲面粗加工

2）精加工，如图 6-73 所示。

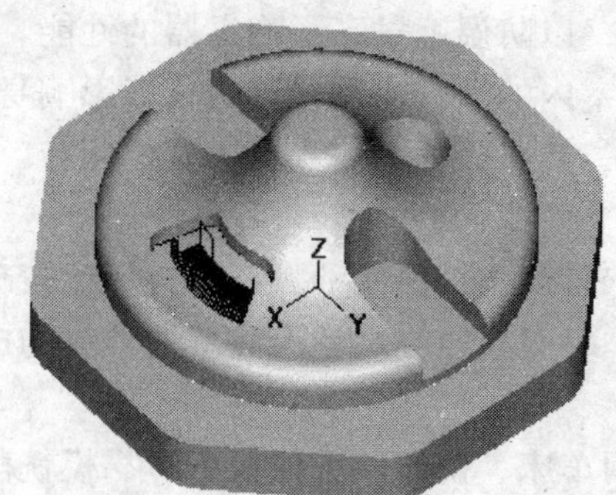

图 6-73　凹曲面精加工

第三节 电火花机床的操作与加工技术

一、电火花机床的结构

电火花机床由电器和机床两部分组成。电器由脉冲电源、自动进给控制系统、电子尺、手控盒组成。机床由床身、立柱、底座、主轴头、工作油槽、工作台、工作油箱、工作液循环过滤器和机床附件(平动头、电极夹头、磁性吸盘)组成。如图6-74所示为ELITE机型外观。

二、电火花机床的安全操作

1）在机床操作旁边叠起绝缘橡胶板或木板，以防操作者在加工时发生触电事故。

2）在关好工作台上的门板后，检查门板的锁紧开关和密封为良好时，才能开抽油开关，以防门板密封性不好，使火花机油抽上后泄漏。

3）在实行无人加工时，要将灭火器的灭火头对正电极头，以防油位降低至电极与工件加工部位时，发生火灾，而自动灭火。

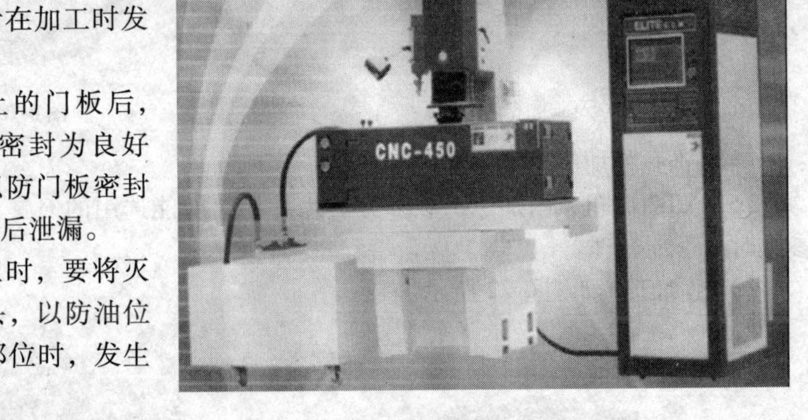

图6-74 ELITE机型外观

4）一般情况下，让火花机油浸没工件和电极的加工部位时，才开始进行放电加工。

5）加工过程中，注意加工的情况，以防发生电弧放电烧伤工件或电极。当产生积炭时，应清除积炭再加工。

6）在装夹大电极时，要装夹得牢固。并留意加工过程中，电极抬刀时由于受到油压力或电极自重大而发生松动，影响加工质量。

三、电火花机床的维护和保养

1）注意机床的卫生清洁，定期清理电器箱内的灰尘。

2）定期对工作台丝杠导轨和主轴导轨进行润滑。

3）定期清洁火花机油箱内的过滤网，保证火花机油的清洁。

4）保持室内温度的恒定，以防温度过高影响机器的性能。

5）安装抽空设备，保证室内的空气流通，以防废气影响身体。

6）电火花应设专人操作，禁止其他无关人员操作机床。

四、电火花电极材料

电火花电极的常用材料有紫铜、石墨两种。石墨材料比较疏松，难制造出表面粗糙度高的表面，而紫铜材料可以制作表面粗糙度高的表面。但紫铜的成本比石墨高。

五、电火花电极制作

电火花电极的制作一般用车床、铣床、数控机床、靠模铣削、线切割机床等机床进行加工。电极的尺寸要考虑电加工的放电间隙，一般粗加工电极尺寸单边余留量为0.3～

0.5mm，精加工电极尺寸单边余留量为0.05～0.1mm。电极的抛光采用油石或砂纸进行。电极的固定采用攻螺纹或焊锡两种工艺。

六、电火花电极校正

电火花电极校正包括水平方向的水平度、前后方向的垂直度和左右方向的垂直度。

（1）电火花夹头的常用形式　钻卡式电极夹头装夹（见图6-75）和普通电极夹头装夹（见图6-76）。

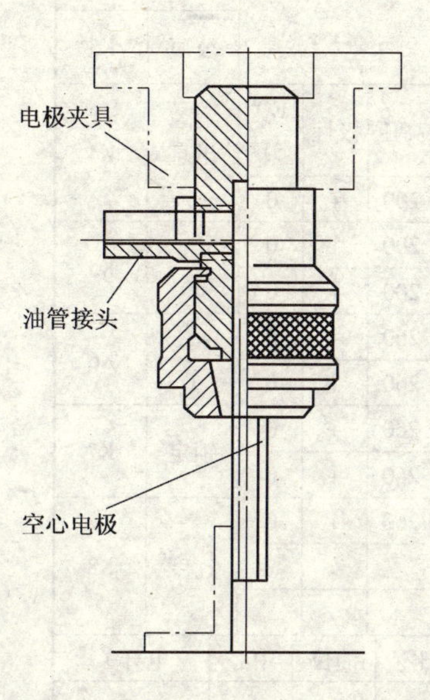

图6-75　钻卡式电极夹头装夹

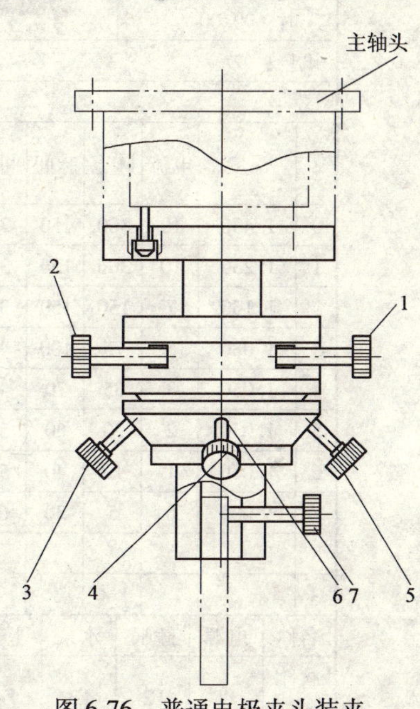

图6-76　普通电极夹头装夹

（2）电火花电极的水平校正　将要加工的电极锁紧柄伸进主轴的塑头，用锁匙拧紧，用百分表指针向着电极水平面压缩量1～1.5mm，移动纵向工作台手柄，让百分表指针从电极表面的左边向右边移动（或从右往左）。观察百分表指针的摆动方向，根据其摆动量，调整主轴水平方向的螺栓（见图6-76中的1、2）就能使电极摆动。调整百分表在0.01mm内摆动，就证明电极水平。对于细小或精密的电极，也可使用杠杆表校正。

（3）电火花电极的垂直校正　电极水平后，将百分表指针停在电极表面中间，用百分指表针向着电极水平面压缩1～1.5mm，按动手动盒面板的上升或下降开关，电极随着主轴上升和下降。当电极从上往下移动时，观察百分指表针的摆动方向，根据其摆动量，调整主轴的垂直方向的螺栓（见图6-76中的5、6）就能使电极前后方向摆动。调整百分表在0.01mm内摆动，就证明电极前后方向垂直。由于电极四侧面有斜度，并且底面为宽大的平面，也可以底面为基准校正。这里，校正底面的水平度，也即是侧面的垂直度。

（4）左右方向的垂直度　电极左右方向的垂直度校正方法与前后方向的垂直度一样，只是调整如图6-76中的螺栓3、4。三个方向的校正要重复进行，才能互相保证电极与工件的空间位置度。

七、电火花机床的操作（以ELITE机型为例）

1. 电器控制面板按钮的作用

电火花加工操作界面如图 6-77 所示，其控制面板上按钮的作用如下。

高度：H、T	X：+ 0.000
电压：V	Y：+ 0.000
电流：A	Z：+ 0.000
积碳高：0.0MM	
积碳时：0.0sec	
工时：00.00	
讯息：	

	深度	电流	脉宽	脉间	间隙	速度	升高	工时	高压	极性	EOU
0	1.430	10	300	150	35	5	8	30	200	+	0
1	1.230	10	300	150	35	5	8	20	200	+	0
2	1.130	7	150	150	35	5	8	15	200	+	0
3	1.080	5	75	100	45	5	8	10	260	+	0
4	1.050	3	35	70	45	5	8	10	260	+	0
5	1.030	2	20	60	50	4	8	10	260	+	0
6	1.010	1	10	40	55	4	8	8	260	+	0
7	1.000	0	5	30	60	4	8	7	260	+	0
8											
9											

名称	软性按键
一般放电	K1
参数	K2
公厘	K3
讯息	K4
组 00	K5
stee 1	K6
锁定	K7
速度	K8

名称	电源	睡眠	水泵	上升	声音	校模	归零	油位	中心	电开关
软性按键	F1	F2	F3	F4	F5	F6	F7	F8	F9	F10

图 6-77　电火花加工操作界面

[F1]（副电源开关）：按下时，启动放电电力系统，并控制电力系统。

[F2]（睡眠开关）：按下时，当放电加工到达设定深度时电脑会以放电电力系统、控制电力系统、电脑系统等顺序关闭电源。利用此功能，可以实现无人加工。

[F3]（水泵开关）：当副电源起动时，按下此开关，水泵起动加工液顺送到油槽。当放电开始时，即随[DIS] [STOP]启动停止作同步动作。如放电停止后欲继续送油，请重按一次此键即可重新起动供油。

[F4]（自动上升）：此键的主要功能是当电极加工到达预定深度时，电极自动上升。此功能的上升高度由客户设定。

例如，按[F4]→[10]→[ENT]。如只按[F4]→[ENT]，则机械自动上升 50m/min。

[F5]（声音开关）：按下时，所有警示声音均被关闭。

[F6]（校模开关）：此开关提供以下两种校模的方法。

（1）放电参数系统设定用百分表校模　用百分表接触电极作各种垂直或水平调整。调整完毕时，若再按一次，则本功能取消。

（2）放电火花校模　当按下此键之后，操作者可依放电大小直接输入想要校模的电流值，设定方法与一般自动加工的设定方法相同。注意：按下此键后电极与模具间不提供电极碰撞保护，当校模完毕后要取消此键才能进入。

［F7］（归零开关）：按下时，Z 轴自动下降，直到接触工件才停止。此时，自动消除归零功能，但电极与工件仍在接触状态，按[Z]→[0]→[ENT]将 Z 轴归零。

［F8］（油位控制）：按下时，加工液的液面高度需保持在设定高度，否则将无法启动放电系统。

［F9］（中心）：在模具 X 或 Y 轴取中心值的方法如图 6-78 所示。

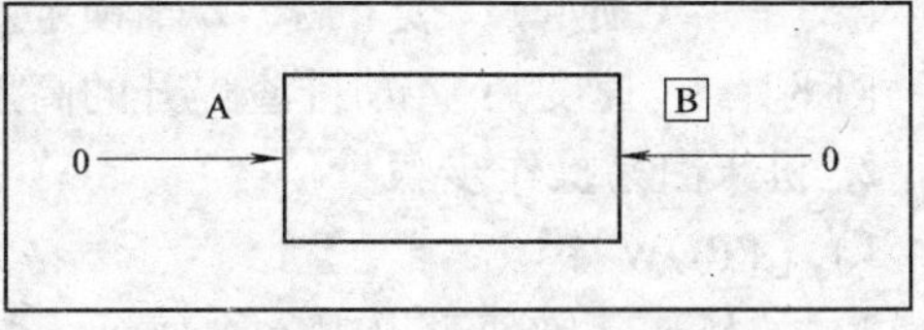

图 6-78　取中心值的方法

［F10］（电关闭）：此开关为电脑自动关机时使用。

［K1］：显示 X、Y、Z 轴的位置式。[K1]按下后，[放电]呈反白，显示目前加工状况。

［一般］　模式如下

X：+1.100

Y：+10.000

Z：+1.100

［放电］　模式如下

D：+1.100（D 为已切削最深深度）

P：+10.100（P 为程式设定深度）

W：+1.000（W 为目前工作位置）

［K2］［参数］：此键为人与机器介面。当想设定或修改萤光幕上的数值时此键，此时屏幕深度最左上方有反白游标，移动此游标[↑][↓][←][→]到所想修改位置，输入数后再按[ENT]。假如输入错误，只要移动方向键，再按回欲修改处即可修改。当所有资料输入完毕时，再按本键一次，资料才能送至电脑执行。

［K2］［参数］：此键按下后，屏幕的功能栏切换如下。

●[F1]（定段）：即分段加工，一般加工由 0~9 段组成，但可以任意选中两段或两段以上加工。

●[F2]（全段）：是全段(0~9)加工。单段加工时，修改第 0 段的参数就可以了。

●[F4]（锁组）：接下后，所输入的版面参数变白，版面的全部数据按自编的组号存在 K5 的记忆区内，如参数不用记忆保存，则再按一次 F4。

●[F6]（删除）：按下此键主画面资料全部清除。

［K3］（公厘）：in/mm 单位切换键。

［K4］（讯信）：按下时，屏幕的功能栏切换如下。

●[F1]（HOUR）：清除计时器的加工时间。

●[F2]（ARCH）：设定积炭高度，1~10mm。

●[F3]（ARCT）：设定积炭停止时间，1~10s。

●[F6]（HSW）：积炭高度动作，ON/OFF。

●[F7]（TSW）：积炭停止时间，ON/OFF。

●[F8]（EQU）：等能量，ON/OFF。

●[F10]（JOGSL）：遥控器慢速度设定控制。

[K5]（组 XX）：加工参数记忆组更改键。本系统提供 00 ~ 99 记忆组共 100 组。每一组记忆区，当参数设定完毕后，均被自动储存，当关机时，所有记忆均保持完整记忆。

例如，更改记忆组至 500，应按[K5]→[5]→[0]→[ENT]

[K7]（锁定）：按下后，Z 轴锁定。如需锁定放电，需在放电前设定。

[K8]（速度）：Z 轴排渣提升的高度，上升高度选取在 1 ~ 99mm 范围内。

2. 机床简易操作步骤

1）[PROW]键。

2）按任何一键便可出现工作画面。

3）[F1]副电源反白。

4）[K2]将参数变反白。

5）工作画面出现一反白点，利用方向键将反白点移至深度最低部。

6）输入加工深度(深度以负数输入)后按[ENT]。

7）将反白点移至电流的最顶部。

8）输入加工电流(电流的大小根据电极的横切面积而定)后按[ENT]。例如，10mm 约用 10A（只供参考）。

9）此时信息显示：选择 1 ~ 8 之间的加工放电效果后按[ENT]。

1.	2.	3.	4.
粗加工	中加工	细加工	超细加工
5.	6.	7.	8.
粗而深加工	中而深加工	细而深加工	超细而深加工

10）之后按[定段]→[ENT]→[↓]，至 9 字按[ENT]→[K2]将参数关掉。

11）[F7]将铜电极与模具工件碰数归零，[Z]→[0]→[ENT]。

12）[F3]火花油泵。

13）[DIS]放电工作(完成)。

3. 机床具体的操作顺序

1）POWER(只有电脑电源 ON)。

2）按[F1]副电源 ON（主要控制电源及放电电源）。

3）按[F7](归零)→(电极与模具接触后)按[Z]→[0]→[ENTER]。

4）按[K2]（参数)→移动游标至深度第 9 段，设定加工深度(见表 6-12)；设定深度移动游标至电流第 0 段位置，设定最大电流值(见表 6-13)。之后设定第 1 段为粗加工，第 2 段为粗到中加工，第 3 段为粗到精加工，第 4 段为粗到超细加工；第 5 段 ~ 第 8 段为深孔加工顺序，与第 1 段 ~ 第 4 段一样任意选择加工数据(电流/深度/细度)设定。设定好的数据见表 6-14。

表 6-12 电参数设置（设定加工深度）

	加工深度 /mm DEPTH	加工电流 /A CURRENT	脉冲宽度 /μs ON-T	脉冲间隔 /μs OFF-T	间隙电压 /V GAP	伺服速度 /% SPEED	跳升高度 /0.1mm JUMP-H	工作时间 /0.1s WORK-T	高压/V VOLAGE	极性/ (+/-) POL
0										

（续）

	加工深度 /mm DEPTH	加工电流 /A CURRENT	脉冲宽度 /μs ON-T	脉冲间隔 /μs OFF-T	间隙电压 /V GAP	伺服速度 /% SPEED	跳升高度 /0.1mm JUMP-H	工作时间 /0.1s WORK-T	高压/V VOLAGE	极性/ (+/-) POL
1										
⋮										
9	-1									

表 6-13　电参数设置（设定最大电流值为 10A）

	加工深度 /mm DEPTH	加工电流 /A CURRENT	脉冲宽度 /μs ON-T	脉冲间隔 /μs OFF-T	间隙电压 /V GARY	伺服速度 /% SPEED	跳升高度 /0.1mm JUMP-H	工作时间 /0.1s WORK-T	高压/V VOLAGE	极性/ (+/-) POL
0		10								
1										
⋮										
9	-1									

表 6-14　电参数设置

	加工深度 /mm DEPTH	加工电流 /A CURRENT	脉冲宽度 /μs ON-T	脉冲间隔 /μs OFF-T	间隙电压 /V GARY	伺服速度 /% SPEED	跳升高度 /0.1mm JUMP-H	工作时间 /0.1s WORK-T	高压/V VOLAGE	极性/ (+/-) POL
0	-1.43	10	350	250	35	4	8	30	200	+
1	-1.23	10	350	250	35	4	8	20	200	+
2	-1.13	7	175	175	45	4	8	15	200	+
3	-1.08	5	80	160	45	4	8	10	200	+
4	-1.05	3	40	120	50	4	8	10	200	+
5	-1.03	2	20	60	50	4	8	10	200	+
6	-1.01	1	10	50	50	4	8	8	200	+
7	-1	0	5	50	50	4	8	8	200	+
8										
9										

5）按[F1]移动游标设定加工参数段数。例如，要想在第 3 段 ~ 第 5 段加工，则移动游标后由第 3 段[3]→[EMT]，再移动游标[5]→[EMT]加工到第 5 段停止；如要全段加工，则按[F2]，即由 0 ~ 9 全段加工；如想要作单段加工，则只修改第 0 段各项数据即可。

6）起动放电(DIS)。起动放电前后，应注意油位、液位、睡眠、自动上升、积炭高度、时间、EQU 等各项设定。

4. 放电加工范例

电极直径 20m/min，采用铜电极对工件加工。

（1）粗加工（快速切削，电极损耗小） 加工参数见表6-15。

表6-15 粗加工时的加工参数

加工深度 DEPTH	加工电流 CURRENT	脉冲宽度 ON-T	脉冲间隔 OFF-T	间隙电压 GARY	伺服速度 SPEED	跳升高度 JUMP-H	工作时间 WORK-T	高压 VOLAGE	极性 POL
10mm	20A	300μs	200μs	35V	20	0.5mm	5s	200V	+

①加工速度太慢：加工电流改为35A。

②损耗太大：使脉冲宽度变为400μs。

③容易积炭：加大脉冲宽度到400μs，减少工作时间到0.5s，加大间隙电压至50V。

④两旁间隙太大：减少电流到5A。

⑤两侧面太粗：减少电流到5A，减小脉冲宽度到150μs。

（2）细加工（切削慢，电极消耗大） 预留约0.2～0.02mm（依电流而定）作细加工，加工参数见表6-16。

表6-16 细加工时的加工参数

段数	加工深度 /mm DEPTH	加工电流 /A CURRENT	脉冲宽度 /μs ON-T	脉冲间隔 /μs OFF-T	间隙电压 /V GARY	伺服速度 /(%) SPEED	跳升高度 /0.1mm JUMP-H	工作时间 /0.1s WORK-T	高压/V VOLAGE	极性 /(+/-) POL
0	10.2	10	200	150	35	5	10	30	200	+
1	10.3	5	100	100	35	5	10	20	200	+
2	10.32	3	50	75	40	5	10	10	200	+
3	10.33	1	10	50	40	5	10	10	200	+
4										+
5										+
6										+
7										+
8										
9										

5. 放电加工时，电流和脉冲宽度对表面粗糙度的影响

如图6-79所示，将放电颗粒（火花）放大，颗粒（火花）的深度是由电流大小决定的，电流越大，颗粒（火花）越深，反之则越小。放电颗粒（火花）宽度则是由脉冲参数所决定的，亦即脉冲宽度越大颗粒（火花）越大，反之则越小。

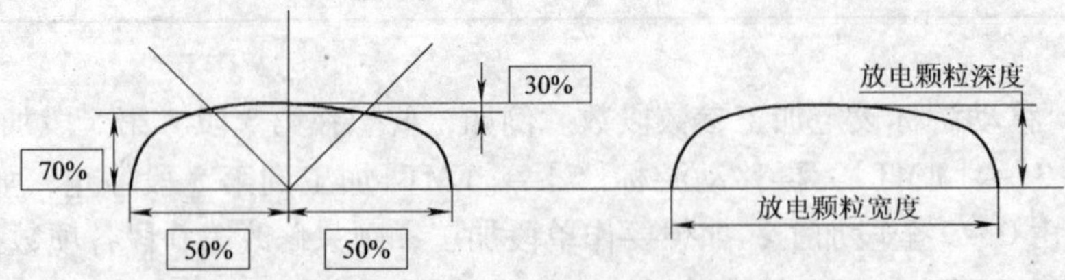

图6-79 电流和脉冲宽度对表面粗糙度的影响

6. 当粗加工完成时如何细加工

最快且又最容易的方法如下。

从最初设定→脉冲宽度/2→脉冲宽度设定→300μs（ON-T）下一个加工条件就是300μs/2=150μs→150μs/2=75μs→75μs/2=35μs→35μs/2=15μs→15μs/2=5μs

然后确定由粗加工到超细加工每段的加工深度，见表6-17。第一段是0.1mm，第二段是0.07mm，第三段是0.05mm，第四段是0.03mm，第五段是0.02mm，依此类推。但在大模具加工时深度要缩减，在斜度加工时深度要增加。

表6-17　粗加工到超细加工每段加工深度的设置

加工阶段	加工深度	加工电流	脉冲宽度	脉冲间隔
粗加工		20A	30μs	100μs
粗加工→中加工	0.1mm	14A	150μs	100μs
中加工→中细加工	0.07mm	10A	75μs	100μs
中细加工→细加工	0.05mm	7A	40μs	80μs
细加工→超细加工	0.03mm	5A	20μs	40μs

7. 电流设定

最初设定最大电流的70%。例如，原始设定是20A，下一段加工为20×70%=14A→14×70%=9A→9×70%=6A

放电加工最怕由粗加工直接到细加工。例如，粗加工（300μs，20A）直接到细加工（20μs，2A），如此的加工条件，电极损耗太大，容易积炭，造成表面细度粗而不均匀，如图6-80所示。

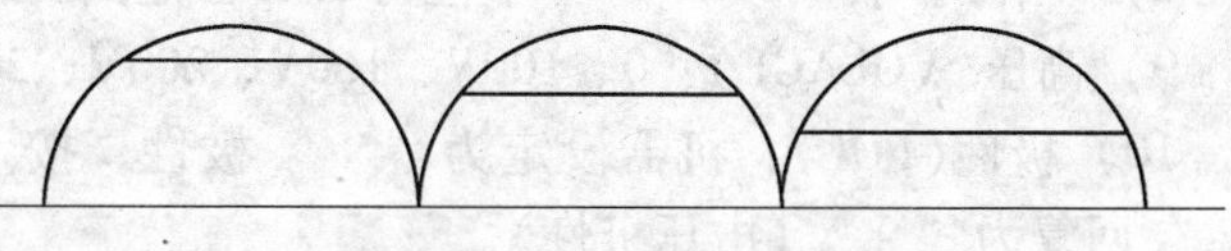

图6-80　表面细度

8. 脉冲宽度与脉冲间隔之间的设定关系

通常，脉冲宽度与脉冲间隔的设定比值是依粗加工→超细加工而设定，其一般设定的比值见表6-18。

表6-18　脉冲宽度与脉冲间隔的设定比值

加工阶段	脉冲宽度:脉冲间隔	举例
粗加工	1:0.5~1	300μs:150~300μs
中加工	1:1~2	150μs:150~300μs
中细加工	1:2~3	75μs:150~250μs
细加工	1:2~4	40μs:80~160μs
超细加工	1:3~10	10μs:80~100μs

请注意：如上述比值错误或倒置，则会造成放电速度太慢、容易积炭、加工完成品质不佳等。

若加工中电流表表针不稳定或积炭，则应采取以下措施。

1）提高脉冲间隔数值。

2）间隙电压设定为40V或35V。

3）大面积加工时，提升电压或加工电流值。

4）深孔加工时，提升跳开高度设定值。

5）起动间歇喷油以利排渣。

若加工速度慢，则应采取以下措施。

1）提高加工电流设定值。

2）如在加工稳定状态下，可降低脉冲间隔值。

3）脉宽设定过大应降低，此情况以电极不消耗为原则。

4）排渣不良。

若电极的损耗大，则应采取以下措施。

1）提升脉宽数值，锐角、清角不加压，及脉宽设定为200～300μs。

2）电流设定过大。

①细加工未依正常的顺序逐次降低脉宽及电流数值。

②大模面细加工，电流设定太小，必须加高压电流加工。

9. 加工参数说明

1）加工深度（DEPTH）：单位为in/mm。

2）加工电流（CURREN）：单位为A，范围：0～75A。

3）脉冲宽度（ON-T）：单位为A，范围：1～999A。

4）脉冲间隔（OFF-T）：单位为μs，范围：1～999μs。

5）间隙电压（GAP）：单位为V，范围：20～60V。

6）伺服速度（SPEED）：单位为mm/s，范围：1～8mm/s。

7）跳升高度（JUMP-H）：单位为0.1mm，范围：1～99。

8）工作时间（WDRK-T）：单位为0.1s，范围：0～99。

9）高压（VOLAGE）：0、100V、160V、200V、260V。

10）极性（POL）：机器设定为“+”极性，按“+/-”键转换为“-”极性，再按“-”回复为“+”（电压极性）。

11）放电起动（DIS）。

12）放电停止（STOP）。

10. 自动加工参数设定

1）本系统有自动加工参数设定功能，只要输入欲加工的最大加工电流和粗细程度，电脑即自动将所有参数填入加工段内。

2）使用方法如下。

①按[参数]键，进入加工参数输入。

②按方向键将游标移至DEPTH最后一段ST9位置。

③输入欲加工深度。

④按方向键将游标移至CURR最上一段ST0位置。

⑤输入欲加工最大电流。

⑥当电流输入完毕后，可选择一般加工为粗→中→细→超细（从第1段开始），或深孔加工为粗→中→细→超细（深孔加工从第5段开始），其中每一项后电脑都会自动填入所有加工参数。

⑦再按[参数]键，消除输入状态，电脑才接受此资料。

例如，自动设定加工深度为1mm，电流为10A。目前状态为手动模式，按手动键，此时会变成反白[自动]，再按[ENT]后电脑将自动设定从0～9的段数。然后按[参数]键，将游标移至深度的第9段，输入后按[ENT]，将游标移至电流第0段，输入10按[ENT]。此时，信息栏会出现8种粗细不同的加工方式，选择其一按[ENT]。

电流选择见表 6-19，加工段的设定见表 6-20。

表 6-19　电流选择

电极尺寸/mm	5	10	20	25	50	75	100
工作范围/mm^2	19.6	78.6	314.2	490.9	1963.5	4417.99	7854
电流范围/A	1 ~ 5	5 ~ 10	7 ~ 15	12 ~ 20	15 ~ 30	30 ~ 40	40 ~ 75

表 6-20　加工段的设定

加工方式	脉冲宽度/μs	主电流/A	高压/V	预留深度/mm
粗加工	750	30 以上	200	0.3 ~ 0.2
	500	20 ~ 30	200	0.3 ~ 0.2
	300	15 ~ 30	200	0.3 ~ 0.2
中加工	250	7 ~ 15	200	0.1 ~ 0.07
	160	5 ~ 10	200	0.1 ~ 0.07
	120	5 ~ 8	200	0.07 ~ 0.04
	60	4 ~ 6	200	0.07 ~ 0.04
	40	4 ~ 5	200	0.03 ~ 0.02
细加工	25	3 ~ 5	200	0.02 ~ 0.01
	17	3 ~ 4	200	0.02 ~ 0.01
	12	2 ~ 4	200	0.02 ~ 0.01
	8	1 ~ 3	200	0.02 ~ 0.01
超细加工	8	0	260	0.02 ~ 0.01
	8	0	200	预留 3min
	8	0	160	预留 5min

11. 较常使用的电规准参数修改的一般原则

1）粗加工时，应有较大的脉冲宽度及较大的电流，且配合的电流数，每平方厘米的加工面积电流不超过 10A，以避免不必要的消耗。

2）在细加工时，先将电流逐次缩小后，再将脉冲宽度做适当配合缩小，以达到最佳的细加工速度及最低的电极消耗。

3）粗加工时，间隙电压可调低一点，增加加工速度。

4）加上高压时，间隙电压必须调高以避免积碳。以石墨加工做粗加工时，不应加高间隙电压以防积碳。

5）粗加工时，电极头的跳开次数少，细加工时应增加跳升次数以避免积渣。

6）电极头跳升高度随加工深度而增大。

7）一般的材料加工使用正极性加工。特殊加工或超微细加工，其未段的完成加工才可使用负电极性加工，以减少电极损耗。

8）脉冲宽度的设定依材料不同须做适当设定以兼顾加工速度及电极的损耗。一般而言，脉冲宽度越大，电极消耗越低。脉冲宽度选择见表 6-21。

表 6-21　脉冲宽度的选择

电极材料	粗加工	中加工	细加工
铜	500 ~ 300μs	300 ~ 150μs	150 ~ 8μs
石墨	300 ~ 200μs	200 ~ 100μs	100 ~ 8μs

注：1. 薄的铜片电极指数为 200 ~ 100μs。

2. 使用超合铜作工作物，操作时间不要超过 120μs。

9）脉冲间隔的设定以略小于脉冲宽度为原则，以避免加工速度的降低。同时，加工深度越浅，脉冲间隔可以设定得越小，以提高加工效率；加工深度越长，排渣越难，脉冲间隔应设定较大一点。石墨的加工效率不宜过高以防积炭。

10）加工中冲油勿对冲，以避免造成排渣不良。

11）细加工时冲油应减缓，以利于表面形成保护膜，避免电极消耗，同时可在最短时间内获得最佳的加工面。

12）加工时，应以浸油方式加工，安全性高。

12. ELITE 火花机(特殊加工)

一般情况下，钢蚀钢或铜蚀铜的加工条件见表 6-22 或表 6-23。

表 6-22　钢蚀钢的加工条件

加工深度	加工电流	脉冲宽度	脉冲间隔	间隙电压	伺服速度	跳升高度	工作时间	高压	极性
任意	3 ~ 5A	5 ~ 20μs	10 ~ 40μs	40V	8	8	15	260V	+

表 6-23　铜蚀铜的加工条件

加工深度	加工电流	脉冲宽度	脉冲间隔	间隙电压	伺服速度	跳升高度	工作时间	高压	极性
任意	5 ~ 10A	200μs	10μs	40V	8	8	15	260V	-

八、手控盒的按键及功能

手控盒的按键如图 6-81 所示，各功能如下。

（1）睡眠开关　按下按键，左上角指示灯亮时，表示设定放电的加工深度到达时，伺服机头立即回升，到达顶点停止。

（2）放电关闭开关　按下此开关，放电加工状态停止。

（3）油位开关　按下按键，左上角指示灯亮时，表示液面高度不受限制，随时放电加工。但在 OFF 状态时，执行放电加工要等到油位到达设定点才能进行加工。

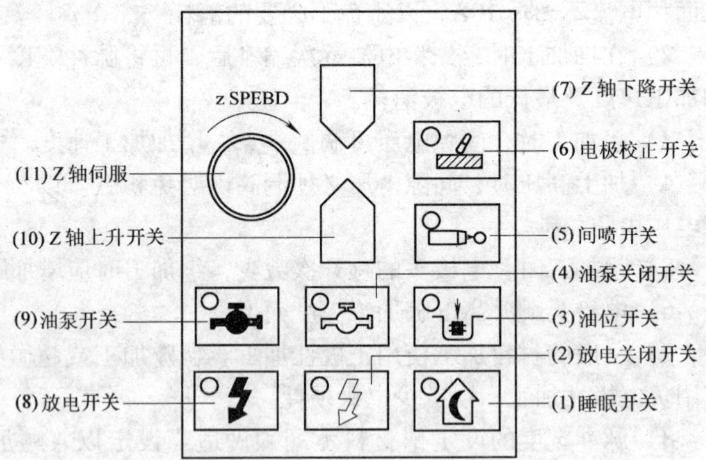

图 6-81　手控盒的按键

（4）油泵关闭开关　按下按键，左上角指示灯亮时，电动机停止将油箱的电火花机油往工作液槽传送。

（5）间喷开关　间断喷油，配合机头上升下降定时定量喷油。有底模时使用较多，保护电极喷油口的消耗。

（6）电极校正开关　按下按键，左上角指示灯亮时 Z 轴上下移动，遇短路不会停止，无保护作用，此键供校正电极用。关闭时，遇短路会停止，蜂鸣器会响。

（7）Z 轴下降开关　为点动开关。按住开关，主轴下降，松开按键就停止。在放电加工状态下，按此键不起作用。

（8）放电开关　按下按键，左上角指示灯亮时，放电起动加工开始，主轴下降。

（9）油泵开关　按下按键，左上角指示灯亮时，电动机开始将油箱的电火花机油往工作液槽传送。

（10）Z 轴上升开关　为点动开关。按住开关，主轴上升，松开按键就停止。在放电加工状态下，按此键不起作用。

（11）Z 轴伺服　伺服速度调整旋钮。往右旋转，Z 轴下降速度快；往左旋转，Z 轴下降速度慢。此键与电极校正按键或对基准时一起使用。

九、加工实例

工件尺寸长×宽×高为 100mm×100mm×50mm，加工型腔尺寸为 50mm×50mm，深度为 25mm 拔模斜度为 1°的型腔清角，如图 6-82 所示。

1. 加工电极

电极的尺寸分别为：粗电极 49.4mm×49.4mm×50mm，精电极为 49.8mm×49.8mm×50mm，拔模斜度为 1°。可用铣床加工电极，用砂纸打磨去除刀纹，提高加工的表面粗糙度。

2. 固定电极

用平口钳夹住铜电极，然后用直径为 8.5mm 的钻头钻深 15mm 的底孔，再用 M10mm 的丝锥攻螺纹，用 M10mm 的螺钉和螺母旋入螺孔上紧，就可以固定在机床的主轴头上。

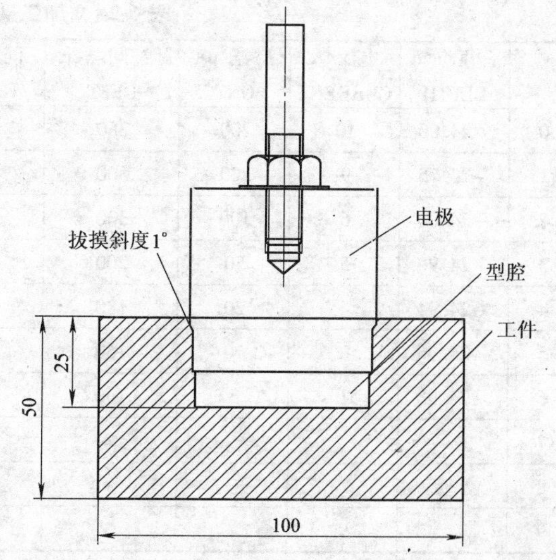

图 6-82　型腔清角加工实例

①装电极，校正工件、电极。

②通主机的电源，再按下机床[F1]副电源开关，使机床通电。

③按手控制盒[↑]键，使主轴升到一定的高度，打开工作液槽门。

④选择和装夹工具电极，一般粗加工在前，先选择粗电极。清洁电火花机床上磁吸盘上的污物，将工件去除毛刺，放在电磁吸盘上。把吸盘开关放在磁吸位置，用百分表的磁头吸住火花机床的主轴头，百分表指针正对工件的侧表面。摇动 X 轴方向上的手柄，使百分表在工件的侧面移动，观察指针的摆动偏差，用铜棒敲打工件，调整工件的水平度。

按下[F6]（校模开关），电极的校正与上面所论述一样。对于电极的垂直校正也可以利用电极的各个面互相垂直的关系，用百分表校正电极底面的平面度，即是电极侧面的垂直度。校正电极和工件的基准是保证加工精度的关键之一。

3. 对正基准

根据图样给出的加工尺寸要求，利用电极与工件接触，火花机床的蜂鸣器发出响声。来找正电极相对工件的起始点。

（1）Z 轴定位　先将工件和电极接触部位擦干净，利用手动控制盒上的[↓]键，降低电极使其与工件顶面相接触。将近接触时，调整手控盒的电位器，让电极缓慢下降和工件接触，蜂鸣器发出响声，按[Z]→[0]→[ENT]将 Z 轴归零。然后提升电极，摇动手柄，将电极移到工件碰位基准部位，降低电极。

(2) X 轴定位　测 X 轴中心。移动工作台使电极模具接触 A 点，反复几次，确定精度后按[X]→[0]→[ENT]。然后再移动工作台到另一边 B，当电极与模具接触确定后按[X]→[2/1]，使电极移至坐标(0, 000)，此点即为 A-B 中心点。

(3) Y 轴定位　将铜电极以 Y 轴碰边。按[Y]→[0]→[ENT]设置零位,将铜电极至另一边碰数，按[Y]→[F9]便将 Y 分中。

(4) 输入加工深度和选取加工参数(加工电压、电流、脉宽、脉宽间隔、加工极性)按[K2]键，使游标至深度第 9 段，输入加工深度数 -25。然后移动此游标至电流第 0 段位置，输入电流 10，荧屏的信息处显示第 1 段至第 8 段粗细不同的加工方式，选择 8，按[ENT]即显示参数。电参数设置见表 6-24。

表 6-24　加工实例的电参数设置

	深度/mm DEPTH	电流/A CURRENT	脉宽/μs ONT	脉冲间隔/μs OFFT	间隙/V GARY	速度/ SPEED	跳高 JUMP-H	工时 WORK-T	高压 VOLAGE	极性 POL
0	-24.00	10	200	350	45	5	10	15	200	+
1	-24.75	9	200	300	45	5	10	10	200	+
2	-24.80	6	100	300	45	5	10	10	200	+
3	-24.90	5	50	200	45	5	10	10	200	+
4	-24.94	4	20	180	45	5	10	10	200	+
5	-24.96	2	10	160	45	5	10	6	200	+
6	-24.98	1	5	160	45	5	10	5	200	+
7										+
8										
9										

(5) 工作液槽注油

①关闭工作液槽门。

②对好旋阀位置。

③提起液面控制闸阀到一定高度，一般高出工件表面 50~80mm。

④接好冲油或抽油油管。

⑤按[F3]键，起动工作液泵工作。

(6) 放电加工

①起动放电(DIS)开关。使电极送进，开始火花放电加工。

②调节工作液控制旋阀，选择合适的冲油、抽油压力。

(7) 加工完成

①将主轴控制旋钮旋到零位，使主轴回升。

②停止工作液，关闭旋钮，拉开快泄闸阀，使工作液快速回油。

③检查工件的尺寸、位置精度、表面粗糙度。

④打开工作液槽门，卸下工件和电极。

⑤关上工作液槽门，切断电源，停机并擦净机床。

第四节　线切割机床的操作与加工技术

一、机床操作面板

数控电火花快走丝线切割机床所提供的各种功能可以通过机床操作面板得以实现，包括控制面板、手控盒面板和储丝筒操作面板。

1. 控制面板

控制面板是完成机床操作与线切割加工主要的人-机交互界面，其常见功能组件列于表6-25中。

表 6-25　控制面板各组件及其作用

组 件 名 称	功 能 说 明
电压表	显示高频脉冲电源的加工电压
电流表	显示高频脉冲电源的加工电流
电源主开关	合上后，机床与外接线路通电
启动按钮	绿色，按下后灯亮，机床数控系统接通
急停按钮	红色，加工中出现紧急故障应立即按此按钮关机
CRT 显示器	显示人-机交互界面及加工中的各种信息
键盘	输入程序或指令，与普通计算机键盘的操作方法相同
鼠标	在绘制零件轮廓图时使用，与普通计算机鼠标的操作方法相同
手动变频调整旋钮	加工中调整脉冲频率以选择适当的切割速度
软盘驱动器	与外界计算机和控制系统交换数据

2. 手控盒面板

在没有执行任何程序时，手控盒面板用来手动控制机床进行轴移动、运丝、开工作液泵等基本操作。一种常用面板键位布置及各键功能见表6-26。

表 6-26　手控盒面板各键功能

面板键位图	各键名称	功 能 说 明
	SP0　SP1 SP2　SP3	选择坐标工作台点动移动速度，分别为高速、中速、低速、单步
	+ X – X + Y – Y + U – U + V – V	按下某键即可沿指定坐标方向按选定的点动速度移动各轴，松开键后则停止移动。一般可同时按压两键实现双轴联动
	OFF	停止机床动作或程序的执行
	HALT	在加工状态，按此键将使机床动作暂停
	RST	在暂停状态，按此键使机床恢复加工
	ACK	出错时，其他操作被中止，按此键解除
	WR	储丝筒电动机开关，开机状态为关
	ENT	与键盘上回车键功能等同，用于执行程序
	PUMP	工作液泵开关，开机状态为关

3. 储丝筒操作面板

储丝筒操作面板主要用于控制储丝筒和张丝电动机的起动、制动，以及调整绕丝时电极丝的张紧力等。表6-27中列出了一种面板上的各功能组件。

表6-27 储丝筒操作面板各组件及其作用

面板简图	组件名称	功能说明
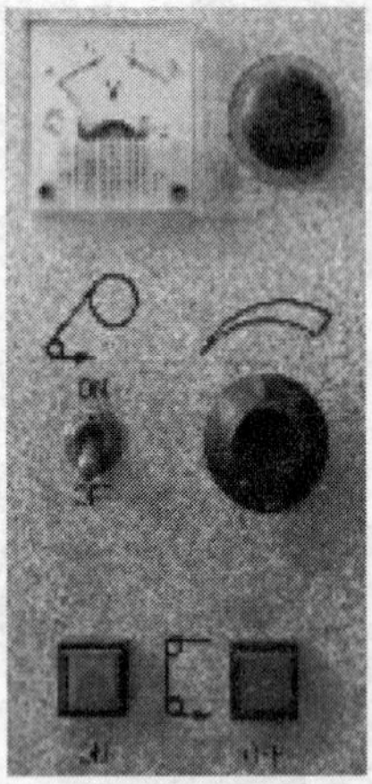	张丝电动机电压指示表	用于指示绕丝时电极丝的张力，对于直径为 ϕ0.20mm 的新钼丝，一般取值在5V左右
	紧急停止开关	与控制面板上的急停按钮作用等同
	张丝电动机起停开关	用于绕丝操作时开启张丝电动机，带动丝盘产生反转矩将丝张紧，使之均匀、整齐并以恒定张力缠绕在储丝筒上
	张丝电动机电压调节旋钮	用于调整绕丝操作时电极丝张力的大小
	储丝筒运转开关	用于在绕丝、穿丝等非程序运行中开启储丝筒的运转
	储丝筒停止开关	用于在绕丝、穿丝等非程序运行中停止储丝筒的运转

二、开机步骤

1）检查外接线路是否接通。

2）合上电源主开关，接通总电源。

3）按下启动按钮，进入控制系统。

机床起动后，CRT显示器上出现人-机交互画面。

三、电极丝的安装

1. 电极丝的选择

电极丝是线切割加工过程中必不可少的重要工具。合理选择电极丝的材料、直径及其均匀性是能否保证加工稳定进行的重要环节。

电极丝的材料应具有良好的导电性、较大的抗拉强度和良好的耐电腐蚀性能，且电极丝的质量应该均匀，直线性好，无弯折和打结现象，便于穿丝。快走丝线切割机床上用的电极丝主要是钼丝和钨钼合金丝，尤以钼丝的抗拉强度较高，韧性好，不易断丝，因而应用广泛；钨钼合金丝的加工效果比钼丝好，但抗拉强度较差，价格较贵，仅在特殊情况下使用。

电极丝的材料不同，其直径范围也不同，一般钼丝为 ϕ0.06 ~ ϕ0.25mm，钨钼合金丝为 ϕ0.03 ~ ϕ0.35mm。电极丝直径小，有利于加工出窄缝和内尖角的工件，但线径太细，能够加工的工件厚度也将受限。因此，电极丝直径的大小应根据切缝宽窄、工件厚度及凹角尺寸大小等要求进行确定。快走丝线切割加工中一般使用 ϕ0.12 ~ ϕ0.20mm。

2. 电极丝的安装步骤

安装电极丝一般分为两步：先绕丝，再穿丝。

（1）绕丝　如图6-83所示，通过操纵储丝筒操作面板来进行控制。具体步骤如下。

1）将购回的丝盘上的电极丝绕在储丝筒上。

2）使储丝筒移动到其行程的一端，把电极丝通过导丝轮引向储丝筒端部的螺钉处并压紧。

3）打开张丝电动机起停开关，旋动张丝电压调节旋钮，调整电压表读数至电极丝张紧且张力合适。

4）旋转储丝筒，使电极丝以一定的张力逐渐均匀地盘绕在储丝筒上。

5）待储丝筒移至其行程的另一端时，关掉张丝电动机起停开关，从丝盘处剪断电极丝并固定好丝头。

（2）穿丝　穿丝路线如图6-84所示。

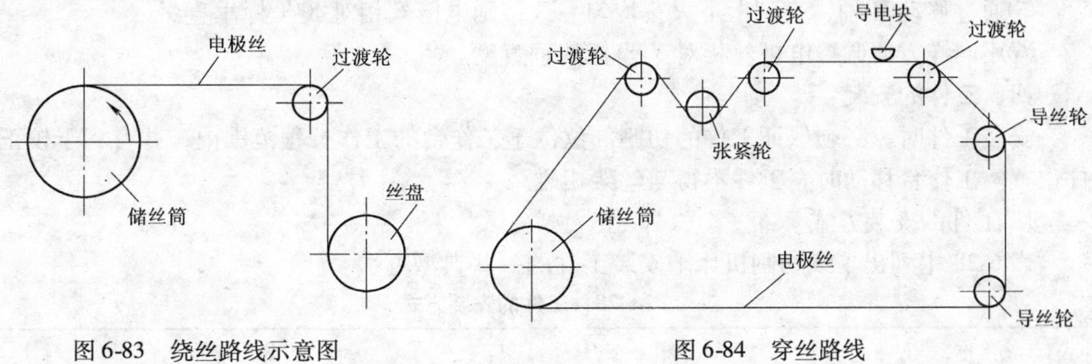

图6-83　绕丝路线示意图　　图6-84　穿丝路线

具体步骤如下。

1）将张紧轮固定在其工作位置的上端。

2）牵引电极丝剪断端依次穿过各个过渡轮、张紧轮、导丝轮、导电块等处，用储丝筒的螺钉压紧并剪掉多余丝头。

3）放下张紧轮，受其重力作用，电极丝便以一定的张力自动张紧。

4）使储丝筒移向中间位置，利用左、右行程撞块调整好其移动行程，至两端仍各余有数圈电极丝为止。

5）使用储丝筒操作面板上的运丝开关，机动操作储丝筒自动地进行正反向运动，并往返运动两次，使张力均匀。

（3）Z轴行程的调整

1）松开Z轴锁紧把手。

2）根据工件厚度摇动Z轴升降手轮，使工件大致处于上、下导丝轮中部。

3）锁紧把手。

4）电极丝垂直校正。在具有U、V轴的线切割机床上，电极丝运行一段时间，重新穿丝后或加工新工件之前，需要重新调整电极丝对坐标工作台表面的垂直度。校正时使用一块各平面相互平行和垂直的长方体，称为校正器，如图6-85所示。

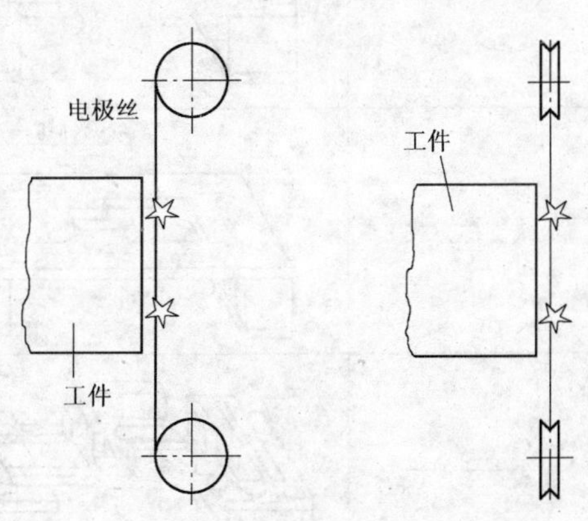

图6-85　电极丝垂直校正示意图

具体步骤如下。

①擦净工作台面和校正器各表面，选择校正

器上的两个垂直于底面的相邻侧面作为基准面，选定位置将两侧面沿 X、Y 坐标轴方向平行放好。

②选择机床的微弱放电功能，使电极丝与校正器间被加上脉冲电压，运行电极丝。

③移动 X 轴使电极丝接近校正器的一个侧面，至有轻微放电火花。

④目测电极丝和校正器侧面可接触长度上放电火花的均匀程度。如出现上端或下端中只有一端有火花，说明该端离校正器侧面距离近，而另一端离校正器侧面远，则电极丝不平行于该侧面，需要校正。

⑤通过移动 U 轴，直到上下火花均匀一致，则电极丝相对 X 坐标垂直。

⑥用同样方法调整电极丝相对 Y 坐标的垂直度。

四、工件的安装

安装工件时，必须保证工件的切割部位位于工作台的工作行程范围内，并有利于校正工件位置。工作台移动时，工件不得与丝架相碰。

1. 工件的安装方式

表 6-28 中列出了线切割机床上安装工件的一些典型方法。

表 6-28 工件的安装方式

名 称	简 图	说 明
悬臂支撑方式		工件一端悬伸，装夹简单方便，通用性强。因工件平面难与工作台面找平，工件悬伸端易受力挠曲，导致所切割出侧面与工件底平面的垂直度误差，通常只在工件加工要求低或悬臂部分短的情况下使用
两端支撑方式		工件两端固定在两相对工作台面上，装夹简单方便，支撑稳定，定位精度高。但要求工件长度大于两工作台面的距离，不适于装夹小型工件，且工件刚性要好，中间悬空部不会产生挠曲
桥式支撑方式		先在两端支撑的工作台面上架上两根支撑垫铁，再在垫铁上安装工件，垫铁的侧面也可作定位面使用。方便灵活，通用性强，对大、中、小型工件都适用
板式支撑方式	9×M8	根据常规工件的形状和尺寸大小，制成带各种矩形或圆形孔的平板作为辅助工作台，将工件安装在支撑板上。装夹精度高，适合于批量生产各种小型和异型工件。但无论切割型孔还是外形都需要穿丝，通用性也较差
复式支撑方式		在工作台面上装夹专用夹具并校正好位置，再将工件装夹于其中。对于批量加工可大大缩短装夹和校正时间，提高效率

2. 工件位置的校正方法

工件安装后，还必须进行校正，才能使工件的定位基准面分别与坐标工作台面及 X、Y 进给方向保持平行，从而保证切割出的表面与基准面之间的相对位置精度。常用拉表法在三个坐标方向上进行，如图 6-86 所示。

1）利用磁力表座，将百分表或千分表固定在机床的丝架上或其他固定部位，使测量头与工件基面接触。

2）往复移动工作台，按表中指示的数值相应调整工件位置，直至指针的偏转值在定位精度所允许的范围之内。

3）注意多操作几遍，力求位置准确，将误差控制到最小。

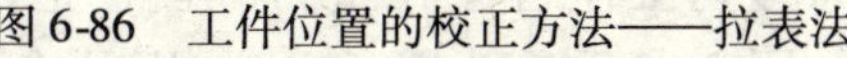

图 6-86　工件位置的校正方法——拉表法

五、电极丝初始坐标位置调整

1. 目视法

对加工要求较低的工件，可直接利用工件上的有关基准线或基准面，沿某一轴向移动工作台。借助于目测或 2 ~ 8 倍的放大镜，当确认电极丝与工件基准面接触或使电极丝中心与基准线重合后，记下电极丝中心的坐标值，再以此为依据推算出电极丝中心与加工起点之间的相对距离，将电极丝移动到加工起点上，如图 6-87 所示。其中，图 6-87a 为观测电极丝与工件基准面接触时的情况；图 6-87b 为观测电极丝中心与穿丝孔处划出的十字基准线在纵、横两个方向上分别重合时的情况。注意操作前应将工件基准面清理干净，不能有氧化皮、油污和工作液等。

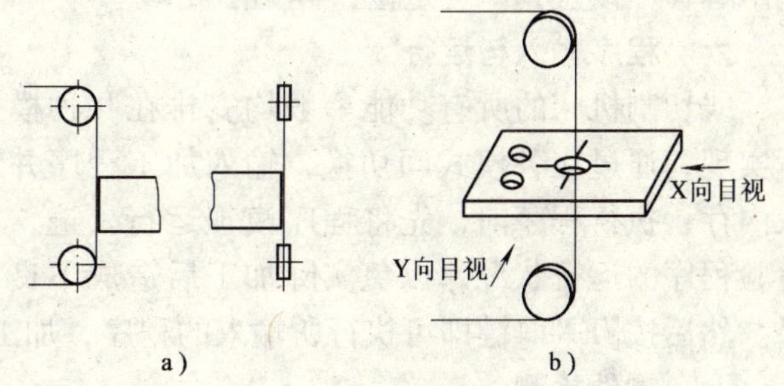

图 6-87　电极丝初始坐标位置调整（目视法）

a）观测基准面　b）观测基准线

2. 火花法

利用电极丝与工件在一定间隙下发生火花放电来确定电极丝的坐标位置，操作方法与对电极丝进行垂直度校正基本相同。调整时，移动工作台，使电极丝逐渐逼近工件的基准面。待出现微弱火花的瞬时，记下电极丝中心的坐标值，再计入电极丝半径值和放电间隙来推算电极丝中心与加工起点之间的相对距离，最后将电极丝移到加工起点。此法简便、易行，但因电极丝靠近基准面开始产生脉冲放电的距离往往并非正常切割时的放电间隙，且电极丝运转时易抖动，从而会出现误差；况且火花放电也会使工件的基准面受到损伤。

3. 接触感知法

目前装有计算机数控系统的线切割机床都具有接触感知功能，用于电极丝定位最为方便。此功能是利用电极丝与工件基准面由绝缘到短路的瞬间，两者间电阻值突然变化的特点来确定电极丝接触到了工件，并在接触点自动停下来，显示该点的坐标，即为电极丝中心的坐标值。如图 6-88 所示，首先启动 X(或 Y)方向接触感知，使电极丝朝工件基准面运动并感知到基准面，记下该点坐标，据此算出加工起点的 X(或 Y)坐标；再用同样的方法得到加工起点的 Y(或 X)坐标，最后将电极丝移动到加工起点。

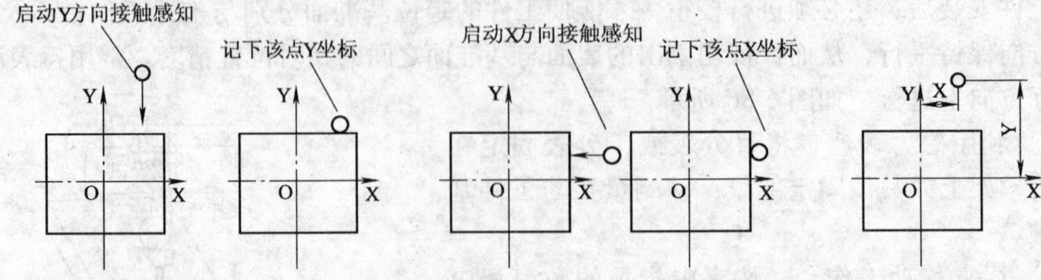

图 6-88　接触感知法

基于接触感知，还可实现自动找中心功能，即让工件孔中的电极丝自动找正后停止在孔中心处实现定位。具体方法为：横向移动工作台，使电极丝与一侧孔壁相接触短路，记下坐标值 X_1，反向移动工作台至孔壁另一侧，记下相应坐标值 X_2；同理也可得到 Y_1 和 Y_2。则基准孔中心的坐标值为$[(|X_1|+|X_2|)/2,(|Y_1|+|Y_2|)/2]$，将电极丝中心移至该位置即可定位，详见图 6-89。

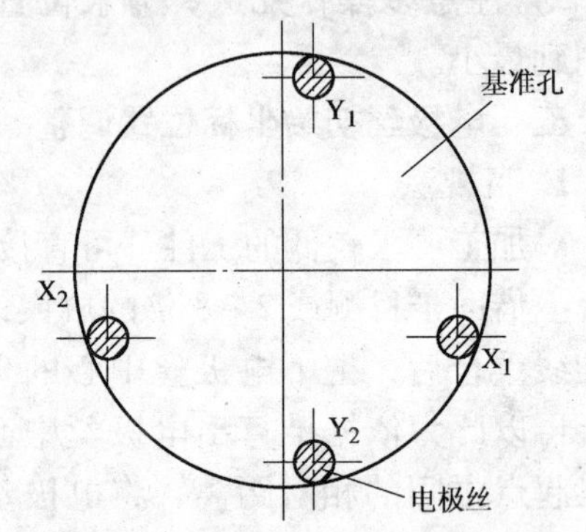

图 6-89　自动找中心

六、程序输入与运行

线切割机床的所有功能一般均安排在几种模式下实现，通过在各模式间切换，输入加工程序并装入内存；执行程序前，先将程序模拟运行一遍，以检验程序的运行状况，以免实际加工后造成不良后果。然后按[ENT]键即可执行所输入的程序，加工零件。

七、零件检测

加工结束，卸下零件，用相应测量工具检测有关加工参数。

八、关机

1）将工作台移至各轴中间位置。

2）按下红色急停按钮。

3）扳下电源主开关，关闭电源。

4）断开外接线路。

九、紧急停机

机床在手动或自动运行中，一旦发现异常情况，应立即停止机床的运动。通过按压手控盒上 OFF 按钮、红色急停按钮或电源主开关、储丝筒操作面板上的紧急停止开关等四个中的任意一个，均可使机床停止。

十、零件加工实例

1. 实例

实例 1　如图 6-90 所示，车工车螺纹用的对刀样板的外轮廓。

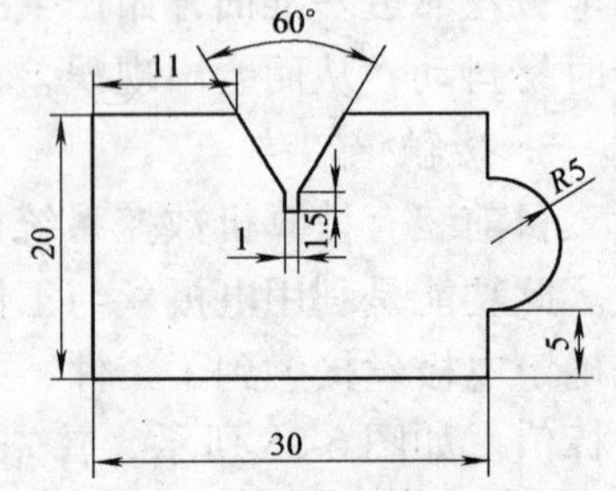

图 6-90　对刀样板的外轮廓

加工设备：DK7740 型数控电火花快走丝线切割机床。

加工条件：电极丝的直径为 0. 18mm，放电间隙 0. 01mm，补偿值 0. 1mm，对丝点在右下角 3mm 处。3B 程序如下。

```
N  1：B    100B  2900B  2900GY  L1；
N  2：B  30200B     0B 30200GX  L3；
N  3：B      0B 20200B 20200GY  L2；
N  4：B  11158B     0B 11158GX  L1；
N  5：B   3542B  6135B  6135GY  L4；
N  6：B      0B  1365B  1365GY  L4；
N  7：B    800B     0B   800GX  L1；
N  8：B      0B  1365B  1365GY  L2；
N  9：B   3542B  6135B  6135GY  L1；
N 10：B  11158B     0B 11158GX  L1；
N 11：B      0B  5001B  5001GY  L4；
N 12：B    100B  5099B 10000GX  SR1；
N 13：B      0B  5001B  5001GY  L4；
N 14：B    100B  2900B  2900GY  L3；
N 15：DD
```

实例 2　如图 6-91 所示，蘑菇形零件。

加工条件：电极丝的直径为 0. 18mm，放电间隙 0. 01mm，补偿值 0. 1mm，对丝点在右下角 3mm 处。3B 程序如下。

```
N  1：B    100B  2900B  2900GY  L1；
N  2：B  20200B     0B 20200GX  L3；
N  3：B      0B  5200B  5200GY  L2；
N  4：B   5000B     0B  5000GX  L1；
N  5：B      0B  4800B  4800GY  L2；
N  6：B   5000B     0B  5000GX  L3；
N  7：B  10100B   100B 20400GY  SR3；
N  8：B   5000B     1B  5000GX  L3；
N  9：B      0B  4800B  4800GY  L4；
N 10：B   5000B     0B  5000GX  L1；
N 11：B      0B  5200B  5200GY  L4；
N 12：B    100B  2900B  2900GY  L3；
N 13：DD
```

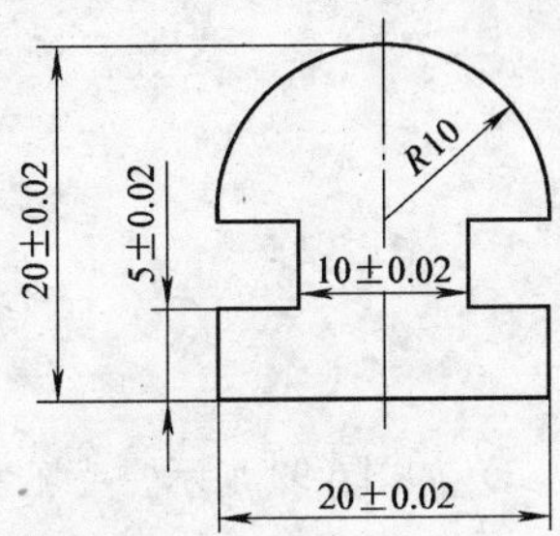

图 6-91　蘑菇形零件

2. 准备工作

加工以前完成相关准备工作，包括准备工件毛坯并加工出准确的基准面、压板、夹具等装夹工具。

3. 操作步骤及内容

1）开机，检查系统各部分是否正常，包括高频电源、工作液泵、储丝筒等的运行情况。

2）装夹工件，根据工件厚度调整 Z 轴至适当位置并锁紧。

3）进行储丝筒绕丝、穿丝和电极丝位置校正等操作。

4）移动 X、Y 轴坐标确立电极丝切割起始坐标位置。

5）开启工作液泵，调节喷嘴流量。

6）输入或调用加工程序并存盘后装入内存。

7）确认程序无误后，进行自动加工。

8）当工件切割完毕时，其与母体材料的连接强度势必下降。此时要注意固定好工件，防止因工作液的冲击使得工件发生偏斜，从而改变切割间隙，轻者影响工件表面质量，重者使工件切坏报废。

9）加工结束，取下工件，将工作台移至各轴中间位置。

10）清理加工现场。

11）关机。

复习思考题

1. 数控车床的加工练习。

1）如图 6-92 所示，毛坯为 ϕ25mm × 100mm，材料 45 钢。

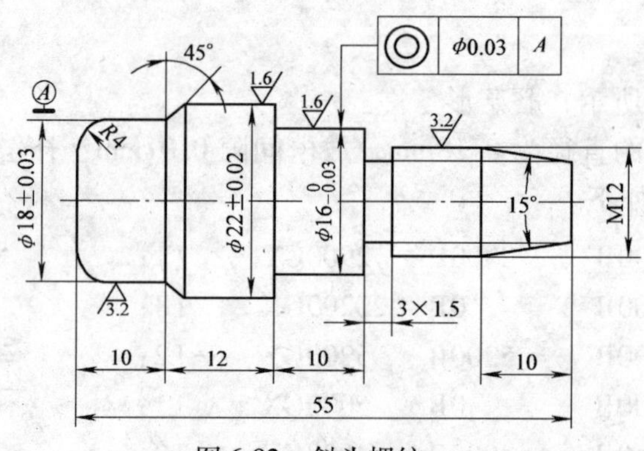

图 6-92 斜头螺纹

2）如图 6-93 所示，毛坯为 ϕ25mm × 100mm，材料 45 钢。

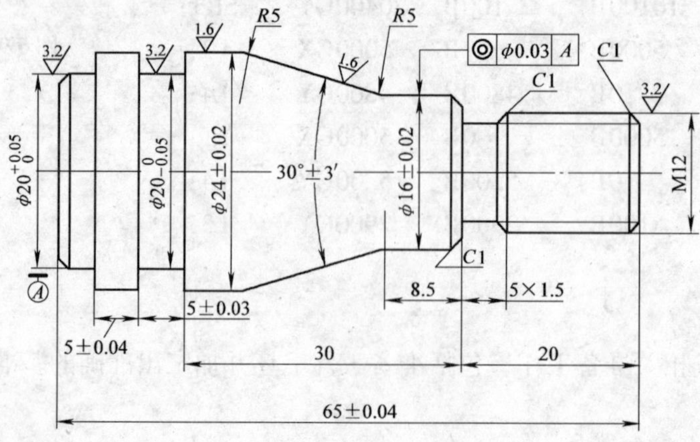

图 6-93 锥度轴

3）如图 6-94 所示，毛坯为 ϕ42mm × 120mm，材料 45 钢。

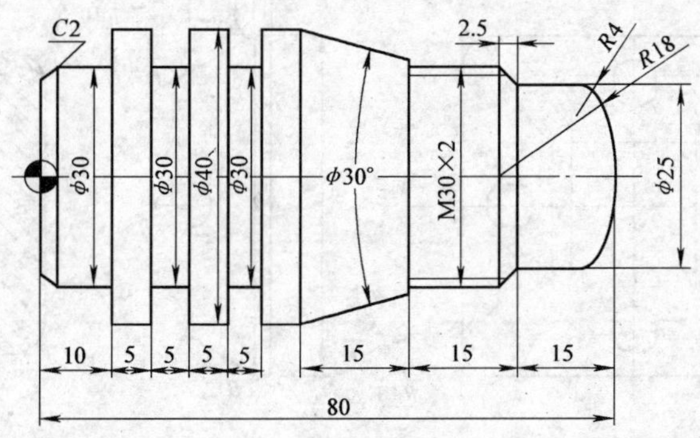

图 6-94　圆头螺纹轴

2. 数控铣床、加工中心的加工练习。

1）练习题一，如图 6-95 所示。

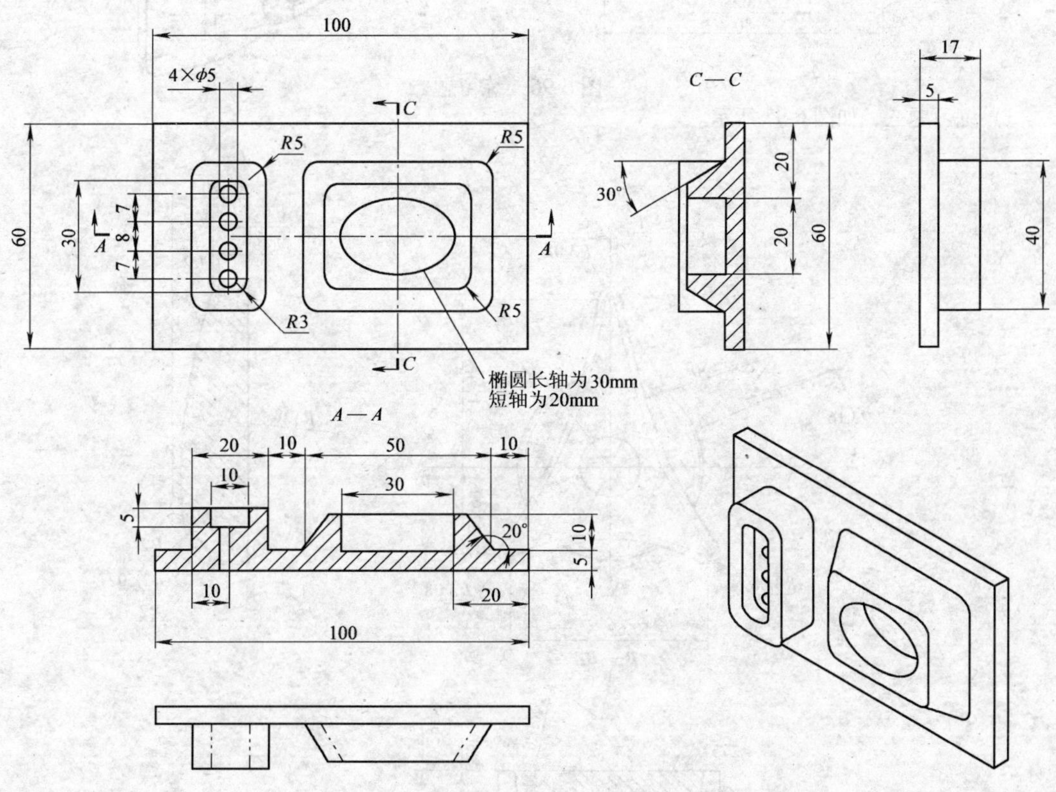

图 6-95　练习题一

2）练习题二，如图 6-96 所示。

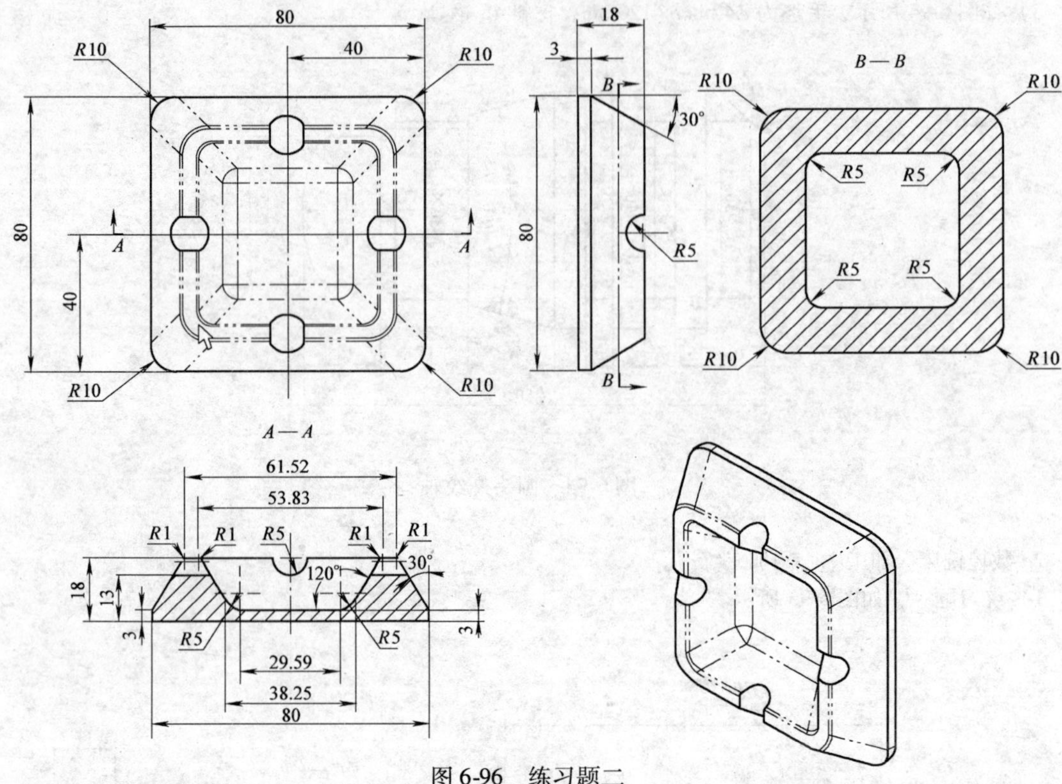

图 6-96 练习题二

3）练习题三，如图 6-97 所示。

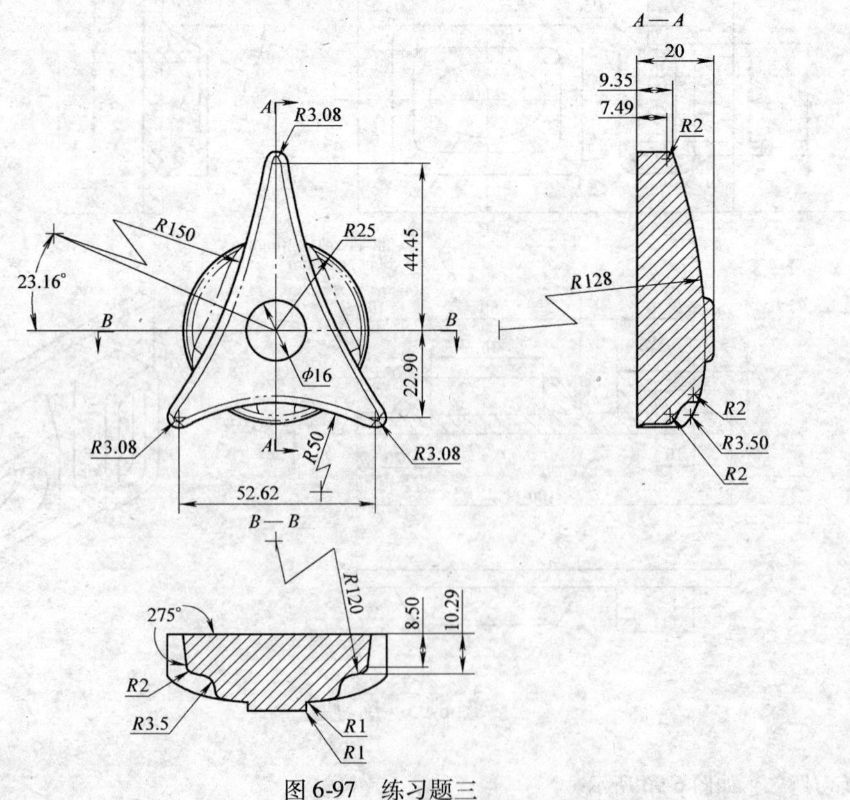

图 6-97 练习题三

4）练习题四，如图 6-98 所示。

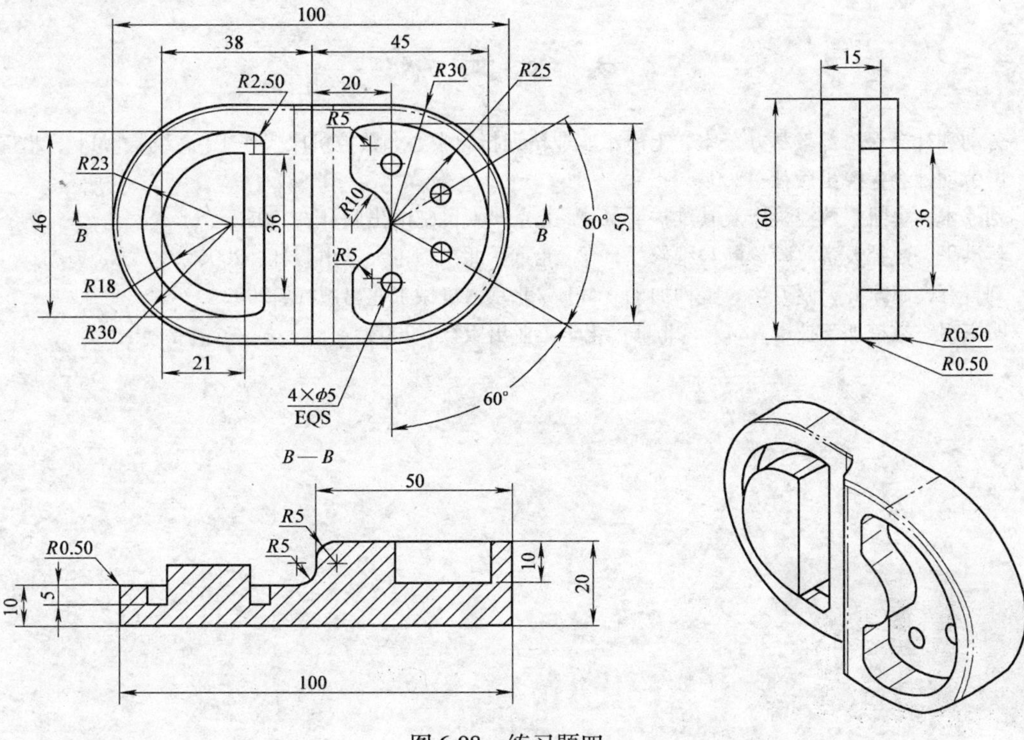

图 6-98　练习题四

参 考 文 献

［1］ 劳动和社会保障部教材办公室，上海市职业培训指导中心．数控机床操作工［高级］［M］．北京：中国劳动社会保障出版社，2004.

［2］ 刘战术，窦凯．数控机床及其维护［M］．北京：人民邮电出版社，2005.

［3］ 蒋洪平．数控设备故障诊断与维修［M］．北京：北京理工大学出版社，2006.

［4］ 刘晋春，赵家齐，赵万生．特种加工［M］．北京：机械工业出版社，2002.

［5］ 明兴祖．数控加工技术［M］．北京：化学工业出版社，2003.